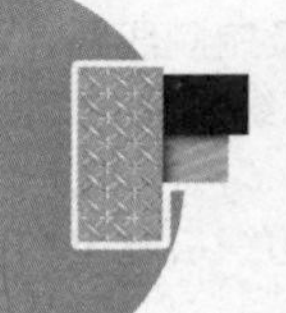

"本科教学工程"全国纺织专业规划教材
高等教育"十二五"部委级规划教材

纺织电气控制技术

FANGZHI DIANQI KONGZHI JISHU

赵春生　主编

化学工业出版社
·北京·

本书是纺织设备、工艺与电气控制有机结合的机电一体化教材。本书以目前纺织企业主要设备的实际电气控制为载体，先介绍传统的低压电气控制，然后学习较先进的可编程序控制器、变频器和触摸屏，最后根据实际的纺织设备介绍其控制过程。全书共分为六章，主要内容有：常用低压电器及控制线路、纺织设备低压电气控制、S7-200系列可编程序控制器、变频器的应用、触摸屏的应用、纺织设备电气综合控制。

本书可作为高等院校纺织工程专业本科教材，也可作为纺织高职高专、技师学院等纺织机电类专业教材，同时适用于纺织企业的电气控制工程技术人员培训。

图书在版编目（CIP）数据

纺织电气控制技术/赵春生主编. —北京：化学工业出版社，2013.8

“本科教学工程”全国纺织专业规划教材

高等教育“十二五”部委级规划教材

ISBN 978-7-122-17966-1

Ⅰ.①纺… Ⅱ.①赵… Ⅲ.①棉纺机械-电气控制-高等学校-教材 Ⅳ.①TS103

中国版本图书馆CIP数据核字（2013）第161260号

责任编辑：崔俊芳　　　　装帧设计：史利平

责任校对：吴　静

出版发行：化学工业出版社（北京市东城区青年湖南街13号　邮政编码100011）

印　　装：化学工业出版社印刷厂

787mm×1092mm　1/16　印张15　字数383千字　2013年8月北京第1版第1次印刷

购书咨询：010-64518888（传真：010-64519686）　售后服务：010-64518899

网　　址：http://www.cip.com.cn

凡购买本书，如有缺损质量问题，本社销售中心负责调换。

定　　价：38.00元

“本科教学工程”全国纺织服装专业规划教材编审委员会

序 Preface

教育是推动经济发展和社会进步的重要力量，高等教育更是提高国民素质和国家综合竞争力的重要支撑。 近年来，我国高等教育在数量和规模方面迅速扩张，实现了高等教育由“精英化”向“大众化”的转变，满足了人民群众接受高等教育的愿望。 我国是纺织服装教育大国，纺织本科院校 47 所，服装本科院校 126 所，每年 2 万余人通过纺织服装高等教育。 现在是纺织服装产业转型升级的关键期，纺织服装高等教育更是承担了培养专业人才、提升专业素质的重任。

化学工业出版社作为国家一级综合出版社，是国家规划教材的重要出版基地，为我国高等教育的发展做出了积极贡献，被原新闻出版总署评价为“导向正确、管理规范、特色鲜明、效益良好的模范出版社”。 依照《教育部关于实施卓越工程师教育培养计划的若干意见》(教高［2011］1 号文件)和《财政部教育部关于“十二五”期间实施“高等学校本科教学质量与教学改革工程”的意见》(教高［2011］6 号文件)两个文件精神，2012 年 10 月，化学工业出版社邀请开设纺织服装类专业的 26 所骨干院校和纺织服装相关行业企业作为教材建设单位，共同研讨开发纺织服装“本科教学工程”规划教材，成立了“纺织服装‘本科教学工程’规划教材编审委员会”，拟在“十二五”期间组织相关院校一线教师和相关企业技术人员，在深入调研、整体规划的基础上，编写出版一套纺织服装类相关专业基础课、专业课教材，该批教材将涵盖本科院校的纺织工程、服装设计与工程、非织造材料与工程、轻化工程(染整方向)等专业开设的课程。 该套教材的首批编写计划已顺利实施，首批 60 余本教材将于 2013 ~ 2014 年陆续出版。

该套教材的建设贯彻了卓越工程师的培养要求，以工程教育改革和创新为目标，以素质教育、创新教育为基础，以行业指导、校企合作为方法，以学生能力培养为本位的教育理念；教材编写中突出了理论知识精简、适用，加强实践内容的原则；强调增加一定比例的高新奇特内容；推进多媒体和数字化教材；兼顾相关交叉学科的融合和基础科学在专业中的应用。 整套教材具有较好的系统性和规划性。 此套教材汇集众多纺织服装本科院校教师的教学经验和教改成果，又得到了相关行业企业专家的指导和积极参与，相信它的出版不仅能较好地满足本科院校纺织服装类专业的教学需求，而且对促进本科教学建设与改革、提高教学质量也将起到积极的推动作用。 希望每一位与纺织服装本科教育相关的教师和行业技术人员，都能关注、参与此套教材的建设，并提出宝贵的意见和建议。

姚　穆

2013. 3

前言

Preface

近年来，纺织设备自动化程度越来越高，这些新型纺织设备普遍采用可编程序控制器为核心，包括变频器、触摸屏等的控制系统。为培养学生熟悉新型纺织设备电气控制，高校普遍希望能有一本将自动化控制技术与纺织设备与工艺结合起来的教材，为此，我们编写了《纺织电气控制技术》。

本书以纺织设备电气控制为实例，依次介绍了常用低压电器及控制线路、纺织设备低压电气控制、S7-200 系列可编程序控制器、变频器的应用、触摸屏的应用、纺织设备电气综合控制。每个章节都注重由易到难、由浅入深，逐步介绍基本电气知识，使学生具有初步的识图能力，能够根据生产工艺分析电气控制线路。

本教材课时安排参见课时分配表，第六章可根据具体情况作适当增减。

建议课时分配表

章　　节	总课时	理论课时
第一章　常用低压电器及控制线路	12	12
第二章　纺织设备低压电气控制	4	4
第三章　S7-200 系列可编程序控制器	20	20
第四章　变频器的应用	10	10
第五章　触摸屏的应用	10	10
第六章　纺织设备电气综合控制	20	20
合计	76	76

本书第一章、第二章由詹树改编写，第三章的第一节、第二节由王藩编写，第三章的第三～第五节由曹成辉编写，第四章、第五章由赵春生编写，第六章的第一～第六节由邢顾华编写，第六章的第七～第九节由吴保平编写。本书由赵春生担任主编。

由于编者水平有限，书中难免存在错误及不足之处，望广大读者批评指正，以便下次修订时加以完善，编者邮箱：zcs-em@163. com。

编者

2013 年 6 月

目录
Contents

第一章 常用低压电器及控制线路

电器是一种可以根据外界的信号和控制要求，自动或手动地接通或断开电路，以实现对电气系统被控对象的检测、控制、调节、保护、切换的电工器具。电器按其工作电压的高低可划分为高压电器和低压电器两大类。低于交流1200V、直流1500V，在电路中起通断、保护、控制或调节作用的电器称为低压电器；高于交流1200V、直流1500V的电器称为高压电器。低压电气控制线路是学习更先进控制系统的基础，所以本章介绍一些比较常用的控制线路。

第一节　常用低压电器

在电气控制线路中，经常会用到接触器、继电器、熔断器、闸刀开关、按钮、空气开关等低压电器，我们把这些低压电器称为常用低压电器。

一、接触器

接触器属于控制电器，是依靠电磁吸引力与复位弹簧反作用力配合动作，而使触头闭合或断开的电器，具有控制容量大、工作可靠、操作频率高、使用寿命长和便于自动化控制的特点，主要控制电动机的启停、正反转、制动和调速等。目前在电气设备上较多使用CJX系列交流接触器。

1. 结构

交流接触器的外形与结构如图1.1（a）～图1.1（d）所示，接触器主要由电磁系统和触头系统组成。

（1）电磁系统。电磁系统主要由线圈、静铁芯和动铁芯三部分组成。为了减少铁芯的磁滞和涡流损耗，铁芯用硅钢片叠压而成。线圈的额定电压分别为380V、220V、110V、36V，供使用不同电压等级的控制电路选用。

CJX系列的接触器在线圈上可方便地插接配套的阻容串联元件，以吸收线圈通电、断电时产生的感生电动势，延长PLC输出端物理继电器触头的寿命。

（2）触头系统。交流接触器采用双断点的桥式触头，有3对主触头、2对辅助常开触头和2对辅助常闭触头，辅助触头的额定电流均为5A。低压接触器的主、辅触头的额定电压

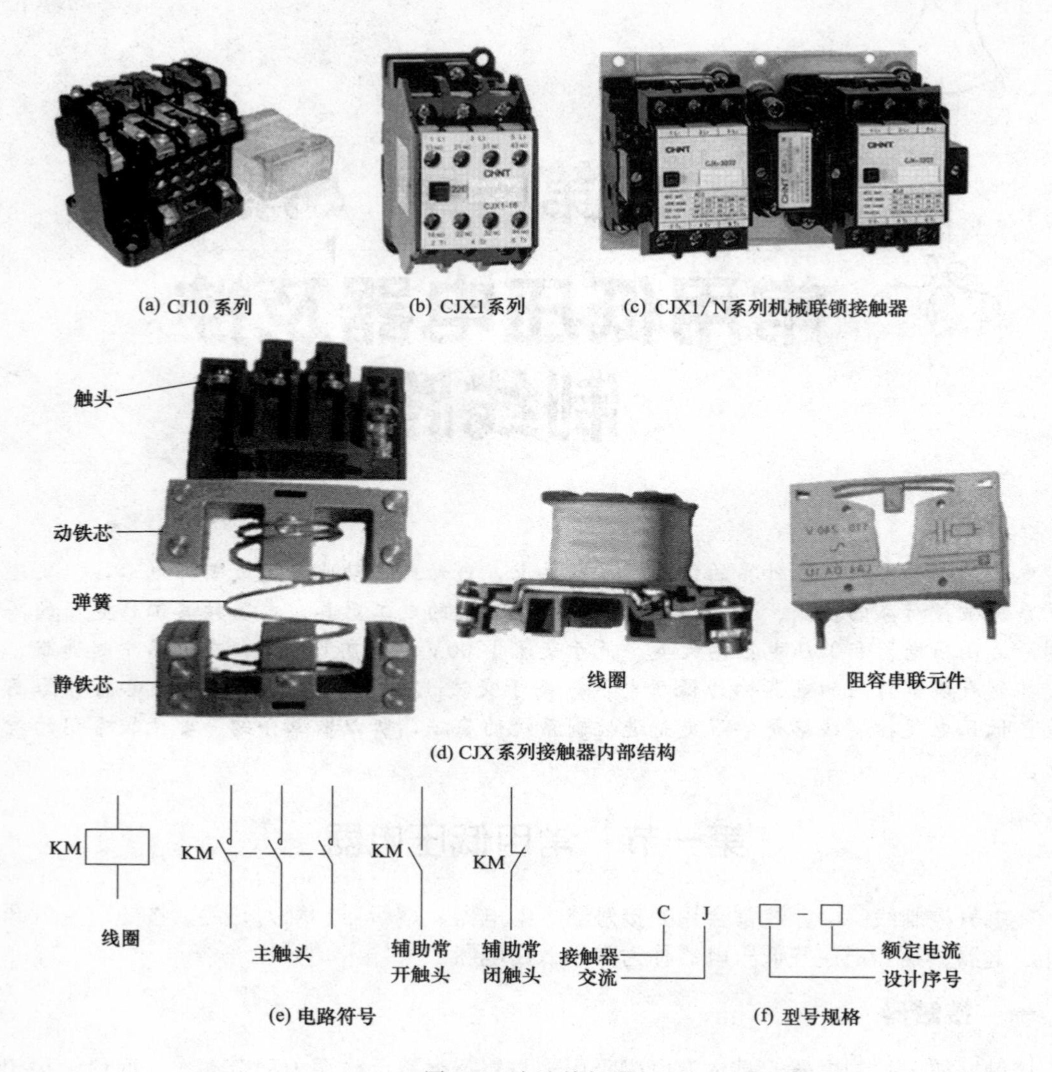

(a) CJ10 系列　(b) CJX1系列　(c) CJX1/N系列机械联锁接触器

(d) CJX系列接触器内部结构

(e) 电路符号　(f) 型号规格

图 1.1　交流接触器

均为 380V。

通常主触头额定电流在 10A 以上的接触器都有灭弧罩，作用是减小或消除触头电弧，灭弧罩对接触器的安全使用起着重要的作用。

2. 电路符号与型号规格

接触器的电路符号如图 1.1（e）所示；型号规格如图 1.1（f）所示，例如，CJX1-16 表示主触头为额定电流 16A 的交流接触器。

3. 交流接触器的工作原理

交流接触器的工作原理如图 1.2 所示。接触器的线圈和静铁芯固定不动，当线圈通电时，铁芯线圈产生电磁吸力，将动铁芯吸合并带动动触头运动，使常闭触头分断，常开触头接通电路。当线圈断电时，动铁芯依靠弹簧的作用而复位，其常开触头恢复分断，常闭触头恢复闭合。

4. 交流接触器的选用

(1) 主触头额定电压的选择。接触器主触头的额定电压应大于或等于被控制电路的额定电压。

(2) 主触头额定电流的选择。接触器主触头的额定电流应大于或等于电动机的额定电流。如果用作电动机频繁启动、制动及正反转的场合，应将接触器主触头的额定电流降低一个等级使用。

(3) 线圈额定电压的选择。线圈额定电压应与设备控制电路的电压等级相同，通常选用 380V 或 220V，若从安全考虑须用较低电压时也可选用 36V 或 110V。

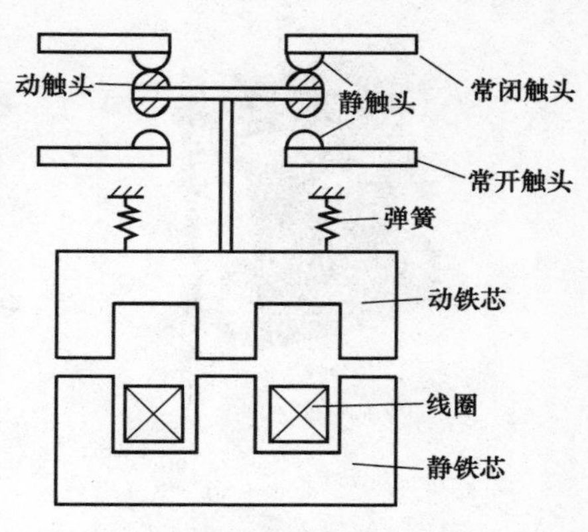

图 1.2　交流接触器的工作原理

二、继电器

继电器是根据某一输入量来换接执行机构的电器，它起传递信号的作用。常用的继电器有中间继电器、热继电器、时间继电器和速度继电器。

(一) 中间继电器

中间继电器属于控制电器，在电路中起着信号传递、分配等作用，因其主要作为转换控制信号的中间元件，故称为中间继电器。中间继电器的外形与电路符号如图 1.3 所示。

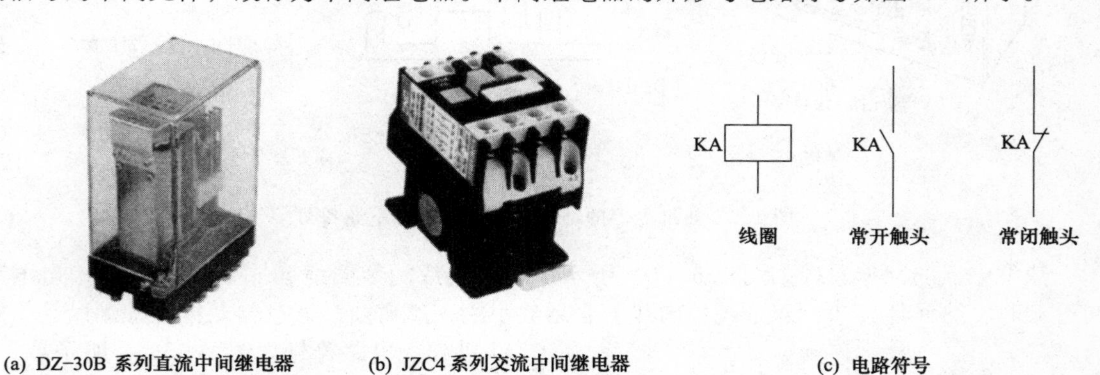

(a) DZ-30B 系列直流中间继电器　(b) JZC4 系列交流中间继电器　(c) 电路符号

图 1.3　中间继电器与电路符号

交流中间继电器的结构和动作原理与交流接触器相似，不同点是中间继电器只有辅助触头，触头的额定电压/电流为 380V/5A。通常中间继电器有 4 对常开触头和 4 对常闭触头。中间继电器线圈的额定电压应与设备控制电路的电压等级相同。

(二) 热继电器

热继电器是利用电流流过热元件时产生的热量，使双金属片发生弯曲从而推动执行机构动作的一种保护电器。主要用于交流电动机的过载保护、断相及电流不平衡的保护。它主要与接触器配合使用，用作电动机的过载保护。图 1.4 所示为常用的几种热继电器的外形图。

1. 热继电器的结构

目前使用的热继电器有两相和三相两种类型。图 1.5 (a) 所示为两相双金属片式热继电器，它主要由热元件、传动推杆、常闭触头、电流整定旋钮和复位杆组成。

热继电器的整定电流是指热继电器长期连续工作而不动作的最大电流，整定电流的大小可通过电流整定旋钮来调整。

2. 热继电器的工作原理及电路符号

(a) T系列

(b) JR16系列

(c) JR20系列

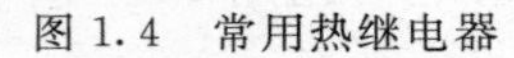

图 1.4 常用热继电器

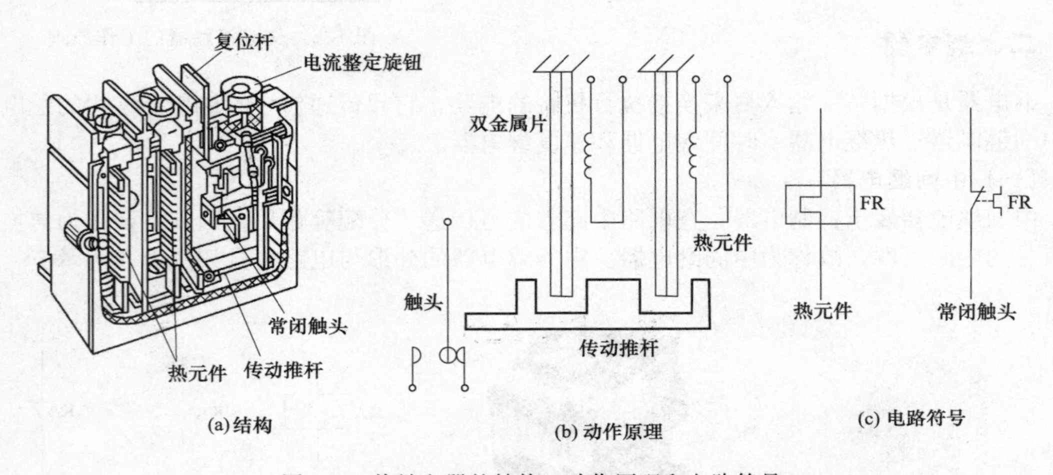

(a) 结构　(b) 动作原理　(c) 电路符号

图 1.5 热继电器的结构、动作原理和电路符号

热继电器的动作原理如图 1.5（b）所示，双金属片的金属线膨胀系数不一样，当电动机过载时，热元件发热，双金属片向线膨胀系数小的一边弯曲，通过传动推杆推动触头使触头动作。电路符号如图 1.5（c）所示。

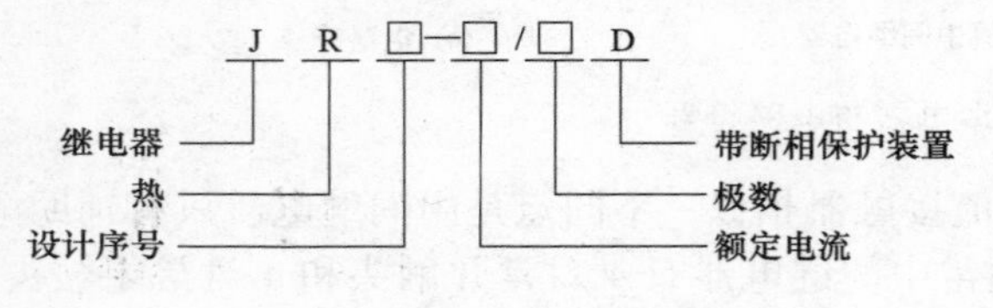

图 1.6 热继电器的型号规格

3. 型号规格

热继电器的型号规格如图 1.6 所示，例如，JRS1-12/3 表示 JRS1 系列额定电流 12A 的三相热继电器。

4. 选用方法

（1）选类型。一般情况，可选择两相或普通三相结构的热继电器，但对于三角形接法的电动机，应选择三相结构并带断相保护功能的热继电器。

（2）选择额定电流。热继电器的额定电流要大于或等于电动机的额定电流。

（3）合理整定热元件的动作电流。一般情况下，将整定电流调整在与电动机的额定电流相等即可。但对于启动时负载较重的电动机，整定电流可略大于电动机的额定电流。

（三）时间继电器

从得到输入信号（线圈的通电或断电）开始，经过一定时间的延时才输出信号（触头的接通或断开）的继电器，称为时间继电器。

时间继电器根据延时方式可分为通电延时时间继电器和断电延时时间继电器。通电延时是线圈通电后延时一定的时间，触头才接通或断开，当线圈断电后，触头瞬时复位。断电延时是线圈通电时，触头瞬时接通或断开，当线圈断电后延时一定的时间，触头复位。通常在时间继电器上既有起延时作用的触头，也有瞬时动作的触头。

1. 通电延时时间继电器

如图 1.7（a）、图 1.7（b）所示分别为 JS14-A 系列晶体管式时间继电器的外形和操作面板。晶体管式时间继电器延时精度高，时间长，调节方便。图 1.7 所示的晶体管式时间继电器的延时规格为 30s，刻度调节范围 0～10，调节旋钮指向刻度 5，则延时时间为 15s。

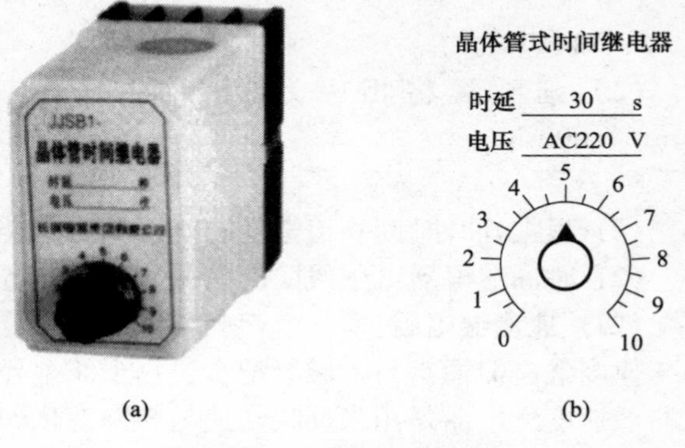

图 1.7　时间继电器

通电延时时间继电器的电路符号如图 1.8 所示。

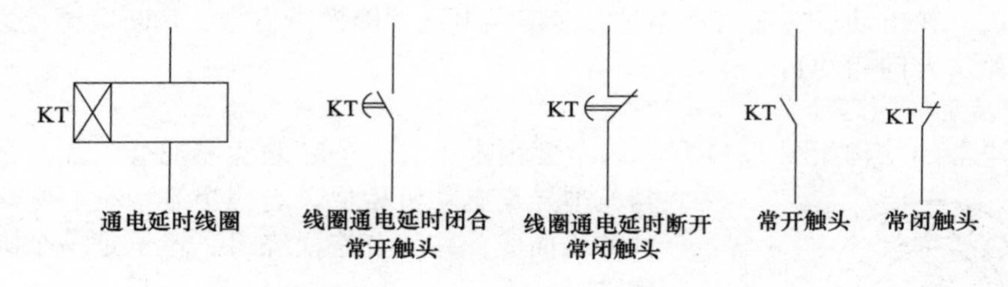

图 1.8　通电延时时间继电器电路符号

2. 断电延时时间继电器

断电延时时间继电器的电路符号如图 1.9 所示。

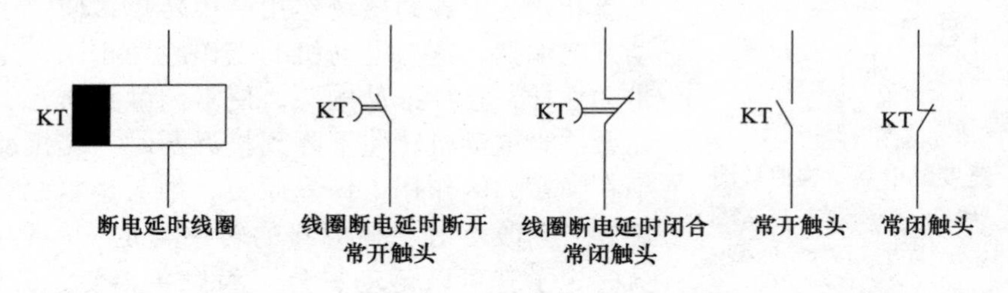

图 1.9　断电延时时间继电器电路符号

3. 型号规格

时间继电器的型号规格如图 1.10 所示。

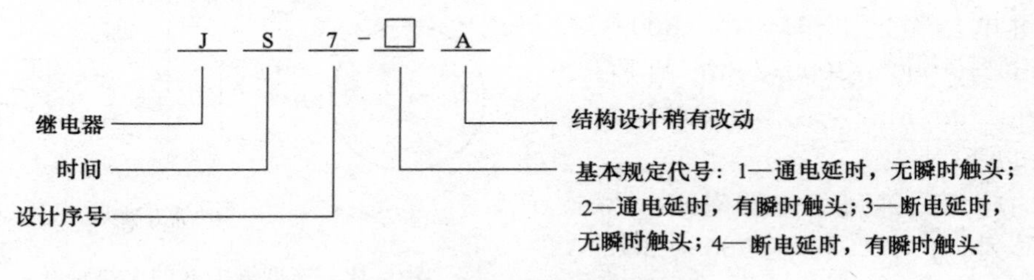

图 1.10　时间继电器的型号规格

4. 技术数据

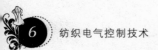

(1) 线圈电压。交流（36V、110V、220V、380V）；直流（24V、27V、30V、36V、110V、220V）。

(2) 延时规格相应为：5s、10s、30s、60s、120s、180s；5min、10min、20min、30min、60min。

5. 选用

(1) 根据延时时间长短选择时间继电器的类型和系列。

(2) 时间继电器电磁线圈的电压应与控制电路电压等级相同。

(四) 速度继电器

速度继电器通常与接触器配合，用于笼型异步电动机的反接制动控制，也称反接制动继电器。速度继电器是用来反映转速与转向变化的继电器，按照被控电动机转速的大小使控制电路接通或断开的电器。

速度继电器主要用于三相异步电动机反接制动的控制电路中，当三相电源的相序改变以后，产生与实际转子转动方向相反的旋转磁场，从而产生制动力矩，使电动机在制动状态下迅速降低速度。在电动机转速接近零时，速度继电器立即发出信号，切断电源使之停车（否则电动机开始反方向启动）。

1. 结构及工作原理

速度继电器的结构如图 1.11 所示，主要由定子、转子和触头三部分组成。定子的结构与笼型异步电动机相似，是一个笼型空心圆环，由硅钢片冲压而成，并装有笼型绕组。转子是一个圆柱形永久磁铁。

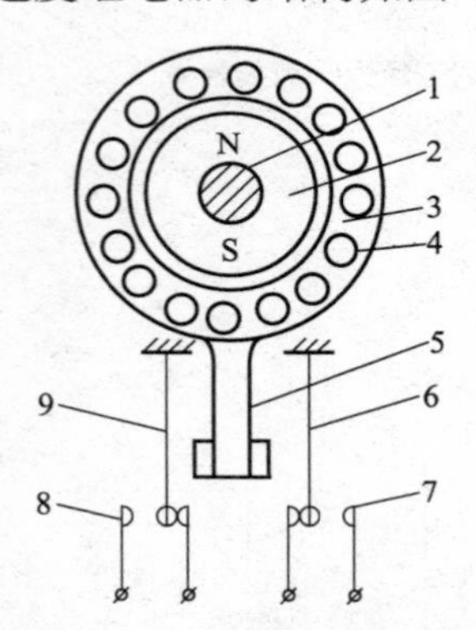

图 1.11 速度继电器结构原理图
1—转轴；2—转子；3—定子；4—绕组；5—摆锤；6、9—簧片；7、8—静触头

速度继电器的轴与电动机的轴相连。转子固定在轴上，定子与轴同心。当电动机转动时，速度继电器的转子随之转动，绕组切割磁场产生感应电动势和电流，此电流和永久磁铁的磁场作用产生转矩，使定子向轴的转动方向偏摆，这与电动机的工作原理相同，定子转动时带动杠杆，杠杆推动触头，使常闭触头断开、常开触头闭合。当电动机转速下降到接近零时，转矩减小，定子柄在弹簧力的作用下恢复原位，触头也复原。当电动机旋转方向改变时，继电器的转子与定子的转向也改变，这时定子就可以触动另外一组触头，使之分断与闭合。当电动机停止时，继电器的触头即恢复原来的静止状态。

2. 速度继电器电路符号

速度继电器的电路符号如图 1.12 所示。

3. 技术数据

速度继电器额定工作转速有 300～1000r/min 与 1000～3000r/min 两种，动作转速在 120r/min 左右，复位转速在 100r/min 以下。

常用的感应式速度继电器有 JY1 型和 JFZ0 系列。JY1 型可在 700～3600 r/min范围内可靠地工作；JFZ0-1 型适

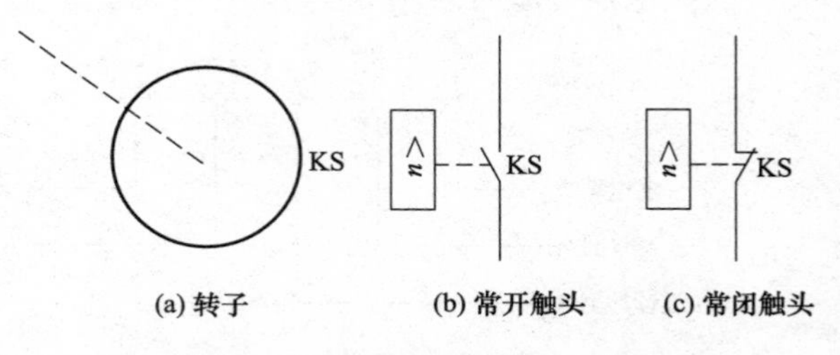

图 1.12 速度继电器的电路符号

用于300～1000r/min；JFZ0-2 型适用于 1000～3000r/min。速度继电器有两对常开、常闭触头，触电额定电压为 380V，额定电流为 2A，分别对应于被控电动机的正、反转的反接制动。一般情况下，速度继电器的触头，在转速达 120r/min 时能动作，100r/min 左右时能恢复正常位置。

4. 选用

速度继电器根据电动机的额定转速进行选择。使用时，速度继电器的转轴应与电动机同轴连接，安装接线时，正反向的触头不能接错，否则不能起到反接制动时接通和分断反向电源的作用。

三、熔断器

熔断器属于保护电器，使用时串联在被保护的电路中，其熔体在过流时迅速熔化切断电路，起到保护用电设备和线路安全运行的作用。熔断器在电动机控制线路中用作短路保护。表 1. 1 所示为熔体的安秒特性列表。

表 1.1 常用熔体的安秒特性

熔体通过电流/A	$1.25I_N$	$1.6I_N$	$1.8I_N$	$2I_N$	$2.5I_N$	$3I_N$	$4I_N$	$8I_N$
熔断时间/s	∞	3600	1200	40	8	4.5	2.5	1

表 1. 1 中，I_N 为熔体额定电流，通常取 $2I_N$ 为熔断器的熔断电流，其熔断时间约为 40s，因此，熔断器对轻度过载反应迟缓，一般只能作短路保护。

1. 外形与电路符号

熔断器的外形与电路符号如图 1. 13 所示。

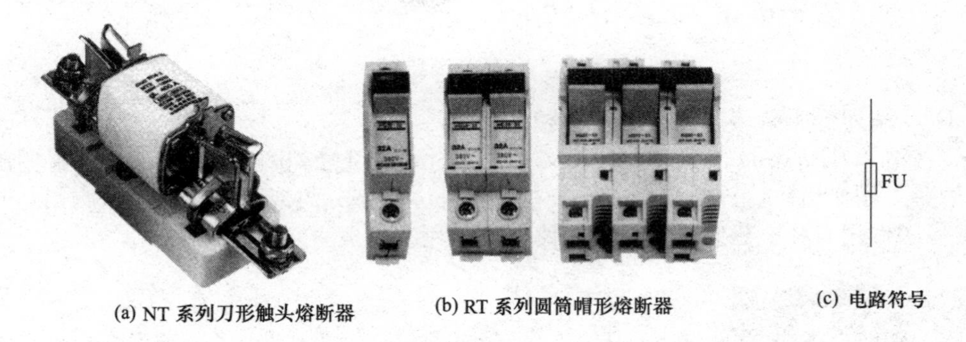

(a) NT 系列刀形触头熔断器　(b) RT 系列圆筒帽形熔断器　(c) 电路符号

图 1. 13 熔断器外形与电路符号

刀形触头熔断器多安装于配电柜。

RT 系列圆筒帽形熔断器采取导轨安装和安全性能高的指触防护接线端子，目前在电气设备中广泛应用。

熔断器由熔体、熔断管和熔座三部分组成。

熔体：熔体常做成丝状或片状，制作熔体的材料一般有铅锡合金和铜。

熔断管：安装熔体，做熔体的保护外壳并在熔体熔断时兼有灭弧作用。

熔座：起固定熔管和连接导线作用。

2. 主要技术参数

(1) 额定电压（V）。指熔断器长期安全工作的电压。

(2) 额定电流（A）。指熔断器长期安全工作的电流。

3. 熔体额定电流的选择

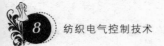

(1) 对于单台电动机，熔体额定电流应大于或等于电动机额定电流的 1.5～2.5 倍。

(2) 对于多台电动机，熔体额定电流应大于或等于其中最大功率电动机的额定电流的 1.5～2.5 倍，再加上其余电动机的额定电流之和。

对于启动负载重、启动时间长的电动机，熔体额定电流的倍数应适当增大，反之适当减小。

四、开关电器

(一) 低压断路器

低压断路器又称为自动空气开关，简称断路器。它集控制和保护于一体，在电路正常工作时，作为电源开关进行不频繁的接通和分断电路；而在电路发生短路和过载等故障时，又能自动切断电路，起到保护作用，有的断路器还具备漏电保护和欠压保护功能。低压断路器外形结构紧凑、体积小，采用导轨安装，目前常用于电气设备中取代组合开关、熔断器和热继电器。常用的 DZ 系列低压断路器如图 1.14 所示。

(a) DZ47－63　(b) DZ5　(c) DZ47－100

图 1.14　低压断路器

1. DZ5 系列低压断路器的内部结构和电路符号

DZ5 系列低压断路器的内部结构以及断路器的电路符号如图 1.15 所示。它主要由动触头、静触头、操作机构、灭弧装置、保护机构及外壳等部分组成。其中保护机构由热脱扣器（起过载保护作用）和电磁脱扣器（起短路保护作用）构成。

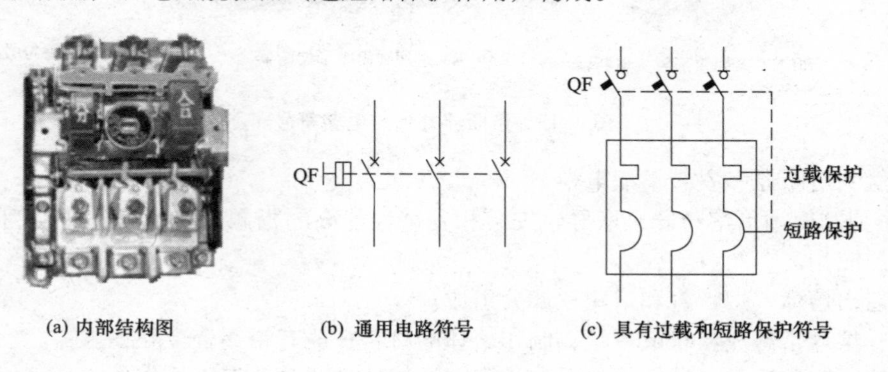

(a) 内部结构图　(b) 通用电路符号　(c) 具有过载和短路保护符号

图 1.15　DZ5 系列低压断路器的内部结构和电路符号

2. 型号规格

DZ5 系列低压断路器的型号规格如图 1.16 所示，例如，DZ5-20/330 表示额定电流

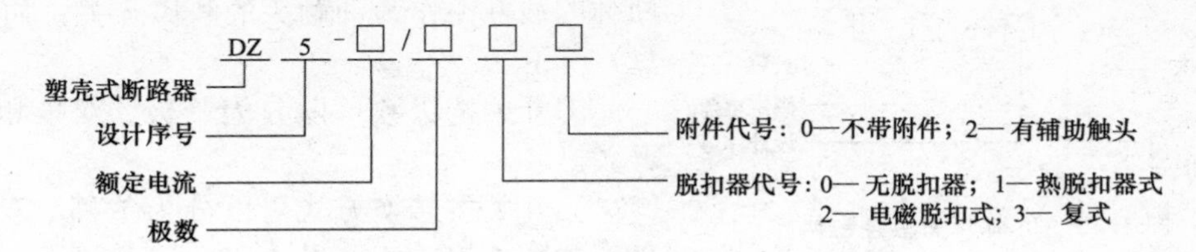

图 1.16 DZ5 系列低压断路器的型号规格

20A 的三极塑壳式断路器。

3. 选用方法

(1) 低压断路器的额定电压和额定电流应等于或大于线路的工作电压和工作电流。

(2) 热脱扣器的额定电流应大于或等于线路的最大工作电流。

(3) 热脱扣器的整定电流应等于被控制线路正常工作电流或电动机的额定电流。

(二) 低压隔离器

低压隔离器也称刀开关，又称闸刀开关或隔离开关，它是手控电器中最简单而使用又较广泛的一种低压电器。

刀开关在电路中的作用是：隔离电源，以确保电路和设备维修的安全；分断负载，如不频繁地接通和分断容量不大的低压电路或直接启动小容量电动机。

刀开关可分为胶壳刀开关、铁壳刀开关和熔断器式刀开关三种。

(1) 胶壳刀开关。胶壳刀开关又称为开启式负荷开关，胶壳刀开关由操作手柄、熔丝、触刀、触刀座和底座组成，如图 1.17 (a) 所示。

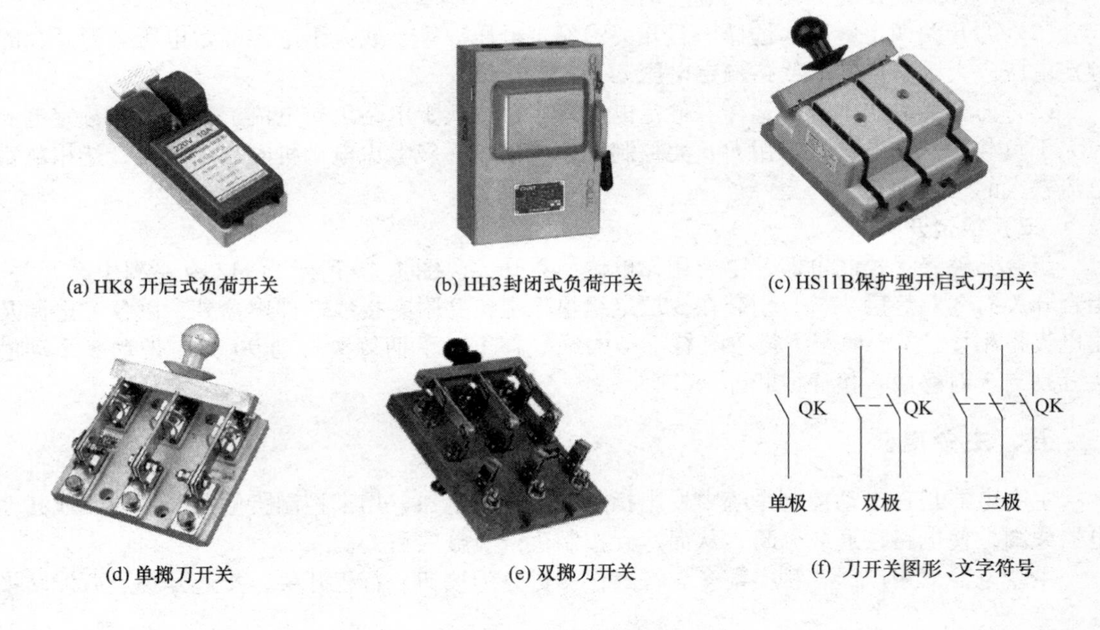

(a) HK8 开启式负荷开关 (b) HH3封闭式负荷开关 (c) HS11B保护型开启式刀开关

(d) 单掷刀开关 (e) 双掷刀开关 (f) 刀开关图形、文字符号

图 1.17 刀开关

(2) 铁壳刀开关。铁壳刀开关又称为封闭式负荷开关，如图 1.17 (b) 所示。一般应用于不频繁地接通和分断负荷电路，也可以用作 15kW 以下的电动机的不频繁启动的控制开关。

(3) 熔断器式刀开关。熔断器式刀开关即熔断器式隔离开关，是一种以熔断体或带有熔

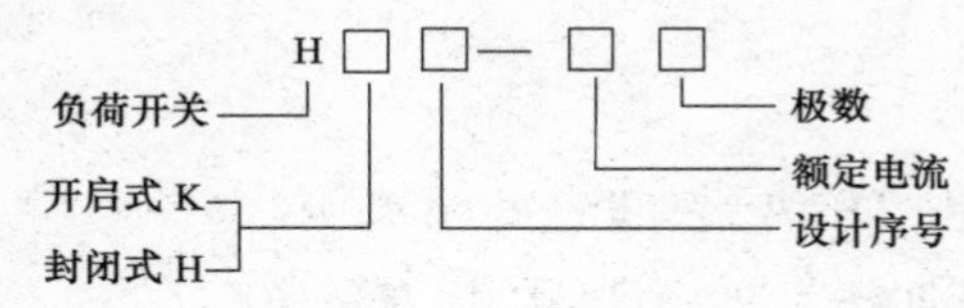

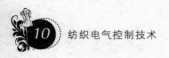

图 1.18 负荷开关型号规格

断体的载融件作为动触头的隔离开关，如图 1.17（c）所示。

刀开关按极数可以分为单极、双极和三极刀开关。

刀开关按转换方式可以分为单掷、双掷刀开关，如图 1.17（d）、图 1.17（e）所示。

刀开关图形和文字符号如图 1.17（f）所示。

负荷开关的型号规格如图 1.18 所示，例如，HK8-10/2 表示额定电流 10A 的两极开启式负荷开关。

铁壳刀开关操作机构具有两个特点，一是采用储能合闸方式，在手柄转轴与底座间装有速断弹簧，以执行合闸或分闸，在速断弹簧的作用下，动触刀与静触刀分离，使电弧迅速拉长而熄灭；二是具有机械联锁，当铁盖打开时，刀开关被卡住，不能操作合闸。铁盖合上，操作手柄使开关合闸后，铁盖不能打开。

刀开关选择时应考虑以下三个方面。

（1）刀开关类型、极数及操作方式的选择。应根据刀开关的作用和装置的安装形式来选择如是否带灭弧装置，若分断负载电流时，应选择带灭弧装置的刀开关。根据装置的安装形式来选择，是否是正面、背面或侧面操作形式，是直接操作还是杠杆传动，是板前接线还是板后接线的结构形式。带熔断器的低压刀开关还应综合考虑对刀开关和熔断器的要求来选择。

选用刀开关时，刀的极数要与电源进线相数相等。

根据刀开关装设的位置，正确选用刀开关类型。

（2）刀开关额定电压的选择。刀开关的额定电压应等于或大于电源额定电压。刀开关的额定电压应大于所控制的线路额定电压。

（3）刀开关额定电流的选择。额定电流应等于或大于电路工作电流。刀开关的额定电流应大于负载的额定电流。若用刀开关控制小型电动机，应考虑电动机的启动电流，选用额定电流较大的刀开关。

（三）组合开关

组合开关属于控制电器，主要用作电源引入开关。图 1.19 所示为 HZ10 系列组合开关。组合开关有 3 对静触头，分别装在 3 层绝缘垫板上，并附有接线端伸出盒外，以便和电源及用电设备相接，3 个动触头装在附有手柄的绝缘杆上，手柄每次转动 90°角，带动 3 个动触头分别与 3 对静触头接通或断开。

五、主令电器

主令电器是在自动控制系统中发出指令或信号的电器，用来控制接触器、继电器或其他电器线圈，使电路接通或分断，从而达到控制生产机械的目的。

主令电器应用广泛、种类繁多。按其作用可分为按钮、行程开关、接近开关、万能转换开关等。

（一）按钮

按钮属于控制电器，用来控制接触器线圈的通电或断电。图 1.20 所示为电气设备中常用按钮以及按钮的结构、电路符号与型号规格。

1. 电路符号与型号规格

按钮一般分为常开按钮、常闭按钮和复合按钮，其电路符号如图 1.20（b）所示。按钮

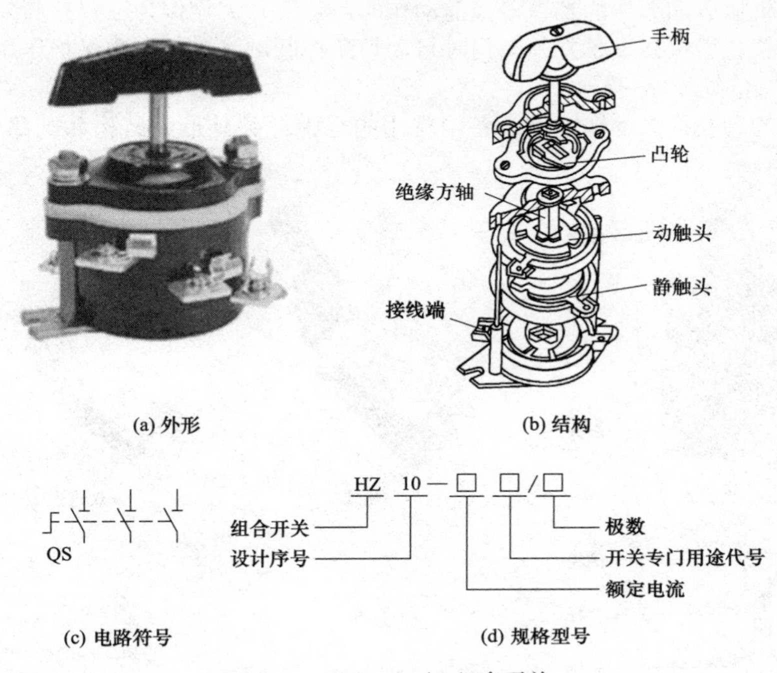

(a) 外形　　(b) 结构

QS

HZ 10－□ □/□
组合开关
设计序号
极数
开关专门用途代号
额定电流

(c) 电路符号　　(d) 规格型号

图 1.19　HZ10-10/3 组合开关

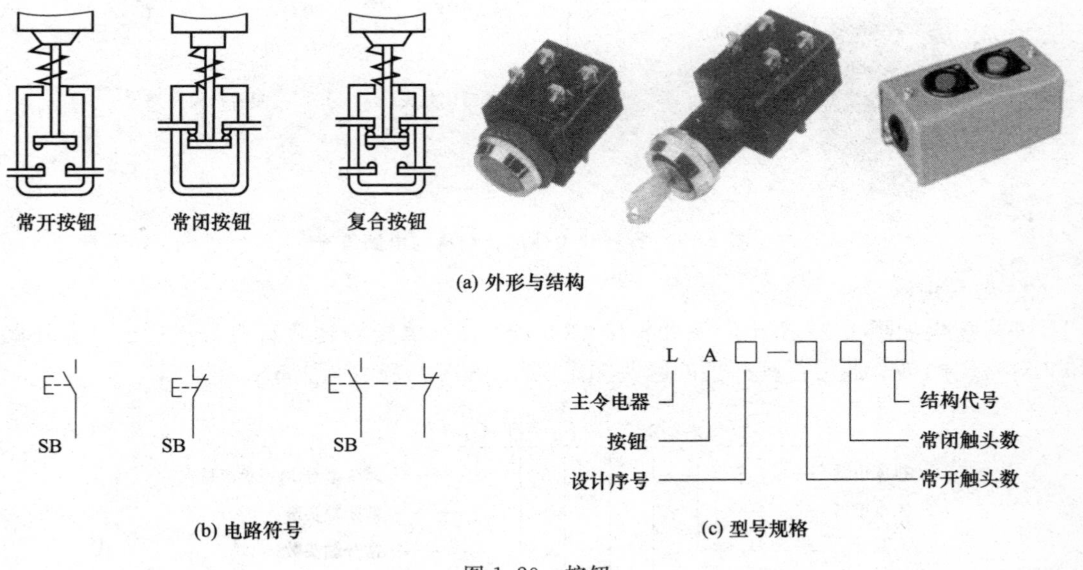

(a) 外形与结构

SB　SB　SB

L A □－□ □ □
主令电器
按钮
设计序号
结构代号
常闭触头数
常开触头数

(b) 电路符号　　(c) 型号规格

图 1.20　按钮

的型号规格如图 1.20（c）所示，例如，LA10-2K 表示为主令电器类按钮，设计序号为 10，有 2 个常开触头，K 为开启式。

2. 按钮的选用

停止按钮选用红色钮；启动按钮优先选用绿色钮，但也允许选用黑、白或灰色钮；一钮双用（启动/停止）不得使用绿、红色，而应选用黑、白或灰色钮。

（二）行程开关

行程开关与按钮的作用相同，但两者的动作方式不同，按钮是用手指操纵，而行程开关

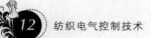

则是依靠生产机械运动部件的挡铁碰撞而动作的。行程开关除作为位置控制外，还常用作车门打开自停开关。当检修设备打开车门时自动切断控制电路，起安全保护作用。

1. 外形、结构和电路符号

行程开关的种类很多，在电气设备中常用的行程开关外形、结构和电路符号如图 1.21 所示。

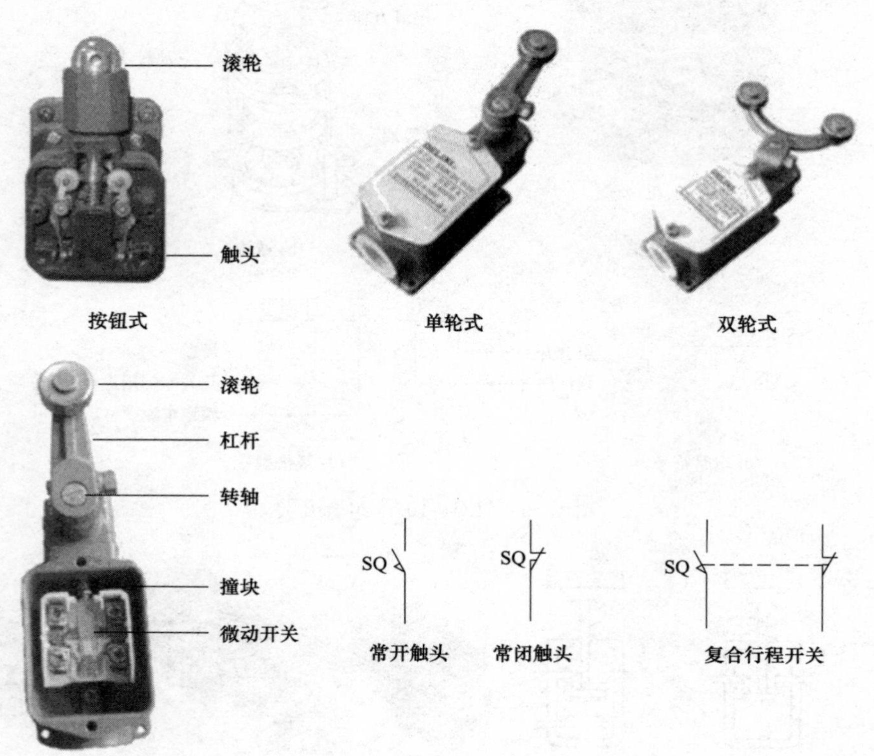

图 1.21 行程开关外形、结构与电路符号

2. 型号规格

型号规格如图 1.22 所示。例如，JLXK1-122 表示单轮旋转式行程开关，2 对常开触头和 2 对常闭触头。通常行程开关的触头额定电压 380V，额定电流 5A。

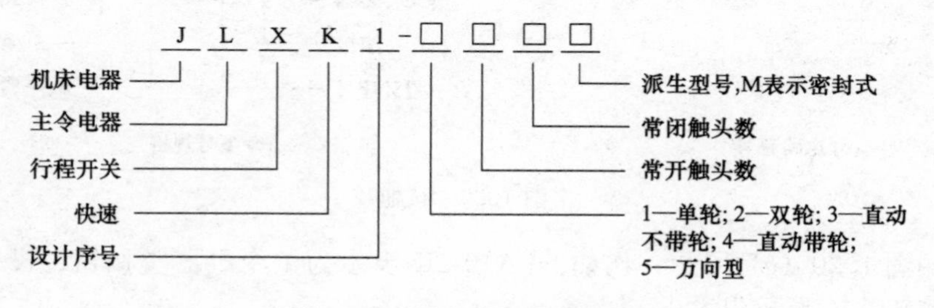

图 1.22 行程开关的型号规格

第二节 三相交流异步电动机

纺织设备都是通过电动机进行拖动的，要使电动机按照生产工艺的要求进行运转，必须

具备相应的电气控制线路。要对电动机进行控制，必须对电动机的运行原理有所了解。

一、三相交流异步电动机的结构

三相交流异步电动机的构件分解如图 1.23 所示。三相交流异步电动机主要由定子（固定部分）和转子（旋转部分）两大部分构成。

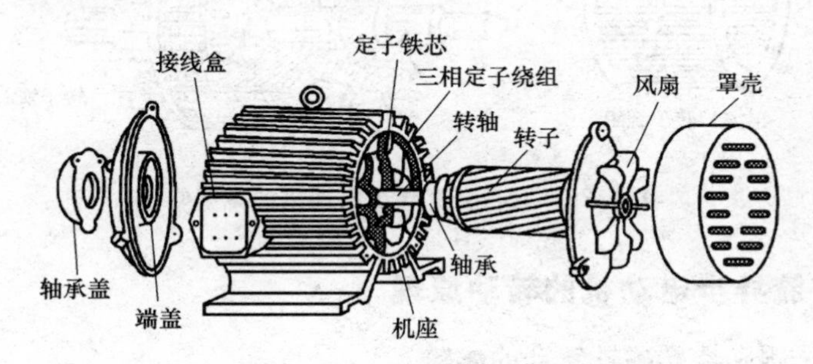

图 1.23　三相交流异步电动机构件分解图

1. 定子

定子由机座、定子铁芯和三相定子绕组等组成。机座通常采用铸铁或钢板制成，起到固定定子铁芯、利用两个端盖支撑转子、保护整台电动机的电磁部分和散热的作用。定子铁芯由 0.35～0.5mm 厚的硅钢片叠压而成，片与片之间涂有绝缘漆以减少涡流损耗，定子铁芯构成电动机的磁路部分。硅钢片内圆上冲有均匀分布的槽，用于对称放置三相定子绕组。机座与定子铁芯如图 1.24 所示。

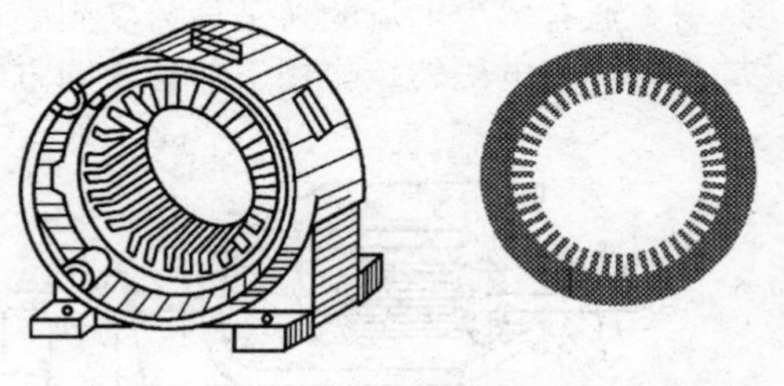

图 1.24　三相交流异步电动机的机座与定子铁芯

三相定子绕组通常采用高强度的漆包线绕制而成，U 相、V 相和 W 相引出的 6 根出线端接在电动机外壳的接线盒里，其中 U1、V1、W1 为三相绕组的首端，U2、V2、W2 为三相绕组的末端。三相定子绕组根据电源电压和绕组的额定电压连接成 Y 形（星形）或 Δ 形(三角形)，三相绕组的首端接三相交流电源，如图 1.25 所示。

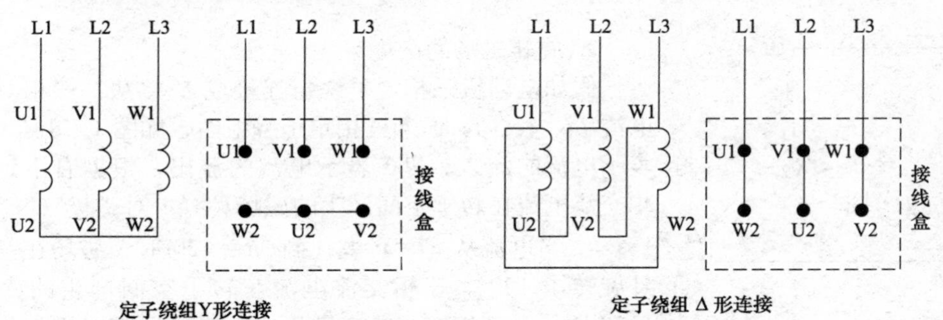

图 1.25　三相交流异步电动机定子绕组连接方式

2. 转子

三相交流异步电动机的转子由转轴、转子铁芯和转子绕组等组成。转轴用来支撑转子旋转，保证定子与转子间均匀的空气隙。转子铁芯也是由硅钢片叠成，硅钢片的外圆上冲有均匀分布的槽，用来嵌入转子绕组，转子铁芯与定子铁芯构成闭合磁路。转子绕组由铜条或熔铝浇铸而成，形似鼠笼，故称为鼠笼型转子，如图 1.26 所示。

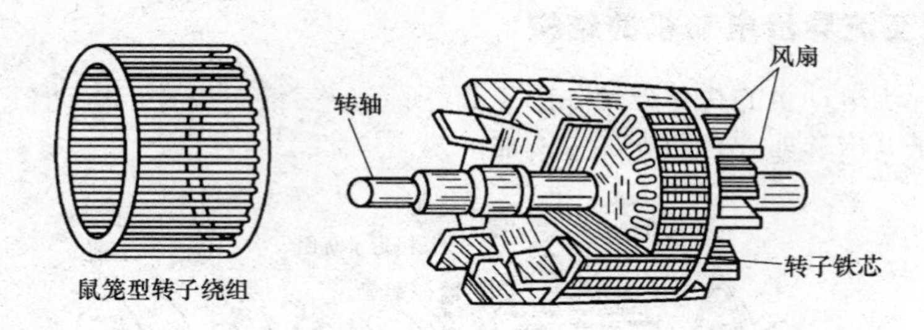

图 1.26 三相交流异步电动机的笼型转子

二、三相交流异步电动机的转动原理

1. 鼠笼型转子跟随旋转磁铁转动的实验

为了说明三相交流异步电动机的转动原理，先来做一个如图 1.27 所示的实验。在实验中，鼠笼型转子与手动旋转磁铁始终同向旋转。这是因为，当磁铁旋转时，转子导体作切割磁力线的相对运动，在转子导体中产生感生电动势和感生电流，感生电流的方向可用右手定则判别。通有感生电流的转子导体受到磁场力的作用，电磁力 F 的方向可用左手定则判别，于是，转子在电磁转矩作用下与磁铁同方向旋转。

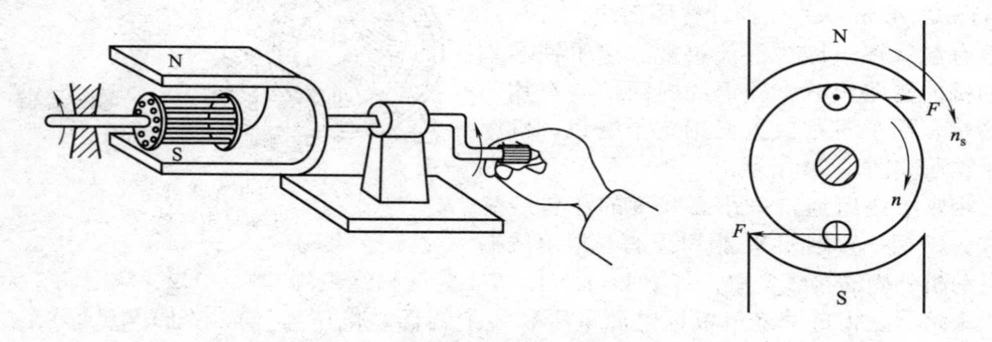

图 1.27 鼠笼型转子跟随旋转磁铁转动的实验

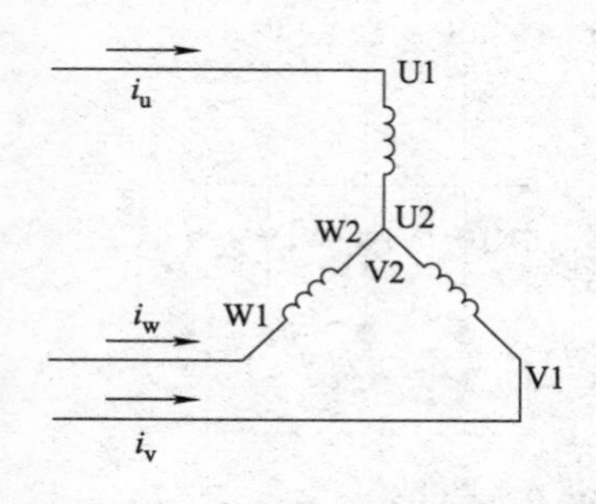

图 1.28 定子绕组通入三相电流

2. 旋转磁场的产生

假如电动机三相定子绕组连接成 Y 接法，三相对称交流电流 i_u、i_v、i_w 通入三相定子绕组内，如图 1.28 所示。以⊕表示电流的流入，以⊙表示电流的流出，根据右手定则，三相交流电流在转子空间产生的磁场具有 1 对磁极（N、S 极各 1 个）。当电流从 $\omega t=0°$变化到 $\omega t=120°$时，磁场在空间顺时针旋转了 120°。三相交流电流在转子空间产生的磁场如图 1.29 所示。三相交流电流产生的合成磁场随电流变化在转子空间不断地旋转，这就是旋转磁场的产生原理。

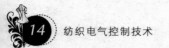

三相交流电流变化一个周期，2 极（1 对磁极）旋转磁场旋转 360°，即正好旋转 1 圈。若电源频率 $f_1=50\text{Hz}$，则旋转磁场每分钟旋转 $n_s=60f_1=60\times50=3000\text{r/min}$。当旋转磁场具有 4 极即 2 对磁极时，其转速仅为 1 对磁极时的一半，即 $n_s=60f_1/2=60\times50/2=1500\text{r/min}$。所以，旋转磁场的转速与电源频率和旋转磁场的磁极对数有关。当旋转磁场具

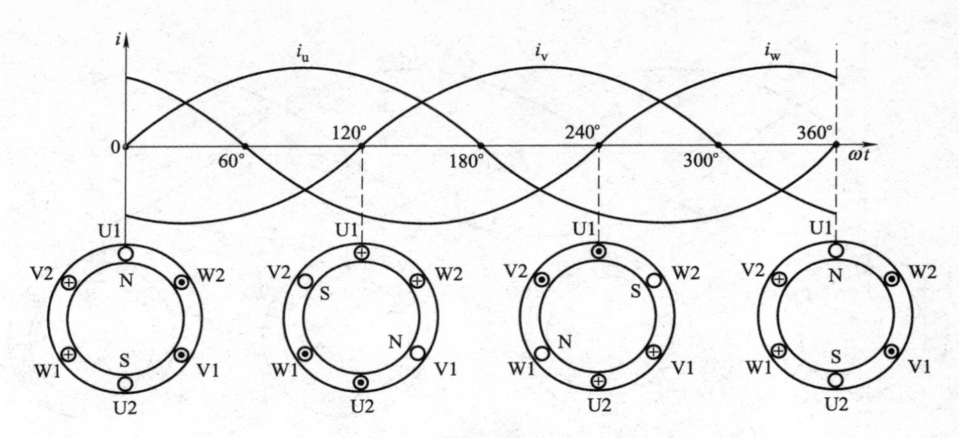

图 1.29　转子空间旋转磁场顺时针旋转

有 P 对磁极时，旋转磁场的转速为

$$n_s = \frac{60f_1}{P}$$

式中　n_s——旋转磁场的转速，r/min；

f_1——交流电源的频率，Hz；

P——电动机定子绕组的磁极对数。

设电源频率为 50Hz，电动机磁极个数与旋转磁场的转速关系见表 1.2。

表 1.2　磁极个数与旋转磁场转速的关系

磁极/个	2 极	4 极	6 极	8 极	10 极	12 极
n_s/r·min^{-1}	3000	1500	1000	750	600	500

3. 三相交流异步电动机的转动原理

当电动机的三相定子绕组通入三相交流电流时，便在转子空间产生旋转磁场，旋转磁场切割转子导条，在转子导条上产生感应电动势，形成感应电流，感应电流在磁场的作用下产生电磁转矩，从而驱动转子旋转。由图 1.27 所示实验结果可知，转子将在电磁转矩作用下与旋转磁场同向转动。但转子的转速不可能与旋转磁场的转速相等，因为如果两者相等，则转子与旋转磁场之间便没有相对运动，转子导条不切割磁力线，不能产生感生电动势和感生电流，转子就不会受到电磁力矩的作用。所以，转子的转速要始终小于旋转磁场的转速，这就是异步电动机名称的由来。

4. 三相交流电动机的反向旋转

电动机转子的转动方向与旋转磁场的旋转方向相同，如果需要改变电动机转子的转动方向，必须改变旋转磁场的旋转方向。旋转磁场的旋转方向与通入定子绕组的三相交流电流的相序（电流达到最大值的先后顺序）有关，在图 1.28 中，如果将 i_v 通入 W 相，i_w 通入 V 相，则形成的旋转磁场如图 1.30 所示。从图中可以看出，旋转磁场逆时针旋转。因此，将定子绕组接入三相交流电源的导线任意对调两根，则旋转磁场改变转向，电动机也随之换向。

三、三相交流异步电动机的铭牌

每一台三相异步电动机的机座上都一块标注有主要技术数据的铭牌，主要参数有电动机的型号、额定数据、定子绕组的接法及接线图等，如图 1.31 所示。

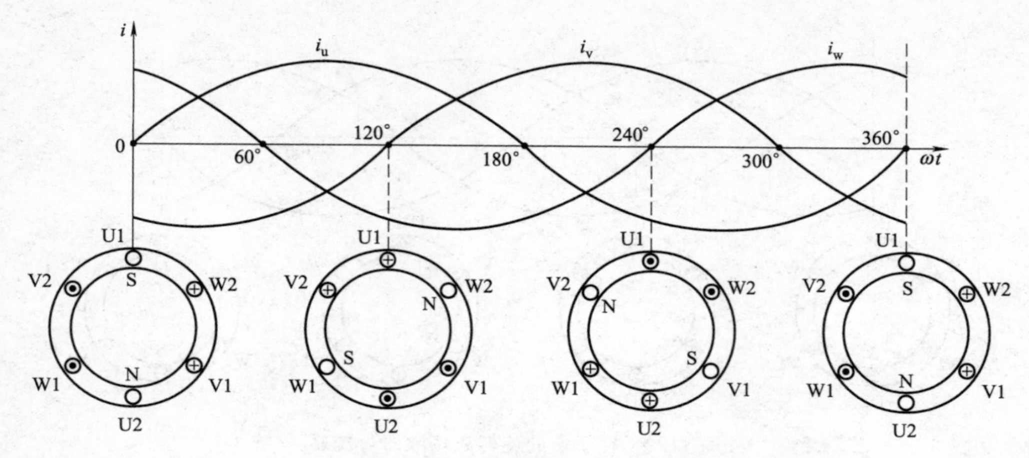

图 1.30　转子空间旋转磁场逆时针旋转

三相异步电动机					
型号	Y132S2-2	电压	380V	接法	△
容量	7.5kW	电流	15A	工作方式	连续
转速	2900r/min	功率因数	0.88	温升	80℃
频率	50Hz	绝缘等级	B	重量	××
×××电动机厂		产品编号×××		年　月	

图 1.31　三相异步电动机的铭牌

1. 型号规格

普通三相异步电动机的型号规格如图 1.32 所示。例如，Y132S1-2 表示普通三相笼型异步电动机，机座中心高为 132mm，短机座，短铁芯，旋转磁场的磁极数为 2，即磁极对数 P 为 1，同步转速为 3000r/min。

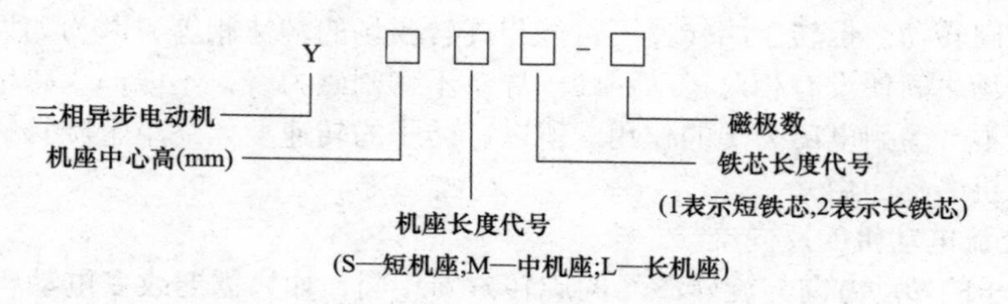

图 1.32　三相异步电动机的型号规格

2. 额定数据

电动机的额定值是使用和维护电动机的重要依据，电动机应该在额定状态下工作。

(1) 额定功率 (kW)。指电动机在额定运行状态下，转轴上输出的机械功率。

(2) 额定电压 (V)。指电动机在正常运行时，定子绕组规定使用的线电压。常用的中小功率电动机额定电压为 380V。电源电压值的波动一般不应超过额定电压的 5%，电压过高，电动机容易烧毁；电压过低，电动机可能带不动负载，也容易烧坏。

(3) 额定电流 (A)。指电动机在输出额定功率时，定子绕组允许通过的线电流。由于

电动机启动时转速很低，转子与旋转磁场的相对速度差很大，因此，转子绕组中感生电流很大，引起定子绕组中电流也很大，所以，电动机的启动电流约为额定电流的4～7倍。通常由于电动机的启动时间很短（几秒），所以尽管启动电流很大，也不会烧坏电动机。

（4）额定转速（r/min）。指电动机在额定电压、额定频率及输出额定功率时的转速。

（5）额定频率（Hz）。指电动机在额定条件运行时的电源频率。我国交流电的频率为50Hz，在调速时则可通过变频器改变电源频率。

（6）接法。指三相定子绕组的连接方式。当额定电压为380V时，小功率（3kW以下）电动机多为Y形连接，中、大功率电动机为△形连接。

（7）工作制　电动机工作制即工作方式是对电动机承受负载情况的说明，包括启动、空载、负载、电制动、断能停转以及这些阶段的持续时间和先后顺序。工作制主要有连续工作制—S1、短时工作制—S2和断续周期工作制—S3。

（8）防护等级　防护等级通常用IP标示，后面由两个数字所组成，第1个数字表示防尘等级，第2个数字表示防水等级，数字越大表示其防护等级越高。普通三相异步电动机的防护等级为IP44。

第三节　电气控制线路图的绘制原则

电气控制线路即低压电器控制线路，其按照一定的工艺要求，由常用低压电器组成，按以实现设备自动控制的线路。电气电器控制线路图通常有三种表示方法：电气原理图、电气元件布置图和电气安装接线图。

为了便于阅读和绘制，电气控制线路图中所采用各电器元件的图形和文字符号必须符合最新的国家标准。

一、电气原理图

用规定图形符号来表示各种电器元件，并用相应的文字符号对图形符号进行必要的说明，并根据电路工作原理所绘制的图形称之为电气原理图。电气原理图以其结构简单、层析分明、便于研究和分析电路的工作原理等优点，在生产机械的设计部门和生产现场都得到了广泛应用。

1. 电气原理图绘制原则

电气原理图通常采用电器元件展开形式进行绘制，以便于阅读和分析控制线路。

如图1.33所示为某机床的电气原理图，结合该图说明电气原理图具体的绘制原则。

（1）图中所有电器元件的图形和文字符号都必须采用国家规定的统一标准。同一种类的电气元件若有多个，应在文字符号后面加上数字序号进行区分，如SB1、SB2。

（2）电气原理图分为主电路和控制电路两部分。主电路中流过的电流比较大，由电源、接触器主触头、电动机等电器元件组成，通常画在电气原理图的左边。如图中支路1、2、3为主电路。主电路之外的电路称为控制电路。其流过的电流比较小，通常由接触器辅助触头、按钮、电器元件线圈、继电器触头等组成，画在电气原理图的右边。

（3）同一个电器元件的不同部件根据其控制需要，采用展开形式分别画在不同的位置。如图中接触器KM所示，其主触头用于控制电动机的启停，所以画在主电路中，线圈和辅助触头画在控制电路中，并根据实际的控制功能画在相应的控制支路中。

（4）控制支路在图中所处的位置应按照线路通电后电器元件动作的先后顺序画出，即从左到右、从上到下画出。

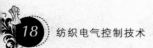

(5) 接触器及继电器等元件的触头应按其线圈未得电时的状态画出，按钮、行程开关、刀开关等元件的触头应按未受力时的原始状态画出。

(6) 电气原理图中尽量避免线路交叉。当两条交叉线路有电联系时，在其电气连接点用实心圆点标出。

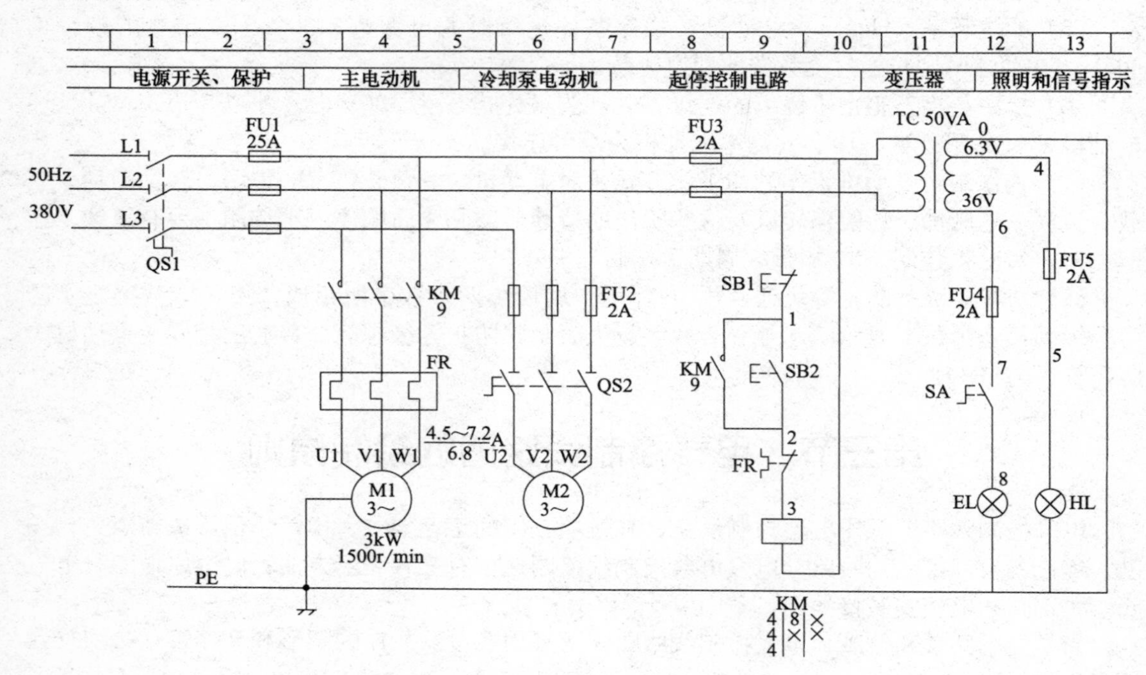

图 1.33 某机床电气原理图

2. 元器件表示方法

由于电气原理图采用电器元件展开形式进行绘制，为了便于快速准确地进行电路分析，需要采用一定的形式来表明同一个电器元件各部分在图中的位置。

通常采用的方法是电路区号表示法。即首先对整个电气原理图的每个电路或分支电路按照从左至右的顺序进行编号，从而确定各支路的位置区号。如图 1.33 中的 1、2、3 等数字即为电路区号，图上方与电路区号对应的文字表明对应电路区号或线路的功能。例如，电路区号 2 的功能是主电动机的控制线路。

在电气原理图中，接触器和继电器线圈与触头之间的从属关系使用图 1.34 的表示方法，即在原理图中相应线圈下方给出触头的图形符号，并在下面标明相应触头的索引代码，对于在电气原理图中没有用到的触头类型，应用“×”表明，有时也可省略。在图 1.33 中，对应接触器 KM 线圈下方的文字是接触器相应触头所处位置的索引指示，即采用电路区号表示法表示接触器各触头所处的位置。从左至右分别表示接触器主触头、辅助常开触头和辅助常闭触头在图中所处的电路区号数，对于继电器，电路编号表示法中左栏表示其常开触头所处的电路编号，右栏表示其常闭触头所处的电路编号。

二、电气元件布置图

电气元件布置图主要用来表明电气设备中所有电动机、电器元件的实际安装位置，是电气设备安装和维修时的必备资料。安装位置是由生产设备的结构和工作要求决定的，如作为电力拖动的电动机应与被拖动的机械负载在一起，按钮等手动控制的电器元件应集中排放，

左栏	中栏	右栏
主触头所在的区号	辅助常开触头所在的区号	辅助常闭触头所在的区号

（a）接触器的索引表示法

左栏	右栏
辅助常开触头所在的区号	辅助常闭触头所在的区号

（b）继电器的索引表示法

图 1.34 索引表示法

并放在便于操作的地方，电动控制的电器元件应放在控制柜内。

设备的轮廓线用细实线或点画线表示，所有能见到的和需清楚表示的电器元件，均应用粗实线绘制出简单的外形轮廓，并留出线槽和备用面积。

具体的绘制规则如下：

(1) 体积大和较重的元件应安装在电器板的下面，发热元件应安装在电器板的上面。

(2) 强电与弱电分开并注意屏蔽，防止外界干扰。

(3) 需要经常维护、检修、调整的电器元件安装位置不宜过高或过低。

(4) 电器元件的布置应考虑整齐、美观、对称。外形尺寸与结构类似的电器安放在一起，以利于加工、安装和配线。

(5) 电器元件布置不宜过密，若采用板前走线槽配线方式，应适当加大各排电器间距，并要求标出各电器元件之间的间距尺寸，以利于布线和维护。

(6) 根据本部件进出线的数量和所采用导线的规格，选择进出线方式及适当的接线端子板或接插件，按一定顺序标上进出线的接线号。

三、电气安装接线图

电气安装接线图是根据电气设备和电器元件的实际结构和安装需求而绘制的，主要用于安装接线、线路检查、线路维修和故障处理。绘制安装接线图应遵循以下原则：

(1) 各电器元件的图形文字符号、元件连接顺序、接线端子编号都必须与电气原理图一致，同一电器元件的所有部件必须画在一起，并用点画线框起来。

(2) 各电器元件的相对位置应与实际安装的相对位置一致。

(3) 不在同一安装底板或控制柜的电器元件的电气连接必须通过端子板进行转接，且端子板的接线编号和电器元件的连接顺序应与原理图一致。

(4) 画导线时，应标明导线的规格、型号、根数和穿线管的尺寸，走向相同的多根导线可用单线表示。

第四节 常用电气控制线路

三相笼型绕组的异步电动机工艺简单，价格低廉，并且启动和调速性能基本可以满足设备的工艺要求，因此，80%以上的工业设备都采用三相笼型异步电动机作为动力源。其基本控制线路主要包括直接启动控制、降压启动控制及制动等控制线路。

一、直接启动控制线路

（一）点动控制

点动控制适用于电动机短时间运转，例如，点动控制常用于纺纱生头或调试设备。如图

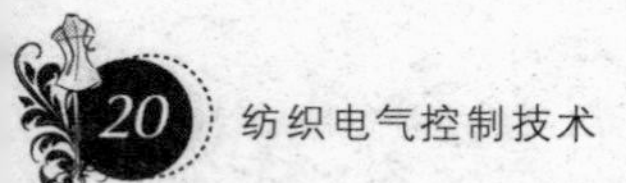

1.35 所示为电动机点动控制线路原理图，点动控制操作为：按下点动按钮 SB，电动机 M 启动运转；松开点动按钮 SB，电动机 M 停止。

（二）自锁控制

点动控制仅适用于电动机短时间运转，而纺织设备都是长时间连续工作的，那么需要具有连续运行功能的控制电路。在启动按钮的两端并接一对接触器的辅助常开触头（称为自锁触头），当松开启动按钮后，虽然按钮复位分断，但依靠接触器的辅助常开触头仍可保持控制电路的接通状态。这种能使电动机连续工作的电路称为自锁控制线路。

图 1.36 所示为自锁控制线路原理图，电动机自锁控制要求是：按下启动按钮 SB1，电动机运转；按下停止按钮 SB2，电动机停止。

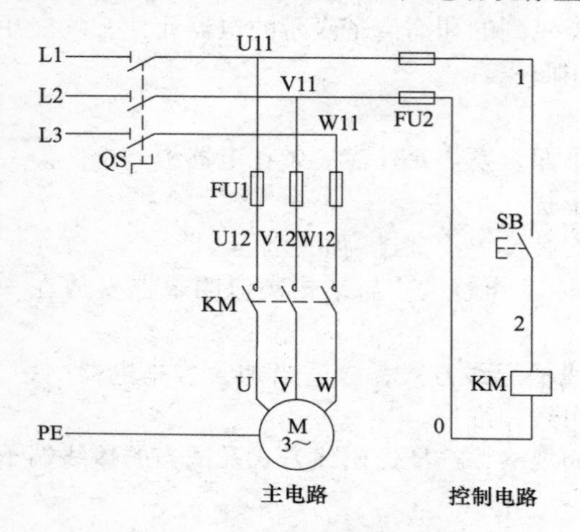

图 1.35　点动控制线路原理图

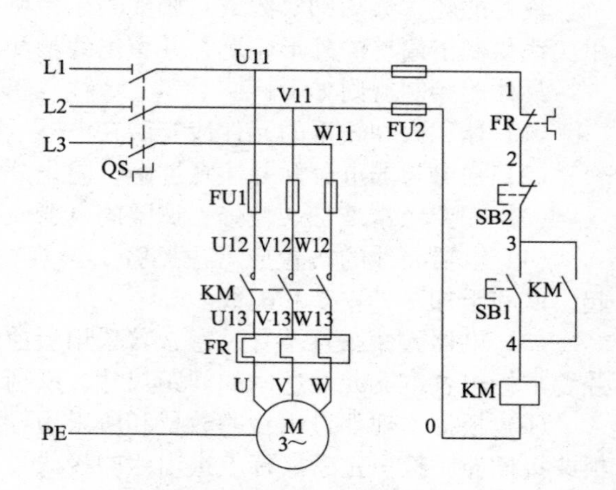

图 1.36　自锁控制线路原理图

合上电源隔离开关 QS。

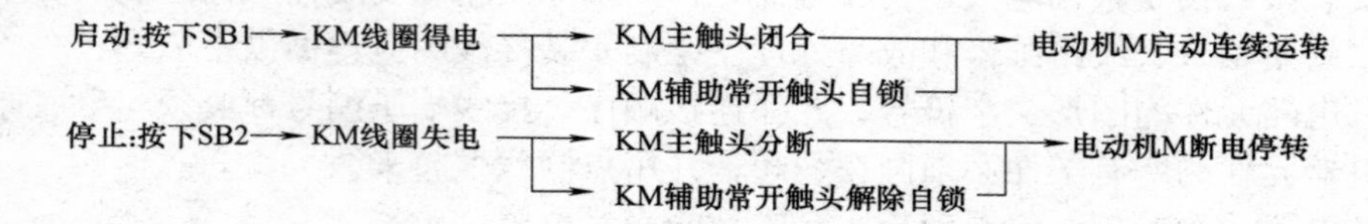

自锁控制线路具有欠压、失压和过载保护功能。

1. 欠压保护

当线路电压下降到一定值时，接触器电磁系统产生的电磁吸力减小。当电磁吸力减小到小于复位弹簧的弹力时，动铁芯就会释放，主触头和自锁触头同时分断，自动切断主电路和控制电路，使电动机断电停转，起到了欠压保护的作用。

2. 失压保护

失压保护是指电动机在正常工作时，由于某种原因突然断电时，能自动切断电动机的电源，而当重新供电时，保证电动机不可能自行启动的一种保护。

3. 过载保护

点动控制属于短时工作方式，因此不需要对电动机进行过载保护。而自锁控制线路中的电动机往往要长时间工作，所以必须对电动机进行过载保护。将热继电器的热元件串联接入主电路，常闭触头串联接入控制电路。当电动机正常工作时，热继电器不动作。当电动机过载且时间较长时，热元件因过流发热引起温度升高，使双金属片受热膨胀弯曲变形，推动传动推杆使热继电器常闭触头断开，切断控制电路，接触器线圈失电而断开主电路，实现对电动机的过载保护。

由于热继电器的热元件具有热惯性，所以热继电器从过载到触头断开需要延迟一定的时间，即热继电器具有延时动作特性。这正好符合电动机的启动要求，否则电动机在启动过程中也会因过载而断电。但是，正是由于热继电器的延时动作特性，即使负载短路也不会瞬时断开，因此热继电器不能作为短路保护。热继电器的复位应在过载断电几分钟后待热元件和双金属片冷却后进行。

（三）正反转控制

机械设备的运动部件常常需要改变运动方向，例如，抓棉小车可以前进或后退，抓棉臂能上升或下降，整经和浆纱机的上落轴需上升和下降，这些都要求拖动电动机能够正反转运行。电动机正反转控制要求是：按下正转按钮，电动机正转；按下停止按钮，电动机停止；按下反转按钮，电动机反转。电动机正反转控制线路如图 1.37 所示。

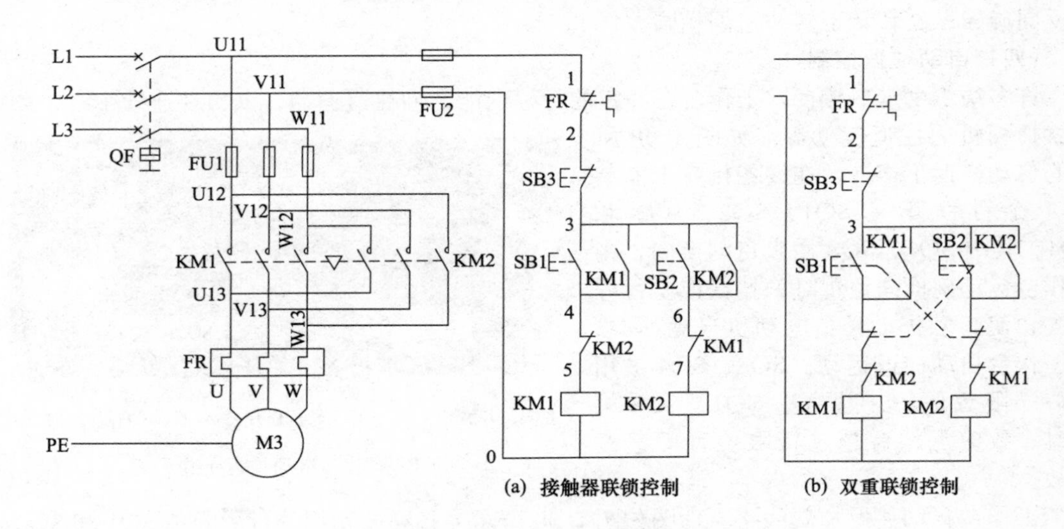

(a) 接触器联锁控制　　(b) 双重联锁控制

图 1.37　正反转控制线路原理图

由电动机原理可知，当改变三相交流电动机的电源相序时，电动机便改变转动方向。正反转控制线路中正转接触器 KM1 引入电源相序为 L1—L2—L3，使电动机正转；反转接触器 KM2 引入电源相序为 L3—L2—L1，使电动机反转。

正转接触器与反转接触器不允许同时接通，否则会出现电源短路事故。在控制电路中，必须采用接触器联锁措施，联锁的方法是将接触器的常闭触头与对方接触器线圈相串联。当正转接触器工作时，其常闭触头断开反转控制电路，使反转接触器线圈无法通电工作。同理，反转接触器联锁控制正转接触器电路。在电路中起联锁作用的触头称为联锁触头。

接触器联锁的正反转控制线路如图 1.37（a）所示，该电路安全可靠，不会因接触器主触头熔焊不能脱开而造成电源短路事故，但改变电动机转向时需要先按下停止按钮，适用于对换向速度无要求的场合，其工作原理如下：

1. 正转

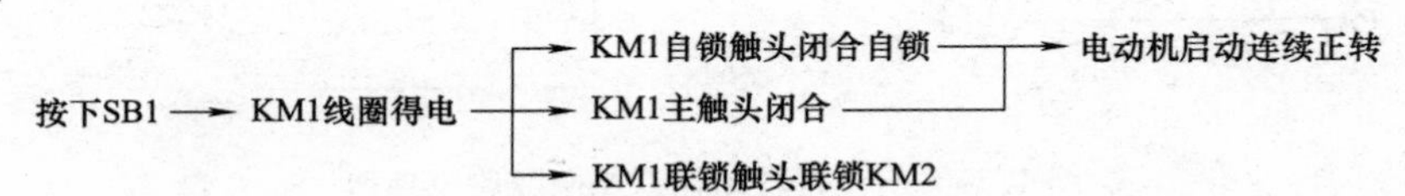

2. 停止

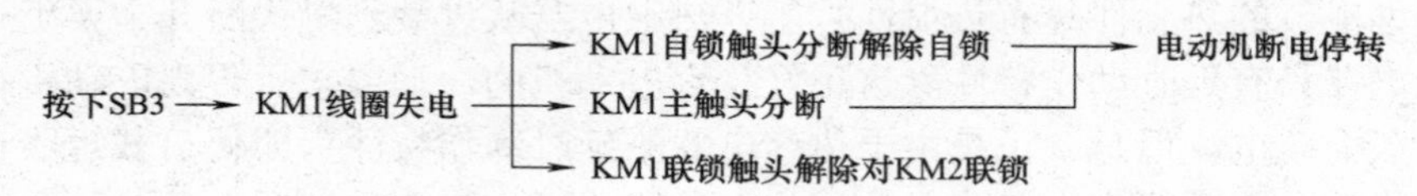

3. 反转

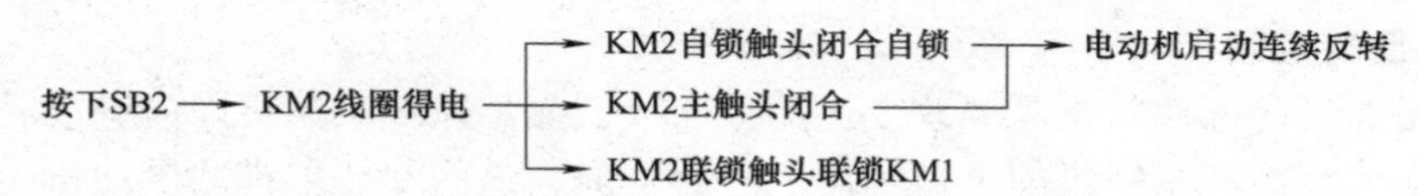

接触器联锁的正反转控制线路在正反转换向时要经过停止按钮，图 1. 37（b）使用了复合按钮和接触器的常闭触头实现正反转直接切换，即在正转时，直接按反转按钮就能使电动机反向旋转；反转转正转，道理相同。

（四）自动往返控制

许多纺织生产机械要求工作台在一定的行程内能自动往返运动，以实现连续生产，如往复式抓棉机的往返运动等。如图 1. 38 所示的自动往返工作台，在设备机身上安装了 4 个行程开关 SQ1、SQ2、SQ3 和 SQ4，其中 SQ1、SQ2 用来自动换向，当工作台运动到换向位置时，挡铁撞击行程开关，使其触头动作，电动机自动换向，使工作台自动往返运动。SQ3、SQ4 被用作终端限位保护，以防止 SQ1、SQ2 损坏时，致使工作台越过极限位置而造成事故。

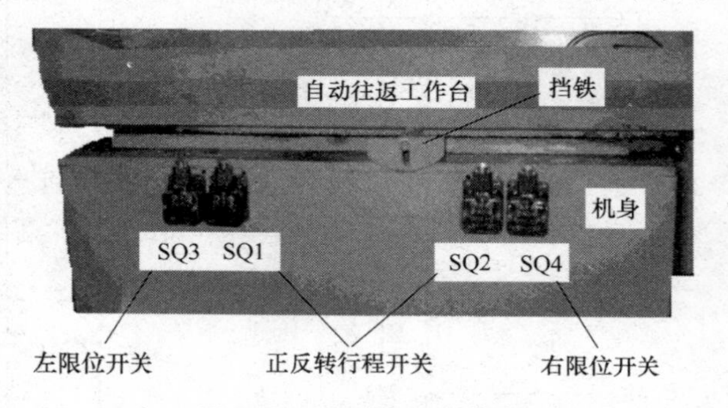

图 1. 38 自动往返工作台

工作台自动往返控制线路原理图如图 1. 39 所示。起换向作用的行程开关 SQ1 和 SQ2 用复合开关，动作时其常闭触头先断开对方控制电路，然后其常开触头接通自身控制电路，实现自动换向功能。当行程开关 SQ3 或 SQ4 动作时则切断控制电路，电动机停止。

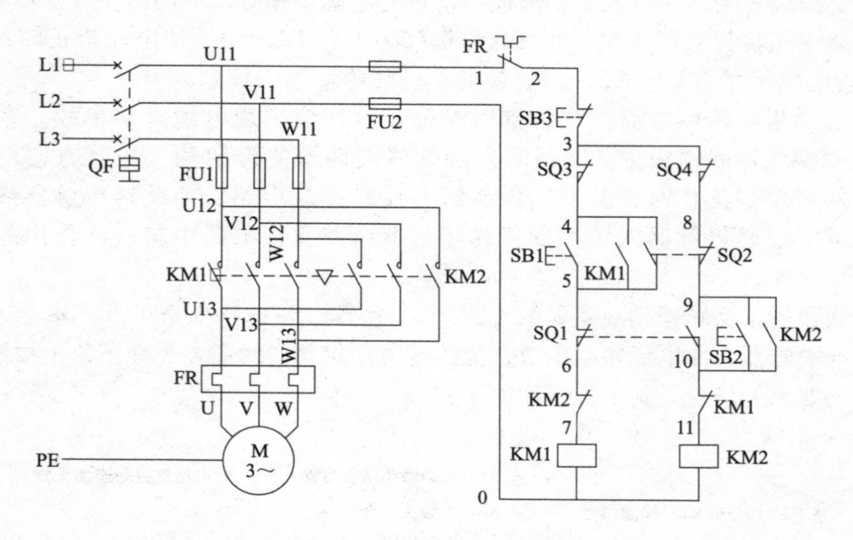

图 1. 39 工作台自动往返控制线路原理图

工作台自动往返控制电路电路工作原理如下：

1. 启动

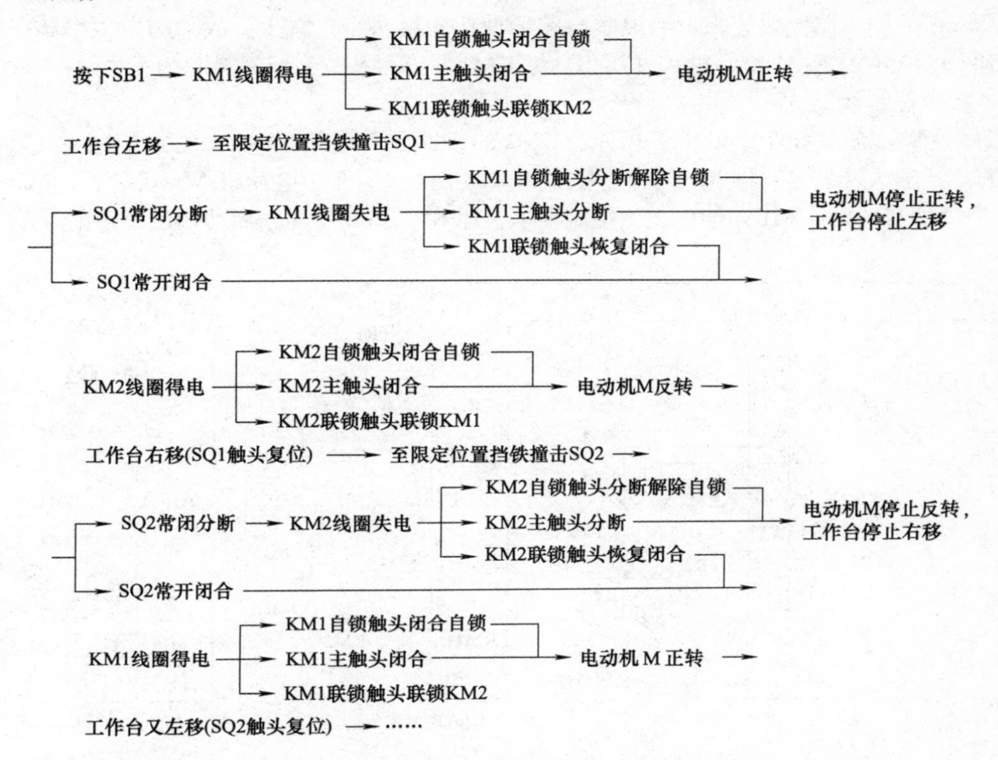

不断重复上述过程，工作台就在限定的行程内作自动往返运动。

2. 停止

停车时只需按下停止按钮 SB3 即可。

（五）顺序控制

在装有多台电动机的生产设备上，根据生产工艺要求，各台电动机往往需要按一定的先后顺序启动或停止。例如，开棉机要求打手电动机启动后，给棉电动机才能启动，否则会造成给棉噎车。自动络筒机除主机各部分电动机顺序启动之外，槽筒电动机应分节启动，否则刚启动时，压缩空气的压力不足，槽筒电动机全部启动会使所有捻接器不能同时正常工作。像这种要求几台电动机的启动或停止，必须按照一定的先后顺序来完成的控制方式，称为电动机顺序控制。

如果有两台电动机，控制要求是：第 1 台电动机 M1 先启动，第 2 台电动机 M2 后启动。顺序控制可以通过在控制后启动电动机接触器线圈电路上串联一个控制先启动电动机接触器的常开触头来实现。

1. 顺序控制线路 1

顺序控制线路 1 如图 1. 40（a）所示，后启动接触器 KM2 的线圈电路串接了先启动接触器 KM1 的常开触头（7、8）。显然，只有电动机 M1 启动后，电动机 M2 才能启动；按下 M2 停止按钮 SB22 时，M2 可单独停止；按下 M1 停止按钮 SB12 时，M1、M2 同时停止。KM1 的常开触头（7、8）起联锁控制 KM2 的作用。

2. 顺序控制线路 2

顺序控制的另一种实现线路如图 1. 40（b）所示，电动机 M2 的接触器 KM2 的线圈电路串接了 KM1 的常开触头（4、5）。显然，只有 M1 启动后，M2 才能启动；按下停止按钮时，M1、M2 同时停止。KM1 的常开触头（4、5）有两个作用，一是自锁，二是联锁控制 KM2。与图 1.40 所示的电路比较起来，明显本电路所使用的触头少，减少了故障的发生率。它实际上是将图 1.40 中的 KM1 常开触头（7、8）与 KM1 常开触头（4、5）合并为一个。

3. 顺序控制线路 3

顺序控制线路 3 如图 1.40（c）所示，KM2 的线圈电路串接了 KM1 的常开触头（7、8），KM2 的常开触头（3、4）与 M1 的停止按钮 SB12 并接。实现了电动机 M1 启动后，M2 才能启动；而 M2 停止后，M1 才能停止的控制要求，即 M1、M2 是顺序启动，逆序停止。

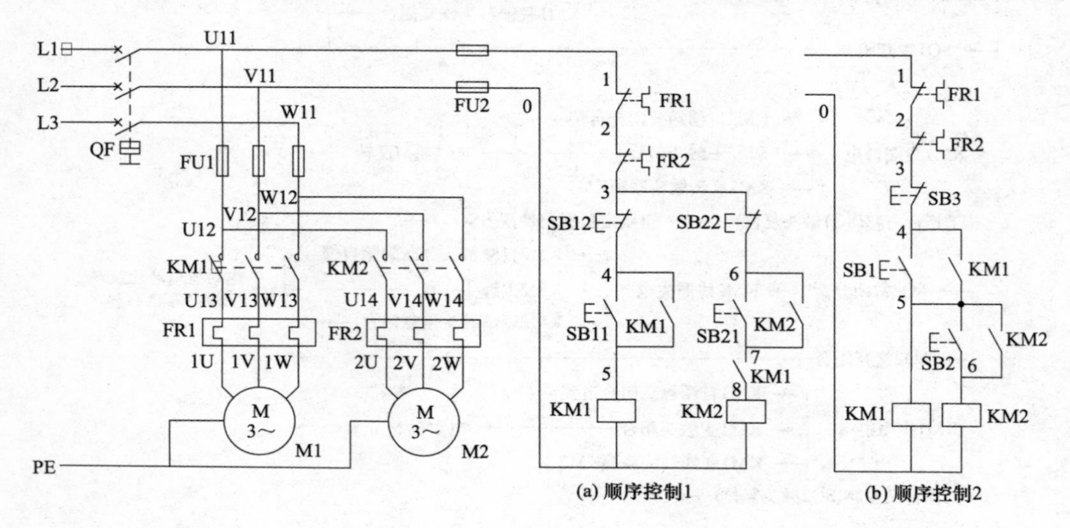

(a) 顺序控制1　(b) 顺序控制2

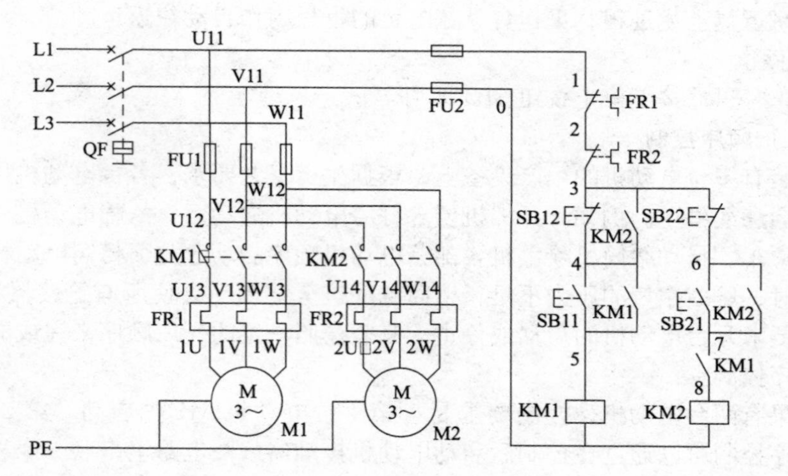

(c)顺序控制3

图 1.40 顺序控制线路

（六）多地控制

有的生产设备机身较长（如络筒机、浆纱机），并且启动和停止操作很频繁，为了减少操作人员的行走时间、提高生产效率，常在设备机身多处安装控制按钮。如图 1.41 所示为甲、乙两地自锁控制线路，其中 SB11、SB12 为安装在甲地的启动/停止按钮，SB21、SB22 为安装在乙地的启动/停止按钮，这样就可以分别在甲、乙两地控制同一台电动机启动或

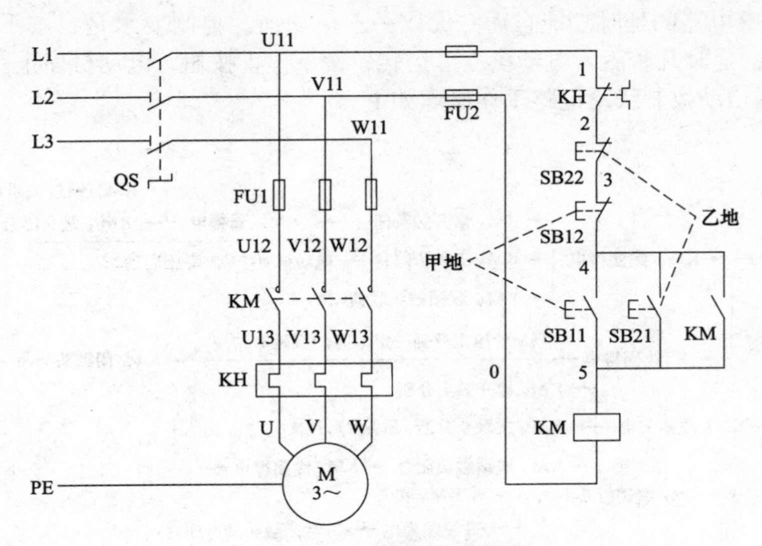

图 1.41　两地自锁控制线路

停止。

对两地以上的多地控制，只要把各地的启动按钮并接、停止按钮串接就可以实现。

二、降压启动控制线路

(一) 星形—三角形降压启动控制线路

中、大功率电动机启动时把定子绕组接成 Y（星）形（绕组电压 220V），运转后把定子绕组接成△（三角）形（绕组电压 380V），这种启动方式称为 Y—△降压启动。Y—△降压启动可使启动时电源线电流减少为全压启动的 1/3，有效避免了启动时过大电流对电动机和供电线路的影响。

电动机 Y—△降压启动控制线路如图 1.42 所示。通常在控制电路中接入时间继电器

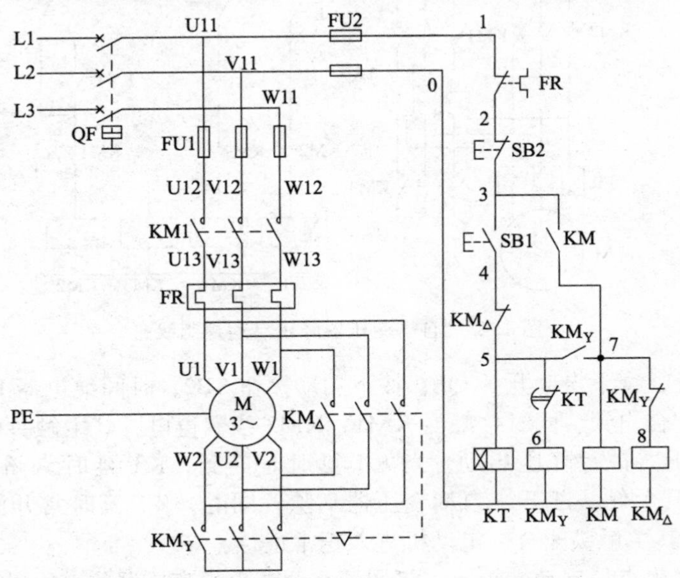

图 1.42　Y—△降压启动控制线路原理图

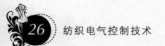

KT，利用时间继电器的延时功能自动完成 Y—△形切换。控制要求是：按下启动按钮，电动机 Y 形启动，延时几秒后，电动机△形运转；按下停止按钮，电动机停止。

Y—△降压启动控制线路电路工作原理如下：

1. 启动

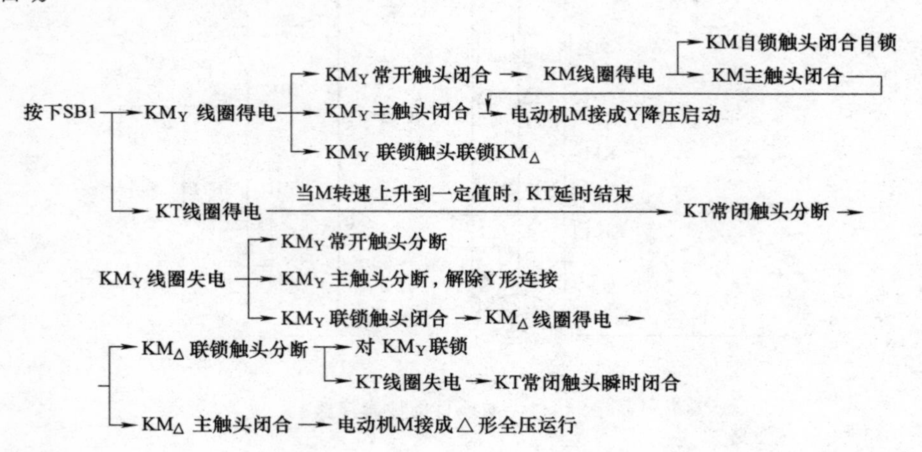

2. 停止

停止时，按下 SB2 即可实现。

（二）自耦变压器降压启动

在自耦变压器降压启动控制线路中，通过串联自耦变压器进行降压来实现电动机启动电流的限制。串联自耦变压器降压启动控制线路如图 1. 43 所示。

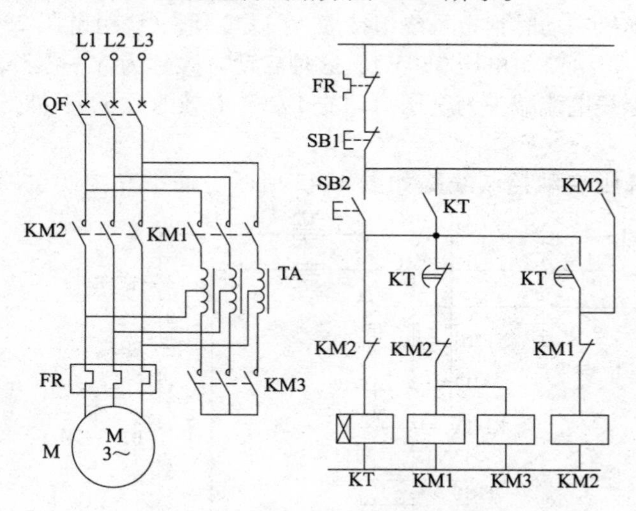

图 1. 43 自耦变压器降压启动控制线路

电动机启动时，合上自动开关 QF，按下启动按钮 SB2，时间继电器 KT 线圈得电，KT 的瞬时动作触头闭合自锁，同时接触器 KM1、KM3 线圈得电，其主触头闭合，电动机定子绕组串接自耦变压器进行降压启动。当 KT 延时时间到，KT 延时常闭触头断开，KM1、KM3 线圈失电，其主触头断开，自耦变压器切除；同时，KT 延时常开触头闭合，接触器线圈 KM2 得电，其主触头闭合，电动机进入正常运行。

自耦变压器的优点是启动转矩大，可用抽头调节自耦变压器的变比以改变启动电流和启动转矩的大小，缺点是需要一个庞大的自耦变压器，不运行频繁启动。

三、制动控制线路

三相异步电动机切断电源后，由于惯性要经过一段时间才能停止。有的场所需要迅速停车，有的需要准确停车，就要采取一些使电动机在切断电源后就迅速停车的措施，这种措施称为电动机的制动。异步电动机的制动方法可分为机械制动和电气制动。机械制动是利用机械装置强迫电动机迅速停车；电气制动是当电动机停车时，给电动机施加一个与原来旋转方向相反的制动转矩，迫使电动机转速迅速下降。机械制动比较简单，下面着重介绍电气制动，它包括反接制动、能耗制动等。另外，如果控制系统中有软启动器或变频器，可用很容易地实现制动任务。

（一）能耗制动

所谓能耗制动，就是在电动机脱离三相交流电源后，在定子绕组中加入一个直流电源，利用转子感应电流受静止磁场的作用以达到制动的目的。

能耗制动控制线路如图 1.44 所示。按下按钮 SB2，KM1 线圈得电自锁，其主触头闭合，电动机正常运行。停止时，按下按钮 SB1，KM1 线圈断电释放，电动机脱离三相交流电源；同时，KM2、KT 线圈得电自锁，KM2 主触头闭合，交流 380V 电压经变压器 TC 变压，再经桥式整流器 TB 整流，加到电动机的定子绕组上，电动机进入能耗制动状态。当时间继电器 KT 延时时间到，KT 延时常闭触头断开，KM2、KT 线圈同时断电，自锁解除，KM2 主触头断开，电动机能耗制动结束。

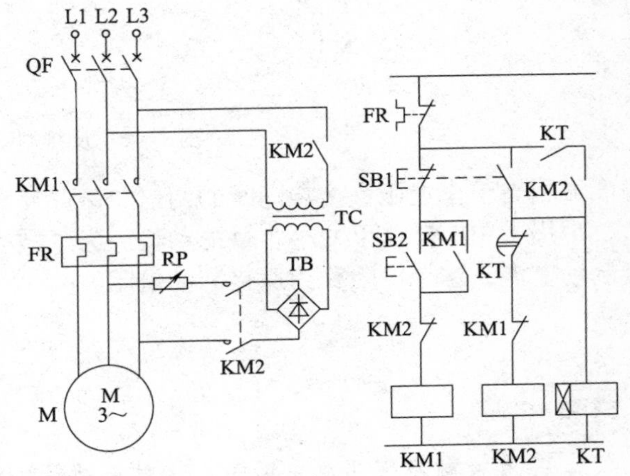

图 1.44　能耗制动控制线路

能耗制动消耗的能量少，制动效果不明显。同时还需要一个直流电源，控制电路比较复杂，适合于电动机容量较大和启动、制动频繁的场合。

（二）反接制动

反接制动是利用改变电动机电源的相序，使定子绕组产生与转子旋转方向相反的旋转磁场，从而产生制动转矩的一种制动方法。反接制动控制的关键是电动机电源相序的改变，当电动机的转速下降到接近于零时，要将电源自动切断，否则电动机会发生反转，为此可以采用速度继电器来检测速度的变化。当速度高于 120r / min 时，速度继电器的触头动作；当速度低于 100r / min 时，速度继电器的触头复位。

反接控制线路如图 1.45 所示，启动时，自动开关 QF 闭合，按下按钮 SB2，KM1 线圈得电自锁，其主触头闭合，电动机运转。电动机正常运转时，速度继电器 KS 常开触头闭合，为制动做准备。停止时，按下按钮 SB1，KM1 线圈断电，自锁解除，主触头断开，电动机脱离电源进行惯性运转，由于转速仍然较高，速度继电器 KS 的常开触头保持闭合状态；同时，KM2 线圈得电自锁，主触头闭合，电动机进入反接制动。当电动机转速低于速度继电器的动作设定值时，速度继电器常开触头 KS 复位断开，KM2 线圈断电，反接制动结束。

反接制动时，转子与旋转磁场的相对转速接近于同步转速的两倍，所以定子绕组中流过

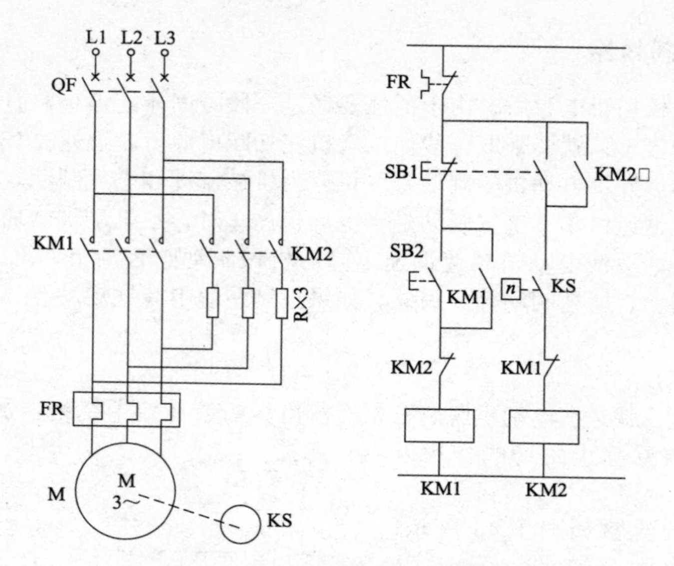

图 1.45 反接制动控制线路

的电流相当于全电压直接启动时的两倍，因此反接制动的特点是制动迅速、效果好，但冲击大，常用于 10kW 以下的小容量电动机。为了减少冲击电流，通常串接一定的电阻以限制反接制动电流，这个电阻称为反接制动电阻。

习题

1. 交流接触器有几对主触头，几对辅助触头？交流接触器的线圈电压一定是 380V 吗？怎样选择交流接触器？
2. 如何根据电动机的额定值正确选择熔断器？
3. 中间继电器的作用是什么？
4. 什么是热继电器的整定电流？如何调整整定电流？
5. 行程开关与按钮有什么异同？
6. 行程开关在机床电气控制中起何作用？
7. 如何选择和使用时间继电器？
8. 低压断路器具有哪些功能？
9. 说明三相鼠笼式异步电动机的主要结构。
10. 某三相交流异步电动机的额定转速为 950r/min，它是几极电动机？
11. 某三相交流异步电动机部分铭牌数据为 1.5kW ， 380/220V ， Y/△ 。

(1) 解释铭牌数据的含义。

(2) 当电源线电压为 380V 时，定子绕组应如何连接？当电源线电压为 220V 时，定子绕组应如何连接？

(3) 如果将定子绕组连接成星形，接在 220V 的三相电源上，会发生什么现象？

12. 电气控制线路的主电路和控制电路各有什么特点？
13. 自锁触头具有什么特点？
14. 在连续工作的电动机主电路中装有熔断器，为什么还要装热继电器？

15. 多地控制的停止按钮和启动按钮如何连接？
16. 联锁触头具有什么特点？
17. 在电动机正反转控制电路中为什么必须要有接触器联锁控制？
18. 自动往返控制线路换向时需要先按下停止按钮吗？
19. 试绘出两台电动机顺序启动、同时停止控制线路原理图。
20. 试绘出两台电动机顺序启动、逆序停止控制线路原理图。
21. Y—△形降压启动的特点是什么？

第二章 纺织设备低压电气控制

第一节　圆盘式自动抓棉机电气控制

自动抓棉机是棉纺生产线第一道工序的第一台单机，主要由抓棉小车（内装抓棉打手、肋条等）、内圈墙板、外圈墙板、地轨、伸缩管等机件组成，适合于加工棉、棉型化纤和中长化纤。

自动抓棉机按抓棉小车行走方式分为环行式（简称圆盘式）和直行往复式（简称往复式）两类，其作用是从棉包台上按规定的配棉比例抓取原料，并对原棉进行初步开松、混和后喂给下一机台。

圆盘式抓棉机的电器位置如图 2.1 所示。

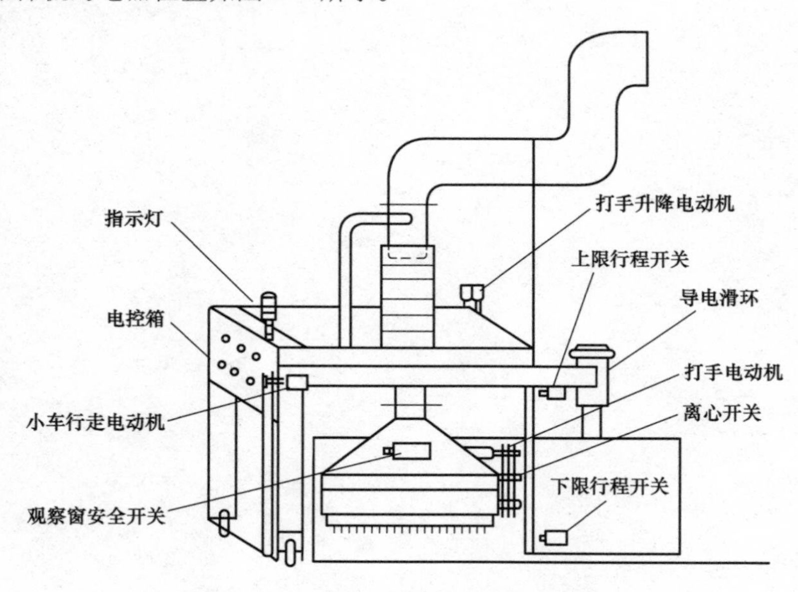

图 2.1　圆盘式自动抓棉机电器位置

抓棉小车沿地轨做顺时针方向运行，它的运行或停止受前方机台棉箱光电管控制，根据棉箱内棉量高度决定是否运行。抓棉小车每转一圈抓棉打手下降 3～6mm，下降的距离由行

程开关动作的时间长短来控制，抓棉打手升降到上、下极限的位置，受上、下限位行程开关控制。抓棉小车运行时，打手逐层抓取的棉块由前方机台上的凝棉器风机或输棉风机产生的气流经输棉管道输送前方机台。抓棉小车连接的输棉管道垂直部分可随打手的升降而缩伸。当抓棉打手因绕花堵车而降速到 500r/min 以下时，机架上的离心开关动作，使抓棉打手和小车电动机立即停转，人工排除故障后再重新启动。

一、电路特点

(1) 抓棉机采用多电动机拖动。抓棉打手、风机、小车和打手升降分别由电动机 M1、M2、M3 和 M4 单独拖动。

(2) 由于该机是圆盘式抓棉机，所以三相电源及前方机台棉箱光电控制信号须经导电滑环接入。

二、电气控制线路的组成和作用

自动抓棉机电气控制线路由主电路和控制电路两部分组成，分别说明如下。

1. 主电路

主电路如图 2.2 所示。三相电源通过导电滑环引入电器控制箱，SA 是电源总开关，Q1～Q3 是各电动机支路的空气开关。主电路中有四台鼠笼式异步电动机，其中 M1 是打手电动机，受接触器 KM1 控制；M2 是风机电动机，受接触器 KM2 控制；M3 是小车电动机，KM3 是小车正转接触器，KM4 是小车反转接触器；M4 是打手升降电动机，KM5 是打手上升接触器，KM6 是打手下降接触器。所有电动机均受到短路和过载保护。

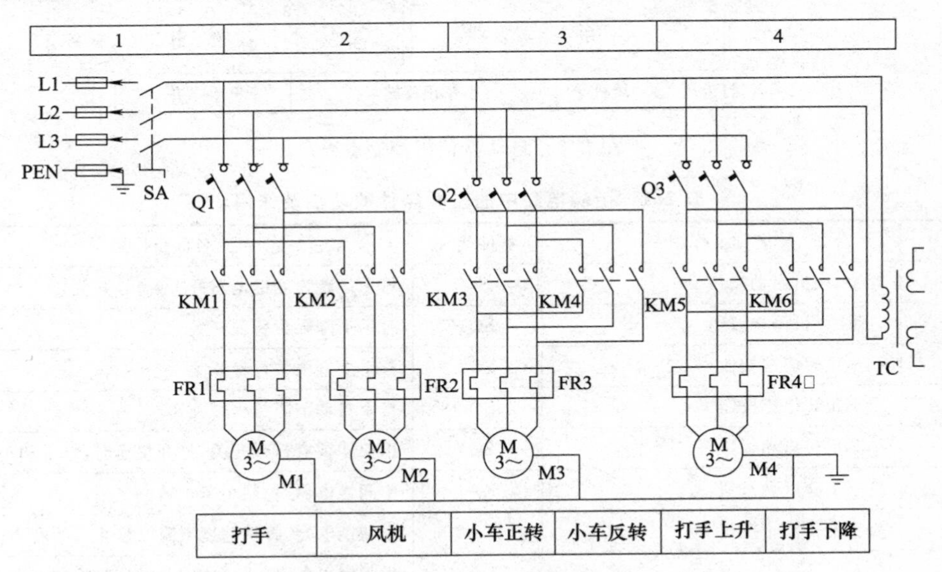

图 2.2　自动抓棉机主电路

2. 控制电路

控制电路如图 2.3 所示。控制变压器 TC 的初级电压为 380V，次级电压分别为 12V 和 220V。12V 供打手速度下降指示灯 HR 使用，220V 供控制电路使用，HL 是电源指示灯。虚线框内两对触头为联合机顺序控制用。主电路和控制电路共分为 9 列，每列为一个区域；在控制电路中，每个线圈的下面有对应的触头索引，可以迅速查找该电器的常开和常闭触头所在的区域。比如，对于接触器 KM1 来说，在 KM1 的线圈下面可以看到，在 2 区域有 3

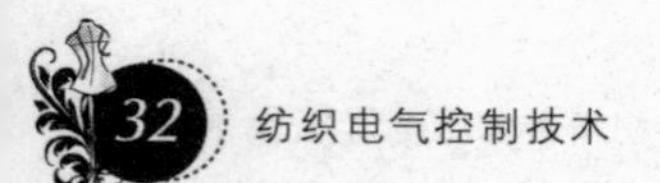

个常开触头（即 3 个主触头）；在第 8、9 个区域各有一个常开辅助触头，用 KM1（8）和 KM1（9）表示；在第 5 个区域有一个常闭触头，用 KM1（5）表示。控制电路中的主要器件的名称及作用见表 2.1。

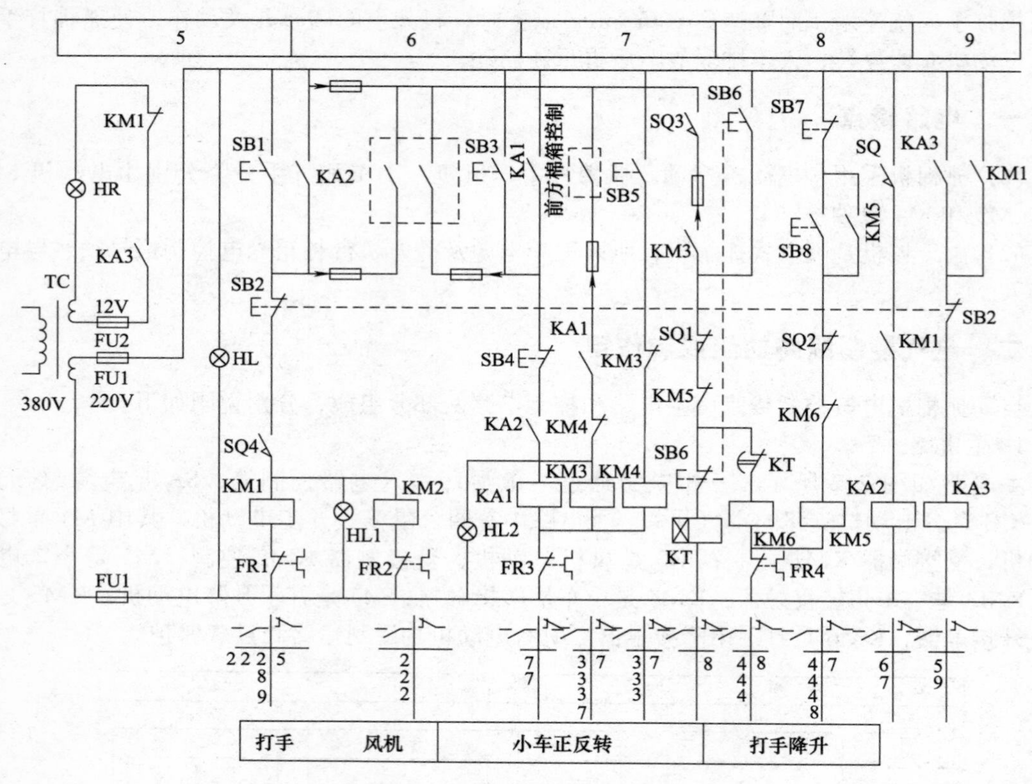

图 2.3　自动抓棉机控制电路

表 2.1　控制电路中的主要器件的名称及作用

器件代号	名称及作用	器件代号	名称及作用
SB1	打手、风机启动按钮	SQ	打手运转速度继电器开关(离心开关)
SB2	打手、风机停止按钮	SQ1	打手下降限位行程开关
SB3	小车正转启动按钮	SQ2	打手上升限位行程开关
SB4	小车正转停止按钮	SQ3	打手自动下降行程开关
SB5	小车反转点动按钮	SQ4	出棉斗视窗行程开关，打开视窗时，打手和小车停止
SB6	打手下降点动按钮	KA1	中间继电器，控制小车正转
SB7	打手上升停止按钮	KA2	中间继电器，打手速度下降时停止打手和小车
SB8	打手上升按钮	KA3	中间继电器，打手速度下降时控制报警灯亮
		KT	时间继电器，控制打手不能长时间连续下降

控制电路具有如下联锁和保护功能：

(1) 打手高速运转后小车方可正转；小车正转后，打手方可自动下降。

(2) 小车正反转互相联锁。

(3) 打手上升与打手下降互相联锁。

(4) 打手上升与下降均具有终端限位保护。

(5) 在出棉斗视窗装有限位行程开关 SQ4，当打开视窗玻璃时行程开关动作，令打手和小车即刻停转，待视窗玻璃重新关好后，才能启动打手。

(6) 当打手由于绕花堵车时，打手速度降低，使离心开关 SQ 转速降低，令打手和小车即刻停转，同时指示灯 HR 亮，通知操作人员，将堵塞的纤维处理干净后，即可重新启动开车。一般当打手速度降低到 500r/min 以下时，离心开关即起作用。

(7) 若小车在正转时，打手肋条顶住棉包，小车不能向前行走，而又恰巧停在中心柱上的机械撞块与打手自动下降行程开关相接触的地方，便会致使打手连续下降，造成机械事故。时间继电器 KT 可避免这种事故发生，当中心柱上的机械撞块与打手自动下降行程开关 SQ3 接触后，时间继电器 KT 线圈与打手下降接触器 KM6 线圈同时通电，若时间过长（5s 以上，可根据实际需要调整），则时间继电器延时断开触头分断，KM6 断电，停止打手下降。

三、控制原理

1. 打手、风机启动

在出棉斗视窗玻璃关好的情况下，SQ4 闭合，按下 SB1 按钮，打手运转接触器 KM1 线圈通电，打手电动机启动；风机接触器 KM2 通电，风机电动机启动；打手运转指示灯 HL1 亮。

KM1 (8) 常开触头闭合，打手达到高速运转时 SQ 闭合，中间继电器 KA2 通电，KA2 (6) 常开触头闭合，使 KM1 保持通电状态；KA2 (7) 常开触头闭合，为中间继电器 KA1 通电做好准备。

KM1 (9) 常开触头闭合，中间继电器 KA3 通电自锁。

2. 小车正转

按下 SB3 按钮，中间继电器 KA1 通电自锁，KA1 (7) 常开触头闭合，当前方棉箱控制要棉时，小车正转接触器 KM3 线圈通电，小车电动机通电正转，小车正转指示灯 HL2 亮。

当前方棉箱不需要供棉时，KM3 断电，小车停止正转。

3. 打手下降抓棉

当小车正转时，每转一周，中心柱上的机械撞块触动行程开关 SQ3 一次，使打手升降电动机的下降接触器 KM6 通电，打手下降量为 3～6mm/次。下降量可以通过调节行程开关与机械撞块相互接触的时间来改变。打手下降量决定了小车运转率，通常小车运转率在 80%以上为宜。

4. 停车

当打手下降到底部时，SQ1 动作，打手下降自动停止。当按下停止按钮 SB2 时，全机停车。

5. 调整操作

SB5 为小车反向运转点动按钮；SB6 为打手下降点动按钮；SB8 为打手上升启动按钮，SB7 为打手上升停止按钮。

6. 故障报警

机器运行后打手由于绕花堵车，打手速度降低时，离心开关 SQ 分断，中间继电器 KA2 断电，令打手、风机和小车接触器断电停止。打手接触器 KM1 (5) 常闭触头闭合，指示灯 HR 亮报警。按下停止按钮 SB2，报警解除。

第二节　细纱机电气控制

细纱机的任务是通过牵伸、加捻作用将粗纱纺成细纱，并按一定规律和形状卷绕在筒管

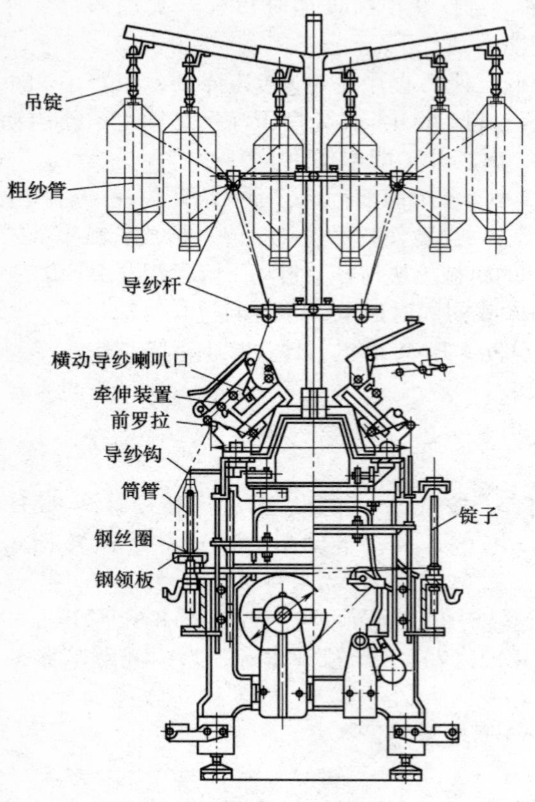

图 2.4 细纱机的工艺过程

上，便于后工序加工。

细纱机的工艺过程如图 2.4 所示。粗纱从细纱机上部吊锭上的粗纱管上退绕后，经过导纱杆和慢速往复横动的横动导纱喇叭口，喂进牵伸装置，把粗纱牵伸成所需规格的细纱须条。从前罗拉输出后，经导纱钩，穿过钢丝圈，引向插在锭子上的筒管。锭子由主电动机经主轴传动。由于纱线张力作用拖动钢丝圈沿钢领板表面回转，每回转一周，给须条加上一个捻回。又因钢丝圈转速小于筒管而产生速度差，使纱线卷绕在筒管表面。依靠成形机构的控制，使支持钢领的钢领板按照一定的规律作升降运动，细纱卷绕成符合一定形状的管纱。当纱线断头时，前罗拉输出的须条经吸棉风机相连的吸棉笛管内的负压吸入车尾的吸棉箱内。

一、电气控制线路的组成和作用

细纱机电气控制线路由主电路、控制电路两大部分组成，分别说明如下。

1. 主电路

细纱机主电路如图 2.5 所示。主电路有三台鼠笼式异步电动机，其中 M1 是钢领板升降电动机，KA1 是钢领板上升继电器，KA5

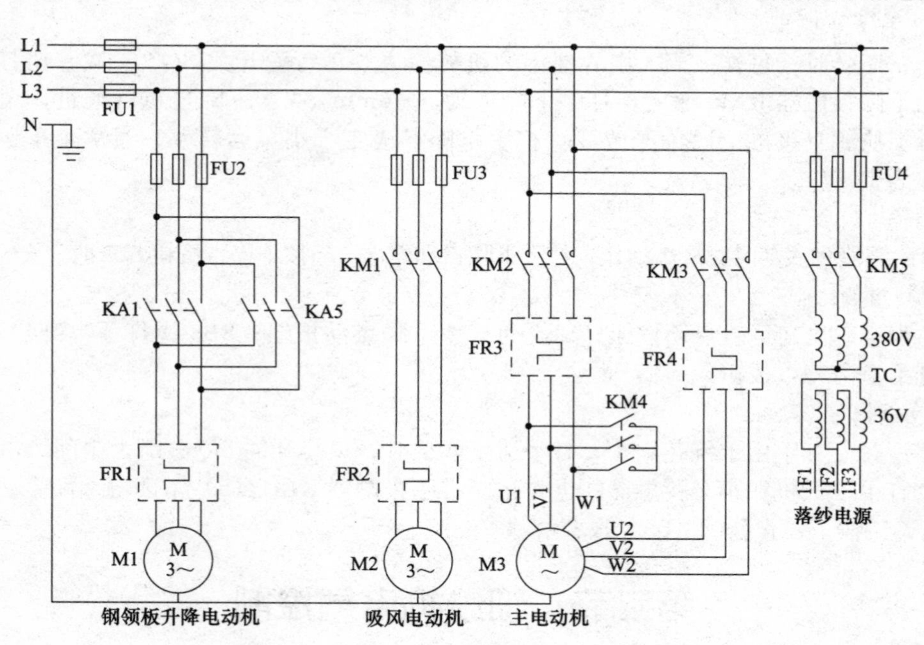

图 2.5 细纱机主电路

是钢领板下降继电器。M2 是吸风电动机，受接触器 KM1 控制。M3 是主轴电动机，型号是 FXD-180M1-4/6-15kW/7kW，双星绕组双速电动机，低速启动受接触器 KM2 控制，高速运行受接触器 KM3、KM4 控制，M3 安装在车尾吸棉箱下，有利于散热。

2. 控制电路

细纱机控制电路如图 2.6 所示。控制电路的电压为 380V，QS 为控制电路电源开关，热继电器 FR1～FR4、车头门安全开关 3SQ、全机停止按钮 SB8 的常闭触头组成联锁控制线路。该控制电路有如下联锁：

（1）钢领板上升继电器 KA1 与钢领板下降继电器 KA5 联锁，防止同时动作，造成电源短路。

（2）停主轴继电器 KA4 与主轴启动接触器联锁，防止主轴制动时主轴电动机通电运转。

（3）主轴运转接触器 KM2、KM3 联锁主轴制动继电器 KA6。

（4）风机接触器 KM1 联锁其他接触器（除电磁铁电路外），因此开车时首先要启动风机。

控制线路中主要器件的代号、名称及作用见表 2.2。

表 2.2 控制线路中主要器件的代号、名称及作用

器件代号	名称及作用	器件代号	名称及作用
KM1	风机启动接触器	SB4	【中途停车】按钮
KM2	主轴低速接触器	SB5	【手动高速】按钮
KM3/KM4	主轴高速接触器	SB6	【手动/自动】选择旋钮
KA1	钢领板上升(复位)继电器	SB7	【落纱电源】旋钮
KA2	中途停车继电器	SB8	【全机停止】按钮
KA3	满纱、限位电磁铁继电器	1DT	用于钢领板自动下降时打开级升撑爪
KA4	停主电动机、打撑爪继电器	2DT	用于拉动制动器、使主轴刹车停转
KA5	钢领板下降继电器	3DT	用于操纵 2SQ 行程开关座进入工作位置
KA6	主轴制动继电器	1SQ1	钢领板上升复位时，1SQ1 动作，断开 KA1、接通主轴运转
KT1	主轴低速转高速时间继电器	1SQ2	满纱时 1SQ2 动作，接通 KA3
KT2	延时停电源时间继电器	1SQ3	钢领板下降落纱位置时，1SQ3 动作，断开 KA5
QS	控制线路【电源开关】旋钮	2SQ1	2SQ1 动作时，接通 KA4，断开主轴电动机电源
SB1	【钢领板复位、风机启动】按钮	2SQ2	2SQ2 动作时，接通 KA5，使钢领板下降
SB2	主轴电动机【启动】按钮	2SQ3	2SQ3 动作时，接通 KA6，主轴刹车
SB3	【中途落纱】按钮		

二、控制原理

将主轴低速转高速【手动/自动】旋钮 SB6 拨到【自动】位置。

1. 运转

把车尾开关箱的【电源开关】QS 拨通，按【钢领板复位，风机启动】按钮 SB1，吸风接触器 KM1 通电自锁，吸风电动机 M2 启动；钢领板复位继电器 KA1 线圈通电自锁，钢领板升降电动机 M1 启动，钢领板上升。

钢领板复位（始纺位置）时，触动行程开关 1SQ1，KA1 线圈断电，M1 停转，钢领板上升停止。1SQ1 接通主轴启动接触器线路，为主轴电动机通电做好准备。

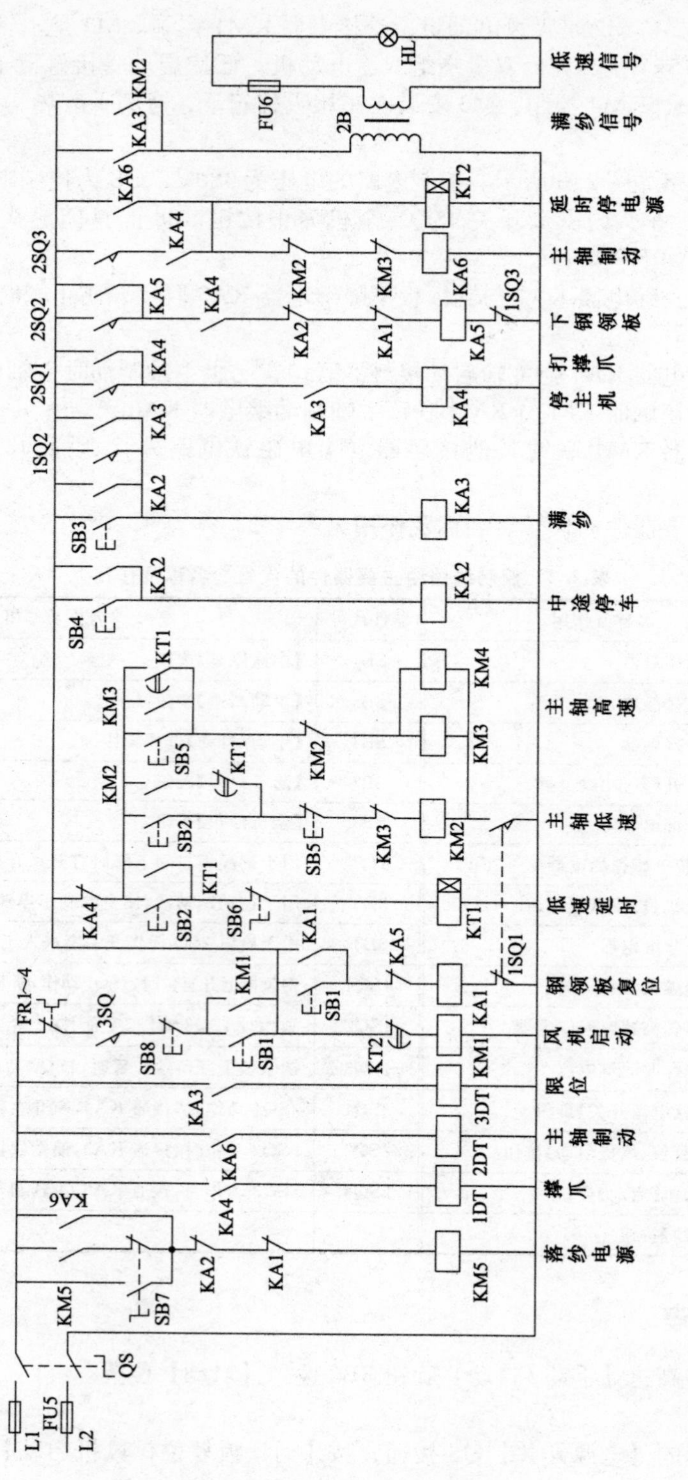

图 2.6　细纱机控制电路

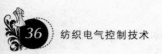

按主轴电动机【启动】按钮 SB2，KM2 线圈通电自锁，主轴电动机 M3 低速启动，指示灯 HL 亮；同时低速时间定时器 KT1 通电自锁，开始延时，延时时间到，KT1 断开低速

接触器 KM2，接通高速接触器 KM3、KM4，并且 KM3 自锁，主轴电动机高速运转。指示灯 HL 灭。

2. 自动落纱、适位停车

当满纱时，行程开关 1SQ2 动作，KA3 线圈通电自锁，指示灯 HL 亮，3DT 电磁铁通电将 2SQ 行程开关座推向工作位置。

当 2SQ1 动作时，停主轴电动机继电器 KA4 线圈通电自锁，KA4 联锁主轴高速接触器 KM3、KM4 断电，主轴电动机 M3 断电，全机惯性运转。1DT 电磁铁打开级升撑爪，为钢领板下降做准备。

当 2SQ2 动作时，钢领板下降继电器 KA5 线圈通电自锁，钢领板升降电动机 M1 启动，钢领板下降，到达落纱位置时，1SQ3 动作，KA5 断电，M1 断电停转。

当 2SQ3 动作时，主轴制动继电器 KA6 线圈通电自锁，2DT 电磁铁和时间继电器 KT2 线圈通电，2DT 吸力拉下制动器连杆，全机刹车停转，停转的位置是钢领板一个升降小动程向下的三分之一处。延时后，KT2 延时断开触头断开 KM1 及整个控制线路电源，撑爪落下，制动器打开，2SQ 行程开关座复位，满纱指示灯熄灭，为再次开车做好准备。

当 KA6 线圈通电时，落纱电源接触器 KM5 通电自锁，为落纱机提供电源。当下次启动机器时，KA1 将落纱电源关断。

3. 中途落纱

如需在满管前提前落纱，只要按【中途落纱】按钮 SB3，就能产生各种动作，最后适位停车。从原理图上可以看出，SB3 与 1SQ2 并联，作用一样。

4. 中途停车

纺纱过程中，如需关车，只要按【中途停车】按钮 SB4，就能自动适位停车。从原理图上可以看出，KA2 与 1SQ2 并联，作用一样。但 KA2 的常闭触头切断了钢领板下降继电器 KA5 线圈线路，因此不会产生下钢领板的过程。

5. 紧急停车

如遇事故需紧急停车时，可按车头处【全机停止】按钮 SB8，或将车尾开关箱上控制线路电源开关 QS 拨断，这种情况下不会适位停车。

习题

一、简答题

1. 必须满足哪两个条件抓棉小车才能正转？
2. 必须满足哪两个条件打手才能自动下降抓棉？
3. 抓棉机的动作和前级要棉信号有何关系？
4. 打手自动下降与哪个行程开关有关？
5. 时间继电器 KT 起什么作用？
6. 1SQ1、1SQ2 和 1SQ3 分别起何作用？
7. 2SQ1、2SQ2 和 2SQ3 分别起何作用？

二、判断题（判断正误并在括号内填√或×）

1. 打手上升时无限位保护，因此上升操作时要特别注意。（　　）
2. 打手转动并且收到前级要棉信号后小车方可正转。（　　）
3. SQ3 行程开关与撞块接触的时间越长，打手下降越多。（　　）

4. 开车前钢领板能自动复位。 （ ）

5. 开车时 1SQ 和 2SQ 行程开关同时工作。 （ ）

6. 适位停车的位置是钢领板向上一个小动程的三分之一处。 （ ）

7. 开车时先启动主轴然后启动风机。 （ ）

三、单项选择题（选择正确答案的字母序号填入空格内）

1. 行程开关 SQ1 对（ ）起限位保护。

A. 打手下降 B. 打手上升 C. 打手运转

2. 前级发出要棉信号后（ ）电动机开始工作。

A. 打手运转 B. 小车正转 C. 打手下降

3. 指示灯 HR 在（ ）亮。

A. 控制电路通电时 B. 打手速度降低时 C. 小车运转时

4. 速度继电器 SQ 在打手速度下降后控制（ ）。

A. 打手停 B. 小车停 C. 打手和小车停

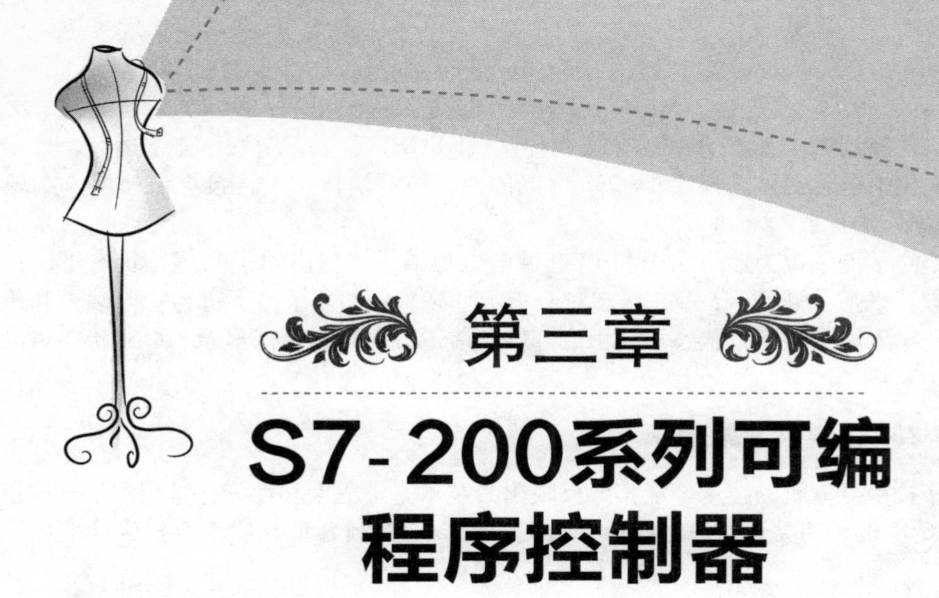

第三章 S7-200系列可编程序控制器

PLC（可编程序控制器的简称）是综合应用计算机技术、自动控制技术和通信技术的工业自动化控制装置，目前广泛应用于各种纺织设备。本章主要介绍西门子S7-200系列PLC的基础知识和指令系统。

第一节 PLC的基本知识

一、西门子S7-200系列PLC

PLC具有硬件结构简单、逻辑更改方便、系统稳定、便于维护等优点，在纺织设备的控制中得到了广泛的应用。在本书中，以西门子S7-200系列PLC作为控制单元来实现控制。S7-200的基本单元主要有CPU221、CPU222、CPU224和CPU226四种。其外部结构大体相同，如图3.1所示。

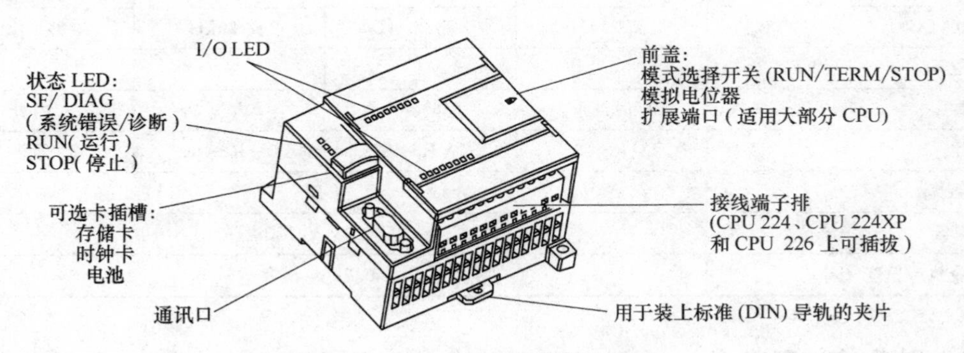

图3.1 S7-200系列基本单元的结构

(1) 状态指示灯LED。显示CPU所处的状态（系统错误/诊断、运行、停止）。

(2) 可选卡插槽。可以插入存储卡、时钟卡和电池。

(3) 通讯口。RS-485总线接口，可通过它与其他设备连接通讯。

(4) 前盖。前盖下面有模式选择开关（运行/终端/停止）、模拟电位器和扩展端口。模式选择开关拨到运行（RUN）位置，则程序处于运行状态；拨到终端（TEMR）位置，可以通过编程软件控制PLC的工作状态；拨到停止（STOP）位置，则程序停止运行，处于写入程序状态。模拟电位器可以设置0～255之间的值。扩展端口用于连接扩展模块，实现I/O（输入/输出）的扩展。

(5) 顶部端子盖下边为输出端子和PLC供电电源端子。输出端子的运行状态可以由顶部端子盖下方一排指示灯显示，ON状态对应指示灯亮。底部端子盖下边为输入端子和传感器电源端子。输入端子的运行状态可以由底部端子盖上方一排指示灯显示，ON状态对应指示灯亮。

二、S7-200主要技术指标

可编程序控制器主机的技术性能指标反映出其技术先进程度和性能，是用户设计应用系统时选择PLC主机和相关设备的主要参考依据。S7-200系列各单元的主要技术性能指标见表3.1。

表3.1 S7-200主要技术指标

特　　性	CPU221	CPU222	CPU224	CPU226
外形尺寸/mm	90×80×62	90×80×62	120.5×80×62	190×80×62
程序存储器： 可在运行模式下编辑 不可在运行模式下编辑	 4096字节 4096字节	 4096字节 4096字节	 8192字节 12288字节	 16384字节 24576字节
数据存储区	2048字节	2048字节	8192字节	10240字节
掉电保持时间/h	50	50	100	100
本机I/O:数字量	6入/4出	8入/6出	14入/10出	24入/16出
扩展模块	0	2	7	7
高速计数器 单相 双相	 4路30kHz 2路20kHz	 4路30kHz 2路20kHz	 6路30kHz 4路20kHz	 6路30kHz 4路20kHz
脉冲输出(DC)	2路20kHz	2路20kHz	2路20kHz	2路20kHz
模拟电位器	1	1	2	2
实时时钟	配时钟卡	配时钟卡	内置	内置
通讯口	1 RS-485	1 RS-485	1 RS-485	2 RS-485
浮点数运算	有			
I/O映象区	256(128入/128出)			
布尔指令执行速度	0.22μs/指令			

三、PLC的外部端子

外部端子是PLC输入、输出及外部电源的连接点。S7-200系列PLC（以CPU224为例）外部端子如图3.2所示。每种型号的CPU都有DC/DC/DC和AC/DC/RLY两类，用斜线分割的三部分分别表示CPU电源的类型、输入端口的电源类型及输出端口器件的类型。其中输出端口的类型中，DC为晶体管，RLY为继电器。

(1) 底部端子（输入端子及传感器电源）。

L+：24VDC 电源正极。为外部传感器供电。

M：24VDC 电源负极。接外部传感器负极。

xM：输入信号的公共端（x 为 0、1、2…，其余类同）。

Ix：输入信号端子，输入信号接在 Ix. x 与 xM 之间。

•：带点的端子上不要外接导线，以免损坏 PLC。

(2) 顶部端子（输出端子及供电电源）。

交流电源供电 AC：L1、N、⊥分别表示电源相线、中线和接地线。

直流电源供电 DC：L+、M、⊥分别表示电源正极、电源负极和接地线。

xL：输出信号的公共端。

Qx：输出信号端子。输出信号接在 Qx. x 和 xL 之间。

PLC 的输入、输出端口都是分组安排的，如 I0. 0 表示 I0 这一组的 0 端。每组公共端按顺序编号，如输入端口 1M、2M……，输出端口 1L、2L、3L……，输出各组之间是互相分开的，这样负载可以使用多个电压系列（如 AC220V、DC24V 等）。

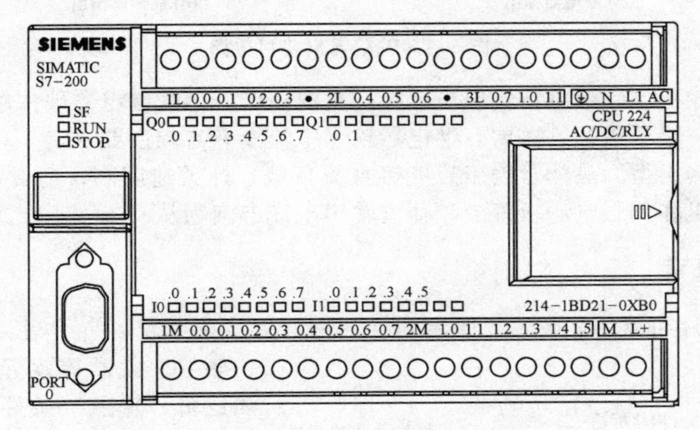

图 3.2　AC/DC/RLY 端子图（CPU224）

四、PLC 的输入/输出接口

1. 输入接口

输入接口用来完成输入信号的引入、滤波及电平转换。输入接口电路如图 3.3 所示。输入接口电路的主要器件是光电耦合器。光电耦合器可以提高 PLC 的抗干扰能力和安全性能，进行高低电平（24V/5V）转换。输入接口电路的工作原理如下：当输入端按钮 SB 未闭合时，光电耦合器中发光二极管不导通，光敏三极管截止，放大器输出高电平信号到内部数据处理电路，输入端口 LED 指示灯灭；当输入端按钮 SB 闭合时，光电耦合器中发光二极管

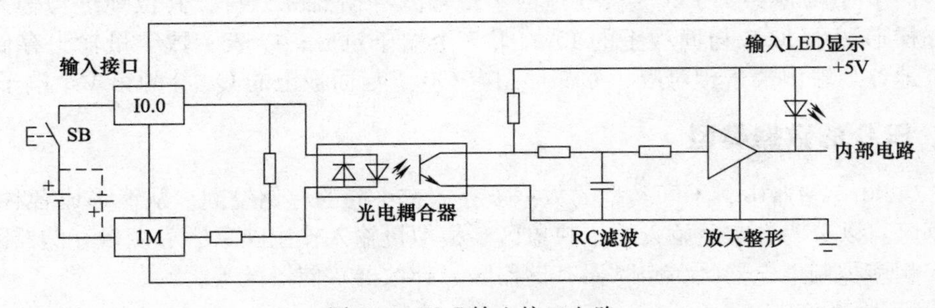

图 3.3　PLC 输入接口电路

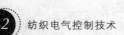

导通，光敏三极管导通，放大器输出低电平信号到内部数据处理电路，输入端口 LED 指示灯亮。对于 S7-200 直流输入系列的 PLC，输入端直流电源额定电压为 24V。S7-200 也有交流输入系列的 PLC。

2. 输出接口

PLC 输出接口有继电器输出和晶体管输出两种类型，如图 3.4 所示。

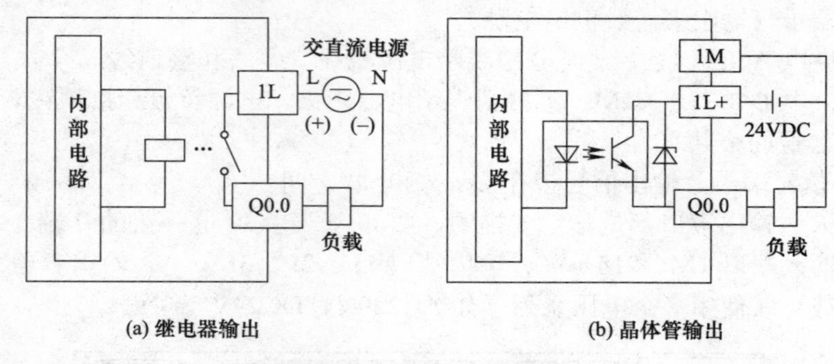

图 3.4 PLC 输出接口电路

(1) 继电器输出型。继电器输出可以接交直流负载，但受继电器硬件触头开关速度低的限制，只能满足一般低速控制需要。继电器输出电流没有方向性要求。

(2) 晶体管输出型。晶体管输出只能接直流负载，开关速度高，适合高速控制的场合，如控制步进电动机和伺服电动机等。晶体管输出电流方向为从 Q 端流出，从 1L + 端流入。

五、程序语言

用户 PLC 程序可以用如图 3.5 所示的梯形图语言或指令表语言编写。梯形图程序主要由触头、线圈等软元件组成，触头代表逻辑“输入”条件，线圈代表逻辑“输出”结果，程序的逻辑运算按从左到右的方向执行。触头和线圈等组成的独立电路称为网络，各网络按从上到下的顺序执行。

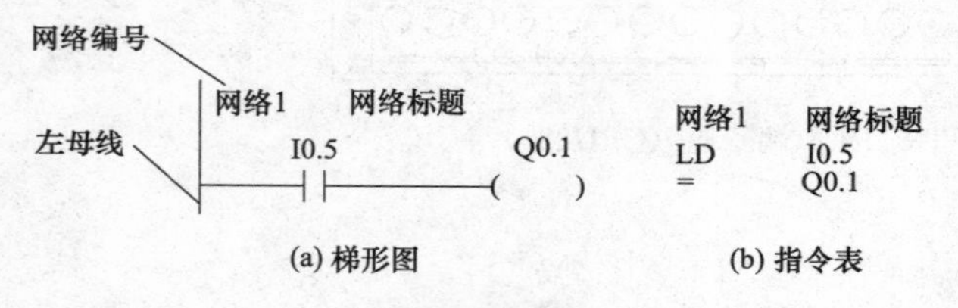

图 3.5 程序梯形图和指令表

程序梯形图与继电器系统电气原理图类似。程序梯形图中的左侧竖线称为左母线，可以将左母线看成“电源线”，闭合的触头允许能量流通过它们流到下一个元件，而打开的触头阻止能量流的流动。例如，在图 3.5 所示的梯形图程序中，当常开触头 I0.5 闭合时，便有能量流从左母线经过 I0.5 流向线圈 Q0.1，称为线圈 Q0.1 通电；当常开触头 I0.5 分断时，线圈 Q0.1 断电。

在西门子 S7-200 系列 PLC 中，I 是数字量输入存储器标识符，其位地址与输入端子相对应，如梯形图中 I0.5 与面板上的 I0 的第 5 个端子对应；Q 表示数字量输出存储器标识符，其位地址与输出端子相对应，如梯形图中 Q0.1 与面板上的 Q0.0 的第 1 个端子对应。

六、PLC 的数据类型

在 S7-200 存储器中，不同类型的数据被存放在不同的存储空间，从而形成各种数据区。这些数据区可以分为数字量输入输出映象区、模拟量输入输出映象区、变量存储器区、位存储器区、顺序控制继电器区、定时器存储器区、计数器存储器区等。

1. 数据类型及范围

S7-200 系列 PLC 数据类型可以是布尔型（0 或 1）、整型和实数型。实数（或浮点数）采用 32 位单精度数来表示，数据类型、长度及范围见表 3.2。

表 3.2 数据类型、长度及范围

基本数据类型	无符号整数		基本数据类型	有符号整数	
	十进制	十六进制		十进制	十六进制
字节 B(8 位)	0～255	0～FF	字节 B(8 位)	－128～127	80～7F
字 W(16 位)	0～65535	0～FFFF	整型(16 位)	－32768～32767	8000～7FFF
双字 D(32 位)	0～4294967295	0～FFFFFFFF	双整型(32 位)	－2147483648～2147483647	80000000～7FFFFFFF
布尔型(1 位)	0 或 1				
实数(32 位)	$-10^{38}\sim10^{38}$				

2. 常数

在 S7-200 系列 PLC 编程中经常使用到常数，常数值可以为字节、字或双字。CPU 以二进制方式存储所有常数，但使用常数可以用二进制、十进制、十六进制、ASCII 码或实数等多种形式。几种常数形式见表 3.3。

表 3.3 常数表示形式

进 制	使 用 格 式	举 例
十进制	十进制数值	20047
十六进制	十六进制值	16＃4E4F
二进制	二进制值	2＃100 1110 0100 1111
ASCII 码	“ASCII 码文本”	“How are you”
实数或浮点格式	ANSI/IEEE 754-1985	＋1.175495E-38(正数)
		－1.175495E-38(负数)

3. 数据存储区域

(1) 数字量输入映象区（I 区）。数字量输入映象区是 S7-200 系列 PLC 为输入端信号状态建立的一个存储区，用“I”表示。在每次扫描周期的开始，CPU 对输入端进行采样，并将采样值存于输入映象区寄存器中。该区的数据可以是位 Ix. y（1 位）、字节 IBx（8 位）、字 IWx（16 位）或者双字 IDx（32 位），其表示形式见表 3.4。

表 3.4 数字量输入映象区

位	I0.0～I0.7 … I15.0～I15.7	128 点
字节	IB0、IB1、…、IB15	16 个
字	IW0、IW2、…、IW14	8 个
双字	ID0、ID4、ID8、ID12	4 个

数字量输入映象区说明：

① 位：表示格式为 I［字节地址］.［位地址］。如 I1.0 表示数字量输入映象区第 1 个字

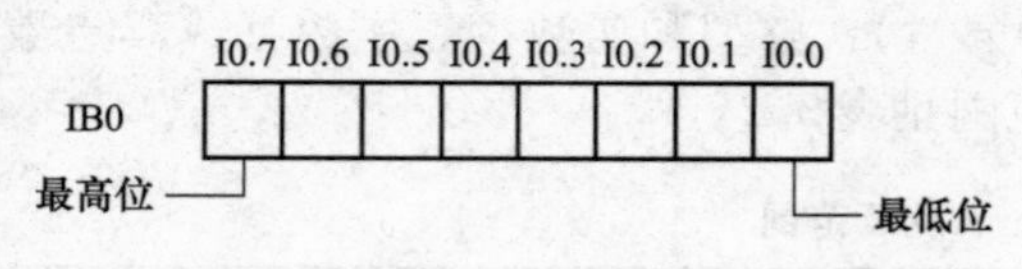

图 3.6　数字量输入的字节

节的第 0 位。

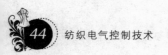

② 字节（B）：表示格式为 IB［起始字节地址］。如 IB0 表示数字量输入映象区第 0 个字节，共 8 位，其中第 0 位是最低位，第 7 位为最高位。其表示形式如图 3.6 所示。

③ 字（W）：表示格式为 IW［起始字节地址］。一个字含两个字节，这两个字节的地址必须连续，其中低位字节是高 8 位，高位字节是低 8 位。如 IW0 中 IB0 是高 8 位，IB1 是低 8 位，其表示形式如图 3.7 所示。

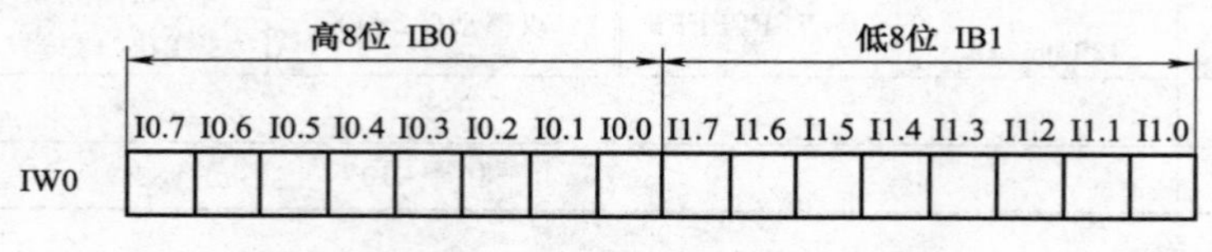

图 3.7　数字量输入字

④ 双字（DW）：表示格式为 ID［起始字节地址］。一个双字含四个字节，这四个字节的地址必须连续，最低位字节在一个双字中是最高 8 位。如 ID0 中 IB0 是最高 8 位，IB1 是高 8 位，IB2 是低 8 位，IB3 是最低 8 位，其表示形式如图 3.8 所示。

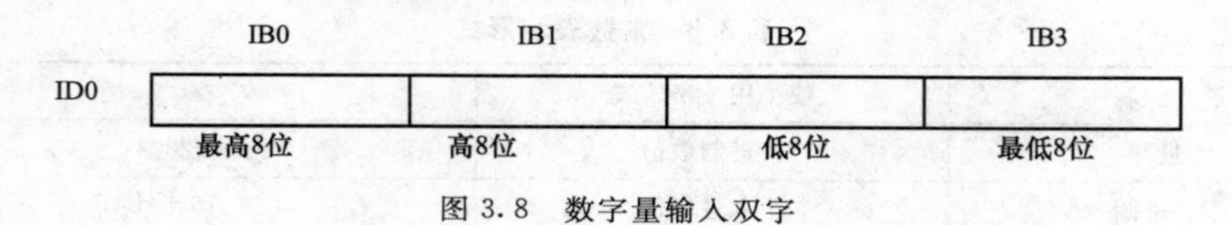

图 3.8　数字量输入双字

（2）数字量输出映象区（Q 区）。数字量输出映象区是 S7-200 系列 PLC 为输出端信号状态建立的一个存储区，用“Q”表示。在扫描周期的写输出阶段，CPU 将输出映象寄存器的数值复制到物理输出继电器上。该区的数据可以是位 Qx. y（1 位）、字节 QBx（8 位）、字 QWx（16 位）或者双字 QDx（32 位）。

数字量输出映象区的位、字节、字和双字的表示格式除区域表示符（Q）与数字量输入映象区（I）不一样外，其他完全一致。

（3）模拟量输入存储器区（AI 区）、模拟量输出存储器区（AQ 区）。模拟量输入存储器区是 S7-200 系列 PLC 为模拟量输入端信号开辟的一个存储区，S7-200 将测得的模拟量（如温度、压力）转换成 1 个字长（16 位 ）的数字量存储。模拟量输入用区域标识符（AI）、数据长度（W）及字节的起始地址表示，该区的数据为字（16 位），如 AIW0、AIW2……模拟量输入值为只读数据。

模拟量输出存储器区是 S7-200 系列 PLC 为模拟量输出端信号开辟的一个存储区。S7-200 把 1 个字长（16 位 ）的数字量按比例转换成模拟电压或电流输出。模拟量输出用区域标识符（AQ）、数据长度（W）及字节的起始地址表示，该区的数据为字（16 位），如 AQW0、AQW2。

（4）变量存储器区（V 区）。变量存储器区用于程序执行过程中存储逻辑运算的中间结果，也可以使用变量存储器保存与工作过程相关的数据。可以按位 Vx. y（1 位）、字节 VBx（8 位）、字 VWx（16 位）或双字 VDx（32 位）来存取 V 存储器。

变量存储器区位、字节、字和双字的表示格式除区域表示符（V）与数字量输入映象区（I）不一样外，其他完全一致。

(5) 位存储器 (M)。在继电器控制系统中，中间继电器起着信号传递、分配等作用。在 PLC 控制程序中，位存储器 M 的作用类似于中间继电器。位存储器像输出继电器 Q 一样也有常开、常闭触头和线圈，但是线圈没有对应的输出端子，不能直接驱动外部负载，只能使用于程序内部。

S7-200 系列 PLC 位存储器用 "M" 表示。位存储器的位用 Mx. y 表示，其中 x 表示 8 位字节的地址，y 表示 x 字节的第 y 位，如 M0. 1 表示第 0 个字节的第 1 位。M 虽然叫位存储器，但是其中的数据不仅可以是位 Mx. y (1 位)，也可以是字节 MBx (8 位)、字 MWx (16 位) 或者双字 MDx (32 位)。

位存储器区位、字节、字和双字的表示格式除区域表示符 (M) 与数字量输入映象区 (I) 不一样外，其他完全一致。

(6) 顺序控制继电器。将一个顺序控制程序分解为若干个状态，每一个状态要使用一个顺序控制继电器来控制。顺序控制继电器符号用单线方框表示。

S7-200 系列顺序控制继电器存储于顺序控制继电器区，用 "S" 表示，用于步进过程的控制。顺序控制继电器区的数据可以是位 Sx. y，也可以是字节 SBx (8 位)、字 SWx (16 位) 或者双字 SDx (32 位)。

顺序控制继电器区位、字节、字和双字的表示格式除区域表示符 (S) 与数字量输入映象区 (I) 不一样外，其他完全一致。

(7) 特殊存储器 (SM)。特殊存储器提供了 PLC 和用户之间传递信息的方法，可以利用这些位选择和控制 S7-200 系列 PLC 的一些特殊功能，如第一次扫描的 ON 位、以固定速度触发位、数学运算或操作指令的状态位等。尽管 SM 区属于位存取区，可以是位 SMx. y，但也可以按字节 SMBx (8 位)、字 SMWx (16 位) 或者双字 SMDx (32 位) 来存取。

特殊存储器区位、字节、字和双字的表示格式除区域表示符 (SM) 与数字量输入映象区 (I) 不一样外，其他完全一致。以下是几个常用的特殊存储器的位，例如：

SM0. 0：运行监控。PLC 运转时始终保持接通 (ON) 状态。在 S7-200 系列 PLC 中，线圈和指令盒不能与左母线直接相连，可以使用 SM0. 0 将左母线和线圈或指令盒连接起来。

SM0. 1：初始脉冲。PLC 由停止状态 (STOP) 转为运行状态 (RUN) 的瞬时接通一个扫描周期。

SM0. 4：周期 1min 方波振荡脉冲。

SM0. 5：周期 1s 方波振荡脉冲。

七、间接寻址

1. 建立指针

为了对存储器的某一地址进行间接寻址，需要先为该地址建立指针。指针为双字值，存放存储器数据单元的地址。只能使用变量存储区 (V)、局部存储区 (L) 或累加器 (AC1、AC2、AC3) 作为指针。为生成指针，必须使用双字传送指令 (MOVD)，将存储某个位置的地址移入存储器另一位置或累加器作为指针。指令的输入操作数必须使用 "&" 符号表示某一位置的地址，而不是它的值。例如，MOVD & VB100，VD204。

2. 使用指针来读取数据

在操作数前面加 "*" 号表示该操作数为一个指针。

3. 修改指针

处理连续存储数据时，通过修改指针可以很容易地存取连续的数据。简单的数学运算指令 (如加法、减法、自增、自减等) 可以用来修改指针。在修改指针时，要注意访问数据的长度：在存取字节时，指针加 1；在存取字时，指针加 2；在存取双字时，指针加 4。例如，有 4 个字节的数据（分别为 12、34、56、78）存储在从 VB200 存储的单元中，可以用间接寻址方式将该数据存储在从 VB300 开始的存储单元中，如图 3.9 所示。

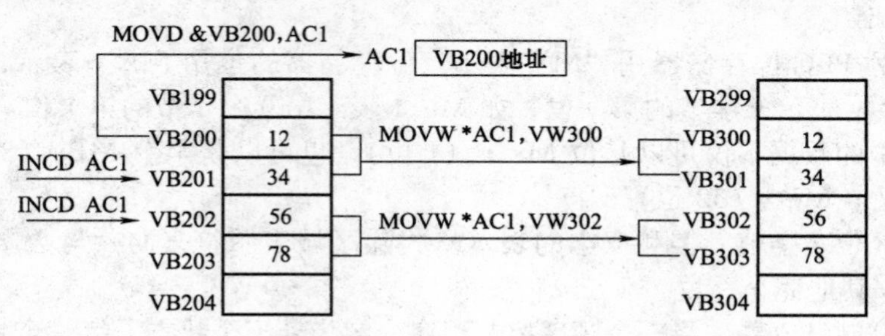

图 3.9 间接寻址示例

（1）建立指针。可以用传送指令（MOVD &VB200，AC1）将 VB200 的地址送入 AC1 中，地址是 32 位，从而建立指针。此时的地址指针指向 VB200。

（2）数据传送。用字传送指令（MOVW * AC1，VW300）将指针处的值（VB200、VB201 存储的数据 12、34）送入 VW300。

（3）由于采用的是字传送，所以修改指针时，其指针应加 2。使用两个增 1 指令（INCD AC1）可以使地址加 2。此时的地址指针指向 VB202。

（4）数据传送。用字传送指令（MOVW * AC1，VW302）将指针处的值（VB202、VB203 存储的数据 56、78）送入 VW302。

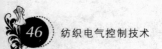

第二节 PLC 的基本指令

S7-200 系列 PLC 的指令包括最基本的逻辑控制类指令和完成特殊任务的功能指令。基本指令包括基本逻辑指令、程序控制指令等。

一、基本逻辑指令

1. LD、LDN、= 指令

LD、LDN、= 指令的助记符、逻辑功能等指令属性见表 3.5。

表 3.5 LD、LDN、= 指令

指令名称	助记符	逻辑功能	操作数
取	LD	装载常开触头状态	I、Q、M、SM、T、C、V、S、L
取反	LDN	装载常闭触头状态	I、Q、M、SM、T、C、V、S、L
输出	=	驱动线圈输出	Q、M、SM、V、S、L

（1）LD 是从左母线装载常开触头指令，以常开触头开始逻辑行的电路块也使用这一指令。

（2）LDN 是从左母线装载常闭触头指令，以常闭触头开始逻辑行的电路块也使用这一指令。

（3）= 指令是对线圈进行驱动的指令，= 指令可以连续使用多次，相当于电路中多个线圈的并联形式。

2. 触头的串并联指令

在PLC程序中，触头串、并联指令的助记符、逻辑功能等指令属性见表3.6。

表3.6　触头串、并联指令

指令名称	助记符	逻辑功能	操　作　数
与	A	用于单个常开触头的串联连接	I、Q、M、SM、T、C、V、S、L
与反	AN	用于单个常闭触头的串联连接	
或	O	用于单个常开触头的并联连接	
或反	ON	用于单个常闭触头的并联连接	

触头串、并联指令的使用说明：

(1) A指令完成逻辑“与”运算，AN指令完成逻辑“与非”运算。

(2) 触头串联指令可连续使用，使用的上限为11个。

(3) O指令完成逻辑“或”运算，ON指令完成逻辑“或非”运算。

(4) 触头并联指令可连续使用，并联触头的次数没有限制。

串、并联指令的使用如图3.10所示，输入继电器常开触头I0.0与输出继电器Q0.5的常开触头是并联关系。I0.0和Q0.5的逻辑结果与常闭触头I0.1进行逻辑“与”（串联），相“与”的结果决定了输出线圈Q0.5的输出。

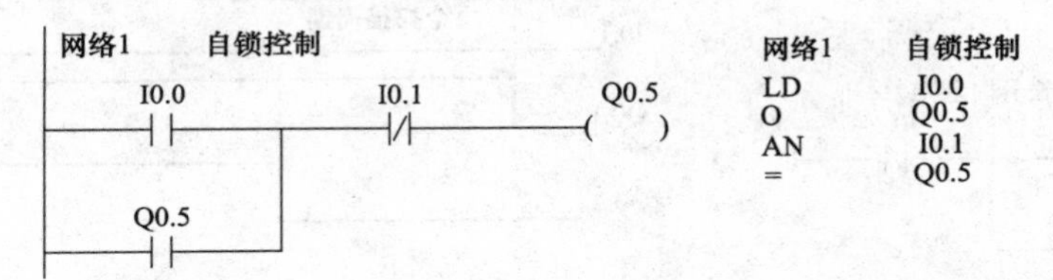

图3.10　触头串、并联程序

3. 置位复位指令

置位指令S、复位指令R的梯形图符号、逻辑功能等指令属性见表3.7。

表3.7　S、R指令

指令名称	LAD	STL	逻辑功能	操作数
置位指令 S	bit —(S) N	S　bit,N	从bit开始的N个元件置1并保持	I、Q、M、SM、T、C、V、S、L
复位指令 R	bit —(R) N	R　bit,N	从bit开始的N个元件置0并保持	

置位指令与复位指令的使用说明：

(1) bit表示位元件，N表示常数，N的范围为1～255。

(2) 被S指令置位的软元件只能用R指令才能复位。

(3) R指令也可以对定时器和计数器的当前值清零。

4. 边沿脉冲指令

S7-200系列PLC有上升沿脉冲指令EU和下降沿脉冲指令ED，其梯形图符号及逻辑功能等指令属性见表3.8。

边沿脉冲指令的使用说明。

(1) EU指令对其之前的逻辑运算结果的上升沿产生一个扫描周期的脉冲。

表 3.8 EU、ED 指令

指令名称	LAD	STL	逻辑功能
上升沿脉冲	─┤P├─	EU	在上升沿产生脉冲
下降沿脉冲	─┤N├─	ED	在下降沿产生脉冲

（2）ED 指令对其之前的逻辑运算结果的下降沿产生一个扫描周期的脉冲。

例如，某台设备有两台电动机 M1 和 M2，其交流接触器线圈分别连接 PLC 的输出端 Q0.1 和 Q0.2，启动/停止按钮分别连接 PLC 的输入端 I0.0 和 I0.1。为了减小两台电动机同时启动对供电线路的影响，让 M2 稍微延迟片刻启动。控制要求是：按下启动按钮，M1 立即启动，松开启动按钮时，M2 才启动；按下停止按钮，M1、M2 同时停止。

根据控制要求，使用边沿脉冲指令编写的程序梯形图和时序如图 3.11 所示。

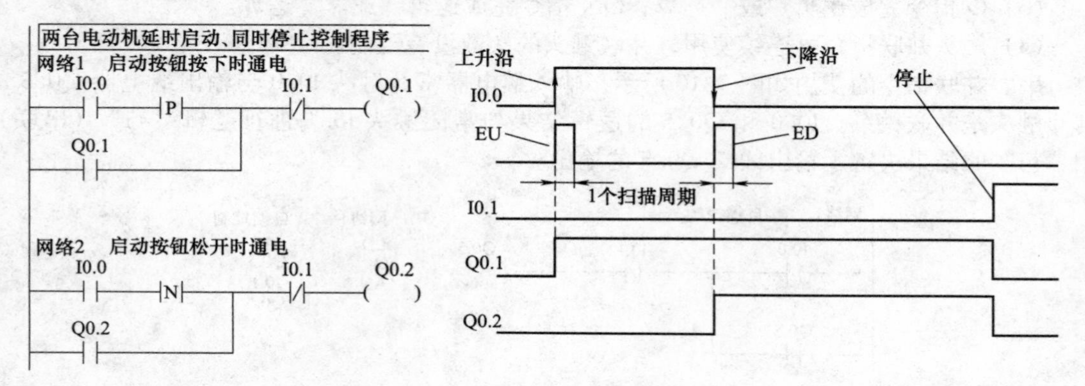

图 3.11 边沿脉冲指令程序

程序工作原理如下：

按下启动按钮的瞬间，输入继电器 I0.0 的常开触头闭合，EU 指令在其上升沿时控制输出继电器 Q0.1 自锁，M1 启动。

松开启动按钮的瞬间，输入继电器 I0.0 的常开触头断开，ED 指令在其下降沿控制输出继电器 Q0.2 自锁，M2 启动。

M1、M2 运转时按下停止按钮，Q0.1 和 Q0.2 均解除自锁，M1 和 M2 断电停机。

5. 比较指令

比较指令是将两个数值或字符串按指定条件进行比较，条件成立时，触头闭合，去控制相应的对象。所以比较指令实际上也是一种位指令。在实际应用中，比较指令为上下限控制以及为数值条件判断提供了方便。

比较指令的指令格式见表 3.9，操作数据类型可以是字节 B、整数 I、双整数 D、实数 R。

表 3.9 比较指令表

项目	方式				
	字节比较	整数比较	双整数比较	实数比较	说明
==	IN1 ─┤==B├─ IN2	IN1 ─┤==I├─ IN2	IN1 ─┤==D├─ IN2	IN1 ─┤==R├─ IN2	如果 IN1＝IN2，则导通

续表

项目	方式				
	字节比较	整数比较	双整数比较	实数比较	说明
<>	IN1 ─┤<>B├─ IN2	IN1 ─┤<>I├─ IN2	IN1 ─┤<>D├─ IN2	IN1 ─┤<>R├─ IN2	如果 IN1≠IN2，则导通
≥	IN1 ─┤≥B├─ IN2	IN1 ─┤≥I├─ IN2	IN1 ─┤≥D├─ IN2	IN1 ─┤≥R├─ IN2	如果 IN1≥IN2，则导通
≤	IN1 ─┤≤B├─ IN2	IN1 ─┤≤I├─ IN2	IN1 ─┤≤D├─ IN2	IN1 ─┤≤R├─ IN2	如果 IN1≤IN2，则导通
>	IN1 ─┤>B├─ IN2	IN1 ─┤>I├─ IN2	IN1 ─┤>D├─ IN2	IN1 ─┤>R├─ IN2	如果 IN1>IN2，则导通
<	IN1 ─┤<B├─ IN2	IN1 ─┤<I├─ IN2	IN1 ─┤<D├─ IN2	IN1 ─┤<R├─ IN2	如果 IN1<IN2，则导通

相等取比较指令的应用如图 3.12 所示。VW0 中存储数据与常数 100 相比较，如果两者相等，触头接通，执行后面的输出指令；如果不相等，触头断开，不执行输出指令。

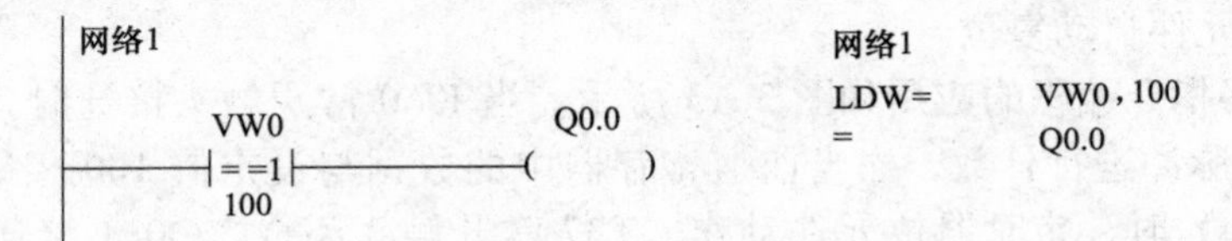

图 3.12 相等取比较指令

6. 定时器

S7-200 系列 PLC 定时器的类型有 3 种：接通延时定时器（TON）、断开延时定时器（TOF）和有记忆接通延时定时器（TONR）。其梯形图指令盒格式和 STL 指令格式见表 3.10。

表 3.10 定时器指令格式

项目	接通延时	断开延时	有记忆接通延时
LAD	T××× IN TON PT ???ms	T××× IN TOF PT ???ms	T××× IN TONR PT ???ms
STL	TON T×××,PT	TOF T×××,PT	TONR T×××,PT

PLC 有 256 个定时器，地址编号为 T0～T255，对应不同的定时器指令，其分类见表 3.11。

表 3.11 定时器指令与定时器分类

定时器指令	分辨率/ms	计时范围/s	定时器号
TONR	1	1～32.767	T0、T64
	10	1～327.67	T1～T4、T65～T68
	100	1～3276.7	T5～T31、T69～T95
TON TOF	1	1～32.767	T32、T96
	10	1～327.67	T33～T36、T97～T100
	100	1～3276.7	T37～T63、T101～T255

定时器使用说明如下：

① 虽然 TON 和 TOF 的定时器编号范围相同，但一个定时器号不能同时用作 TON 和 TOF，例如，不能够既有 TON T32 又有 TOF T32。

② 定时器的分辨率（脉冲周期）有 3 种：1ms、10ms、100ms。定时器的分辨率由定时器号决定。

③ 定时器计时实际上是对周期脉冲进行计数，其计数值存放于当前值寄存器中（16 位，数值范围是 1～32767）。

④ 定时器的延时时间为设定值乘以定时器的分辨率。

⑤ 定时器满足输入条件时开始计时。

⑥ 每个定时器都有一个位元件，定时时间到时位元件动作。

(1) 接通延时定时器指令（TON）。当 TON 定时器输入端（IN）接通时，TON 定时器开始计时，当定时器的当前值等于或大于设定值（PT）时，定时器位元件动作。如果 IN 保持接通，则定时器一直计数到最大值。当输入端（IN）断开时，定时器当前值寄存器内的数据清零，位元件自动复位。

TON 定时器指令编程的应用如图 3.13 所示。当 I0.0 常开触头接通时，定时器 T37 开始对 100ms 时钟脉冲进行计数，当当前值寄存器中的数据与设定值 100 相等（即定时时间 100ms×100＝10s）时，定时器位元件动作，T37 常开触头闭合，Q0.1 接通。如果 I0.0 一直接通，则 T37 计数到 3 276.7s 停止计时。当 I0.0 断开或 PLC 断电时，T37 定时器的当前值寄存器和位元件复位，Q0.1 断开。

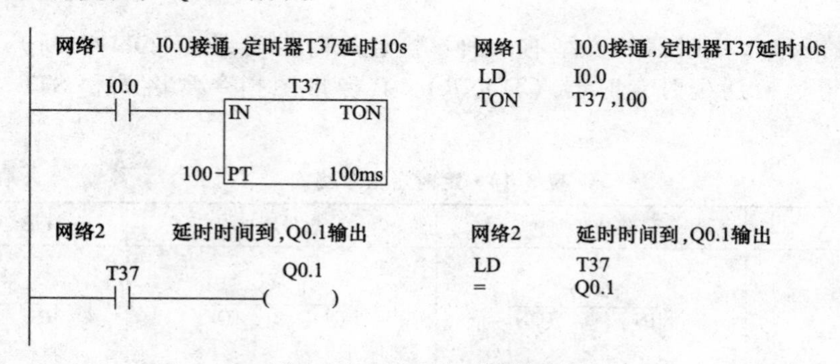

图 3.13 TON 定时器的应用

(2) 断开延时定时器指令（TOF）。当 TOF 定时器输入端（IN）接通时，定时器位元件置“1”，并把当前值设为 0。

当输入端（IN）断开时，TOF 定时器开始计时，当定时器的当前值等于设定值（PT）时，定时器位元件复位，并且停止计时。

TOF 指令的应用如图 3.14 所示。某设备生产工艺要求是：当主电动机停止工作后，冷却风机电动机要继续工作 1min，以便对主电动机降温。上述工艺要求可以用断开延时定时器来实现，PLC 输出端 Q0.1 控制主电动机，Q0.2 控制冷却风机电动机。

在网络 1 中，按下启动按钮，I0.0 常开触头接通，Q0.1 接通自锁，同时定时器 T37 输入端（IN）接通，网络 2 中的 T37 常开触头闭合，Q0.2 接通，因此，主电动机和冷却风机电动机同时工作。按下停止按钮，Q0.1 断电解除自锁，主电动机停止工作。T37 开始对 100ms 时钟脉冲进行累积计数，当 T37 当前值寄存器中的数据与设定值 600 相等（即定时时间 100ms×600＝60s）时，定时器 T37 常开触头复位，Q0.2 断开，冷却风机电动机停止工作。

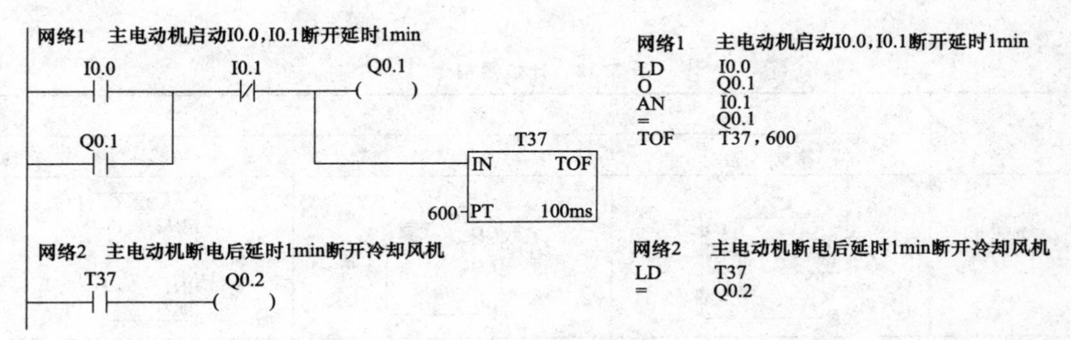

图 3.14　TOF 定时器的应用

(3) 有记忆接通延时定时器指令（TONR）。有记忆接通延时定时器在计时中途输入端断开时，当前值寄存器中的数据仍然保持，当输入端重新接通时，当前值寄存器在原来数据的基础上继续计时，直到累计时间达到设定值，定时器动作。有记忆接通定时器的当前值寄存器数据只能用复位指令清 0。

TONR 定时器指令编程的应用如图 3.15 所示。在网络 1 中，当 I0.0 常开触头接通时，定时器 T5 开始对 100ms 时钟脉冲进行累积计数。当当前值寄存器中的数据与设定值 100 相等（即定时时间 100ms×100 ＝10s）时，网络 2 中的定时器 T5 常开触头接通，Q0.1 接通。

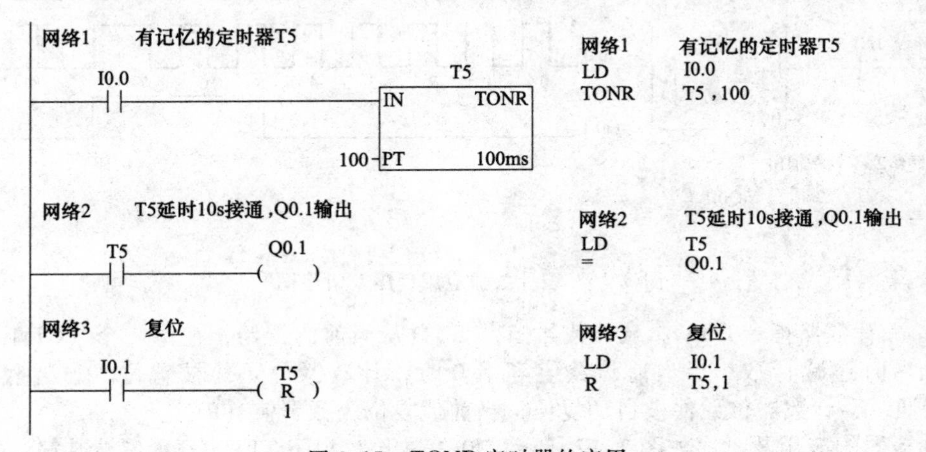

图 3.15　TONR 定时器的应用

在计时中途，若 I0.0 断开时，则 T5 定时器的当前值寄存器保持数据不变。当 I0.0 重新接通时，T5 在保存的当前值数据的基础上继续计时。

当 I0.1 常开触头接通时，复位指令使 T5 定时器复位，T5 当前值清 0，同时网络 2 中的

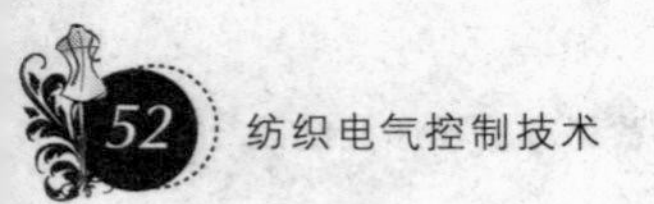

T5 常开触头复位，Q0.1 断开。

7. 计数器

S7-200 系列 PLC 共有 256 个计数器，其指令的形式见表 3.12，表中 C××× 为计数器编号，取 C0～C255；CU 为增计数信号输入端；CD 为减计数信号输入端；R 为复位输入；LD 为装载预置值；PV 为预置值。计数器的功能是对输入脉冲进行计数，计数发生在脉冲的上升沿，达到计数器预置值时，计数器位元件动作，以完成计数控制任务。

(1) 增计数器指令 CTU。增计数器指令 CTU 从当前值开始，在每一个（CU）输入状态的上升沿时递增计数。当达到最大值（32767）后停止计数。当当前计数值≥预置值（PV）时，计数器位元件被置位。当复位端（R）被接通或者执行复位指令时，计数器被复位。

表 3.12 计数器指令

形 式	名 称		
	增计数器	减计数器	增减计数器
LAD	C××× CU CTU R PV	C××× CD CTD LD PV	ADD_I EN END IN1 OUT IN2
STL	CTU C×××,PV	CTD C×××,PV	CTUD C×××,PV

增计数器的应用及其时序如图 3.16 所示，I0.0 为增计数输入端，I0.1 为复位端，预置值为 5，输出端为 Q0.1。I0.0 每接通一次，计数器 C1 的当前值加 1。增到 5 时，网络 2 中 C1 的常开触头闭合，输出继电器 Q0.1 通电。当 I0.1 接通一次，C1 当前值清 0，C1 的常开触头复位，Q0.1 断电。

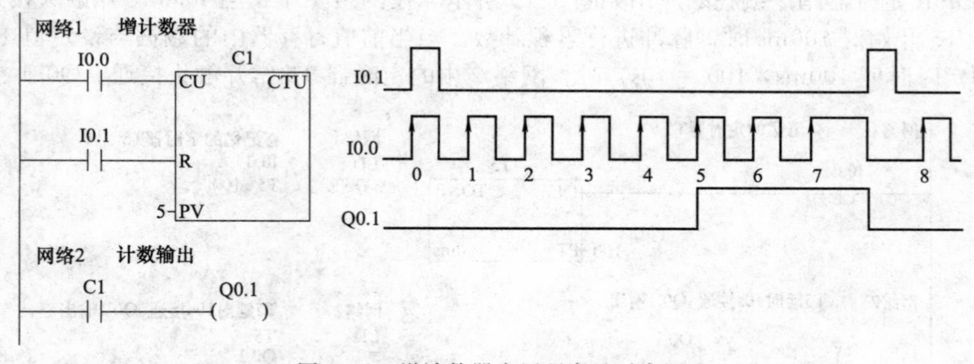

图 3.16 增计数器应用程序及时序图

(2) 减计数器指令 CTD。减计数器指令 CTD 从当前值开始，在每一个（CD）输入状态的上升沿时递减计数。当当前计数值等于 0 时，计数器位元件被置位。当装载输入端（LD）接通时，计数器位元件被自动复位，当前值复位为预置值（PV）。

减计数器的应用及时序如图 3.17 所示。I0.1 常开触头闭合时，预置值被装载，C1 位元件复位，Q0.1 断开。在 I0.0 常开触头闭合时，CTD 减计数，当 I0.0 第 3 次闭合时，C1 的当前值为 0，C1 位元件置位，Q0.1 接通。

(3) 增减计数器指令 CTUD。增减计数器有增计数和减计数两种工作方式，其计数方式由输入端决定。

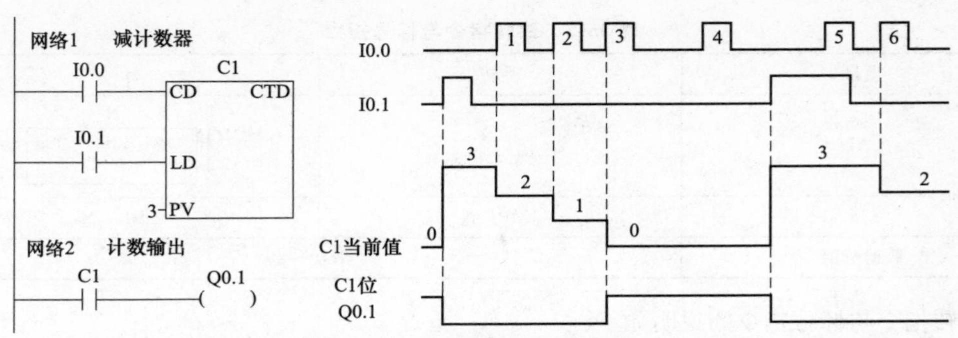

图 3.17　减计数器的应用及时序图

当达到最大值（32767）时，在增计数输入端的下一个上升沿将导致当前计数值变为最小值（－32768）。当达到最小值（－32768）时，在减计数输入端的下一个上升沿将导致当前计数值变为最大值（32 767）。

增减计数器的应用及时序如图 3.18 所示。I0.0 接增计数端，I0.1 接减计数端，I0.2 接复位端。当当前值≥4 时，C10 常开触头闭合，Q0.1 接通。

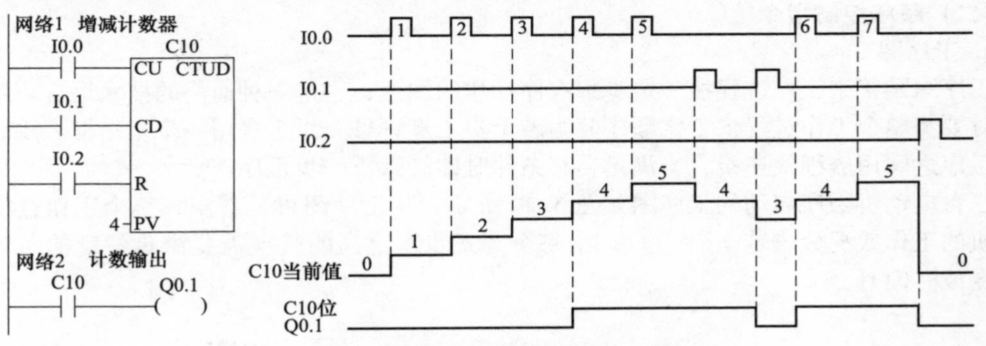

图 3.18　增减计数器应用及时序图

二、程序控制指令

程序控制类指令使程序结构灵活，合理使用该类指令可以优化程序结构，增强程序流向的控制功能。

（一）跳转及标号指令

跳转指令可用来选择执行指定的程序段，跳过暂时不需要执行的程序段。比如，在调试设备工艺参数的时候，需要手动操作方式；在生产时，需要自动操作方式。这就要在程序中编排两段程序，一段程序用于调试工艺参数，另一段程序用于生产自动控制。

应用跳转指令的程序结构如图 3.19 所示。I0.3 是手动/自动选择开关的信号输入端。当 I0.3 未接通时，执行点动程序段，反之执行自锁程序段。I0.3 的常开/常闭接点起联锁作用，使点动、自锁两个程序段只能选择其一。

跳转指令由跳转助记符 JMP 和跳转标号 N 构成。标号指令由标号指令助记符 LBL 和标号 N 构成。跳转指令和标号指令的梯形图和语句见表 3.13。

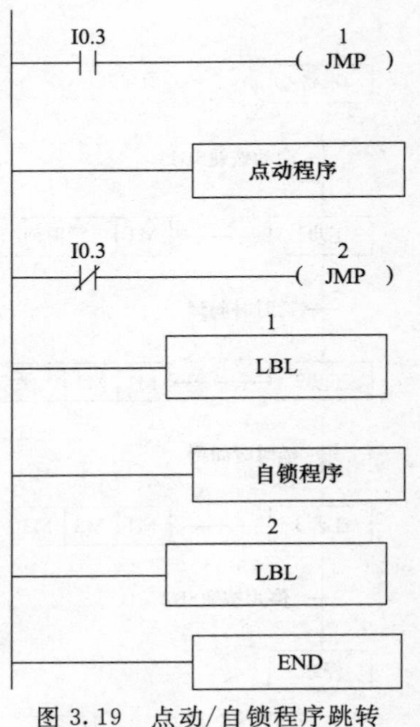

图 3.19　点动/自锁程序跳转

表 3.13 跳转指令与标号指令

项目	跳转	标号
LAD	N —(JMP)	N LBL
STL	JMP N	LBL N
数据范围	N:0～255	

跳转指令与标号指令的说明如下：

(1) 跳转指令。改变程序流程，使程序转移到具体的标号（N）处。当跳转条件满足时，程序由JMP指令控制转至标号N的程序段去执行。

(2) 标号指令。标记转移目的地的位置。

(3) 注意事项。跳转指令和标号指令必须位于主程序、子程序或中断程序内，不能从主程序转移至子程序或中断程序内，也不能从子程序或中断程序转移至该子程序或中断程序之外。

(二) 顺序控制指令

1. 工序图

工序图是整个工作过程按一定步骤有序动作的图形，它是一种通用的技术语言。绘制工序图时要将整个工作过程依工艺顺序分为若干步工序，每一步工序用一个矩形框表示，两个相邻工序之间用流程线连接，当满足转移条件时即转入下一步工序。

三台电动机顺序启动的工序图如图 3.20 所示。从工序图可以看出，整个工作过程依据电动机的工作状况分成若干个“工步”，每个“工步”之间的转换需要满足特定的条件（按钮指令或时间）。

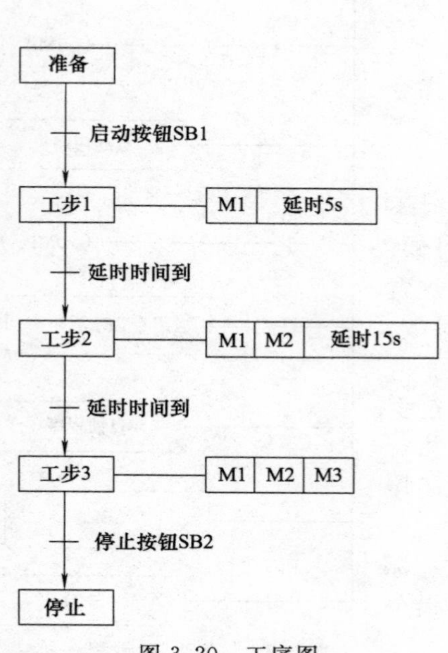

图 3.20 工序图

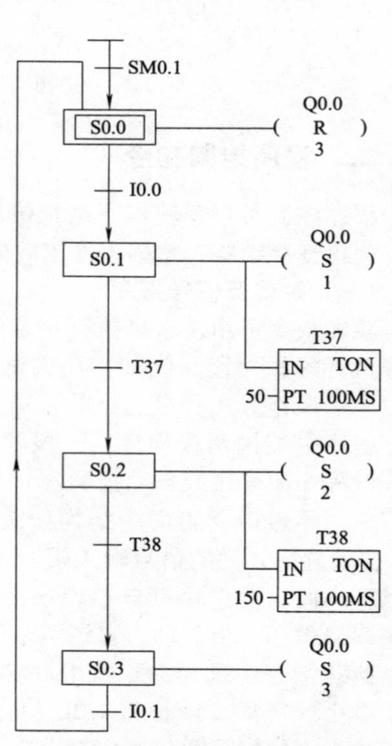

图 3.21 顺序控制功能图

2. 顺序控制功能图

顺序控制功能图是在工序图的基础上利用状态继电器 S 来描述顺序控制功能的图形。顺序控制功能图主要由顺序控制继电器、动作、有向连线和转换条件组成。从图 3.21 所示的顺序控制功能图可以看出，三台电动机顺序启动属于单流程模式，即所有的状态转移只有一个方向，而没有其他分支路径。

(1) 初始状态。一个顺序控制程序必须有一个初始状态，初始状态对应顺序控制程序运行的起点。初始状态顺序控制继电器用双线方框表示。

(2) 动作。顺序控制继电器符号方框右边用线条连接的线圈为本顺序控制继电器的控制对象，简称为动作（允许某些状态无控制对象）。

(3) 有向连线。有向连线表示顺序控制继电器的转移方向。在绘制顺序控制功能图时，将代表各状态顺序控制继电器的方框按先后顺序排列，并用有向连线将它们连接起来。表示从上到下或从左到右这两个方向的有向连线的箭头也可以省略。

(4) 转换条件。顺序控制继电器之间的转换条件用与有向连线垂直的短画线来表示，转换条件标注在转换短线的旁边。转换条件是与转换逻辑相关的触头，可以是常开触头、常闭触头或它们的组合。

(5) 活动状态。当顺序控制继电器置位时，该顺序控制继电器便处于活动状态，相应的动作被执行；处于不活动状态的顺序控制继电器时，相应的非保持型动作被停止。

3. 顺序控制指令

S7-200 中的顺序控制继电器指令 SCR、SCRT、SCRE 是专门用于编制顺序控制程序的。顺序控制程序被划分为 SCR 与 SCRE 指令之间的若干个 SCR 段，一个 SCR 段对应于顺序功能图中的一个状态。顺序控制指令的格式见表 3.14。

表 3.14　顺序控制继电器指令

LAD	STL	功能	操作对象
bit SCR	LSCR S-bit	顺序状态开始	S(位)
bit ——(SCRT)	SCRT S-bit	顺序状态转移	S(位)
——(SCRE)	SCRE	顺序状态结束	无

顺序控制继电器指令使用说明如下：

(1) 装载顺序控制指令“LSCR S-bit”用来表示一个 SCR 段（顺序功能图中的状态）的开始。指令中的操作数 S-bit 表示顺序控制继电器“S”的位地址。顺序控制继电器为“1”状态时，执行对应的 SCR 段中的程序，反之不执行。

(2) 顺序控制结束指令 SCRE 用来表示 SCR 段的结束。

(3) 顺序控制转移指令“SCRT S-bit”用来表示在 SCR 段之间进行转移，即活动状态的转移。当 SCRT 线圈“得电”时，SCRT 指令中指定的顺序控制继电器变为“1”状态，同时当前活动的顺序控制继电器被复位为“0”状态。

（三）循环指令 FOR、NEXT

循环指令 FOR、NEXT 的指令格式如表 3.15 所示。

表 3.15 FOR、NEXT 指令

项目	FOR 指令	NEXT 指令
LAD	FOR EN ENO INDX INIT FINAL	(NEXT)
STL	FOR INDX,INIT,FINAL	NEXT

循环指令 FOR、NEXT 的说明如下：

FOR、NEXT 之间的程序称为循环体，FOR 用来标记循环体的开始，NEXT 用来标记循环体的结束。在一个扫描周期内，循环体反复被执行。FOR、NEXT 指令必须成对出现，缺一不可。在嵌套程序中距离最近的 FOR 指令及 NEXT 指令是一对，各嵌套之间不能有交叉现象。

参数 INDX 为当前循环计数器，用来记录循环次数的当前值，循环体程序每执行一次 INDX 值加 1。参数 INIT 及 FINAL 用来规定循环次数的初值及终值，当循环次数当前值大于终值时，循环结束。可以用改写参数值的方法控制循环体的实际循环次数。

例如，用循环指令求 0+1+2+3+…+100 的和，并将计算结果存入 VW0。用循环指令编写的程序如图 3.22 所示，VW2 作为循环增量。

在图 3.22 所示的程序中，按下 I0.0 循环开始，循环次数 100 次。每循环 1 次，VW2 中的数据自动加 1，VW0 与 VW2 相加，结果存入 VW0 中，循环结束后，VW0 中存储的数据为 5050。I0.0 是计算控制端，I0.1 是清 0 控制端。

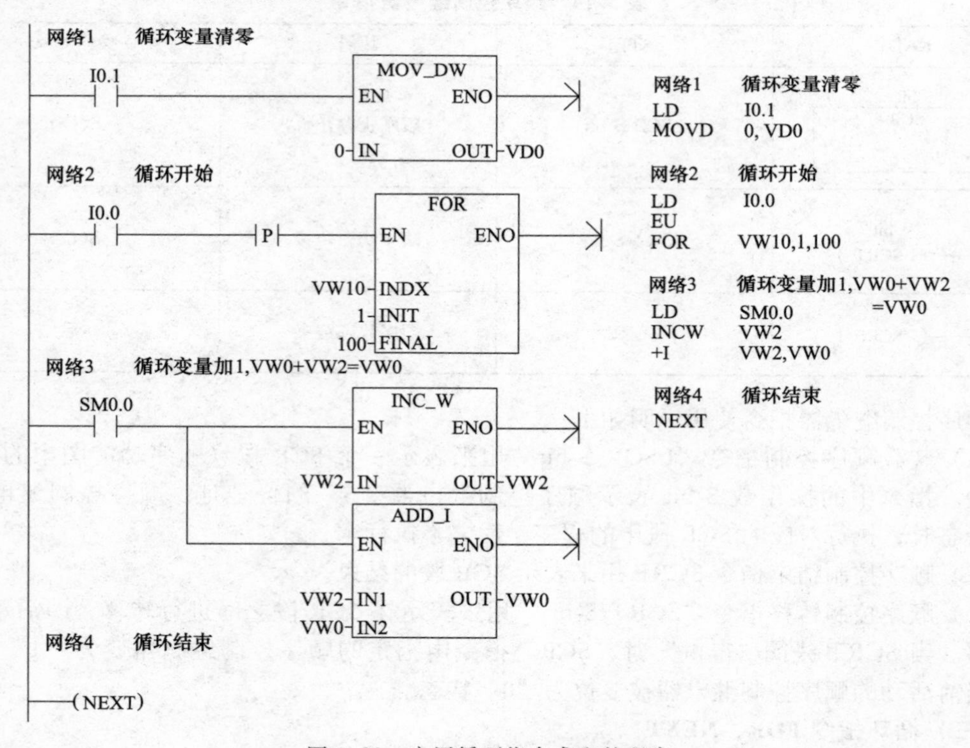

图 3.22 应用循环指令求和的程序

由于循环指令在每个扫描周期都被重复执行，因此，需要在循环指令开始前对循环中使用的数据继电器进行清 0 操作，使 VW2 只能存储 1 个扫描周期的和。

如果在循环体内又包含了另外一个完整的循环，称为循环嵌套，循环指令最多允许 8 级循环嵌套。

第三节　PLC 的功能指令

一、数据传送指令 MOV

数据传送指令包括字节传送、字传送、双字传送和实数传送，其指令格式见表 3.16。

表 3.16　数据传送指令

项目	字节传送	字传送	双字传送	实数传送
LAD	bit SCR	bit ——(SCRT)	——(SCRE)	——|P|——
STL	MOVB　IN,OUT	MOVW　IN,OUT	MOVD　IN,OUT	MOVR　IN,OUT

数据传送指令的使用说明如下：

(1) 数据传送指令的梯形图 LAD 使用指令盒表示。传送指令由传送符 MOV、数据类型（B/W/DW/R)、使能输入端 EN、使能输出端 ENO、源操作数 IN 和目标操作数 OUT 构成。

(2) 数据传送指令语句 STL 表示。传送指令由操作码 MOV、数据类型（B/W/D/R)、源操作数 IN 和目标操作数 OUT 构成。

(3) 数据传送指令的原理。当 EN = 1 时，执行数据传送指令。其功能是把源操作数 IN 传送到目标操作数 OUT 中，也可以传送常数，如图 3.23 所示。数据传送指令执行后，源操作数的数据不变，目标操作数的数据刷新。此时 ENO = 1，ENO 可接下一个指令盒。

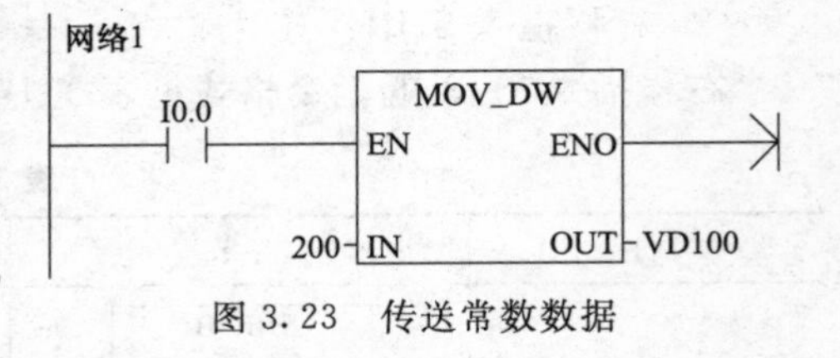

图 3.23　传送常数数据

(4) 数据传送指令的注意事项。应用传送指令应该注意数据类型。字节用符号 B、字用符号 W、双字用符号 D 或 DW、实数用符号 R 表示。

二、移位指令

移位指令主要应用于字元件中有规律的位移控制，操作数据可以是字节、字、双字。

1. 左移指令 SHL

左移指令 SHL 的指令格式见表 3.17。

左移指令 SHL 的说明如下：

(1) 左移就是把输入数据 IN 左移 N 位后，将结果输出到 OUT 所指定的存储单元。如果 IN 和 OUT 的存储单元不同，则输入数据 IN 各位保持状态不变。

(2) 左移移位数据存储单元的最高位（移出端）溢出 N 位数据，另一端自动补 N 个零。

(3) 被移出数据块的末位影响溢出标志位 SM1.1。

(4) 如果移位操作使数据变为 0，则零标志位 SM1.0 置位。

表 3.17　SHL 指令

项目	字节	字	双字
LAD	SHL_B EN ENO IN OUT N	SHL_W EN ENO IN OUT N	SHL_DW EN ENO IN OUT N
STL	SLB　OUT,N	SLW　OUT,N	SLD　OUT,N

左移指令 SHL 的应用梯形图及移位过程如图 3.24 所示。每当 I0.0 接通时，数据向左移动 4 位，数据低位补 4 个 0，同时影响 SM1.0、SM1.1。当 I0.0 前 3 次接通时，SM1.0 = SM1.1 = 0；当 I0.0 第 4 次接通时，SM1.0 = SM1.1 = 1。

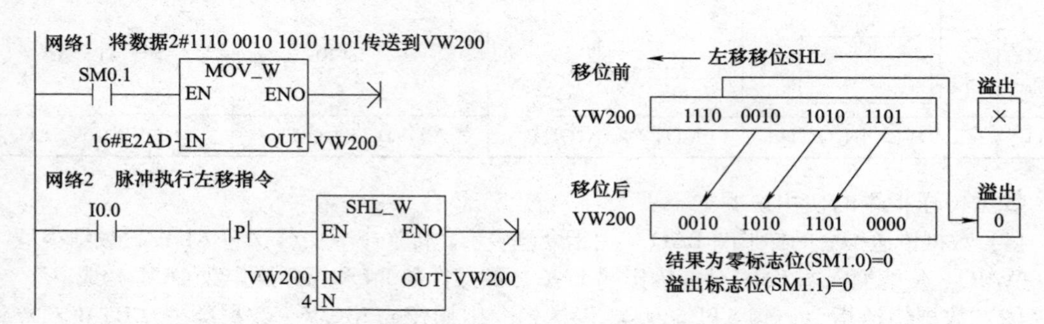

图 3.24　左移指令 SHL 梯形图及移位过程

2. 右移指令 SHR

右移指令 SHR 的指令格式见表 3.18。

表 3.18　SHR 指令

项目	字节	字	双字
LAD	SHR_B EN ENO IN OUT N	SHR_W EN ENO IN OUT N	SHR_DW EN ENO IN OUT N
STL	SRB　OUT,N	SRW　OUT,N	SRD　OUT,N

右移指令 SHR 的说明如下：

(1) 右移就是把输入数据 IN 右移 N 位后，将结果输出到 OUT 所指定的存储单元。如果 IN 和 OUT 的存储单元不同，则输入数据 IN 各位保持状态不变。

(2) 右移移位数据存储单元的最低位（移出端）溢出 N 位数据，另一端自动补 N 个 0。

(3) 溢出标志位 SM1.1 和零标志位 SM1.0 的动作同前所述。

右移指令 SHR 的应用梯形图及移位过程如图 3.25 所示。每当 I0.0 接通时，数据向右移动 4 位，数据高位补 4 个 0，同时影响 SM1.0、SM1.1。

3. 循环左移指令 ROL

循环左移指令 ROL 的指令格式见表 3.19。

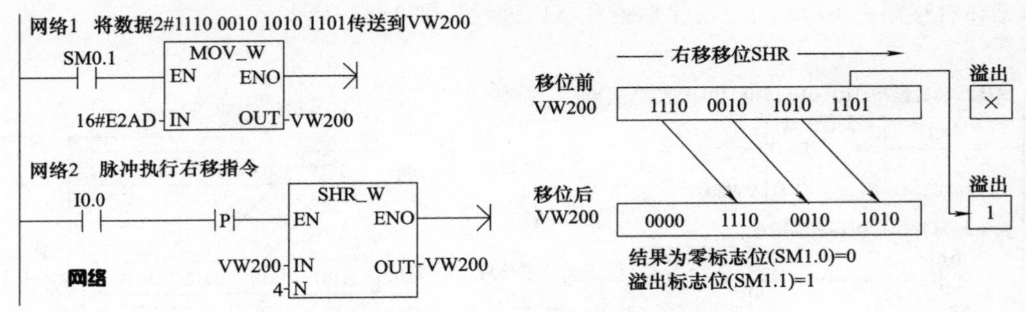

图 3.25　右移指令 SHR 梯形图及移位过程

表 3.19　ROL 指令

项目	字节	字	双字
LAD	ROL_B: EN ENO IN OUT N	ROL_W: EN ENO IN OUT N	ROL_DW: EN ENO IN OUT N
STL	RLB　OUT,N	RLW　OUT,N	RLD　OUT,N

循环左移指令 ROL 的说明如下：

（1）循环移位是指周而复始的移位。循环左移就是把输入数据 IN 循环左移 N 位，从数据最高位移出的数据块转移到数据最低位。

（2）如果 IN 和 OUT 的存储单元不同，则输入数据 IN 各位保持状态不变。溢出标志位 SM1.1 的动作同前所述。

循环左移指令 ROL 的应用梯形图及移位过程如图 3.26 所示。

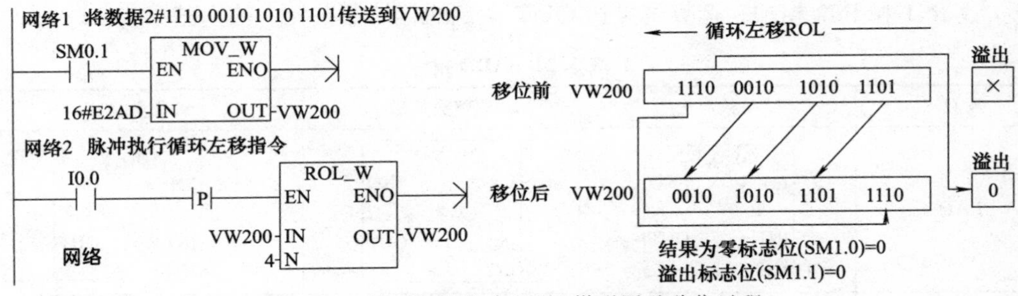

图 3.26　循环左移指令 ROL 梯形图及移位过程

4. 循环右移指令 ROR

循环右移指令 ROR 的指令格式见表 3.20。

表 3.20　ROR 指令

项目	字节	字	双字
LAD	ROR_B: EN ENO IN OUT N	ROR_W: EN ENO IN OUT N	ROR_DW: EN ENO IN OUT N
STL	RRB　OUT,N	RRW　OUT,N	RRD　OUT,N

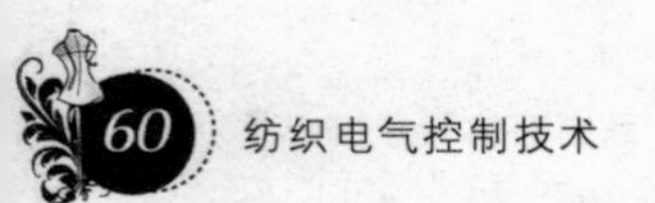

循环右移指令 ROR 的应用梯形图及移位过程如图 3. 27 所示。

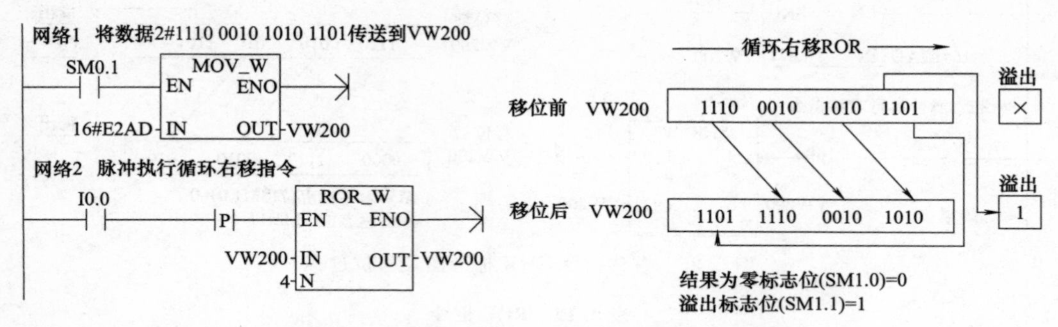

图 3. 27 循环右移指令 ROR 梯形图及移位过程

三、算术运算指令

PLC 的算术运算指令包括加、减、乘、除运算和增 1、减 1 运算。

1. 加法指令 ADD

加法指令 ADD 是对有符号数进行相加操作，它包括整数加法、双整数加法和实数加法，其指令格式见表 3. 21。

加法指令 ADD 的说明如下：

(1) 整数加法运算 ADD _ I。在 LAD 中，使能 EN = 1 时，将两个单字长（16 位）有符号整数 IN1 和 IN2 相加，运算结果送 OUT 指定的存储器单元，输出结果为 16 位。

(2) 双整数加法运算 ADD _ DI。在 LAD 中，使能 EN = 1 时，将两个双字长（32 位）有符号双整数 IN1 和 IN2 相加，运算结果送 OUT 指定的存储器单元，输出结果为 32 位。

(3) 实数加法运算 ADD _ R。在 LAD 中，使能 EN = 1 时，将两个双字长（32 位）有符号实数 IN1 和 IN2 相加，运算结果送 OUT 指定的存储器单元，输出结果为 32 位。

表 3. 21 ADD 指令

项目	整数加法	双整数加法	实数加法
LAD	ADD_I EN ENO IN1 OUT IN2	ADD_DI EN ENO IN1 OUT IN2	ADD_R EN ENO IN1 OUT IN2
STL	+I IN1,OUT	+D IN1,OUT	+R IN1,OUT

加法指令 ADD 的应用如图 3. 28 所示。在网络 1 中，I0. 1 接通时，常数 - 100 传送到 VW10；在网络 2 中，I0. 2 接通时，常数 500 传送到 VW20；在网络 3 中，I0. 3 接通时，执行加法指令，VW10 中的数据 - 100 传送到 VW30，然后与 VW20 中的数据 500 相加，运算结果 400 传送到 VW30。

状态监控表可以对存储单元的数据进行监控，双击树状菜单下状态表中的“用户定义 1”或单击工具栏中图标即可进入状态监控表。在“地址”栏输入监控的单元地址并在“格式”栏选择监控的数据格式，在“当前值栏”可以看到监控单元的数据。加法运算状态监控表如图 3. 29 所示，表中显示存储单元 VW10、VW20、VW30 中数据分别是 - 100、500、400。

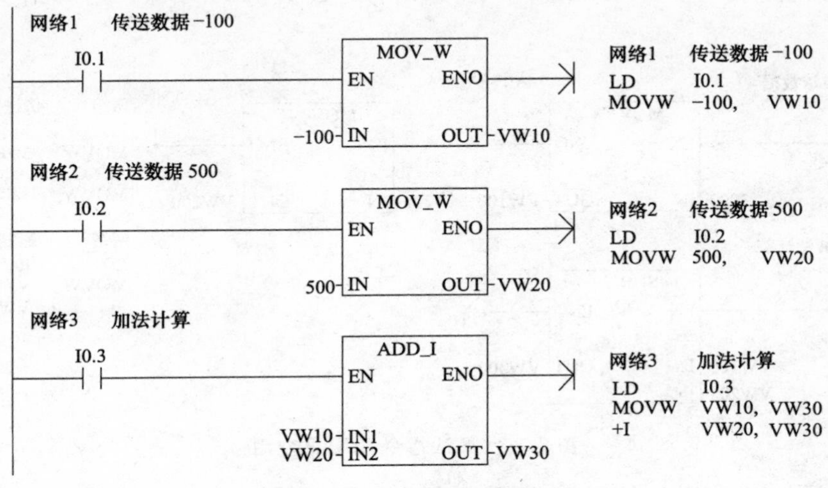

图 3.28 加法指令的应用

新特性
CPU 224 REL 01.21
程序块
符号表
状态表
用户定义1

	地址	格式	当前值
1	VW10	有符号	-100
2	VW20	有符号	+500
3	VW30	有符号	+400
4		有符号	
5		有符号	

图 3.29 加法运算状态监控表

2. 减法指令 SUB

减法指令是对有符号数进行相减操作，它包括整数减法、双整数减法和实数减法，其指令格式见表 3.22。

表 3.22 SUB 指令

项目	整数减法	双整数减法	实数减法
LAD	SUB_I EN ENO IN1 OUT IN2	SUB_DI EN ENO IN1 OUT IN2	SUB_R EN ENO IN1 OUT IN2
STL	－I IN1,OUT	－D IN1,OUT	－R IN1,OUT

减法指令 SUB 的说明如下：

(1) 整数减法运算 SUB _ I。在 LAD 中，使能 EN＝ 1 时，将两个单字长（16 位）有符号整数 IN1 和 IN2 相减，运算结果送 OUT 指定的存储器单元，输出结果为 16 位。

(2) 双整数减法运算 SUB _ DI。在 LAD 中，使能 EN＝ 1 时，将两个双字长（32 位）有符号双整数 IN1 和 IN2 相减，运算结果送 OUT 指定的存储器单元，输出结果为 32 位。

(3) 实数减法运算 SUB _ R。在 LAD 中，使能 EN＝ 1 时，将两个双字长（32 位）有符号实数 IN1 和 IN2 相减，运算结果送 OUT 指定的存储器单元，输出结果为 32 位。

减法指令 SUB 的应用如图 3.30 所示。在网络 1 中，I0.1 接通时，常数 3000 传送到 VW100，常数 1200 传送到 VW200；在网络 2 中，I0.2 接通时，执行减法指令，VW100 中的数据 3000 传送到 VW300，然后与 VW200 中的数据 1200 相减，运算结果 1800 传送到 VW300。

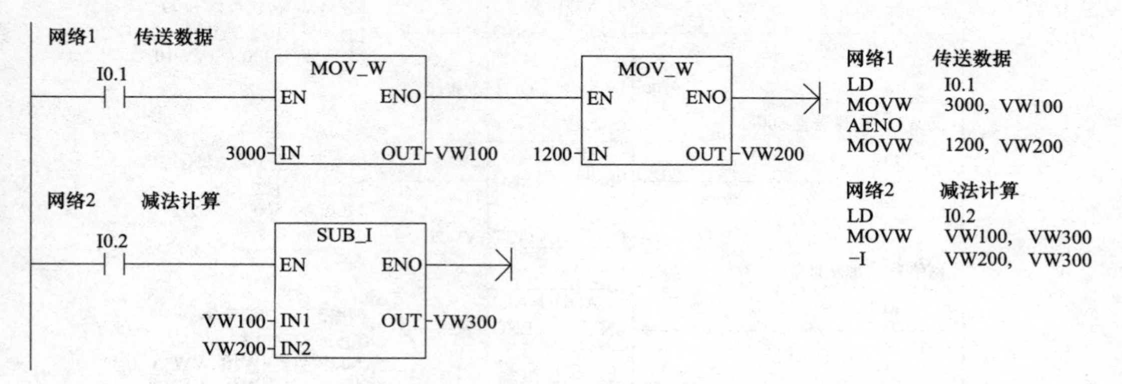

图 3.30 减法指令 SUB 的应用

减法运算状态监控表如图 3.31 所示，表中显示存储单元 VW100、VW200、VW300 中数据分别是 3000、1200、1800。

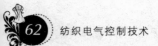

CPU 224 REL 01.21
程序块
符号表
状态表
用户定义1

	地址	格式	当前值
1	VW100	有符号	+3000
2	VW200	有符号	+1200
3	VW300	有符号	+1800
4		有符号	
5		有符号	

图 3.31 减法运算状态监控表

3. 乘法指令 MUL

乘法运算指令是对有符号数进行乘法运算，包括整数乘运算、双整数乘运算，整数乘双整数输出运算和实数乘运算，其指令格式见表 3.23。

表 3.23 MUL 指令

项目	整数乘	双整数乘	整数乘双整数输出	实数乘
LAD	MUL_I EN ENO IN1 OUT IN2	MUL_DI EN ENO IN1 OUT IN2	MUL EN ENO IN1 OUT IN2	MUL_R EN ENO IN1 OUT IN2
STL	* I IN1,OUT	* D IN1,OUT	MUL IN1,OUT	* R IN1,OUT

乘法指令 MUL 的说明如下：

(1) 整数乘运算 MUL _ I。在 LAD 中，使能 EN = 1 时，将两个单字长（16 位）有符号整数 IN1 和 IN2 相乘，运算结果送 OUT 指定的存储器单元，输出结果为 16 位。

(2) 双整数乘运算 MUL _ DI。在 LAD 中，使能 EN = 1 时，将两个双字长（32 位）有符号双整数 IN1 和 IN2 相乘，运算结果送 OUT 指定的存储器单元，输出结果为 32 位。

(3) 整数乘双整数输出 MUL。在 LAD 中，使能 EN = 1 时，将两个单字长（16 位）有符号整数 IN1 和 IN2 相乘，运算结果送 OUT 指定的存储器单元，输出结果为 32 位。

(4) 实数乘运算 MUL _ R。在 LAD 中，使能 EN = 1 时，将两个双字长（32 位）有符号实数 IN1 和 IN2 相乘，运算结果送 OUT 指定的存储器单元，输出结果为 32 位。

处于监控状态的整数乘双整数输出的梯形图及状态监控表如图 3. 32 所示。当 I0. 0 接点接通时，执行乘法指令，乘法运算的结果（10923×12=131076）存储在 VD30 目标操作数中，其二进制形式为 0000 0000 0000 0010 0000 0000 0000 0100。

VD30 中各字节存储的数据分别是 VB30=0、VB31=2、VB32=0、VB33=4；各字存储的数据分别是 VW30=+2、VW32=+4。

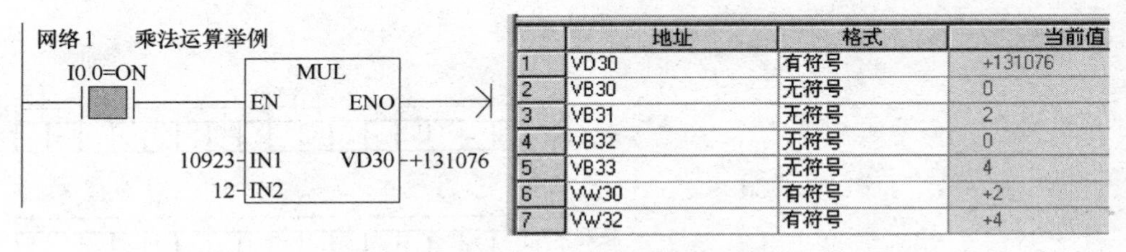

	地址	格式	当前值
1	VD30	有符号	+131076
2	VB30	无符号	0
3	VB31	无符号	2
4	VB32	无符号	0
5	VB33	无符号	4
6	VW30	有符号	+2
7	VW32	有符号	+4

图 3. 32　乘法指令 MUL 的梯形图监控及状态监控表

4. 除法指令 DIV

除法运算指令是对有符号数进行除法运算，包括整数除法运算、双整数除法运算，整数除法双整数输出运算和实数除法运算，其指令格式见表 3. 24。

表 3. 24　DIV 指令

项目	整数除	双整数除	整数除双整数输出	实数除
LAD	DIV_I EN　ENO IN1　OUT IN2	DIV_DI EN　ENO IN1　OUT IN2	DIV EN　ENO IN1　OUT IN2	DIV_R EN　ENO IN1　OUT IN2
STL	/I　IN1,OUT	/D　IN1,OUT	DIV　IN1,OUT	/R　IN1,OUT

除法指令 DIV 的说明如下：

(1) 整数除法运算 DIV _ I。在 LAD 中，使能 EN= 1 时，将两个单字长（16 位）有符号整数 IN1 和 IN2 相除，运算结果送 OUT 指定的存储器单元，输出结果为 16 位。

(2) 双整数除法运算 DIV _ DI。在 LAD 中，使能 EN= 1 时，将两个双字长（32 位）有符号双整数 IN1 和 IN2 相除，运算结果送 OUT 指定的存储器单元，输出结果为 32 位。

(3) 整数除法双整数输出 DIV。在 LAD 中，使能 EN= 1 时，将两个单字长（16 位）有符号整数 IN1 和 IN2 相除，运算结果送 OUT 指定的存储器单元，输出结果为 32 位，其中低 16 位是商，高 16 位是余数。

在图 3. 33（a）所示的除法程序中，被除数存储在 VW0，除数存储在 VW10。当 I0. 0 接通时，执行除法指令，运算结果存储在 VD20。其中商存储在 VW22，余数存储在 VW20，操作数的结构如图 3. 33（b）所示。

(4) 实数除法运算 DIV _ R。在 LAD 中，使能 EN= 1 时，将两个双字长（32 位）有符号实数 IN1 和 IN2 相除，运算结果送 OUT 指定的存储器单元，输出结果为 32 位。

处于监控状态的除法指令梯形图与监控状态表如图 3. 34 所示。如果 I0. 0 接点接通，执行除法指令。除法运算的结果（15/2=商 7 余 1）存储在 VD20 的目标操作数中，其中商 7 存储在 VW22，余数 1 存储在 VW20。其二进制形式为 0000 0000 0000 0001 0000 0000 0000 0111。

VD20 中各字节存储的数据分别是 VB20=0、VB21=1、VB22=0、VB23=7；各字存

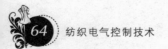

储的数据分别是 VW20 = +1、VW22 = +7。

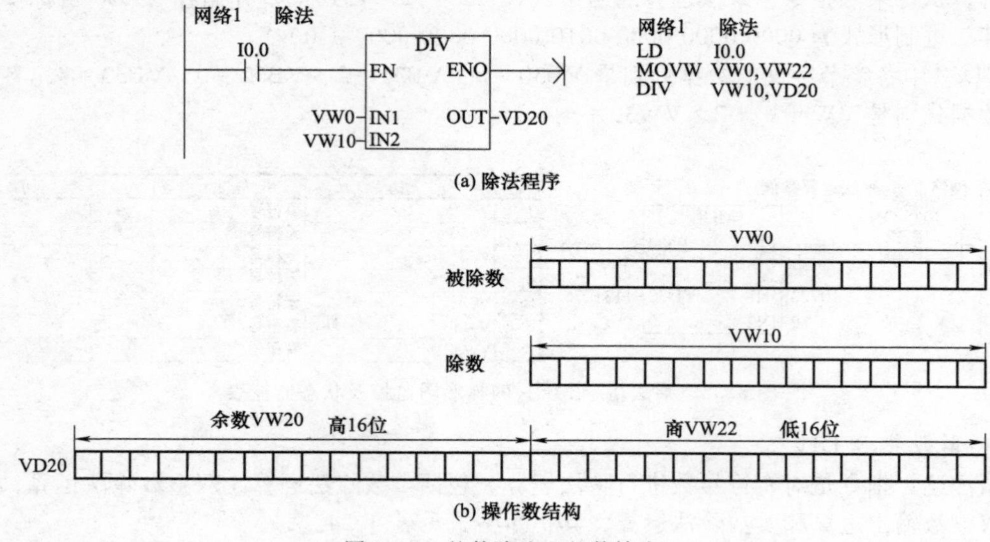

(a) 除法程序

(b) 操作数结构

图 3.33 整数除法双整数输出

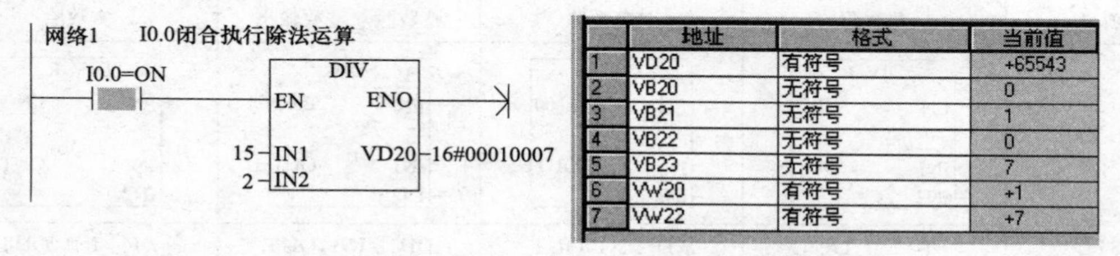

	地址	格式	当前值
1	VD20	有符号	+65543
2	VB20	无符号	0
3	VB21	无符号	1
4	VB22	无符号	0
5	VB23	无符号	7
6	VW20	有符号	+1
7	VW22	有符号	+7

图 3.34 除法指令 DIV 的梯形图与状态监控表

5. 增 1/减 1 指令 INC/DEC

增 1/减 1 指令用于自增、自减操作，以实现累计计数和循环控制等程序的编制。其操作数可以是字节、字或双字，指令格式见表 3.25。

表 3.25 INC/DEC 指令

项目	增 1(INC)			减 1(DEC)		
LAD	INC_B EN ENO IN OUT	INC_W EN ENO IN OUT	INC_DW EN ENO IN OUT	DEC_B EN ENO IN OUT	DEC_W EN ENO IN OUT	DEC_DW EN ENO IN OUT
STL	INCB OUT	INCW OUT	INCD OUT	DECBOUT	DECW OUT	DECD OUT

增 1/减 1 指令的说明如下：在 LAD 中，当使能输入 EN = 1 时，数据 IN 增 1 或减 1，其结果存储于 OUT 指定的单元中；在 STL 中，数 OUT 被增 1 或减 1，其结果存放在 OUT 中。

四、逻辑运算指令

"与""或""非"逻辑是开关量控制的基本逻辑关系。逻辑运算指令是对无符号数进行逻辑处理，主要包括逻辑“与”“或”“非”和“取反”指令。按操作数长度可分为字节、字和双字逻辑运算。

1. 逻辑“与”指令 WAND

逻辑“与”指令 WAND 的指令格式见表 3.26。

表 3.26　WAND 指令

项目	字节“与”	字“与”	双字“与”
LAD	WAND_B EN ENO IN1 OUT IN2	WAND_W EN ENO IN1 OUT IN2	WAND_DW EN ENO IN1 OUT IN2
STL	ANDB　IN1,IN2	ANDW　IN1,IN2	ANDD　IN1,IN2

逻辑“与”指令 WAND 的说明如下：

IN1、IN2 作为相“与”逻辑运算的源操作数，OUT 为存储“与”逻辑运算结果的目标操作数。

逻辑“与”指令的功能是将两个源操作数的数据进行二进制按位相“与”，并将运算结果存入目标操作数中。

2. 逻辑“或”指令 WOR

逻辑“或”指令 WOR 的指令格式见表 3.27。

表 3.27　WOR 指令

项目	字节“或”	字“或”	双字“或”
LAD	WOR_B EN ENO IN1 OUT IN2	WOR_W EN ENO IN1 OUT IN2	WOR_DW EN ENO IN1 OUT IN2
STL	ORB　IN1,IN2	ORW　IN1,IN2	ORD　IN1,IN2

逻辑“或”指令 WOR 的说明如下：

IN1、IN2 为两个相“或”的源操作数，OUT 为存储“或”逻辑结果的目标操作数。

逻辑“或”指令的功能是将两个源操作数的数据进行二进制按位相“或”，并将运算结果存入目标操作数中。

3. 逻辑“异或”指令 WXOR

逻辑“异或”指令 WXOR 的指令格式见表 3.28。

表 3.28　WXOR 指令

项目	字节“异或”	字“异或”	双字“异或”
LAD	WXOR_B EN ENO IN1 OUT IN2	WXOR_W EN ENO IN1 OUT IN2	WXOR_DW EN ENO IN1 OUT IN2
STL	XORB　IN1,IN2	XORW　IN1,IN2	XORD　IN1,IN2

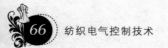

逻辑“异或”指令 WXOR 的说明如下：

IN1、IN2 为两个相“异或”的源操作数，OUT 为存储“异或”逻辑结果的目标操作数。

逻辑“异或”指令的功能是将两个源操作数的数据进行二进制按位相“异或”，并将运算结果存入目标操作数中。

4. 逻辑“取反”指令 INV

逻辑“取反”指令 INV 的指令格式见表 3.29。

表 3.29 INV 指令

项目	字节“取反”	字“反”	双字“取反”
LAD	INV_B EN ENO IN OUT	INV_W EN ENO IN OUT	INV_DW EN ENO IN OUT
STL	INVB IN	INVW IN	INVD IN

逻辑“取反”指令 INV 的说明如下：

IN 为“取反”的源操作数，OUT 为存储“取反”逻辑结果的目标操作数。

逻辑“取反”指令的功能是将源操作数数据进行二进制按位“取反”，并将运算结果存入目标操作数中。

五、转换指令

在 PLC 的运算中，经常用到数据类型的转换，转换指令的梯形图（指令盒）和指令表见表 3.30。

表 3.30 PLC 转换指令

项目	整数转双整数	双整数转整数	双整数转实数	四舍五入取整	取整
梯形图	bit SCR	bit —(SCRT)	—(SCRE)	┤P├	┤N├
指令表	ITD IN,OUT	DTI IN,OUT	DTR IN,OUT	ROUND IN,OUT	TRUNC IN,OUT

转换指令说明如下：

(1) 整数转双整数指令（ITD）将整数值 IN 转换成双整数值，并且存入 OUT 指定的变量中。符号位扩展到高字节中。

(2) 双整数转整数指令（DTI）将一个双整数值 IN 转换成一个整数值，并将结果存入 OUT 指定的变量中。如果所转换的数值太大以至于无法在输出中表示则溢出标志位 SM1.1 置位并且输出不会改变。

(3) 双整数转实数指令（DTR）将一个 32 位有符号整数值 IN 转换成一个 32 位实数，并将结果存入 OUT 指定的变量中。

(4) 四舍五入取整指令（ROUND）将实数值 IN 转换成双整数值，并且存入 OUT 指定的变量中。如果小数部分大于等于 0.5，则数字向上取整。

(5) 取整指令（TRUNC）将一个实数值 IN 转换成一个双整数，并且存入 OUT 指定的

变量中。只有实数的整数部分被转换，小数部分舍去。

六、子程序调用指令

在 PLC 程序中，有时会存在多个逻辑功能完全相同的程序段，为了简化程序结构，可以将相同的程序段作为子程序。需要执行时，调用子程序，子程序执行完毕，再返回调用它的下一条指令语句处顺序执行。在程序的初始化中，常常调用子程序来实现。子程序调用指令 CALL、条件返回指令 CRET 的指令格式见表 3.31。

表 3.31　CALL、CRET 指令

项目	子程序调用指令	条件返回指令
LAD	SBR_N EN	—(RET)
STL	CALL　SBR_N	CRET

CRET 多用于子程序的内部，由判断条件决定是否结束子程序调用。

如果子程序调用条件满足，则中断主程序去执行子程序。子程序执行结束，通过返回指令返回主程序中断处去继续执行主程序的下一条指令语句。

七、中断指令

所谓中断就是当 CPU 执行正常程序时，系统中出现了某些急需处理的特殊请求，这时 CPU 暂时中断现行程序，转而去对随机发生的更紧迫事件进行处理（称为执行中断服务程序），当该事件处理完毕后，CPU 自动返回原来被中断的程序继续执行。执行中断服务程序前后，系统会自动保护被中断程序的运行环境，不会造成混乱。

1. 中断事件

在激活一个中断程序前，必须使中断事件和该事件发生时希望执行的中断程序间建立一种联系，这个中断事件也称为中断源。S7-200 系列 PLC 支持 34 种中断源，见表 3.32。

表 3.32　中断事件

事件号	中断描述	事件号	中断描述
0	上升沿，I0.0	17	HSC2 输入方向改变
1	下降沿，I0.0	18	HSC2 外部复位
2	上升沿，I0.1	19	PTO 0 完成中断
3	下降沿，I0.1	20	PTO 1 完成中断
4	上升沿，I0.2	21	定时器 T32 CT=PT 中断
5	下降沿，I0.2	22	定时器 T96 CT=PT 中断
6	上升沿，I0.3	23	端口 0：接收信息完成
7	下降沿，I0.3	24	端口 1：接收信息完成
8	端口 0：接收字符	25	端口 1：接收字符
9	端口 0：发送完成	26	端口 1：发送完成
10	定时中断 0 SMB34	27	HSC0 输入方向改变
11	定时中断 1 SMB35	28	HSC0 外部复位
12	HSC0 CV=PV（当前值=预置值）	29	HSC4 CV=PV（当前值=预置值）

续表

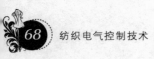

事件号	中断描述	事件号	中断描述
13	HSC1 CV=PV(当前值=预置值)	30	HSC4 输入方向改变
14	HSC1 输入方向改变	31	HSC4 外部复位
15	HSC1 外部复位	32	HSC3 CV=PV(当前值=预置值)
16	HSC2 CV=PV(当前值=预置值)	33	HSC5 CV=PV(当前值=预置值)

2. 中断指令

中断指令的梯形图、语句等指令格式见表 3. 33。

表 3.33 中断指令的格式

项目	中断连接指令	中断允许指令	中断分离指令	中断禁止指令
LAD	ATCH EN ENO INT EVNT	—(ENI)	DTCH EN ENO EVNT	—(DISI)
STL	ATCH INT,EVNT	ENI	DTCH EVNT	DISI
描述	使能输入有效时,把一个中断事件 EVNT 和一个中断程序 INT 联系起来,并允许这一中断事件	使能输入有效时,全局允许所有中断	使能输入有效时,切断一个中断事件 EVNT 与所有中断程序的联系	使能输入有效时,全局关闭所有中断
操作数	INT:0~127		EVNT:0~33	

中断指令说明如下:

(1) 程序开始运行时,CPU 默认禁止所有中断。如果执行中断允许指令 ENI,允许所有中断。

(2) 多个中断事件可以调用一个中断程序,但一个中断事件不能同时调用多个中断程序。

(3) 中断分离指令仅禁止某个事件与中断程序的联系,而执行中断禁止指令可以禁止所有中断。

I/O 中断包括上升沿中断和下降沿中断、高速计数器 (HSC) 中断和脉冲序列输出 (PTO) 中断。I/O 中断应用的控制要求是:用中断指令控制输出端 Q 的状态。输入端 I0.0 接通的上升沿时 Q0.0~Q0.3 接通,输入端 I0.0 断开的下降沿时 QB0 = 0。I/O 中断应用的程序如图 3.35 所示。

程序工作原理如下:

(1) 在主程序中,将事件 0 与中断程序 INT _ 0 连接起来,将事件 1 与中断程序 INT _ 1 连接起来,全局允许中断。

(2) 在中断程序 0 中,将常数 15 送入 QB0。

(3) 在中断程序 1 中,将 QB0 清 0。

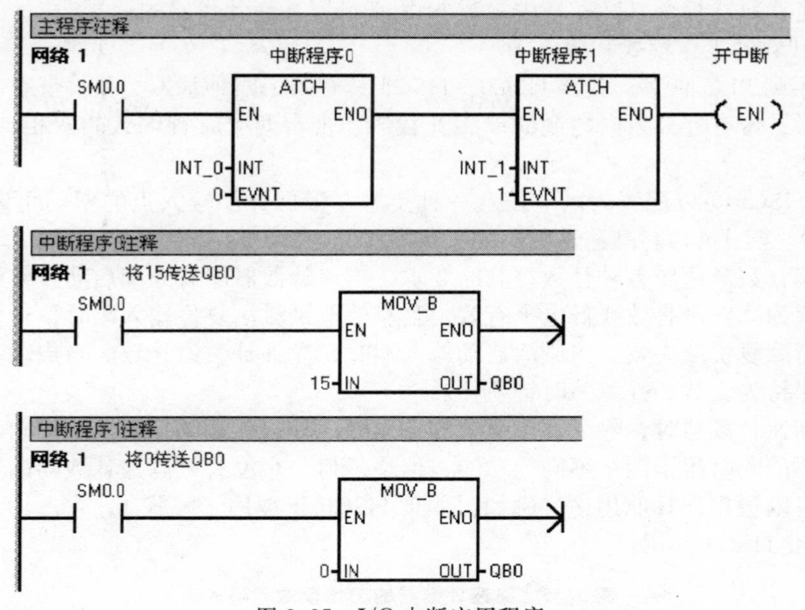

图 3.35　I/O 中断应用程序

八、高速计数器指令

在实际生产中，常常需要测量主轴的转速，而主轴的转速往往高达每分钟上千转，传感器输出的脉冲频率可能为几千赫兹以上，使用普通的计数器不能满足测量要求，这就需要用到高速计数器。

西门子 S7-200 系列 PLC 专门设置了 6 个 32 位双向高速计数器 HSC0～HSC5（CPU221、CPU222 没有 HSC1 和 HSC2），高速计数器可以独立于用户程序工作，不受输入端延迟时间和程序扫描周期的限制。

1. 高速计数器指令

定义高速计数器指令和高速计数器指令的格式见表 3.34。

表 3.34　高速计数器指令

项目	定义高速计数器	高速计数器
LAD	HDEF EN　ENO HSC MODE	HSC EN　ENO N
STL	HDEF　HSC，MODE	HSC　N
操作数的含义及范围	HSC：(BYTE)常数；MODE：(BYTE)常数；N：(WORD)常数	

高速计数器指令的说明如下：

(1) 高速计数器定义指令（HDEF）为指定的高速计数器（HSCx）设置一种工作模式，工作模式决定了高速计数器的时钟、方向、启动和复位功能。每个高速计数器只能用一条 HDEF 指令。

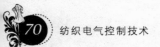

(2) 高速计数器指令（HSC）中参数 N 用来设置高速计数器的编号。

2. 高速计数器工作模式和输入端

S7-200 系列 PLC 高速计数器 HSC0～HSC5 具有以下四种基本类型：带有内部方向控制的单相计数器、带有外部方向控制的单相计数器、带有两个时钟输入的双相计数器和 A/B 相正交计数器。

HSC0～HSC5 可以配置为以上任意一种类型，根据外部输入点的不同可以配置不同的模式（模式 0～模式 11）。高速计数器的工作模式见表 3.35。

为了准确计数及适应各种计数控制的要求，高速计数器配有外部启动、复位端子。其有效电平可设置为高电平有效或低电平有效。当有效电平激活复位输入端时，计数器清除当前值并一直保持到复位端失效。当激活启动输入端时，允许计数器计数。当启动端失效时，计数器当前值保持为常数，并忽略时钟事件。

在使用高速计数器时，除了要定义它的工作模式外，还必须正确地使用它的输入端。同一个输入端不能同时用于两个不同的功能，但是任何一个没有被高速计数器的当前模式使用的输入端，可以被用作其他用途。例如，如果 HSC0 正被用于模式 1，它占用 I0.0 和 I0.2，则 I0.1 可以被 HSC3 占用。

表 3.35 高速计数器的工作模式和输入点

计数器标号及各种工作模式对应的输入点	HSC0	I0.0	I0.1	I0.2	—
	HSC1	I0.6	I0.7	I1.0	I1.1
	HSC2	I1.2	I1.3	I1.4	I1.5
	HSC3	I0.1	—	—	—
	HSC4	I0.3	I0.4	I0.5	—
	HSC5	I0.4	—	—	—
带有内部方向控制的单相计数器	模式 0	时钟	—	—	—
	模式 1	时钟	—	复位	—
	模式 2	时钟	—	复位	启动
带有外部方向控制的单相计数器	模式 3	时钟	方向	—	—
	模式 4	时钟	方向	复位	—
	模式 5	时钟	方向	复位	启动
带有增减计数时钟的双相计数器	模式 6	增时钟	减时钟	—	—
	模式 7	增时钟	减时钟	复位	—
	模式 8	增时钟	减时钟	复位	启动
A/B 相正交计数器	模式 9	时钟 A	时钟 B	—	—
	模式 10	时钟 A	时钟 B	复位	—
	模式 11	时钟 A	时钟 B	复位	启动

3. 设置控制字节

每个高速计数器在特殊存储器区拥有各自的控制字节，见表 3.36。控制字节用来定义高速计数器的计数方式和其他一些设置，改变控制字节各个位的状态可以设置不同的功能。

4. 设置初始值和预置值

每个高速计数器都有一个 32 位的初始值和一个 32 位的预置值，均为带符号整数。初始值是高速计数器计数的起始值，预置值是高速计数器的目标值，当高速计数器的当前值等于

预置值时会发生一个内部中断事件。为了向高速计数器装入新的初始值和预置值，必须先设置控制字节，并且把初始值和预置值存入特殊存储器中，然后执行 HSC 指令完成设定或更新高速计数器初始值和预置值。每个高速计数器还有一个以数据类型 HC 加上计数器标号构成的存储单元存储计数器的当前值（如 HC2）。高速计数器的当前值是只读值，只能以双字（32 位）分配地址。HSC0～HSC5 的初始值、预置值及当前值存储单元见表 3. 37。

表 3. 36　高速计数器的控制字节

HSC0	HSC1	HSC2	HSC3	HSC4	HSC5	描述
SM37. 0	SM47. 0	SM57. 0	—	SM147. 0	—	0＝复位高电平有效；1＝复位低电平有效
—	SM47. 1	SM57. 1	—	—	—	0＝启动高电平有效；1＝启动低电平有效
SM37. 2	SM47. 2	SM57. 2	—	SM147. 2	—	0＝4×计数率；1＝1×计数率
SM37. 3	SM47. 3	SM57. 3	SM137. 3	SM147. 3	SM157. 3	0＝减计数；1＝增计数
SM37. 4	SM47. 4	SM57. 4	SM137. 4	SM147. 4	SM157. 4	写入计数方向：0＝不更新；1＝更新
SM37. 5	SM47. 5	SM57. 5	SM137. 5	SM147. 5	SM157. 5	写入预置值：0＝不更新；1＝更新
SM37. 6	SM47. 6	SM57. 6	SM137. 6	SM147. 6	SM157. 6	写入初始值：0＝不更新；1＝更新
SM37. 7	SM47. 7	SM57. 7	SM137. 7	SM147. 7	SM157. 7	HSC 允许：0＝禁止 HSC；1＝允许 HSC

表 3. 37　高速计数器的初始值、预置值和当前值存储单元

要装入的值	HSC0	HSC1	HSC2	HSC3	HSC4	HSC5
初始值	SMD38	SMD48	SMD58	SMD138	SMD148	SMD158
预置值	SMD42	SMD52	SMD62	SMD142	SMD152	SMD162
当前值	HC0	HC1	HC2	HC3	HC4	HC5

5. 高速计数器的应用

（1）单相计数器的应用。单相计数器采用专用的输入端口作为计数器的计数方向控制，如图 3. 36（a）所示，使用 HSC0 时，使用 I0. 1 为计数方向控制，置 1 时为增计数器。

程序的工作原理如图 3. 36（b）所示

① 在主程序中，SM0. 1 接通调用子程序 SBR _ 0。

② 子程序 SBR _ 0 中，对 HSC0 进行初始化。首先将控制字节 16＃D0（2＃1101 0000）送 SMB37，此字节的设置包括允许 HSC0、更新初始值、更新计数方向和减计数器。然后定义高速计数器 HSC0 为 4 模式，初始值清 0，最后将设置写入 HSC0。

系统自动分配 I0. 0 为 HSC0 的计数信号输入端；I0. 1 接通是增计数器，断开是减计数器；I0. 2 是复位端。

（2）双相高速计数器的应用。双相计数器为带有两相计数时钟输入的计数器。其中一相时钟为增计数时钟，一相为减计数时钟。增时钟输入口上有 1 个脉冲时，计数器当前值加 1；减时钟输入口上有 1 个脉冲时，计数器当前值减 1，如图 3. 37 所示。如果增时钟输入的上升沿与减时钟输入的上升沿之间的时间间隔小于 0. 3μs，高速计数器会把这些事件看作是同时发生的，当前值不变，计数方向指示不变。只要增时钟输入的上升沿与减时钟输入的上升沿之间的时间间隔大于 0. 3μs，高速计数器分别捕捉每个事件，正确计数。

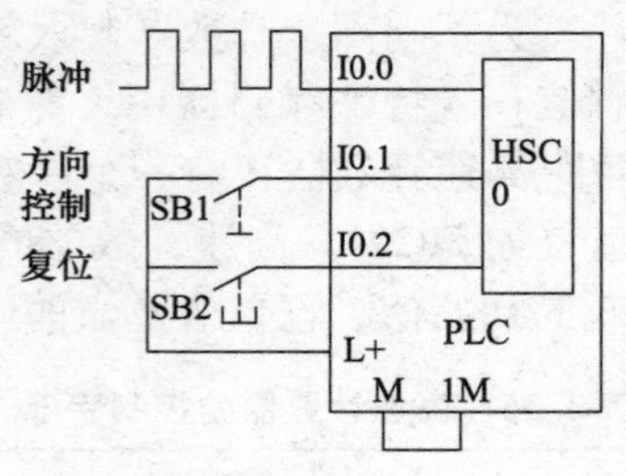

(a) 接线图

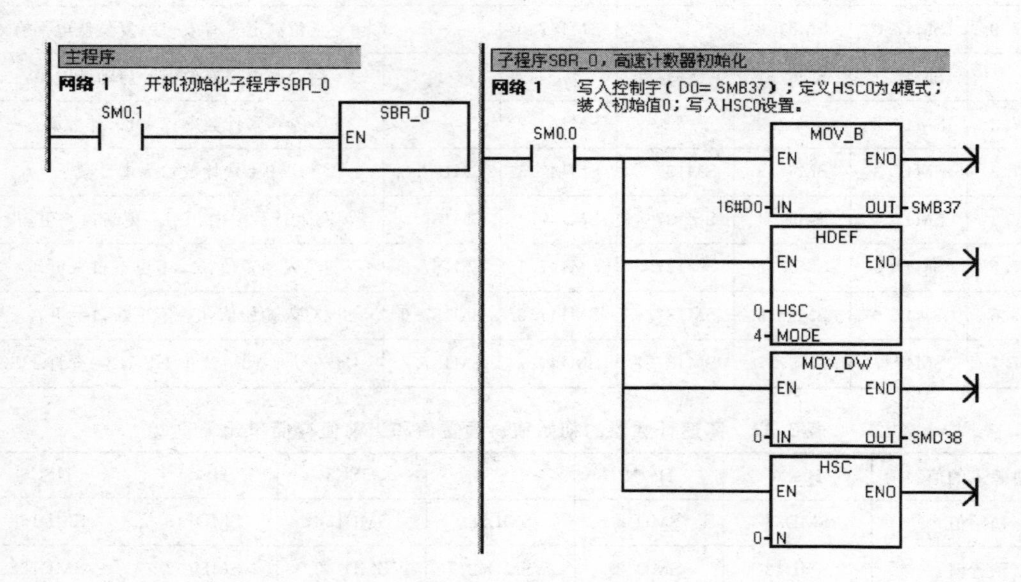

(b) 程序梯形图

图 3.36 单相计数器应用

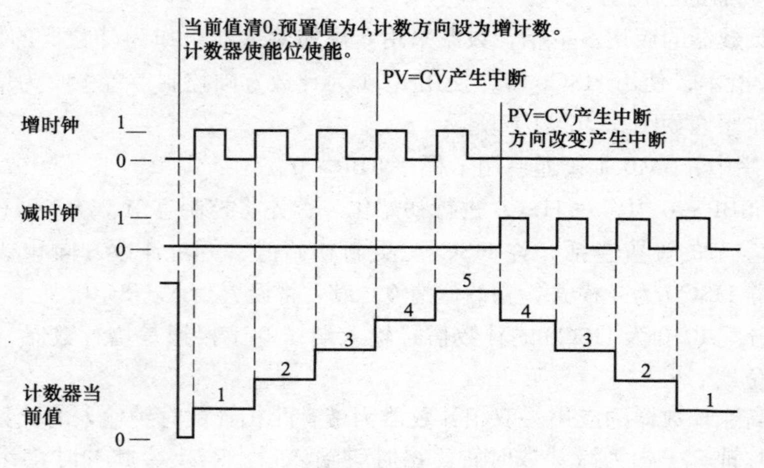

图 3.37 双相计数器时序图

双相高速计数器应用了 HSC1 的工作模式 8，系统自动分配 I0.6 为 HSC1 的增计数信号输入端，I0.7 为 HSC1 的减计数信号输入端；I1.0 是复位端，I1.1 是启动端。其接线图如图 3.38（a）所示。

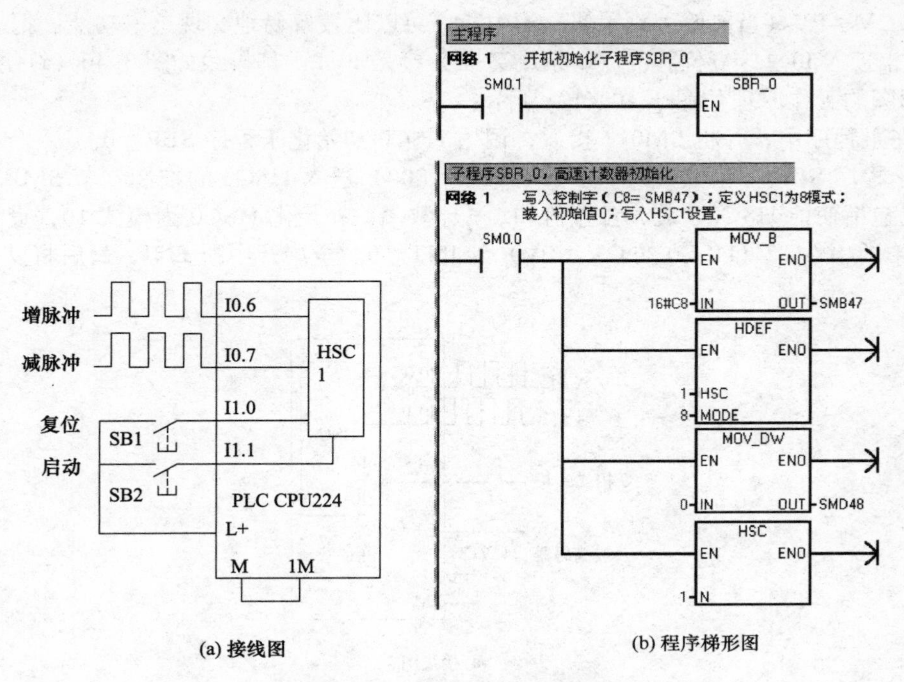

图 3.38 双相高速计数器应用

梯形图的工作原理如图 3.38（b）所示：

① 在主程序中，SM0.1 接通调用子程序 SBR_0。

② 子程序 SBR_0 对 HSC1 进行初始化。首先将控制字节 16#C8（2#1100 1000）送 SMB47，此字节的设置包括允许 HSC1、更新初始值和计数器为增计数器。然后定义高速计数器 HSC1 为模式 8，初始值清 0，最后将设置写入 HSC1。

(3) A/B 相正交高速计数器的应用。A/B 相正交高速计数器也具有两相时钟输入端，分别为 A 时钟和 B 时钟。利用两个输入脉冲相位的比较确定计数的方向，当时钟 A 的上升沿超前与时钟 B 的上升沿时为增计数，滞后时则为减计数。其操作时序如图 3.39 所示。

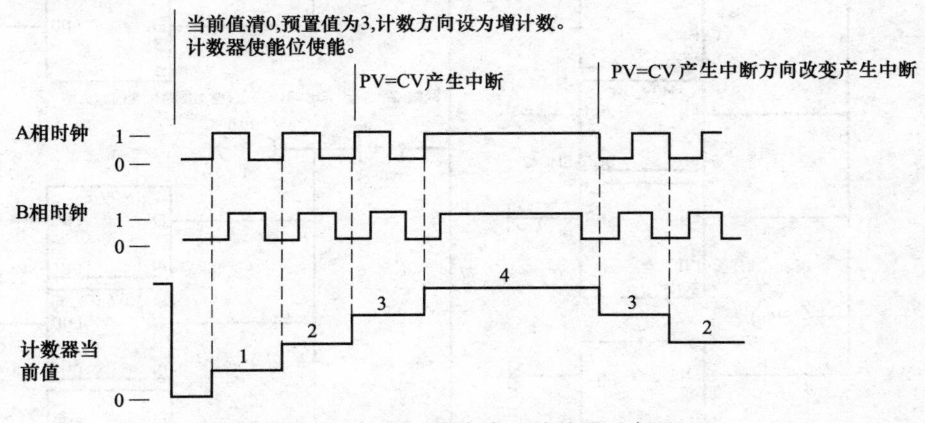

图 3.39 A/B 相正交高速计数器时序图

假设某单向旋转机械上连接了一个 A/B 两相正交脉冲增量旋转编码器，计数脉冲的个数就代表了旋转轴的位置。编码器旋转一圈产生 10 个 A/B 相脉冲和一个复位脉冲（C 相或 Z 相），需要在第 5 和第 8 个脉冲所代表的位置之间接通 Q0.0，其余位置 Q0.0 断开。利用

HSC0 的 CV = PV（当前值 = 预置值）的中断，可以比较容易地实现这一功能。把 A 相接入 I0. 0，B 相接入 I0. 1，复位脉冲（C 相或 Z 相）接入 I0. 2。其接线如图 3. 40（a）所示。

梯形图的工作原理如图 3. 40（b）所示：

① 在主程序中，开机 SM0. 1 接通，调用 HSC0 初始化子程序 SBR _ 0。

② 子程序 SBR _ 0：将 16＃A4（2＃1010 1000）送入 HSC0 的控制字节 SMB37，此字节的设置包括使能 HSC0、装入预置值和 1× 计数率；初始化 HSC0 为模式 10，设预置值为 5，连接中断事件 12（HSC0 的 CV = PV）到 INT _ 0。全局开中断 ENI，最后将以上设置写入 HSC0。

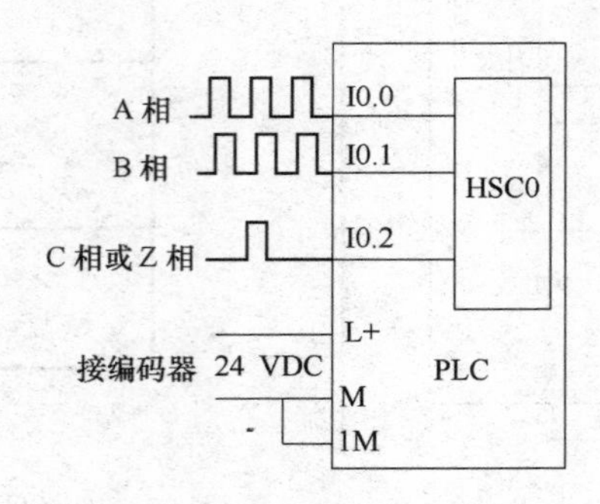

(a) 接线图

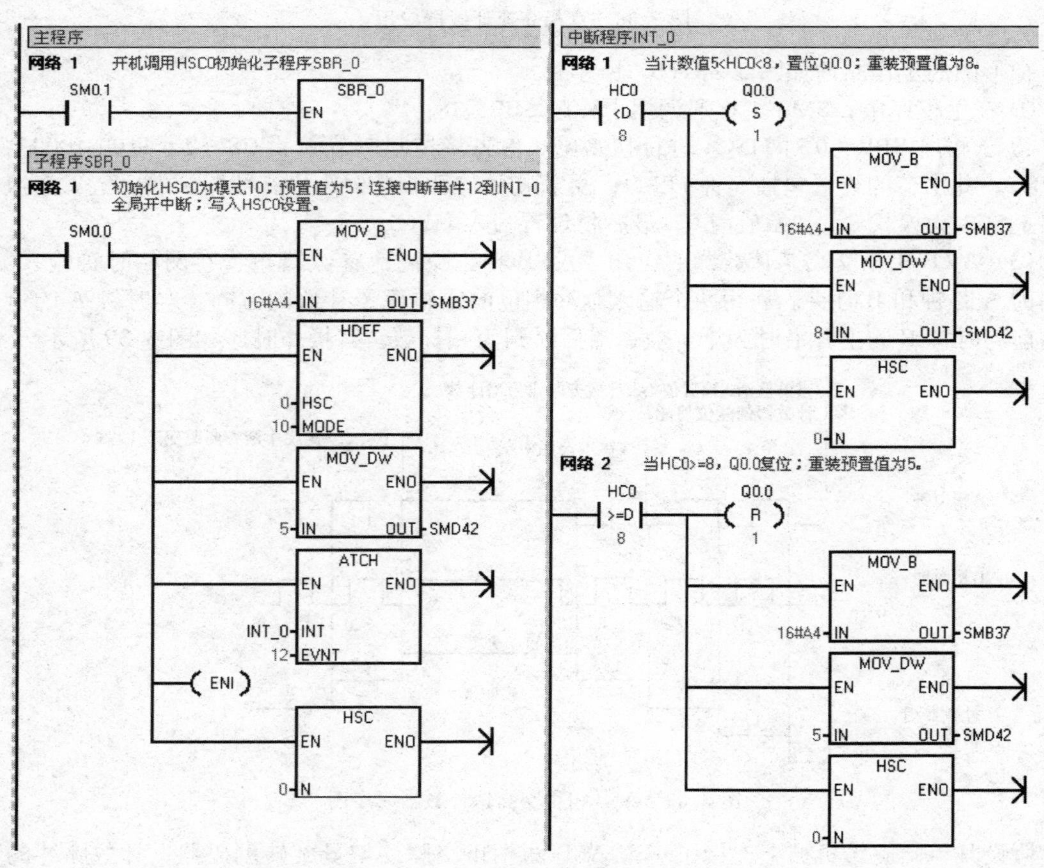

(b) 程序梯形图

图 3. 40 A/B 相正交高速计数器应用

③ 中断程序 INT _ 0：在网络 1 中，当计数器的当前值未达到 8 时，说明位置在 5 和 8 之间，置位 Q0.0。将预置值改设为 8，等待下一次中断发生。在网络 2 中，当计数器的当前值达到 8 以上时，将预置值改为 5，等待下一次中断发生。

九、高速脉冲输出指令

1. PLC 脉冲串输出功能（PTO）

S7-200 晶体管输出型 CPU 内置两个 PTO 发生器，用以输出高速脉冲串，两个发生器分别指定输出端口为 Q0.0 和 Q0.1。脉冲串的频率和数量可由用户编程控制。当执行 PTO 操作时，生成一个占空比为 50%的脉冲串用于步进电动机的脉冲控制，如图 3.41 所示。

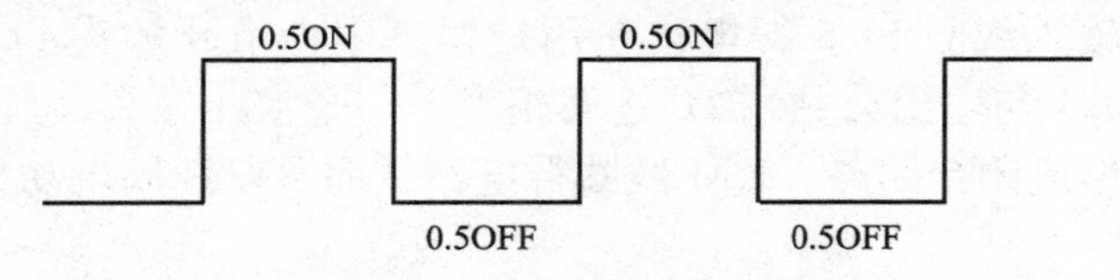

图 3.41　50%占空比的脉冲串

2. PTO 控制寄存器

PTO 功能的配置需要使用特殊存储器 SM，见表 3.38。

表 3.38　PTO 控制寄存器的参数选择

Q0.0 的寄存器	Q0.1 的寄存器	名称及功能描述
SMB67	SMB77	控制字节
SMW68	SMW78	周期值，字型
SMD72	SMW82	脉冲数，双字型
Q0.0	Q0.1	控制字节
SM67.0	SM77.0	更新周期值：0＝不更新；1＝更新
SM67.1	SM77.1	
SM67.2	SM77.2	更新脉冲输出数：0＝不更新；1＝更新
SM67.3	SM77.3	PTO 时间基准选择：0＝1μs/ 时基；1＝1ms/ 时基
SM67.4	SM77.4	
SM67.5	SM77.5	PTO 操作，0＝单段操作；1＝多段操作
SM67.6	SM77.6	PTO/ PWM 模式选择，0＝选择 PTO；1＝选择 PWM(脉宽调制)
SM67.7	SM77.7	PTO 允许，0＝禁止；1＝允许

利用程序先将 PTO 参数存在 SM 中，然后 PLS 指令会从 SM 中读取数据，并按照存储值控制 PTO 发生器。例如控制字节 16＃85＝2＃1000 0101 表示允许 PTO、单段操作、1μs 时基、更新脉冲数、更新周期值。

3. PTO 脉冲输出指令

PTO 脉冲输出指令见表 3.39。

表 3.39　PTO 脉冲输出指令

PLC 指令	逻 辑 功 能
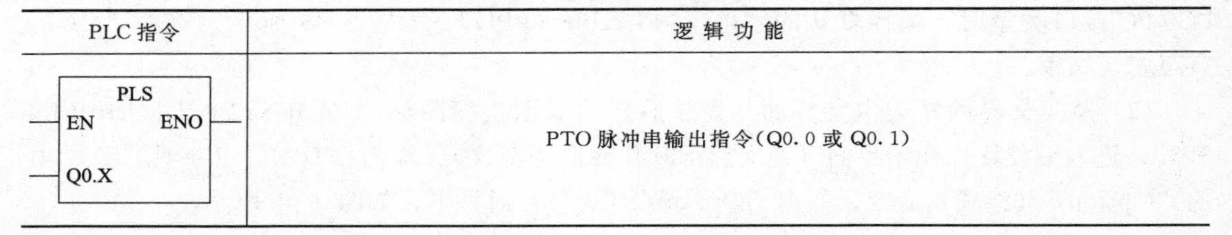	PTO 脉冲串输出指令（Q0.0 或 Q0.1）

第四节　PLC 控制的应用

一、点动 PLC 控制

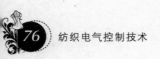

在纺织设备的调试或纺织工艺的调整时，需要应用点动控制来实现。点动控制的要求是：按下按钮 SB，电动机运转；松开按钮 SB，电动机停机。假如某纺织设备的点动控制按钮使用 PLC 的输入端子 I0.5 和输出端子 Q0.1，则点动控制线路可连接为如图 3.42 所示。

点动 PLC 控制的等效图如图 3.43 所示，点动按钮 SB 按下，形成闭合回路，输入端子 I0.5 有输入，相当于输入线圈 I0.5 得电；在用户程序中，常开触头 I0.5 闭合，线圈 Q0.1 有输出；输出端子 Q0.1 与输出公共端 1L 之间相当于一个常开触头，当 Q0.1 有输出时，该常开触头闭合，输出形成闭合回路，KM 线圈得电，从而可以控制电动机的运转。

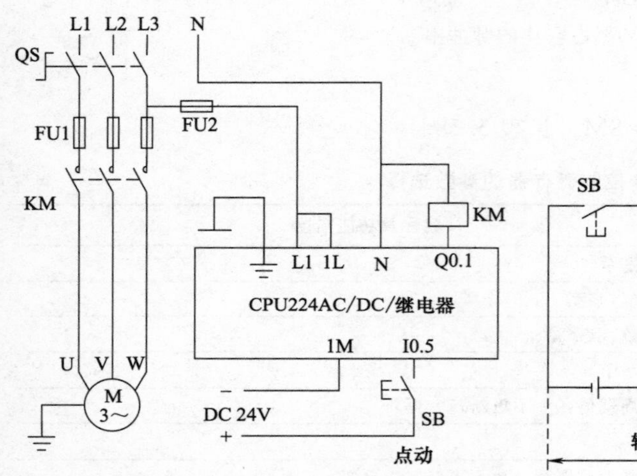

图 3.42　PLC 点动控制线路

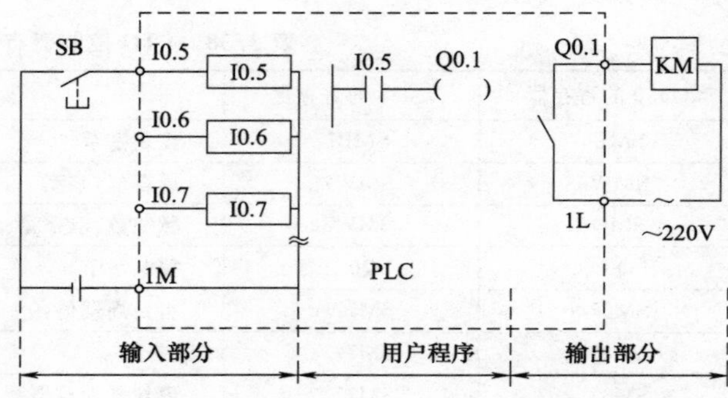

图 3.43　点动 PLC 控制等效图

1. 连接 PLC 编程电缆

按照图 3.44 所示进行连接。

(1) 将 PC/PPI 电缆的 PC 端连接到计算机的 RS-232 通信口上（一般是串口 COM1）。如果使用的是 USB/PPI 电缆，要先安装 USB 驱动，然后连接 USB。

(2) 将 PC/PPI 电缆的 PPI 端连接到 PLC 的 RS-485 通信口上。

2. 编写点动控制程序

STEP 7-Micro/WIN V4.0 软件能协助用户创建、编辑和下载用户程序，并具有在线监控功能。

(1) 安装编程软件。PLC 编程软件与一般软件的安装过程类似，只不过在需要选择 PG/PC 接口类型时，选择默认的“PC/PPI cable (PPI)”，如图 3.45 所示，点击“OK”，直至安装结束。

(2) 从英文界面转为中文界面。安装后双击桌面快捷图标“V4.0 STEP 7 MicroWIN SP3”，进入编程软件初始界面（首次启动时其界面为英文），点击“Tools”（工具）菜单中的“Options”（选项）命令，弹出“Options”（选项）对话框，如图 3.46 所示。

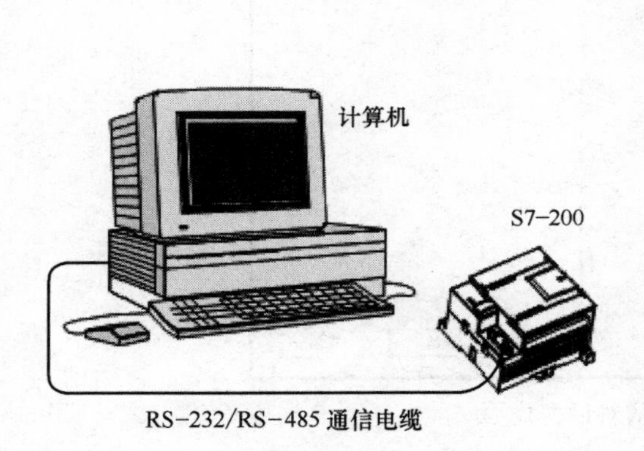

图 3.44 PC/PPI 电缆连接计算机与 PLC

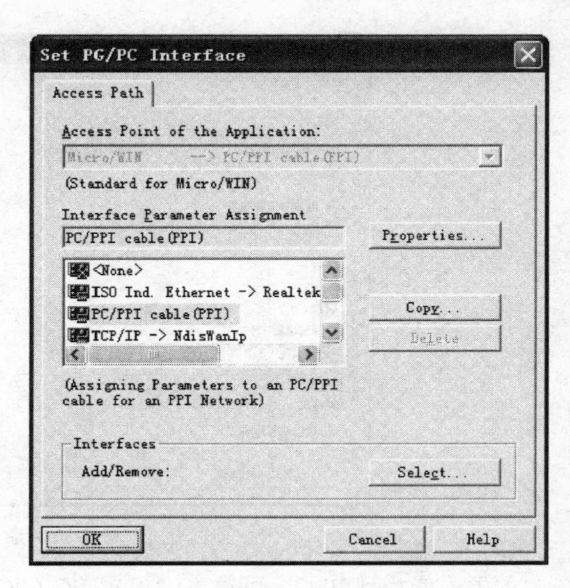

图 3.45 设置 PG/PC 接口

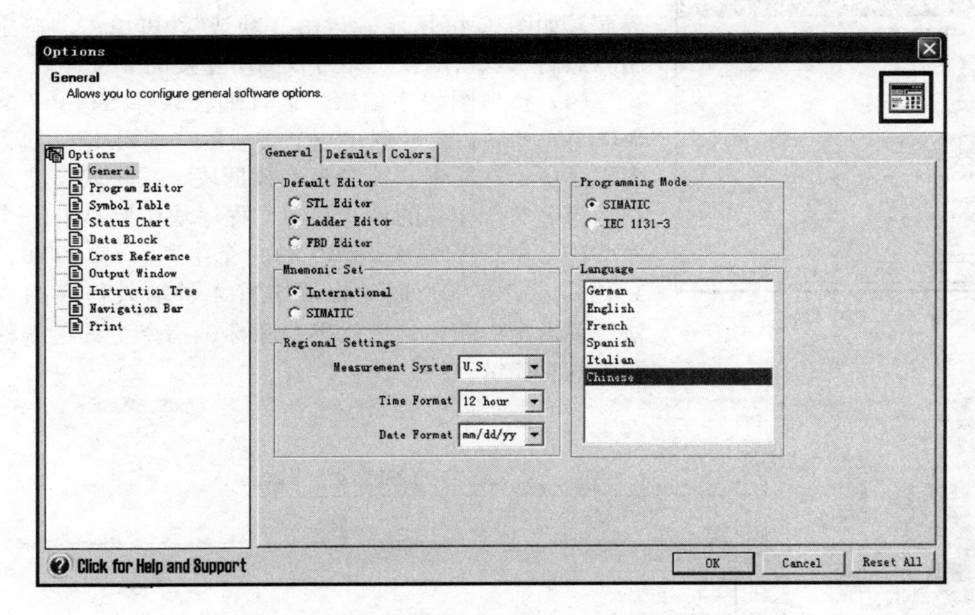

图 3.46 编程软件的“Options”（选项）对话框

点击“Options”（选项）对话框中的“General”（常规）项，在“Language”（语言）框中选择“Chinese”（中文），点击“OK”按钮，软件自动关闭。重新启动软件后，显示为中文界面。

（3）通信参数设置。首次连接计算机和 PLC 时，要设置通信参数。在 STEP 7-Micro/WIN V4.0 软件中文主界面上单击“通信”图标，则出现一个“通信”对话框。本地（计算机）地址为“0”，远程（PLC）地址为“2”，然后“双击刷新”，出现如图 3.47 所示界面。从这个界面中可以看到，已经找到了类型为“CPU 224 CN REL 02.01”的 PLC，计算机已经与 PLC 建立起通信。

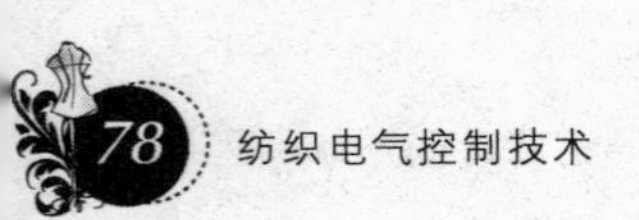

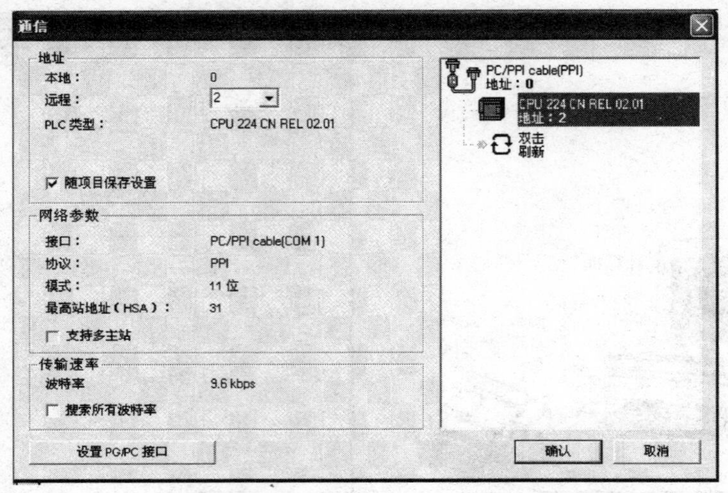

图 3.47　通信对话框

如果未能找到 PLC，可单击“设置 PG/PC 接口”进入设置界面，如图 3.45 所示，选择“PC/PPI cable（PPI）”接口，点击“属性”，进入属性界面，如图 3.48 所示。点击“默认”，再单击“确定”退出。然后“双击刷新”即可找到所连接的 PLC。

属性 - PC/PPI cable(PPI)
PPI | 本地连接
站参数
地址(A)：0
超时(T)：1 s
网络参数
高级 PPI
Multiple master network
Transmission rate: 9.6 kbps
Highest station address: 31
确定 默认(D) 取消 帮助

图 3.48　PPI 属性界面

（4）梯形图程序编辑。运行编程软件 STEP 7-Micro/WIN V4.0 后，自动创建一个新项目“项目 1”。项目中包含程序块、符号表、状态表、数据块、系统块、交叉引用和通信等 7 个相关的块。其中，程序块中默认有一个主程序 OB1、一个子程序 SBR0 和一个中断程序 INT0，如图 3.49 所示。在梯形图编辑器中有 4 种输入程序指令的方法：双击指令图标、拖放指令图标、指令工具栏编程按钮和特殊功能键（F4、F6、F9）。

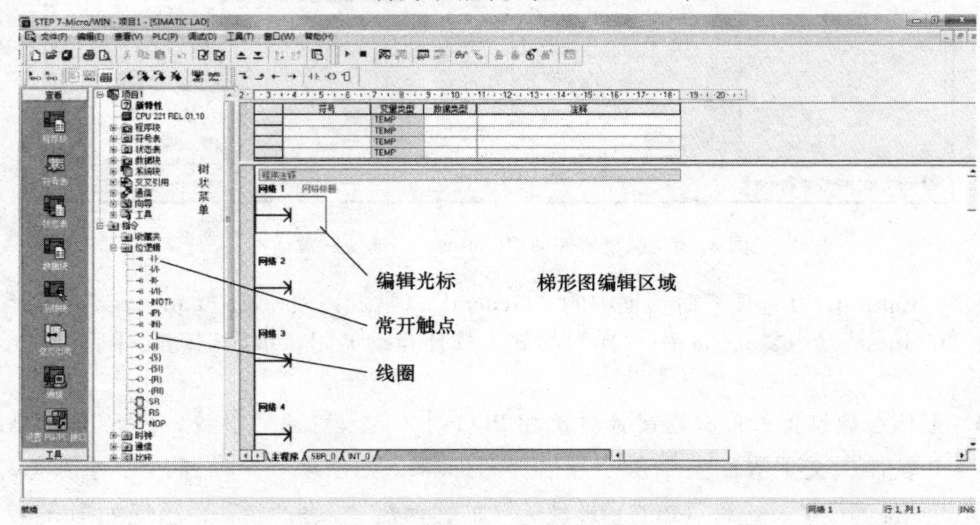

图 3.49　打开指令树中位逻辑指令

在编写梯形图图标时可采用如下方法：

① 双击（或拖放）常开触头图标，在网络1中出现常开触头符号。在“??.?”框中输入“I0.5”，按Enter键，光标自动跳到下一列，如图3.50所示。

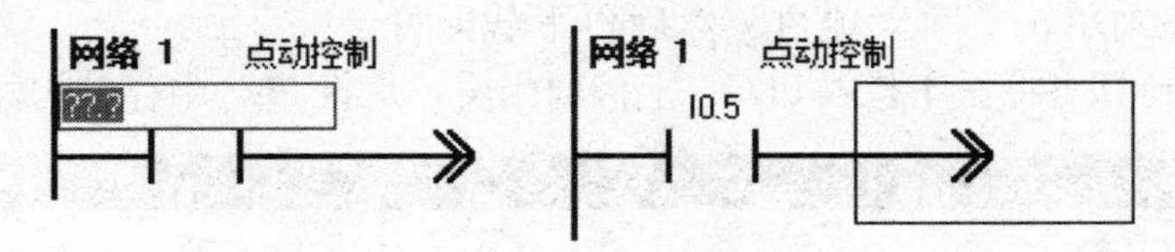

图3.50　编辑触头

② 双击（或拖放）线圈图标，在“??.?”框中输入“Q0.1”，按Enter键，程序输入完毕，如图3.51所示。

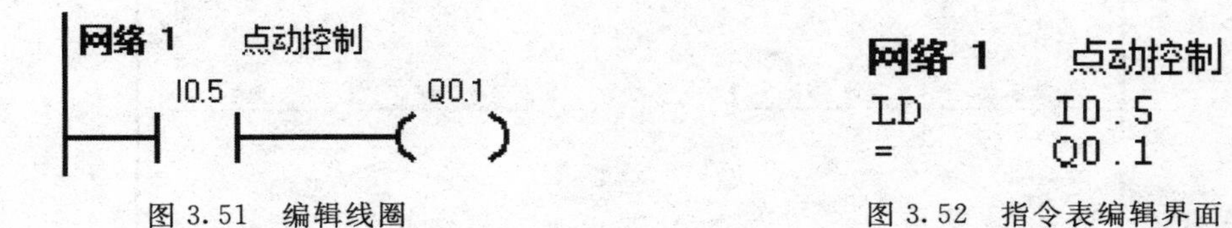

图3.51　编辑线圈

图3.52　指令表编辑界面

(5) 查看指令表。点击菜单栏中“查看”→“STL”，则梯形图自动转为指令表，如图3.52所示。如果熟悉指令的话，也可以在指令表编辑器中编写用户程序。

3. 程序的编译与下载

(1) 程序编译。用户程序编辑完成后，必须编译成PLC能够识别的机器指令，才能下载到PLC。点击快捷图标编译当前视图，或者点击编译整个项目。编译结束后，在输出窗口中显示结果信息，如图3.53所示。纠正编译中出现的所有错误后，编译才算成功。

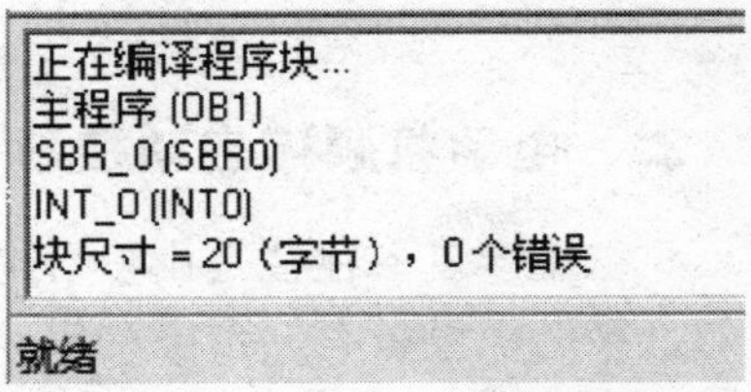

正在编译程序块...
主程序(OB1)
SBR_0(SBR0)
INT_0(INT0)
块尺寸=20(字节)，0个错误
就绪

图3.53　在输出窗口显示编译结果

(2) 程序下载。计算机与PLC建立了通信连接并且编译无误后，可以将程序下载到PLC中。下载时PLC状态开关应拨到“STOP”位置或点击工具栏菜单。如果状态开关在其他位置，程序会询问是否转到“STOP”状态。

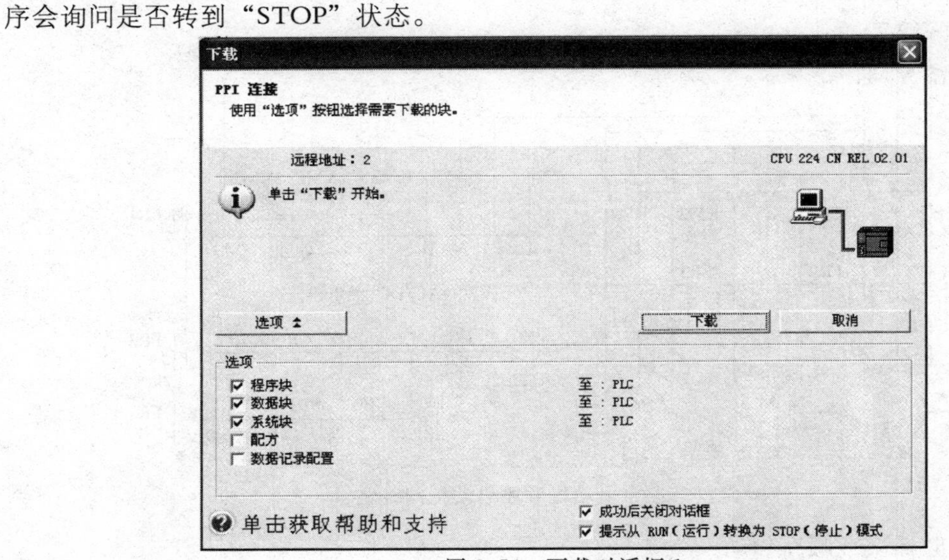

图3.54　下载对话框1

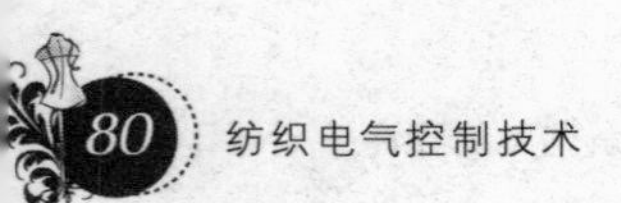

点击工具栏菜单 或菜单“文件”→“下载”，在如图 3.54 所示的“下载”对话框中选择是否下载程序块、数据块和系统块等。单击下载按钮，开始下载程序。如果出现如图 3.55 所示的情况，则单击“改动项目”然后再下载即可。

下载是从编程计算机将程序装入 PLC；上传则相反，是将 PLC 中存储的程序上传到计算机。

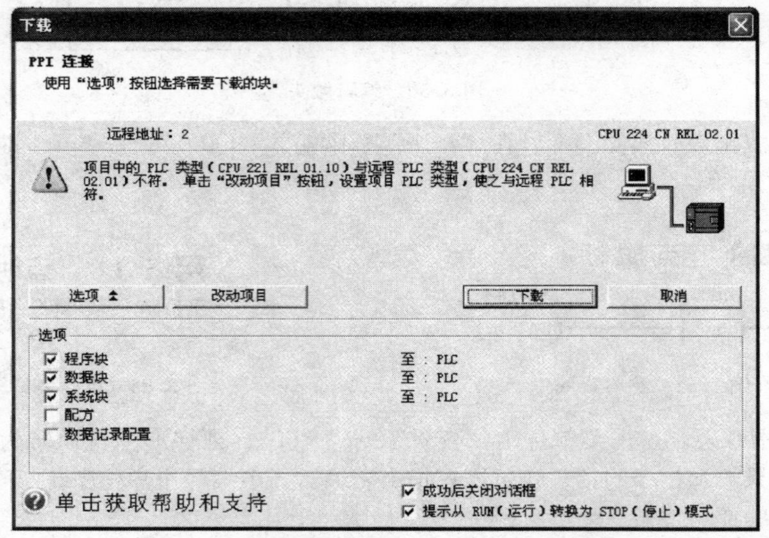

图 3.55 下载对话框 2

二、电动机顺序启动控制

纺织生产设备往往是由多台电动机进行拖动，各台电动机的启动顺序由生产工艺决定。例如，某纺织设备有三台电动机，控制要求如下：按下启动按钮，第 1 台电动机 M1 启动；运行 5s 后，第 2 台电动机 M2 启动；M2 运行 15s 后，第 3 台电动机 M3 启动。按下停止按钮，三台电动机全部停机。应用 PLC 实现的顺序启动控制线路如图 3.56 所示。

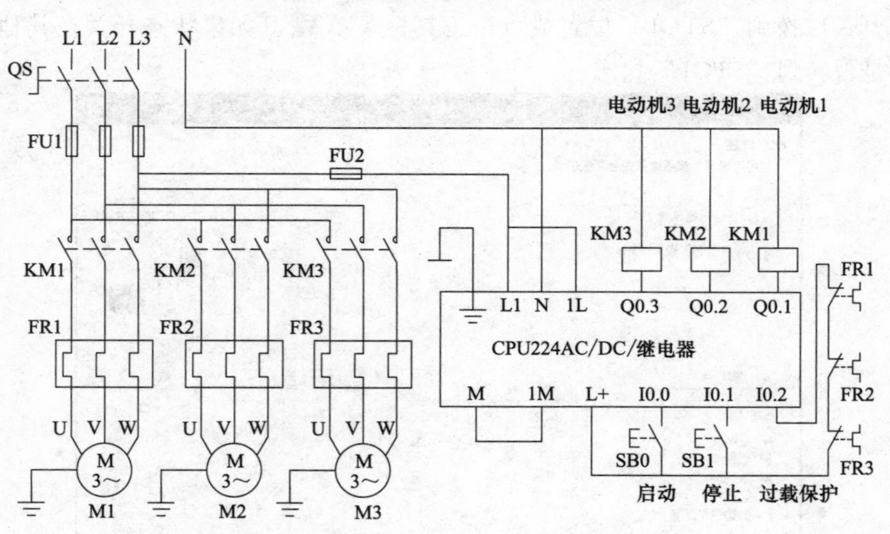

图 3.56 三台电动机顺序启动控制线路

1. 应用定时器实现顺序启动

根据三台电动机顺序启动控制要求，结合 PLC 输入/输出端口分配表，使用定时器编写的电动机顺序启动控制程序如图 3.57 所示。

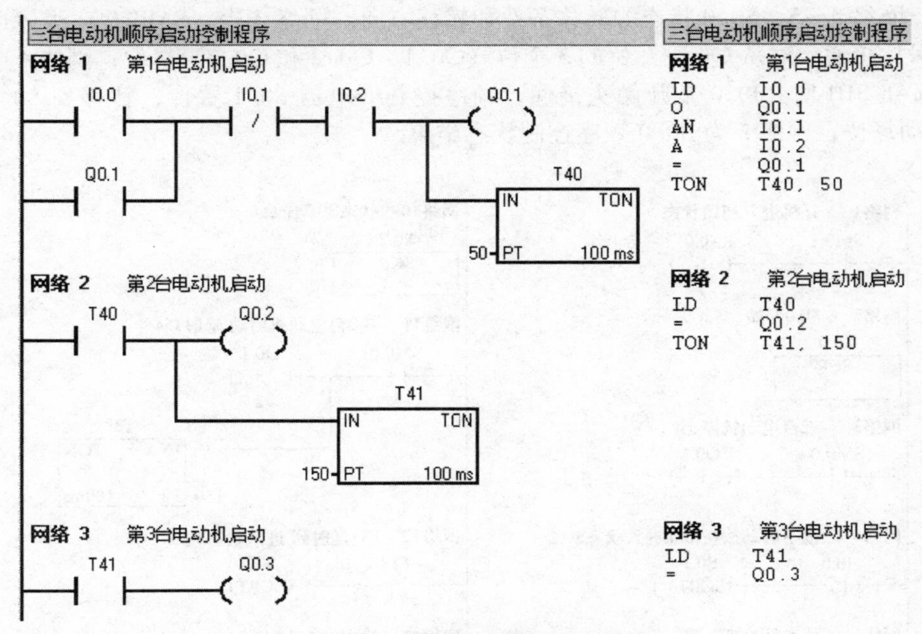

图 3.57　三台电动机顺序启动控制程序一

程序工作原理如下：

(1) 开机准备。当 PLC 处于程序运行状态时，由于输入继电器 I0.2 端子外接的是热继电器 FR1～FR3 的常闭触头，所以输入继电器 I0.2 通电，程序中的常开触头 I0.2 应闭合，为电动机通电做好准备。

(2) 顺序启动。按下启动按钮 SB0，网络 1 中 I0.0 常开触头闭合，Q0.1 线圈通电自锁，电动机 M1 启动，同时定时器 T40 通电延时。延时 5s 后，网络 2 中 T40 常开触头闭合，Q0.2 线圈通电，M2 启动，同时定时器 T41 通电延时。延时 15s 后，网络 3 中 T41 常开触头闭合，Q0.3 线圈通电，M3 启动，完成 3 台电动机顺序启动过程。

(3) 停止。按下停止按钮 SB1 时，网络 1 中 I0.1 常闭触头断开，输出继电器 Q0.1 线圈断电解除自锁，同时定时器 T40、T41 断电，使 Q0.2、Q0.3 线圈断电，三台电动机同时停止。

(4) 过载保护。热继电器 FR1、FR2、FR3 的常闭触头串联接入输入继电器 I0.2，在未发生过载情况时，I0.2 通电，网络 1 中 I0.2 的常开触头闭合，为正常工作提供条件；当任一台电动机发生过载时，I0.2 断电，网络 1 中 I0.2 的常开触头断开，输出继电器 Q0.1 线圈断电，同时 T40、T41 常开触头断开，使 Q0.2、Q0.3 线圈断电，三台电动机同时停止。

2. 应用顺序控制指令实现顺序启动

根据图 3.21 所示顺序控制功能图编写的三台电动机顺序启动的程序梯形图如图 3.58 所示。

程序工作原理如下：

(1) 开机准备。当 PLC 处于程序运行状态时，由于输入继电器 I0.2 端子外接的是热继电器 FR1～FR3 的常闭触头，所以输入继电器 I0.2 通电，网络 16 中的常闭触头 I0.2 断开，为电动机通电做好准备。

（2）网络 1，利用初始脉冲 SM0.1 将状态继电器 S0.0 置位。

（3）网络 2，初始顺序控制继电器 S0.0 的开始。

（4）网络 3～5，S0.0 状态的转移条件和转移方向。网络 3 中，SM0.0 在程序运行过程中始终保持接通，对从 Q0.1 开始的 3 个位（Q0.1、Q0.2 和 Q0.3）复位；网络 4 中，当按下启动按钮 SB1 时，I0.0 常开触头接通，顺序控制继电器 S0.1 置位，转移到 S0.1，同时 S0.0 自动复位；网络 5 为 S0.0 顺序控制状态结束。

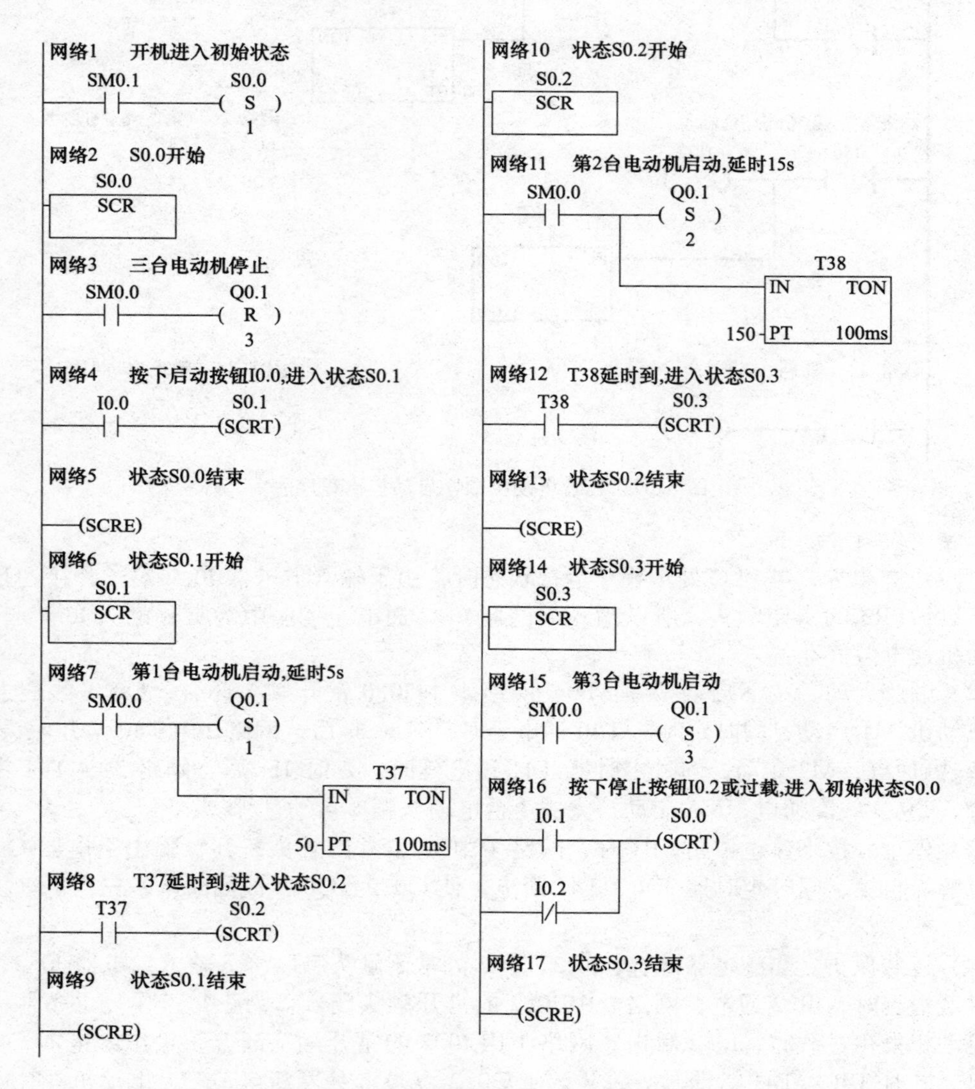

图 3.58 三台电动机顺序启动控制程序二

（5）网络 6 为顺序控制继电器 S0.1 的开始。

（6）网络 7～9，S0.1 状态的转移条件和转移方向。当 S0.1 为活动状态时，网络 7 中对 Q0.1 置位为 1，第 1 台电动机启动，同时定时器 T37 开始延时 5s；网络 8 中，当 T37 延时时间到，T37 常开触头接通，顺序控制继电器 S0.2 置位，转移到 S0.2，同时 S0.1 自动复位；网络 9 为 S0.1 顺序控制状态结束。

（7）网络 10 为顺序控制继电器 S0.2 的开始。

（8）网络 11～13，S0.2 状态的转移条件和转移方向。当 S0.2 为活动状态时，网络 11 中对从 Q0.1 开始的 2 个位置位为 1，第 2 台电动机启动，同时定时器 T38 开始延时 15s；网络 12 中，当 T38 延时时间到，T38 常开触头接通，顺序控制继电器 S0.3 置位，转移到 S0.3，同时 S0.2 自动复位；网络 13 为 S0.2 顺序控制状态结束。

（9）网络 14 为顺序控制继电器 S0.3 的开始。

（10）网络 15～17，S0.3 状态的转移条件和转移方向。当 S0.3 为活动状态时，网络 15 中对从 Q0.1 开始的 3 个位置位为 1，第 3 台电动机启动；网络 16 中，当按下停止按钮 SB2 或者 3 台电动机任意一台过载时，I0.1 常开触头接通或者 I0.2 断开，顺序控制继电器 S0.0 置位，转移到 S0.0，对从 Q0.1 开始的 3 个位（Q0.1、Q0.2 和 Q0.3）复位，三台电动机同时停止，等待下一次启动，同时 S0.3 自动复位；网络 17 为 S0.3 顺序控制状态结束。

3. 应用移位指令实现顺序启动

应用移位指令编写的三台电动机顺序启动的控制程序如图 3.59 所示。

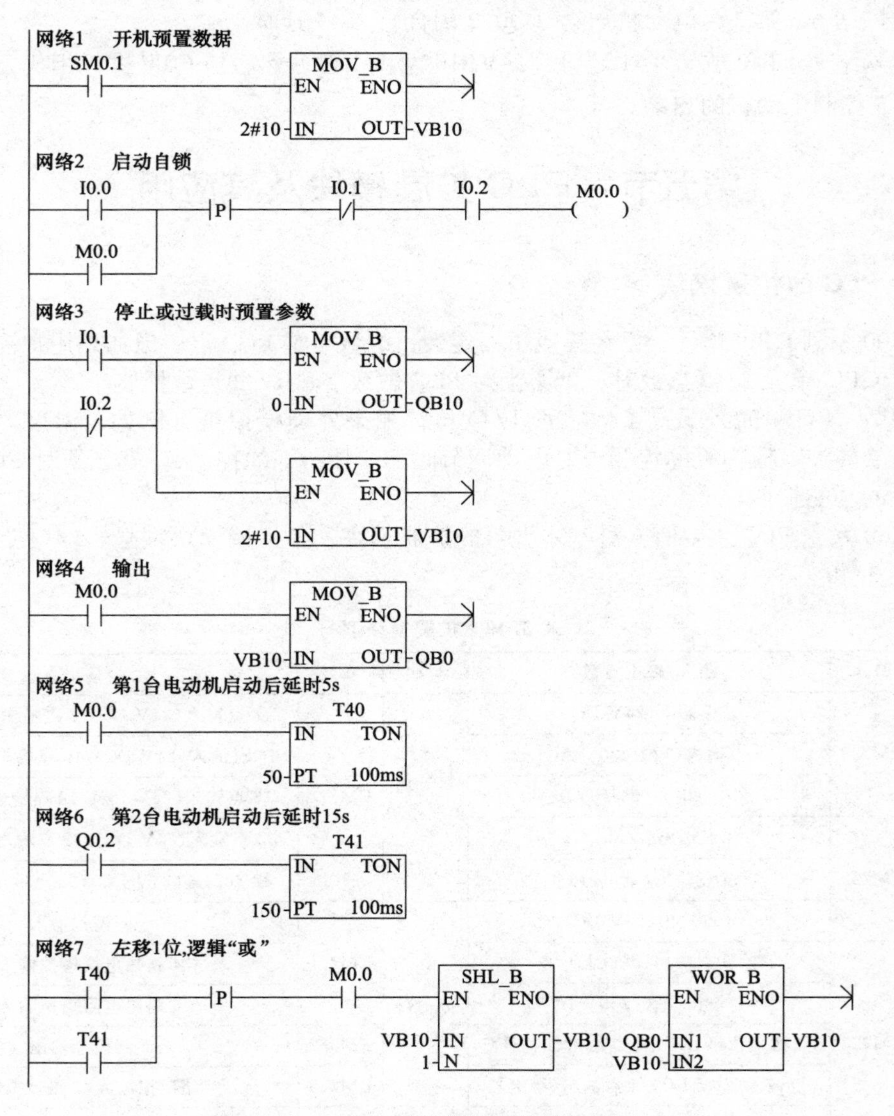

图 3.59 三台电动机顺序启动控制程序三

程序工作原理如下：

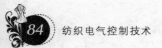

(1) 开机准备。当 PLC 处于程序运行状态时，由于输入继电器 I0.2 端子外接的是热继电器 FR1～FR3 的常闭触头，所以输入继电器 I0.2 通电，网络 2 中的常开触头 I0.2 闭合，网络 3 中的常闭触头 I0.2 断开，为电动机通电做好准备。

(2) 网络 1，开机初始化，为变量存储器 VB10 预置数据 2＃10。

(3) 网络 2，按下启动按钮 SB1，I0.0 接通，位存储器 M0.0 得电自锁。

(4) 网络 3，按下停止按钮 SB2（I0.1 接通）或者发生过载（I0.2 常闭触头闭合），输出存储器 QB0 清 0，所有电动机都停止，同时 VB10 置 2＃10，为下次启动做准备。

(5) 网络 4，启动时，M0.0 常开触头闭合，VB10 的数据传送到 QB0，第 1 台电动机（Q0.1）启动。

(6) 网络 5，第 1 台电动机启动（M0.0 闭合），T40 延时 5s。

(7) 网络 6，第 2 台电动机启动（Q0.2 闭合），T41 延时 15s。

(8) 网络 7，T40 或者 T41 延时到，VB10 左移 1 位，然后与 QB0 进行相或，通过网络 4 和网络 5 控制电动机的启动。

第五节　PLC 扩展模块及其应用

一、PLC 的扩展模块

S7-200 系列 CPU 单元上已经集成了一定数目的数字量 I/O 点，但如果用户需要的 I/O 点数多于 CPU 单元 I/O 点数时，就必须对 PLC 做数字量 I/O 点数扩展。

大多数 CPU 单元只配置了数字量 I/O 口，如果处理模拟量（例如对温度、电压、电流、流量、转速、压力等的检测或对电动调节阀和变频器等的控制），就必须对 CPU 单元进行模拟量的功能扩展。

S7-200 系列 PLC 主要有 6 种基本型号的扩展模块，各扩展模块型号、I/O 点数及消耗电流见表 3.40。

表 3.40　扩展模块型号

类型	型号	输入/输出点数	类型	型号	输入/输出点数
数字量扩展模块	EM221	8 点输入(24V DC)	数字量扩展模块	EM223	8 点输入(24V DC)/8 点输出(继电器)
		8 点输入(120/230V AC)			16 点输入(24V DC)/16 点输出(24V DC)
		16 点输入(24V DC)			16 点输入(24V DC)/16 点输出(继电器)
	EM222	4 点输出(24V DC)			32 点输入(24V DC)/32 点输出(24V DC)
		4 点输出(继电器)			32 点输入(24V DC)/32 点输出(继电器)
		8 点输出(24V DC)	模拟量扩展模块	EM231	4 路模拟输入
	EM223	8 点输出(继电器)			4 路热电偶模拟输入
		8 点输出(120/230V AC)			4 路热电阻模拟输入
		4 点输入(24V DC)/4 点输出(24V DC)		EM332	2 路模拟输出
		4 点输入(24V DC)/4 点输出(继电器)		EM235	4 路模拟输入/1 路模拟输出
		8 点输入(24V DC)/8 点输出(24V DC)			

二、扩展模块的连接方法与编址

1. 扩展模块与 CPU 单元的连接方法

S7-200 系列 CPU 单元的扩展端口位于机身中部右侧前盖下（图 3.1）。CPU 单元与扩展模块由导轨固定，并用总线连接电缆连接。连接时 CPU 模块放在最左侧，扩展模块依次放在右侧。需要连接的扩展模块较多时，模块连接起来可能会过长，两组模块之间可以使用扩展转接电缆，将扩展模块安装成两排，如图 3.60 所示。

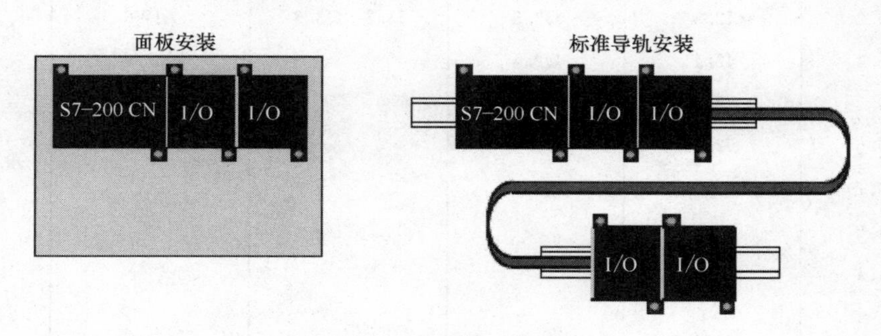

图 3.60　扩展模块连接方法

2. 扩展模块的编址

S7-200 系列的 PLC 分配给数字量 I/O 的地址以字节为单位，一个字节由 8 个数字量 I/O 点组成。即使某些 I/O 点未被使用，这些字节中的位也被保留，在 I/O 链中不能分配给后来的模块。

模拟量扩展模块是按偶数分配地址的，同样，未使用的地址也被保留。模拟量扩展模块与数字量扩展模块不同的是：数字量扩展模块中的保留位可以当内存中的位使用，而模拟量扩展模块因为没有内存映象，不能使用这些 I/O 地址。

每种 CPU 模块所提供的本机 I/O 地址是固定的。进行扩展时，在 CPU 单元右边连接的扩展模块的地址由 I/O 端口的类型以及它在同类 I/O 链中的位置来决定。扩展模块的地址编码按照由左至右的顺序依次排序。

例如，某一控制系统选用 CPU224，系统所需的输入输出点数为：数字量输入 24 点、数字量输出 20 点、模拟量输入 6 点、模拟量输出 2 点。该系统可有多种不同模块的选取组合，图 3.61 所示为其中的一种模块连接形式，系统的地址分配见表 3.41。紧靠 CPU224 的模块是 EM221，由于 CPU 已经占用了 IB1（I1.0～I1.5），所以 EM221 的地址只能是 IB2（I2.0～I2.7），I0.6 和 I0.7 保留，其他的数字量扩展模块的地址也是一样，安装从左到右依次排序。模拟量扩展模块 EM235 的端子有 4 路输入/1 路输出。但是，它实际上有 2 路模拟输出通道，只不过 1 路没有对应的输出端子。所以模块 5 的模拟量输出地址应为 AQW4。虽然模块 4 未使用 AQW2，也不能分配给模块 5 使用。

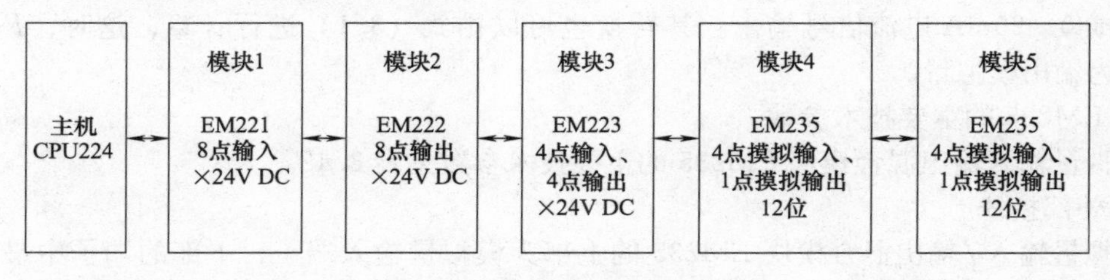

图 3.61　模块连接方式

表 3.41　系统 I/O 地址分配

CPU224	EM221（模块 1）	EM222（模块 2）	EM223（模块 3）	EM235（模块 4）	EM235（模块 5）
本地 I/O	扩展 I/O				
I0.0　Q0.0	I2.0	Q2.0	I3.0　Q3.0	AIW0　AQW0	AIW8　AQW4
I0.1　Q0.1	I2.1	Q2.1	I3.1　Q3.1	AIW2	AIW10
I0.2　Q0.2	I2.2	Q2.2	I3.2　Q3.2	AIW4	AIW12
I0.3　Q0.3	I2.3	Q2.3	I3.3　Q3.3	AIW6	AIW14
I0.4　Q0.4	I2.4	Q2.4			
I0.5　Q0.5	I2.5	Q2.5			
I0.6　Q0.6	I2.6	Q2.6			
I0.7　Q0.7	I2.7	Q2.7			
I1.0　Q1.0					
I1.1　Q1.1					
I1.2					
I1.3					
I1.4					
I1.5					

三、EM235 扩展模块

模拟量输入信号的分辨率为 12 位，单极性数据格式的全量程范围输出为 0～32000，双极性全量程范围输出的数字量 -32000～+32000。

模拟量输入信号进行转换时应考虑模拟量输入信号的量程与转换后的数字量的量程，找出两者之间的比例关系。单极性比例换算只有正的或负的范围，双极性比例换算有正的和负的范围。转换可以由式（3.1）进行计算。

$$O_x=\frac{O_{max}-O_{min}}{I_{max}-I_{min}}\times(I_x-I_{min})+O_{min} \tag{3.1}$$

式中　O_x——转换结果；

I_x——模拟量值；

O_{max}——数字量的上限；

O_{min}——数字量的下限；

I_{max}——模拟量输入值的上限；

I_{min}——模拟量输入值的下限。

模拟量输出可以将±32000 转换为±10V 输出，也可以将 0～+32000 转换为 0～10V 电压信号或 0～20mA 电流信号输出。其转换也可以由式（3.1）进行计算，这时，I 为数字量，O 为输出模拟量。

1. EM235 的主要技术参数

模拟量输入输出混合模块 EM235 的主要技术参数见表 3.42。

2. 外部接线

模拟量输入/输出混合模块 EM235 的上部为模拟量输入端子，下部的端子中最左边是模块所需要的直流 24V（M、L+端）电源，然后是模拟量输出端子（M0、V0、I0），右边

分别是校准电位器和配置 DIP 设定开关，使用时外部配线如图 3.62 所示。EM235 有 4 路模拟量输入，2 路模拟量输出（其中 1 路没有对应的端子）。如果一个 PLC 基本单元只连接一个 EM235 模块，则这个模块的输入（A、B、C、D）存储地址分别为 AIW0、AIW2、AIW4 和 AIW6，输出（0 路和 1 路）存储地址分别为 AQW0、AQW2，其中 AQW2 没有对应端子。

表 3.42　EM235 主要技术参数

<table>
<tr><th colspan="3">模拟量输入</th><th colspan="3">模拟量输出</th></tr>
<tr><td colspan="2">模拟量输入点数</td><td>4</td><td colspan="2">模拟量输出点数</td><td>1</td></tr>
<tr><td rowspan="3">输入范围</td><td>电压(单极性)</td><td>0～10V,0～5V,0～1V,
0～500mV,0～100mV,
0～50mV</td><td rowspan="3">输出范围</td><td rowspan="2">电压</td><td rowspan="2">±10V</td></tr>
<tr><td>电压(双极性)</td><td>±10V,±5V,±2.5V,
±1V,±500mV,±250mV,
±100mV,±50mV,±25mV</td></tr>
<tr><td>电流</td><td>0～20mA</td><td>电流</td><td>0～20mA</td></tr>
<tr><td rowspan="2">数据字格式</td><td>单极性,全量程范围</td><td>0～32000</td><td rowspan="2">数据字格式</td><td>电压</td><td>−32000～+32000</td></tr>
<tr><td>双极性,全量程范围</td><td>−32000～+32000</td><td>电流</td><td>0～32000</td></tr>
<tr><td colspan="2" rowspan="2">分辨率</td><td rowspan="2">12 位 A/D 转换器</td><td rowspan="2">分辨率</td><td>电压</td><td>12 位</td></tr>
<tr><td>电流</td><td>11 位</td></tr>
</table>

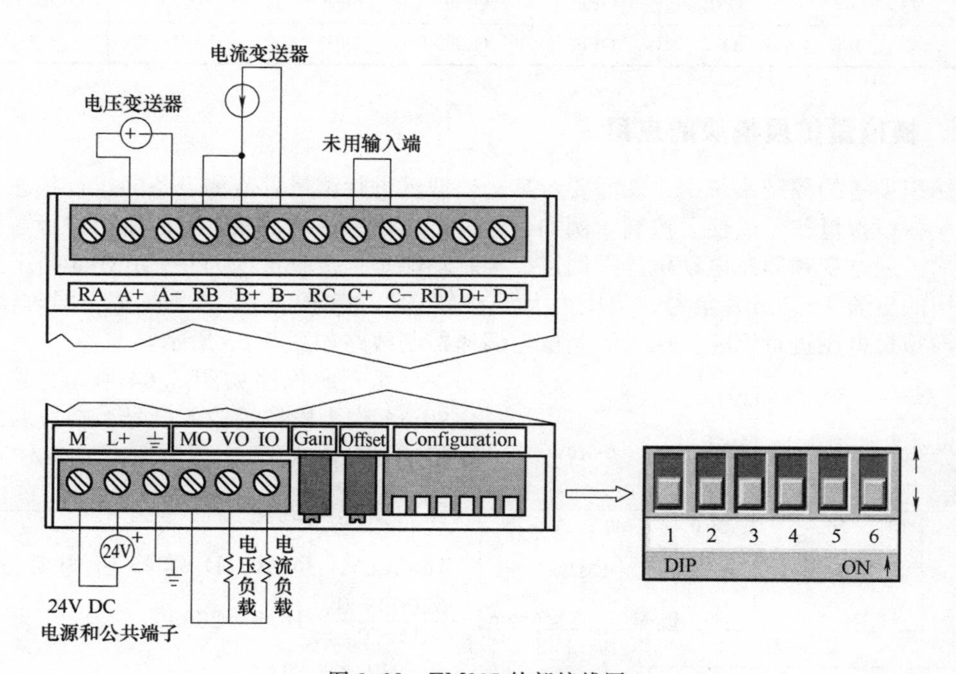

图 3.62　EM235 外部接线图

3. DIP 开关设置

EM235 模拟量输入有多种量程，可以通过模块上的 DIP 开关来设置所使用的量程，CPU 只在电源接通时读取开关设置。EM235 输入量程与 DIP 开关设置的关系见表 3.43。

表 3.43 EM 235 选择模拟量输入范围的开关设置表

单极性						满量程输入	分辨率
SW1	SW2	SW3	SW4	SW5	SW6		
ON	OFF	OFF	ON	OFF	ON	0～50mV	12.5μV
OFF	ON	OFF	ON	OFF	ON	0～100mV	25μV
ON	OFF	OFF	OFF	ON	ON	0～500mV	125μV
OFF	ON	OFF	OFF	ON	ON	0～1V	250μV
ON	OFF	OFF	OFF	OFF	ON	0～5V	1.25mV
ON	OFF	OFF	OFF	OFF	ON	0～20mA	5μA
OFF	ON	OFF	OFF	OFF	ON	0～10V	2.5mV
双极性						满量程输入	分辨率
SW1	SW2	SW3	SW4	SW5	SW6		
ON	OFF	OFF	ON	OFF	OFF	±25mV	12.5μV
OFF	ON	OFF	ON	OFF	OFF	±50mV	25μV
OFF	OFF	ON	ON	OFF	OFF	±100mV	50μV
ON	OFF	OFF	OFF	ON	OFF	±250mV	12μV
OFF	ON	OFF	OFF	ON	OFF	±500mV	250μV
OFF	OFF	ON	OFF	ON	OFF	±1V	500μV
ON	OFF	OFF	OFF	OFF	OFF	±2.5V	1.25mV
OFF	ON	OFF	OFF	OFF	OFF	±5V	2.5mV
OFF	OFF	ON	OFF	OFF	OFF	±10V	5mV

四、模拟量扩展模块的应用

在纺织设备的控制系统中，既需要对某些模拟量进行测量以监测设备的运行状态，又需要输出某些模拟量信号以便于控制。例如，通过压力传感器对梳棉管道的压力进行监测，输出模拟信号通过变频器对电动机进行调速，控制功能是：接收量程为 0～10MPa 的压力变送器所输出的直流 4～20mA 信号，当压力大于 8MPa 时，指示灯亮，否则熄灭，同时输出0～10V 的模拟量电压进行调速。压力的测量与调速控制线路如图 3.63 所示。

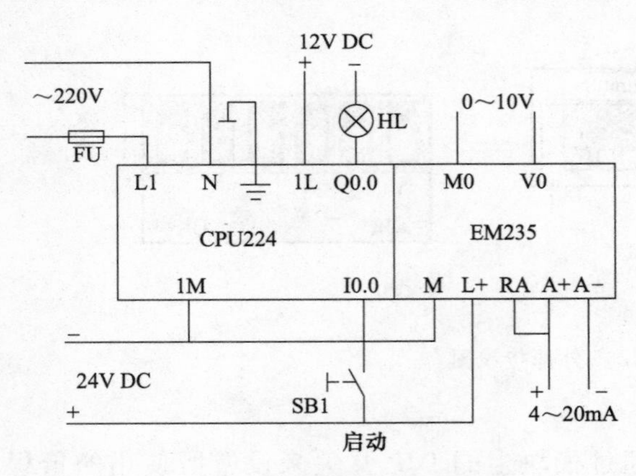

图 3.63 压力的测量与调速控制线路

编写的程序如图 3.64 所示，选择 0～20mA 作为模拟量输入信号，转换后的数字量为 0～32 000。当系统压力为 8MP 时，则压力变送器的输出信号为 $4+\frac{20-4}{10}\times 8=16.8$mA，经 A/D 转换后的数字量为 $\frac{32000-0}{20-0}\times 16.8=26880$。

程序原理如下：

在网络 1 中，当 I0.0 接通时，将 AIW0 传送到 VW30，如果 VW30 大于 26880（压力大于 8MPa），Q0.0 有输出，

指示灯 HL 亮。

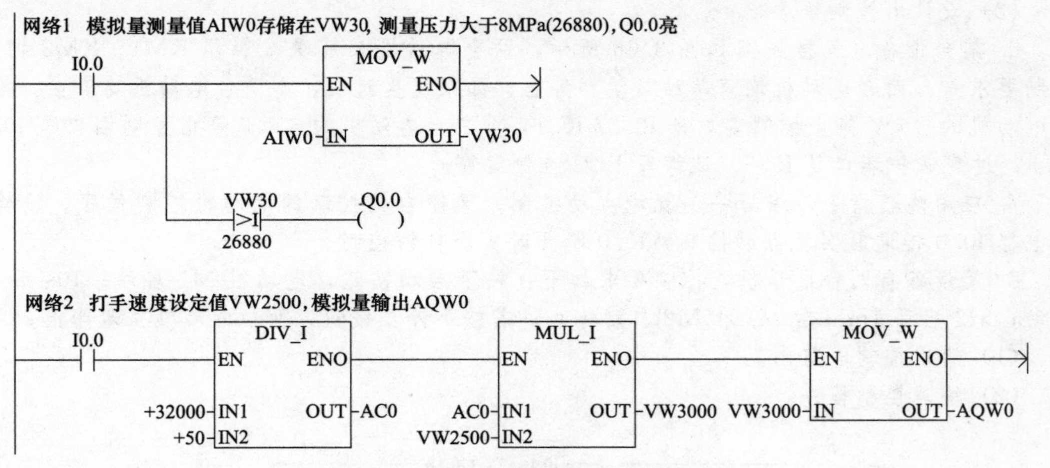

图 3.64　压力的测量与调速控制程序

在网络 2 中，进行运算 $\frac{32000-0}{50-0}\times(VW2500-0)$，将 VW2500 存储的速度值（以频率 Hz 表示）转换为对应的数字量，将运算结果存储在 VW3000 内，然后送入 AQW0 进行输出。

习题

1. PLC 输入端有什么作用？PLC 输入端内部电路为什么用光电耦合器？

2. PLC 输出端有什么作用？PLC 输出有哪几种形式？各适用于什么性质的负载？

3. 写出图 3.65 所示梯形图的指令表，找出程序中的启动触头、停止触头、自锁触头和联锁触头。

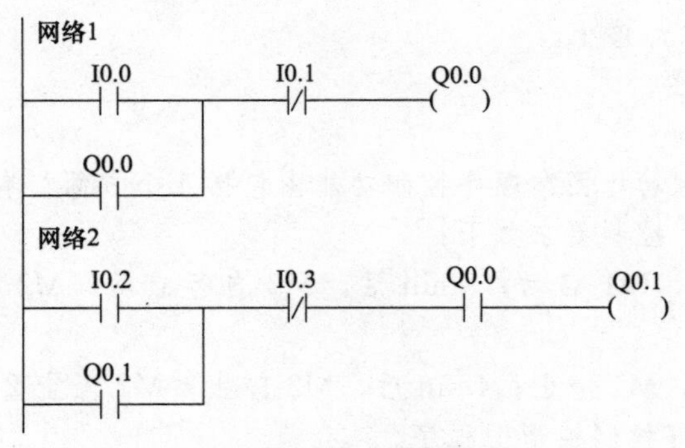

图 3.65　习题 3

4. 设有 8 盏指示灯，控制要求是：当 I0.0 接通时，全部灯亮；当 I0.1 接通时，奇数灯亮；当 I0.2 接通时，偶数灯亮；当 I0.3 接通时，全部灯灭。试设计电路和用数据传送指令编写程序。

5. 某电动机控制要求是：按下启动按钮，电动机正转，30s 后电动机自动换向反转，20s 后电动机自动换向正转，如此反复循环 10 次后电动机自动停止。若按下停止按钮，电动机立即停止。

(1) 绘出控制电路图。

(2) 设计出控制程序。

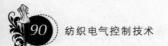

6. 某台设备电气接线图如图 3.66 所示，两台电动机分别受接触器 KM1、KM2 控制。控制要求是：两台电动机均可单独启动和停止；如果发生过载，则两台电动机均停止。第一台电动机的启动/停止控制端口是 I0.2/I0.1，第二台电动机的启动/停止控制端口是 I0.4/I0.3，过载保护端口是 I0.5。试编写 PLC 控制程序。

7. 应用跳转指令，编写一个既能点动控制、又能自锁控制的电动机控制程序。设输入继电器 I0.0 接通时实现点动控制，I0.0 断开时实现自锁控制。

8. 某设备有两台电动机，控制要求如下：按下启动按钮，电动机 M1 启动；10s 后 M2 启动；M2 启动 1min 后 M1 和 M2 自动停止；若按下停止按钮，两台电动机立即停止。

(1) 绘出控制电路图。

(2) 编写控制程序。

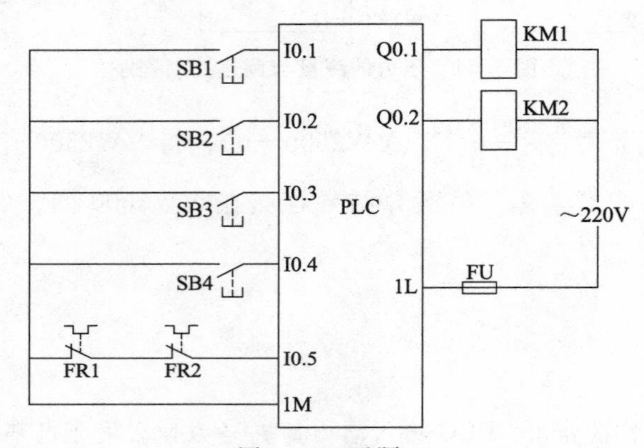

图 3.66 习题 6

9. 某设备有一台大功率主电动机 M1 和一台为 M1 风冷降温的电动机 M2，控制要求如下：按下启动按钮，两台电动机同时启动；按下停止按钮，主电动机 M1 立即停止，冷却电动机 M2 延时 2min 后自动停止。

(1) 绘出控制电路图。

(2) 编写控制程序。

10. 什么叫顺序控制功能图？顺序控制功能图包括几个方面？有哪几个方面是必须的？

11. 有三台电动机，控制要求如下：

(1) 按下启动按钮，M1 启动；5min 后，M2 自行启动；M2 启动 3min 后，M3 自行启动。

(2) 按下停止按钮，M1 停止；4min 后，M2 停止；M2 停止 2min 后，M3 停止。设计出顺序控制功能图和顺序控制梯形图程序。

12. 某台设备有 6 个电动机负载，为了减小电动机同时启动对电源的冲击，利用位移指令实现间隔 5s 的顺序通电启动控制。按下停止按钮时，间隔 1s 顺序断电停机。试编写控制程序。

13. 某设备有 5 台电动机，要求每台电动机间隔 5s 顺序启动。试利用触头比较指令和置位/复位指令编写控制程序。

14. EM235 输入电压和电流的量程范围有哪几种？对应的数字量是多少？输出电压和电流有哪几种规格？对应的数字量是多少？

15. 如果输入信号为±10V，DIP 开关如何选择？如果要求输出 0～20mA 的电流信号，该如何接线？

16. 量程为 0～10MP 的压力变送器的输出信号为 DC 4～20mA，模拟量输入模块将 0～20mA 转换为 0～32 000 的数字量。假设某时刻的模拟量输入为 10mA，试计算转换后的数字值。

17. 设计一个程序，将 85 传送到 VW0，23 传送到 VW10，并完成以下操作：

(1) 求 VW0 与 VW10 的和，结果送到 VW20 存储。

(2) 求 VW0 与 VW10 的差，结果送到 VW30 存储。

(3) 求 VW0 与 VW10 的积，结果送到 VW40 存储。

(4) 求 VW0 与 VW10 的余数和商，结果送到 VW50、VW52 存储。

18. 作 500×20＋300÷15 的运算，并将结果送 VW50 存储。

第四章 变频器的应用

现代的纺织设备都是由多电动机拖动，当改变生产产品种类时，必须对电动机进行调速。为满足生产工艺的调速要求，变频器的应用较为广泛。

第一节 变频调速的基本知识

一、变频器的用途

1. 无级调速

如图 4.1 所示，变频器把频率固定的交流电（频率 50Hz）变换成频率和电压连续可调的交流电，由于三相异步电动机的转速 n 与电源频率 f 成线性正比关系，所以，受变频器驱动的电动机可以平滑地改变转速，实现无级调速。

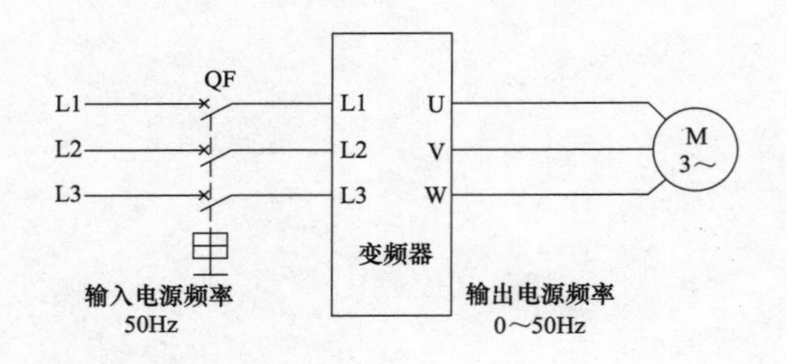

图 4.1 变频器变频输出

2. 节能

对于受变频器控制的纺织设备负载，当需要大流量时可提高电动机的转速，当需要小流量时可降低电动机的转速，不仅能做到保持流量平稳，减少启动和停机次数，而且节能效果显著，经济效益可观。

3. 缓速启动

为了减少纱线断头，许多纺织设备的电动机需要缓速启动，如整经机的启动。传统的降压启动方式不仅成本高，而且控制线路复杂。而使用变频器只需要设置启动频率和启动加速时间等参数即可做到缓速平稳启动。

4. 直流制动

变频器具有直流制动功能，可以准确地定位停车。

5. 提高自动化控制水平

变频器有较多的外部信号（开关信号或模拟信号）控制接口和通信接口，不仅功能强，而且可以组网控制。

使用变频器的电动机大大降低了启动电流，启动和停机过程平稳，减少了对设备的冲击力，延长了电动机及生产设备的使用寿命。

二、变频器的原理

变频器由主电路和控制电路构成，基本结构如图 4.2 所示。

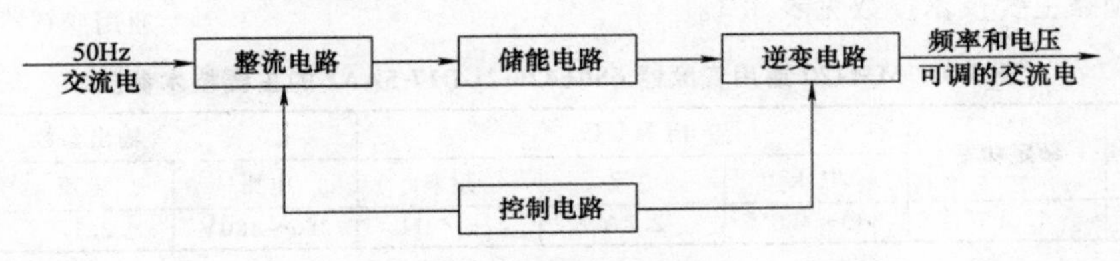

图 4.2　变频器的基本结构

变频器的主电路包括整流电路、储能电路和逆变电路，是变频器的功率电路。主电路结构如图 4.3 所示。

1. 整流电路

由二极管构成三相桥式整流电路，将交流电全波整流为直流电。

2. 储能电路

由电容 C1、C2 构成（R1、R2 为均压电阻），具有储能和平稳直流电压的作用。为了防止刚接通电源时对电容器充电电流过大，串入限流电阻 R，当充电电压上升到正常值后，与 R 并联的开关 S 闭合，将 R 短接。

3. 逆变电路

由 6 只绝缘栅双极晶体管（IGBT）VT1～VT6 和 6 只续流二极管 VD1～VD6 构成三相逆变桥式电路。晶体管工作在开关状态，按一定规律轮流导通，将直流电逆变成三相交流电，驱动电动机工作。

变频器的控制电路主要以单片微处理器为核心构成，控制电路具有设定和显示运行参数、信号检测、系统保护、计算与控制、驱动逆变管等功能。

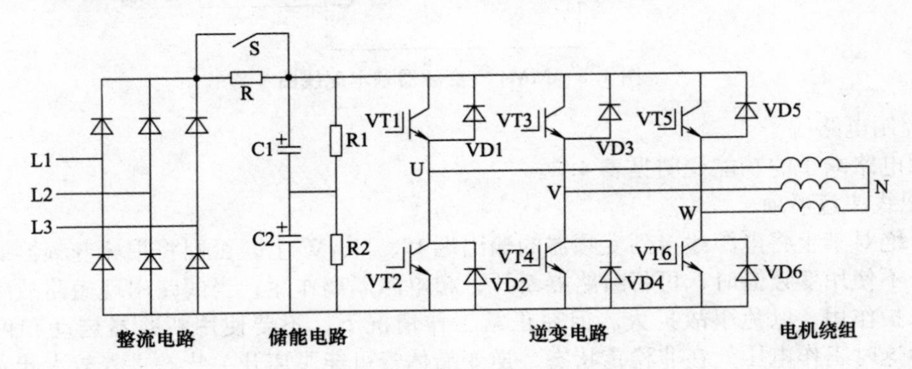

图 4.3　变频器主电路结构

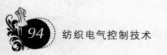

三、西门子 MM420 系列通用变频器

图 4.4 MM420 系列通用变频器外形

在纺织设备上，应用变频器的种类比较多，有西门子、三菱、伦茨、日立等厂家生产的变频器。无论哪个生产厂家，都是按照变频器基本原理生产的，只是功能有较少差异、接线端子定义不一样。

图 4.4 为西门子公司 MM420（MICROMASTER 420）系列通用变频器的外形，MM420 系列变频器有单相（AC 200～240V，0.12～3.0kW）、三相（AC 200～240V，0.12～5.5kW）和三相（AC 380～480V，0.37～11.0kW）三种。型号为 6SE6420-2UD17-5AA1 的变频器主要技术参数见表 4.1。

表 4.1 MM420 通用变频器 6SE6420-2UD17-5AA1 的主要技术参数

型号	额定功率	电源参数			输出参数		
		电压	电流	频率	电压	电流	频率
MM 420	1.6kW	380～480V	2.8A	47～63Hz	380～480V	2.1A	0～650Hz

1. 变频器基本配线图

变频器的基本配线图如图 4.5 所示。

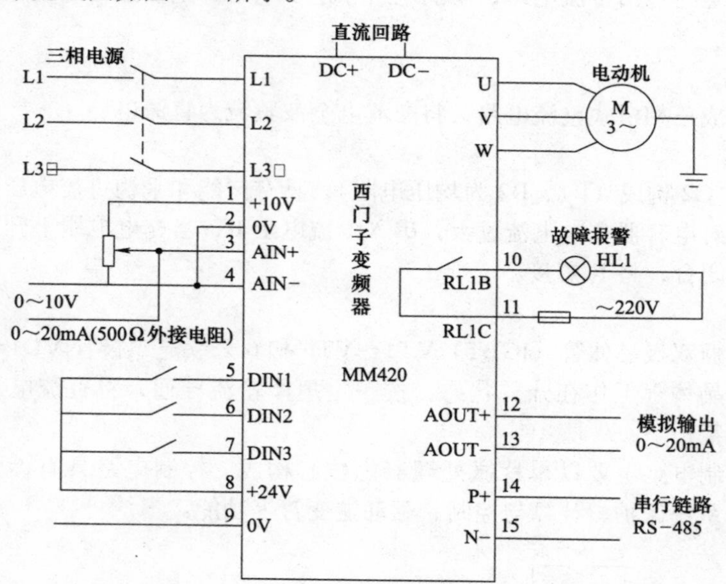

图 4.5 MM420 变频器基本配线图

2. 控制电路端子

控制电路端子的功能说明见表 4.2。

3. 配线注意事项

(1) 绝对禁止将电源线接到变频器的输出端 U、V、W 上，否则将损坏变频器。

(2) 不使用变频器时，可将断路器断开，起电源隔离作用；当线路出现短路故障时，断路器起保护作用，以免事故扩大。但在正常工作情况下，不要使用断路器启动和停止电动机，因为这时工作电压处在非稳定状态，逆变晶体管可能脱离开关状态进入放大状态，而负载感性电流维持导通，使逆变晶体管功耗剧增，容易烧毁逆变晶体管。

表 4.2　控制电路端子功能说明

端子号	端子功能	相关参数	端子号	端子功能	相关参数
1	频率设定电源(+10V)		9	多功能数字电源 0V	
2	频率设定电源(0V)		10	输出继电器 RL1B	P0731
3	模拟信号输入端 AIN+	P0700	11	输出继电器 RL1C	P0731
4	模拟信号输入端 AIN−	P0700	12	模拟输出 AOUT+	P0771
5	多功能数字输入端 DIN1	P0701	13	模拟输出 AOUT−	P0771
6	多功能数字输入端 DIN2	P0702	14	RS485 串行链路 P+	P0004
7	多功能数字输入端 DIN3	P0703	15	RS485 串行链路 N−	P0004
8	多功能数字电源+24V				

(3) 在变频器的输入侧接交流电抗器可以削弱三相电源不平衡对变频器的影响，延长变频器的使用寿命，同时也降低变频器产生的谐波对电网的干扰。

(4) 由于变频器输出的是高频脉冲波，所以禁止在变频器与电动机之间加装电力电容器件。

(5) 变频器和电动机必须可靠接地。

(6) 变频器的控制线应与主电路动力线分开布线，平行布线应相隔 10cm 以上，交叉布线时应使其垂直。为防止干扰信号串入，变频器模拟信号线的屏蔽层应妥善接地。

(7) 通用变频器仅适用于一般工业用三相交流异步电动机。

(8) 变频器的安装环境应通风良好。

4. 变频器参数的设置

变频器参数的设置可以通过基本操作面板 BOP（Basic Operator Panel）或高级操作面板 AOP（Advance Operator Panel）完成。基本操作面板 BOP 的外形如图 4.6 所示，其显示/按钮的功能见表 4.3。

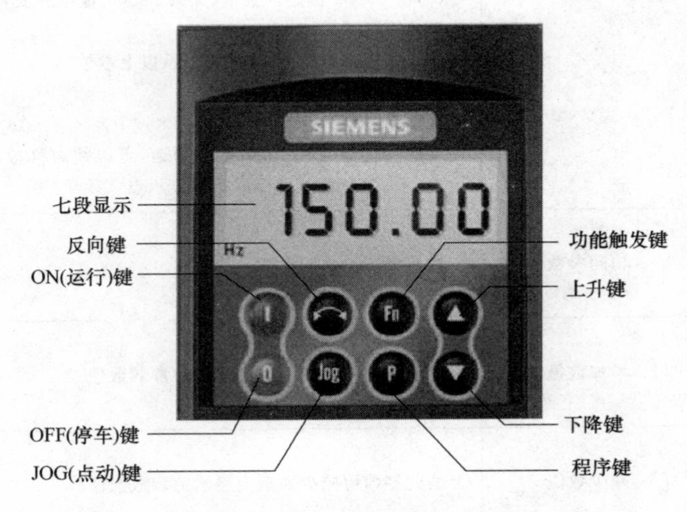

图 4.6　BOP 外形图

变频器参数快速设置的操作步骤如下：

(1) 长按 Fn（功能键），显示 r0000；或显示闪烁，按 P，然后显示 r0000。

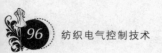

表 4.3 BOP 显示/按钮的功能

显示/按钮	功能	功能的说明
r0000	状态显示	LCD 显示变频器当前的设定值
I	启动变频器	按此键启动变频器。缺省值运行时此键被封锁。为了允许此键操作，应设定 P0700＝1
0	停止变频器	OFF1：按此键，变频器将按选定的斜坡下降速率减速停车。缺省值运行时此键被封锁。为了允许此键操作，应设定 P0700＝1。OFF2：按此键两次（或一次，但时间较长），电动机将在惯性作用下自由停车。此功能总是“使能”的
	改变电动机的转动方向	按此键可以改变电动机的转动方向。电动机的反向用负号（－）表示或用闪烁的小数点表示。缺省值运行时此键被封锁。为了允许此键操作，应设定 P0700＝1
jog	电动机点动	在变频器无输出的情况下按此键，将使电动机启动，并按预设定的点动频率运行。释放此键时，变频器停车。如果变频器/电动机正在运行，按此键将不起作用
Fn	功能	此键用于浏览辅助信息。 变频器运行过程中，在显示任何一个参数时按下此键并保持不动 2s，将显示以下参数值（在变频器运行中，从任何一个参数开始）： （1）直流回路电压（用 *d* 表示，单位：V）； （2）输出电流（A）； （3）输出频率（Hz）； （4）输出电压（用 *o* 表示，单位：V）； （5）由 P0005 选定的数值（如果 P0005 选择显示上述参数中的任何一个这里将不再显示）。 连续多次按下此键，将轮流显示以上参数。 跳转功能 在显示任何一个参数（r××××或 P××××）时，短时间按下此键，将立即跳转到 r0000。如果需要的话，可以接着修改其他的参数。跳转到 r0000 后，按此键将返回原来的显示点
P	访问参数	按此键即可访问参数
	增加数值	按此键即可增加面板上显示的参数数值
	减少数值	按此键即可减少面板上显示的参数数值

（2）按▼/▲，找到需要修改的参数。

（3）再按P，进入该参数值的修改。

(4) 再按Fn，最右边的一个数字闪烁。

(5) 按▼/▲，修改这位数字的数值。

(6) 再按Fn，相邻的下一位数字闪烁。

(7) 执行（4）至（6），直到显示出所要求的数值。

(8) 按P，退出参数数值的访问级。

第二节 基于外部端子的点动及正反转控制

在对纺织设备进行调试或生产过程中需要调整时，要用到电动机的点动；在某些控制中，比如抓棉机打手的升降、往复式抓棉机的往复运动、转杯纺的倒转生头等，都要用到电动机的正反转。通过变频器也可以实现电动机的点动和正反转。

一、基于外部端子的点动控制

1. 点动控制线路

由变频器外部端子实现电动机的点动控制线路如图 4.7 所示。当按下按钮 S1 时，电动机启动，启动时间 2s，启动完成后以频率 30Hz 运转；松开停止按钮，电动机停止。

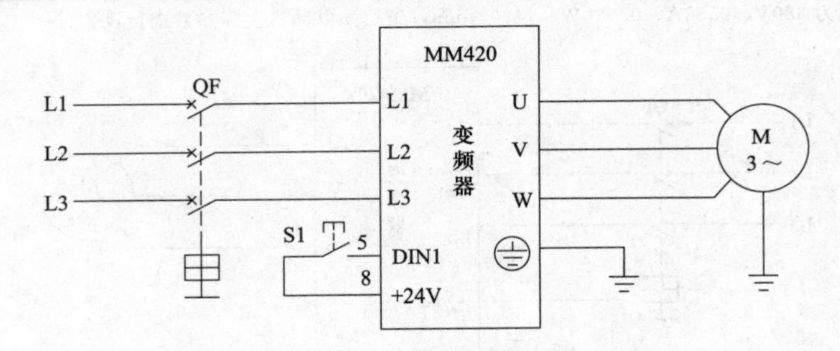

图 4.7 点动控制线路

2. 设置变频器参数

点动控制变频器参数的设置见表 4.4。接通电源 QF，按照参数设置方法找到对应的参数代号，将出厂值更改为设置值。

3. 操作

按下按钮 S1，电动机启动时间为 2s，启动后以 30Hz 进行运转；松开按钮，电动机停止。

二、基于外部端子的正反转控制

1. 正反转控制线路

由外部开关通过变频器实施对电动机正反转控制的线路如图 4.8 所示。合上正转按钮 S1，变频器显示频率由模拟输入决定，电动机顺时针方向运行；同时接通反转按钮 S2，变频器显示频率由模拟输入决定，电动机逆时针方向运行。

2. 设置变频器参数

正反转控制的变频器参数设置见表 4.5。接通电源 QF，按照参数设置方法找到对应的参数代号，将出厂值更改为设置值。

表 4.4 点动控制的变频器参数设置

序号	参数代号	出厂值	设置值	说　明	序号	参数代号	出厂值	设置值	说　明
1	P0010	0	30	调出出厂设置参数	12	P0700	2	2	2 外部数字端子控制
2	P0970	0	1	恢复出厂值(恢复时间大约 60s)	13	P1000	2	1	1 BOP 设定的频率值
3	P0003	1	3	参数访问级 3 专家级	14	P1080	0.00	0.00	电动机最小频率(Hz)
4	P0004	0	0	0 全部参数	15	P1082	50.00	50.00	电动机最大频率(Hz)
5	P0010	0	1	1 启动快速调试	16	P1120	10.00	2.00	加速时间(s)
6	P0100	0	0	工频选择:0,50Hz	17	P1121	10.00	0	减速时间(s)
7	P0304	400	380	电动机的额定电压(V)	18	P3900	0	1	结束快速调试
8	P0305	1.90	0.35	电动机的额定电流(A)	19	P0003	1	3	重新设置 P0003 为 3
9	P0307	0.75	0.06	电动机的额定功率(kW)	20	P0004	0	10	快速访问设定值通道
10	P0310	50.00	50.00	电动机的额定频率(Hz)	21	P1040	5.00	30.00	频率设定值(Hz)
11	P0311	1395	1430	电动机的额定速度(r/min)	22	P0010	0	0	如不启动,检查 P0010 是否为 0

注：表中电动机为 380V、0.35A、0.06kW、1430r/min，请按照电动机实际参数进行设置。

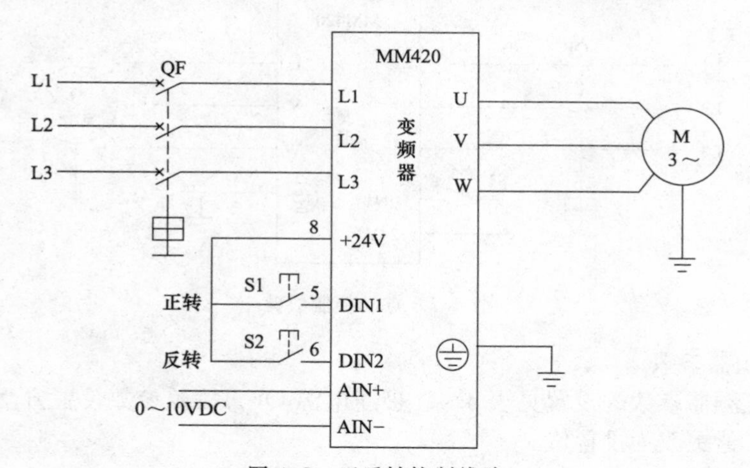

图 4.8 正反转控制线路

表 4.5 正反转控制的变频器参数设置

序号	参数代号	出厂值	设置值	说　明	序号	参数代号	出厂值	设置值	说　明
1	P0010	0	30	调出出厂设置参数	8	P0305	1.90	0.35	电动机的额定电流(A)
2	P0970	0	1	恢复出厂值(恢复时间大约 60s)	9	P0307	0.75	0.06	电动机的额定功率(kW)
3	P0003	1	3	3 专家级	10	P0310	50.00	50.00	电动机的额定频率(Hz)
4	P0004	0	0	0 全部参数	11	P0311	1395	1430	电动机的额定速度(r/min)
5	P0010	0	1	1 启动快速调试	12	P0700	2	2	2 外部数字端子控制
6	P0100	0	0	0 工频 50Hz	13	P1000	2	2	2 模拟设定值
7	P0304	400	380	电动机的额定电压(V)	14	P1080	0	0	电动机最小频率(Hz)

续表

序号	参数代号	出厂值	设置值	说　明	序号	参数代号	出厂值	设置值	说　明
15	P1082	50.00	50.00	电动机最大频率(Hz)	21	P0701	1	1	选择数字输入 1 的功能(启动/停止控制)
16	P1120	10.00	2.00	加速时间(s)					
17	P1121	10.00	0.00	减速时间(s)	22	P0702	12	12	选择数字输入 2 的功能(正转/反转控制)
18	P3900	0	1	结束快速调试					
19	P0003	1	3	重新设置 P0003 为 3	23	P0010	0	0	如不启动，检查 P0010 是否为 0
20	P0004	0	7	快速访问命令通道					

注：表中电动机为 380V/0.35A/0.06kW/1430r/min，请按照电动机实际参数进行设置。

第三节　基于 PLC 数字量的多段速控制

某纺纱设备电气控制系统使用 PLC 和变频器，控制要求如下：

(1) 为了防止启动时断纱，要求启动过程平稳。

(2) 纱线到预定长度时停车。使用霍尔传感器将纱线输出机轴的旋转圈数转换成高速脉冲信号，送入 PLC 进行计数，达到定长（如 70000 转）时自动停车。

(3) 在纺纱过程中，随着纱线在纱管上的卷绕，纱管直径逐渐增大。为了保证纱线张力均匀，电动机应逐步降速运行。

(4) 中途停车后再次开车，应保持停车前的速度状态。

一、控制线路

根据控制要求设计的控制线路如图 4.9 所示。霍尔传感器 BO 进行测速，DIN1～DIN3 对多段速进行控制。变频器多段速运行与 PLC 控制端子的关系见表 4.6。可以看出，用 PLC 的输出端子 Q0.2、Q0.1、Q0.0 分别控制变频器的多段速控制端 DIN3、DIN2、DIN1，可以设定 7 种速度。从工艺段速 1 到工艺段速 7，Q0.2、Q0.1、Q0.0 的状态从 001

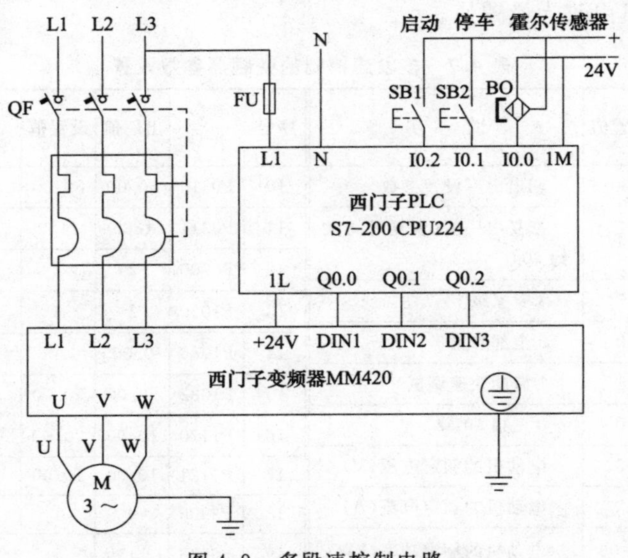

图 4.9　多段速控制电路

变化到 111，对应变频器的输出频率从 50Hz 下降到 44Hz。

Q0.2～Q0.0 的变化规律正好符合二进制数的加 1 运算，这样的组合方式使 PLC 控制程序相对简单。变频器多段速运行曲线如图 4.10 所示。

表 4.6 变频器多段速的 PLC 控制

工艺多段速	1	2	3	4	5	6	7
DIN3-Q0.2	0	0	0	1	1	1	1
DIN2-Q0.1	0	1	1	0	0	1	1
DIN1-Q0.0	1	0	1	0	1	0	1
变频器输出频率(Hz)	50	49	48	47	46	45	44

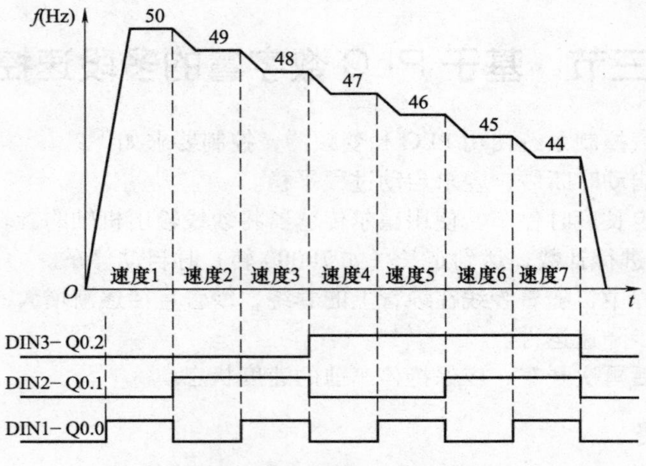

图 4.10 变频器多段速运行曲线

二、设置变频器参数

多段速控制的变频器参数设置见表 4.7。接通电源 QF，按照参数设置方法找到对应的参数代号，将出厂值更改为设置值。

表 4.7 多段速控制的变频器参数设置

序号	参数代号	出厂值	设置值	说明	序号	参数代号	出厂值	设置值	说明
1	P0010	0	30	调出出厂设置参数	10	P0310	50.00	50.00	电动机的额定频率(Hz)
2	P0970	0	1	恢复出厂值(恢复时间大约 60s)	11	P0311	1395	1430	电动机的额定速度(r/min)
					12	P0700	2	2	2 外部数字端子控制
3	P0003	1	3	3 专家级	13	P1000	2	3	3 固定频率
4	P0004	0	0	0 全部参数	14	P1080	0.00	0.00	电动机最小频率(Hz)
5	P0010	0	1	1 启动快速调试	15	P1082	50.00	50.00	电动机最大频率(Hz)
6	P0100	0	0	0 工频 50Hz	16	P1120	10.00	20.00	加速时间(s)
7	P0304	400	380	电动机的额定电压(V)	17	P1121	10.00	10.00	减速时间(s)
8	P0305	1.90	0.35	电动机的额定电流(A)	18	P3900	0	1	结束快速调试
9	P0307	0.75	0.06	电动机的额定功率(kW)	19	P0003	1	3	重新设置 P0003 为 3

续表

序号	参数代号	出厂值	设置值	说　明	序号	参数代号	出厂值	设置值	说　明
20	P0004	0	7	快速访问命令通道	24	P0004	0	10	快速访问设定值通道
21	P0701	1	17	选择数字输入1的功能{固定频率设定值[二进制编码的十进制数(BCD码)选择+ON命令]}	25	P1001	0.00	50.00	固定频率1=50Hz
					26	P1002	5.00	49.00	固定频率2=49Hz
					27	P1003	10.00	48.00	固定频率3=48Hz
22	P0702	12	17	选择数字输入2的功能{固定频率设定值[二进制编码的十进制数(BCD码)选择+ON命令]}	28	P1004	15.00	47.00	固定频率4=47Hz
					29	P1005	20.00	46.00	固定频率5=46Hz
					30	P1006	25.00	45.00	固定频率6=45Hz
23	P0703	9	17	选择数字输入3的功能{固定频率设定值[二进制编码的十进制数(BCD码)选择+ON命令]}	31	P1007	30.00	44.00	固定频率7=44Hz
					32	P0010	0	0	如不启动，检查P0010是否为0

注：电动机为380V/0.35A/0.06kW/1430r/min。

三、编写PLC控制程序

PLC控制程序如图4.11所示。

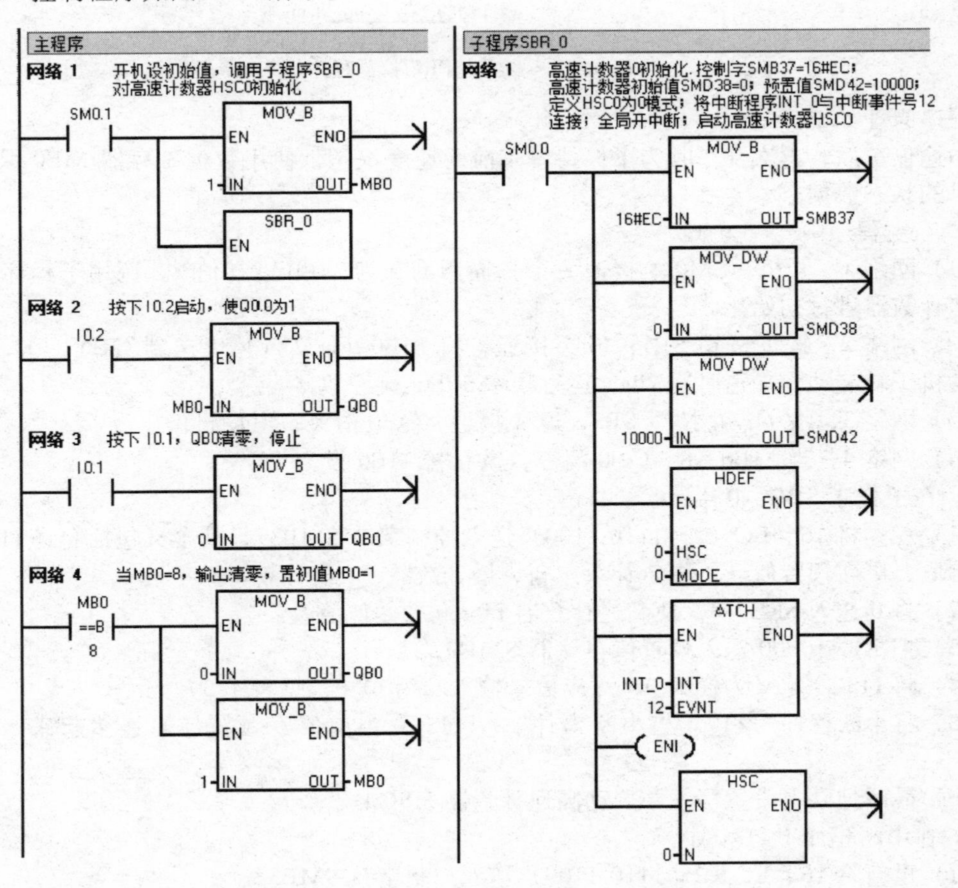

图4.11

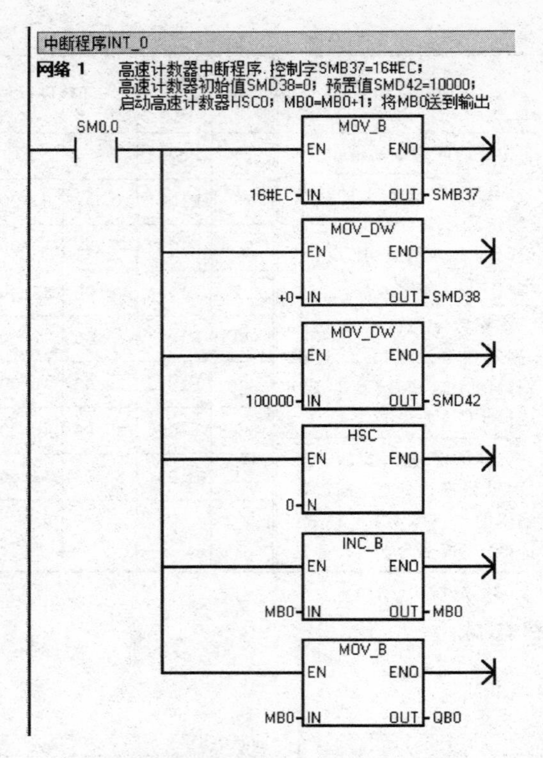

图 4.11 多段速 PLC 控制程序

程序原理如下：

中途停车后，再次开车时为了保持停车前的速度状态，使用数据寄存器 MB0 保存中途停车时的状态数据。

1. 在主程序中

(1) 网络 1，开机，SM0.1 接通一个扫描周期，为 MB0 设初值 1，调用子程序 SBR_0 对高速计数器进行初始化。

(2) 网络 2，按下按钮 SB1，I0.2 接通，将 MB0（值为 1）传送到 QB0（Q0.0 = 1），使电动机正转启动，加速时间 20s，运行频率 50Hz。

(3) 网络 3，按下停止按钮 SB2，I0.1 接通，QB0 清零，电动机停止。

(4) 网络 4，当 MB0 = 8，QB0 清零，重新将 MB0 设为 1。

2. 在子程序 SBR _ 0 中

(1) 首先将 16＃EC（2＃1110 1100）送入控制字节 SMB37，其含义包括允许 HSC、更新初始值、更新预置值、不更新计数方向、增计数器、1 倍计数率。

(2) 将 0 送入 SMD38，使高速计数器 HSC0 初始值清零。

(3) 把常数 10000 送入预置值存储器 SMD42。

(4) 将 HSC0 定义为模式 0（对应信号输入端为 I0.0，见表 4.3）。

(5) 将中断程序 INT_0 与中断事件 12（HSC0 当前值 = 预置值）连接起来，全局开中断。

(6) 最后把以上设置写入并启动高速计数器 HSC0。

3. 在中断程序 INT_0 中

(1) 重新将 16＃EC（2＃1110 1100）送入控制字节 SMB37。

(2) 使高速计数器 HSC0 初始值清零。

(3) 把常数 10000 送入预置值存储器 SMD42。

(4) 将 MB0 加 1 再送入 MB0。

(5) 最后把 MB0 送到 QB0 实现多段速控制。

第四节　基于 PLC 模拟量控制的变频调速

纺织设备电动机的调速大部分都是通过模拟量的控制来实现的。

一、变频调速控制线路

由 PLC 所输出的模拟量来实现对电动机调速的控制电路如图 4.12 所示。按下按钮 SB，I0.0 接通，使 Q0.0 有输出，变频器运行，调节输入电压 0～5V，使电动机的速度发生变化。再按下按钮 SB，断开 I0.0，电动机按减速时间停止。

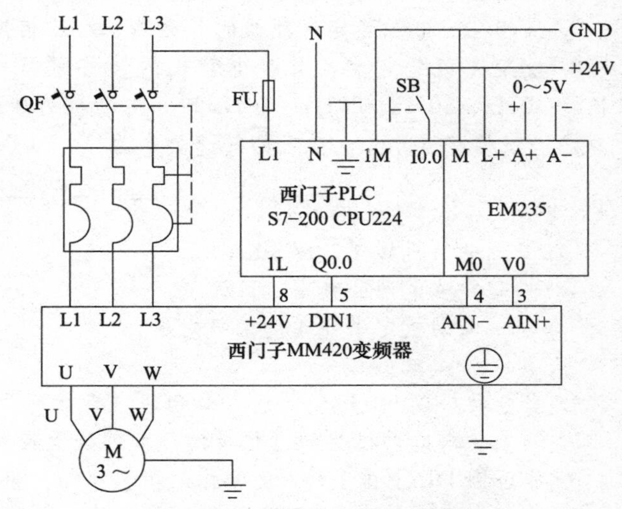

图 4.12　PLC 模拟量控制的变频调速

二、编写 PLC 控制程序

PLC 控制程序如图 4.13 所示。

程序原理如下：

(1) 网络 1，当按钮 SB 按下，I0.0 接通，将模拟量输入 AIW0 存储在 VW0 中，同时 Q0.0 通电，电动机运转。

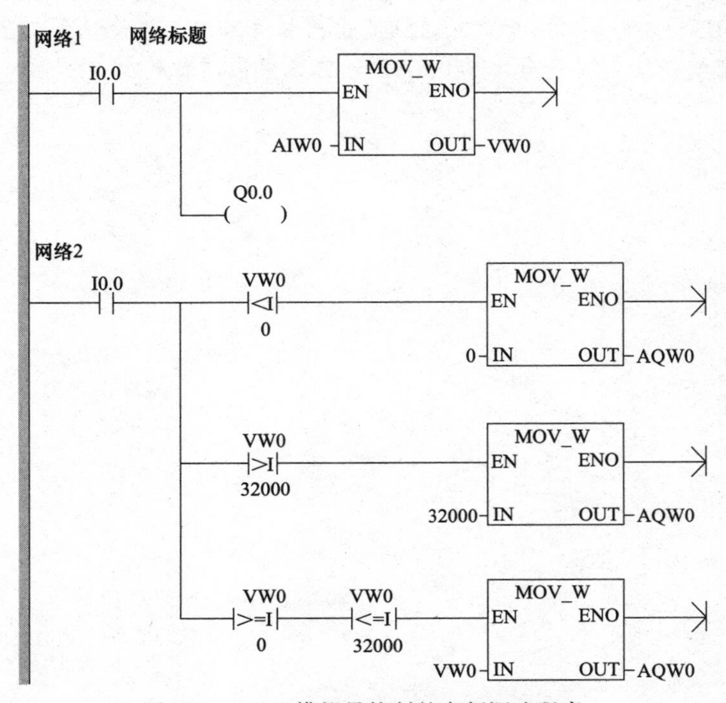

图 4.13　PLC 模拟量控制的变频调速程序

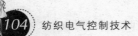

(2) 网络2，I0.0接通，当VW0小于0，将0送入AQW0进行输出；当VW0大于32000，将32000送入AQW0进行输出；当VW0大于0并且小于32000，将VW0送入AQW0进行输出。

习题

1. 变频器的作用是什么？

2. 三相交流电源连接变频器的什么端子？三相异步电动机连接变频器的什么端子？

3. 设某4极三相交流异步电动机的转差率$S=0.02$，当变频器输出电源频率分别是50Hz、40Hz、30Hz、20Hz、10Hz时，电动机的转速各是多少（设S不变化）？

注：三相交流异步电动机的转速公式为

$$n=(1-S)\frac{60f}{p}$$

式中 n——电动机转速，r/min；

f——交流电源的频率，Hz；

p——电动机定子绕组的磁极对数；

S——转差率。

4. 当电动机以50Hz运行时，如何设置参数？

5. 如果要求电动机启动过程缓慢，如何设置控制参数？

6. 能否由DIN1接正转/反转控制按钮？如何设置参数？

7. 能否由DIN2接启动/停止控制按钮？如何设置参数？

8. 有一台电动机受变频器控制，控制要求为低速缓慢启动，高速运行。按下启动按钮SB1后，延时10s上升到10Hz低速运行；按下运转按钮SB2后10s上升到50Hz高速运行；按下停止按钮SB3，电动机20s后停止。试绘出控制电路图，并设置变频器参数。

9. 如果外部模拟输入信号为4～20mA，如何设置控制参数？

第五章 触摸屏的应用

触摸屏是“人”与“机”相互交流信息的窗口，使用者只要用手指轻轻地触碰屏幕上的图形或文字符号，就能实现对机器的操作和显示控制信息，目前广泛应用于各类纺织设备中。

第一节 认识触摸屏及其组态软件

一、人机界面与触摸屏

1. 人机界面

人机界面（Human Machine Interface，简称为 HMI）泛指计算机（包括 PLC）与操作人员交换信息的设备。在控制领域，人机界面一般特指用于操作人员与控制系统之间进行对话和相互作用的专用设备。人机界面可以在恶劣的工业环境中长时间连续运行，是 PLC 的最佳搭档。

人机界面可以用字符、图形和动画动态地显示现场数据和状态，操作人员可以通过人机界面来控制现场的被控对象。此外人机界面还有报警、用户管理、数据记录、趋势图、配方管理、显示和打印报表等功能。

2. 触摸屏

触摸屏是人机界面的发展方向，用户可以在触摸屏的屏幕上生成满足自己要求的触摸式按键。触摸屏使用直观方便，易于操作。画面上的按钮和指示灯可以取代相应的硬件元件，减少 PLC 需要的 I/O 点数，降低系统的成本，提高设备的性能和附加价值。

STN 液晶显示器支持的彩色数有限（例如 8 色或 16 色），被称为“伪彩”显示器。STN 显示器的图像质量较差，可视角度较小，但是功耗小、价格低，用于要求较低的场合。

TFT 液晶显示器又称为“真彩”显示器，每一液晶像素点都用集成在其后的薄膜晶体管来驱动，其色彩逼真、亮度高、对比度和层次感强、反应时间短、可视角度大，但是耗电较多，成本较高，用于要求较高的场合。

3. 西门子的人机界面

西门子的人机界面已升级换代，过去的 170、270、370 系列已被 177、277、377 系列取代。SIMATIC HMI 的品种非常丰富，下面是各类 HMI 产品的主要特点：

(1) KTP精简系列面板。具有基本的功能，经济实用，有很高的性能价格比。显示器尺寸有3.8英寸、5.7英寸、10.4英寸和15.1英寸4种规格。

(2) 微型面板。与S7-200配合使用，显示器均为单色。有文本显示器TD 400C，3英寸的OP 73 micro、5.7英寸的TP 177 micro和K-TP 178micro。

(3) 77系列面板。显示器均为单色，包括3英寸的OP 73、4.5英寸的OP 77A和OP 77B。

(4) TP/OP 177/277系列面板。TP是触摸面板（触摸屏）的简称，OP是操作员面板的简称，OP有多个密封薄膜按键。

TP 177A采用5.7英寸单色显示器，TP 177B的显示器有4.3英寸和5.7英寸两种规格，OP 177B的显示器为5.7英寸。TP/OP 277使用5.7英寸的彩色显示器。

(5) MP 177/277/377系列多功能面板。是功能最强的人机界面，显示器均为64K色，MP 177的显示器为5.7英寸。MP 277有7.5英寸、10.4英寸显示器的TP、OP。MP 377有10.4英寸显示器的TP、OP，和15.1英寸、19英寸显示器的TP。

(6) 移动面板。移动面板可以在不同的地点灵活应用。Mobile Panel 177的显示器为5.7英寸，Mobile Panel 277的显示器有7.5英寸和10.4英寸两种规格。

二、西门子组态软件

西门子的组态软件已升级换代，过去的ProTool已被WinCC flexible取代。WinCC flexible的中文版是免费的，可以组态所有的SIMATIC操作面板。

WinCC flexible具有开放简易的扩展功能，带有Visual Basic脚本功能，集成了ActiveX控件，可以将人机界面集成到TCP/IP网络。

WinCC flexible简单高效，易于上手，功能强大。在创建工程时，通过单击鼠标便可以生成HMI项目的基本结构。基于表格的编辑器简化了对象（例如变量、文本和信息）的生成和编辑。通过图形化配置，简化了复杂的配置任务。

WinCC flexible带有丰富的图库，提供大量的图形对象供用户使用。

WinCC flexible可以方便地移植原有的ProTool项目，支持多语言组态和多语言运行。

1. 安装WinCC flexible的计算机的推荐配置

WinCC flexible支持所有兼容IBM/AT的个人计算机。下面是安装WinCC flexible 2008要求的系统配置。

(1) 操作系统。Windows XP Professional SP2或SP3，Windows Vista。

(2) 图形/分辨率。1024×768或更高，16位色。

(3) 处理器。最低配置为Pentium Ⅵ或不小于1.6GHz的处理器。

(4) 主内存（RAM）。最小1GB（Windows XP）或1.5GB（Windows Vista），推荐2GB。

2. 安装WinCC flexible

双击安装光盘的Setup.exe，单击各对话框的“下一步”按钮，进入下一对话框。

在“许可证协议”对话框，选中“我接受上述许可证协议……”。

在“要安装的程序”对话框（见图5.1），确认要安装的软件，可采用默认的设置。已安装的软件左边的复选框（小方框）为灰色。

如果要修改安装的路径，选中某个要安装的软件，出现默认的安装文件夹。单击“浏

注：显示器常用的尺寸单位为英寸，1英寸=25.4mm。

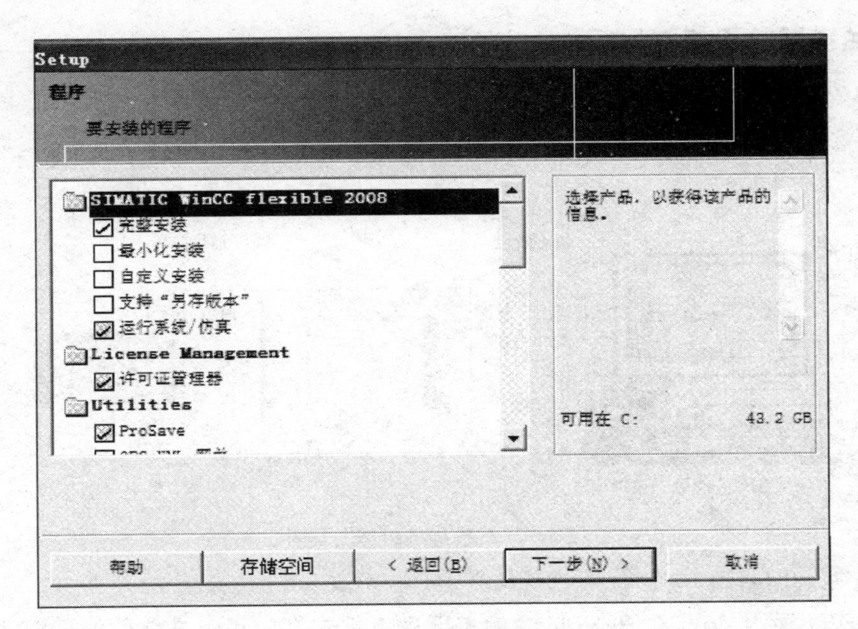

图 5.1　要安装的程序

览”按钮，用打开的对话框修改安装的文件夹。建议将该软件安装在 C 盘默认的文件夹。

开始安装软件时出现如图 5.2 中的对话框，该对话框不会显示已经安装的软件。

安装过程是自动完成的，不需要用户干预。安装完成后，出现的对话框显示“安装程序已在计算机上成功安装了软件”，单击“完成”按钮，立即重新启动计算机。也可以用单选框选择以后重启计算机。

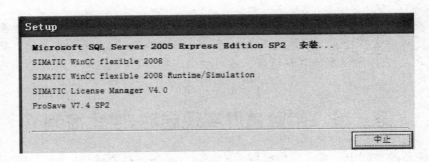

图 5.2　安装过程中显示的对话框

3. 安装软件时遇到的问题的处理

在安装 WinCC flexible 时，可能出现提示“Please restart Windows before installing new programs”（安装新程序之前，请重新启动 Windows）或类似的信息，即使重新启动计算机后再安装软件，还是出现上述信息，说明因为杀毒软件的作用，Windows 操作系统已经注册了一个或多个写保护文件，以防止被删除或重命名。解决方法如下：

执行 Windows 的菜单命令“开始”→“运行”，在程序的“运行”对话框中输入“regedit”，打开注册表编辑器。选中注册表左边的“HKEY_LOCAL_MACHINE\System\CurrentControl Set\Control\Session Manager”，如果右边窗口中有条目“PendingFileRenameOperations”，将它删除，不用重新启动计算机就可以安装软件了。

三、触摸屏的组态与运行

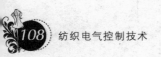

触摸屏的基本功能是显示现场设备（通常是 PLC）中位变量的状态和寄存器中数字变量的值，用监控画面上的按钮向 PLC 发出各种命令，以及修改 PLC 存储区的参数。其组态与运行如图 5.3 所示。

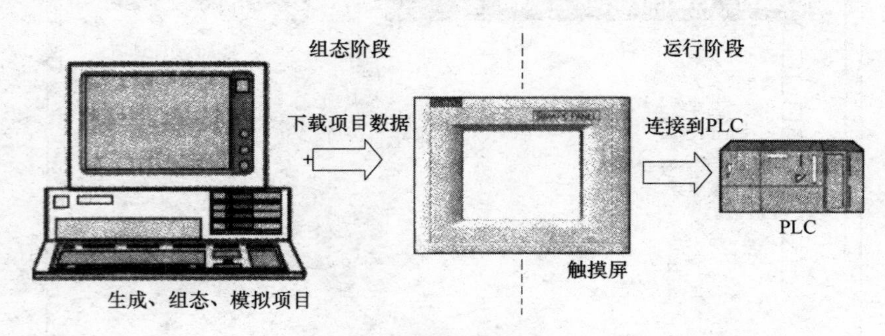

图 5.3 触摸屏的组态与运行

1. 对监控画面组态

首先用组态软件 WinCC flexible 对触摸屏进行组态。使用组态软件，可以很容易地生成满足用户要求的画面，用文字或图形动态地显示 PLC 中位变量的状态和数字量的数值。用各种输入方式将操作人员的位变量命令和数字设定值传送到 PLC。画面的生成是可视化的，一般不需要用户编程，组态软件的使用简单方便，很容易掌握。

2. 编译和下载项目文件

编译项目文件是指将建立的画面及设置的信息转换成触摸屏可以执行的文件。编译成功后，需要将可执行文件下载到触摸屏的存储器。

3. 运行阶段

在控制系统运行时，触摸屏和 PLC 之间通过通信来交换信息，从而实现触摸屏的各种功能。只需要对通信参数进行简单的组态，就可以实现触摸屏与 PLC 的通信。将画面中的图形对象与 PLC 的存储器地址联系起来，就可以实现控制系统运行时 PLC 与触摸屏之间的自动数据交换。

第二节 用触摸屏实现启动/停止控制

在纺织设备的控制中，常使用触摸屏中的按钮对设备进行调试与控制，同时使用正常的按钮对设备进行控制。使用触摸屏和按钮实现对电动机的启动/停止控制的控制线路如图 5.4 所示。除使用按钮对电动机启动/停止控制，还可以通过触摸屏对电动机实现启动/停止控制，并由指示灯监控电动机的运行状态，组态的画面如图 5.5 所示。

一、触摸屏画面组态

1. 创建项目

双击桌面上“WinCC flexible 2008”图标，选择“创建一个新项目”，在出现的对话框中选择所使用的触摸屏的型号（TP 177A 6''），如图 5.6 所示，单击“确定”，即可生成 HMI 项目窗口，其界面如图 5.7 所示。打开画面后，可以使用工具栏上的放大按钮🔍和缩小按钮🔍来放大或缩小画面。

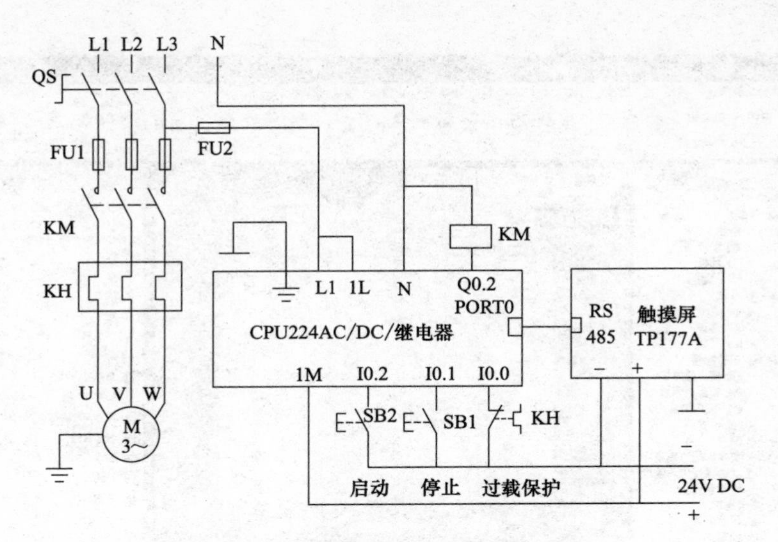

图 5.4　电动机启动/停止控制电路

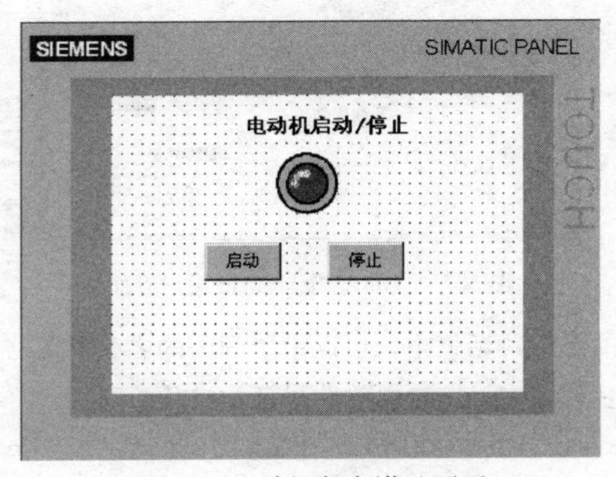

图 5.5　电动机启动/停止画面

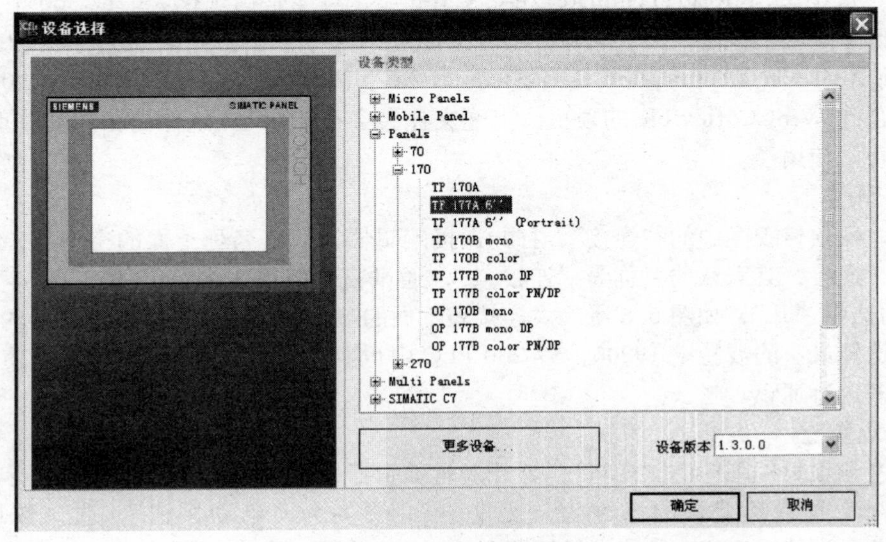

图 5.6　设置触摸屏型号

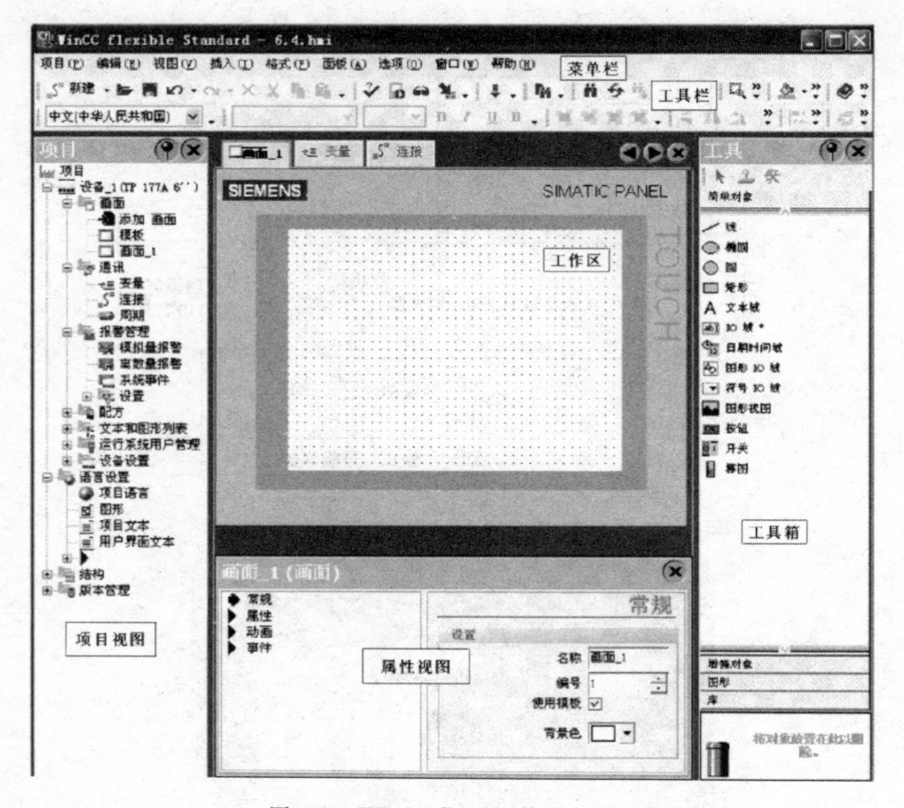

图 5.7　WinCC flexible 的用户界面

在画面编辑器下面的属性对话框中，可以设置画面的名称和编号。单击“背景色”选择框的▼键，在出现的颜色列表中设置画面的背景色为白色。

在创建 WinCC flexible 的新项目时，如果出现错误提示“Could not find file ‘C: \Documents and Settings\All Users\Application Data\Siemens AG\SIMATIC WinCC flexible 2008\Caches\1. 3. 0. 0_83. 1\Read\Template_zh-CN. tmp’”，可能是用优化大师或 360 卫士之类的系统工具清除垃圾文件时，自动删除了临时文件 *. tmp 引起的。将文件夹“C: \Documents and Settings\All Uses\Application Data\Siemens AG\SIMATIC WinCC flexible 2008”删除，然后重新创建 WinCC flexible 的项目。上述文件夹会在 flexible 软件再次启动时重新创建，软件就能正常使用了。

2. 创建连接

双击左侧项目视图中的“连接”，打开连接编辑器，双击名称下面的空白处，表内自动生成了一个连接，其默认的名称为“连接_1”，通讯驱动程序选择“SIMATIC S7-200”，在“在线”列选中“开”，如图 5.8 所示。连接表下面的参数视图中给出了通信连接的参数，特别要注意选择最小的波特率 19200，S7-200 PLC 中也要设置波特率为 19200，以使两者以相同的波特率进行通讯。

3. 创建变量

双击左侧项目视图中的“变量”，打开变量编辑器，双击名称下面的空白处，表内自动生成了一个变量，其默认的名称为“变量_1”，更名为“启动按钮”，选择数据类型为“Bool”，地址为“M0. 0”。其他变量按照图 5.9 进行创建。

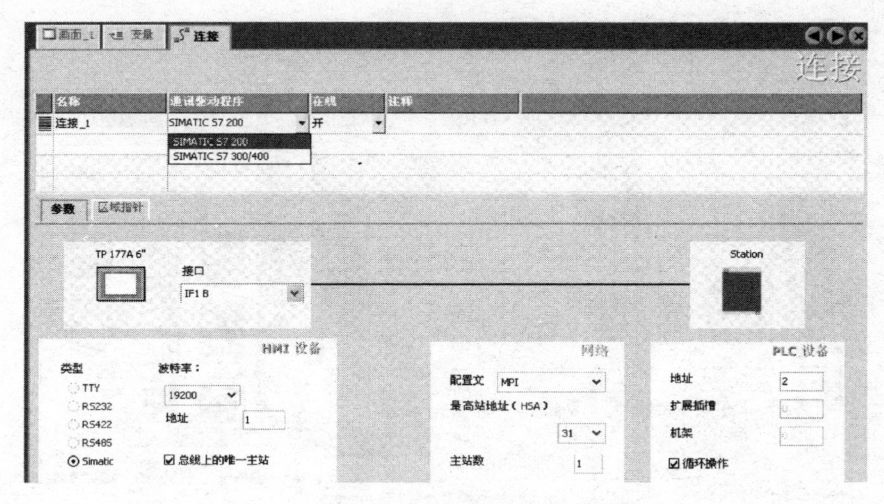

图 5.8 通讯连接编辑器

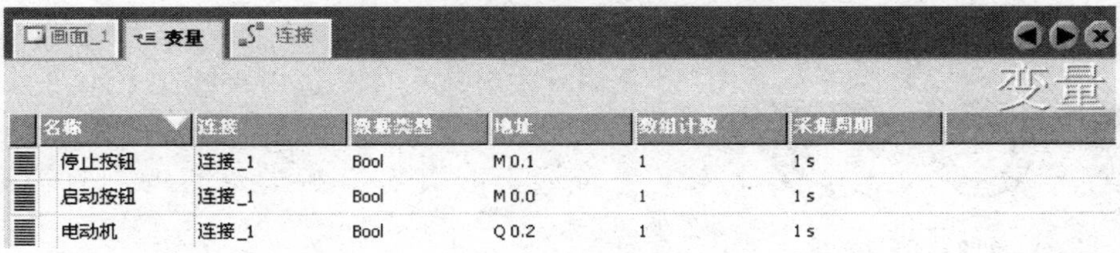

名称	连接	数据类型	地址	数组计数	采集周期
停止按钮	连接_1	Bool	M 0.1	1	1 s
启动按钮	连接_1	Bool	M 0.0	1	1 s
电动机	连接_1	Bool	Q 0.2	1	1 s

图 5.9 变量编辑器

4. 文本组态

选择右侧工具箱中的“文本域”，将其拖入到组态画面中，默认的文本为“Text”，在属性视图中更改为“电动机启动/停止”。选中“属性”下的“文本”可以更改文本的样式。

5. 指示灯组态

(1) 打开库文件。工具箱中没有用于显示位变量 ON/OFF 状态的指示灯，下面介绍使用对象库中的指示灯的方法。

选中工具箱中的“库”，用右键单击下面的空白区，在弹出的快捷菜单中执行命令“库…”→“打开”。在出现的对话框中，点击左侧栏中的“系统库”，双击按钮与开关库文件“Button_and_switches. wlf”。

(2) 生成指示灯。打开刚刚装入的“Button_and_switches”库，如图 5. 10 所示，选中该库中的 Indicator_Switches（指示灯/开关）。

用鼠标左键按住其中的指示灯不放，同时移动鼠标，未移到画面上时鼠标的光标为（禁止放置），移动到画面上时，鼠标的光标变为（可以放置）。

在画面上的适当位置放开鼠标左键，指示灯被放置到画面上当时所在的位置。此时指示灯的四周有 8 个小矩形，表示处于被选中的状态。

(3) 用鼠标改变对象的位置和大小。用鼠标左键单击图 5. 11 的指示灯，它的四周出现 8 个小正方形。将鼠标的光标放到指示灯上，光标变为图中的十字箭头图形。按住鼠标左键并移动鼠标，将选中的对象拖到希望的位置。松开左键，对象被放在该位置。

用鼠标左键选中某个角的小正方形，鼠标的光标变为 45°的双向箭头，按住左键并移动鼠标，可以同时改变对象的长度和宽度。

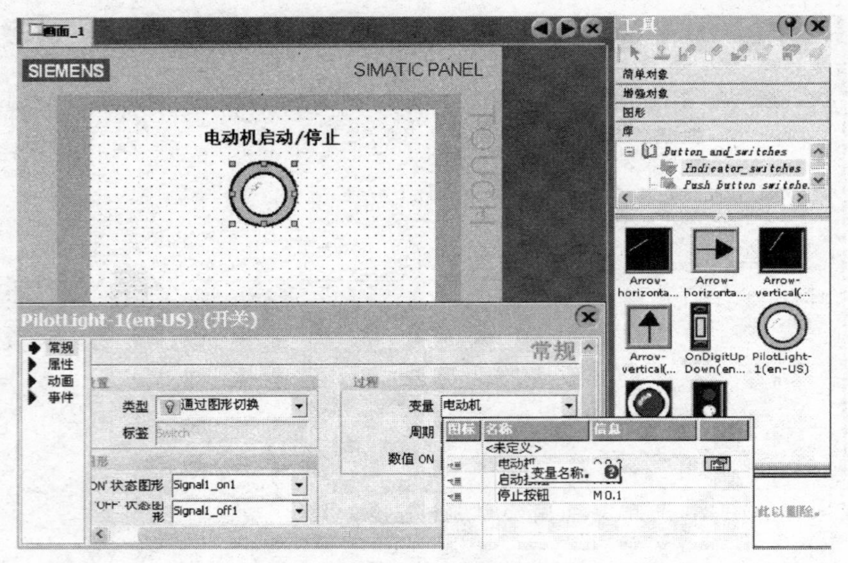

图 5.10 组态指示灯

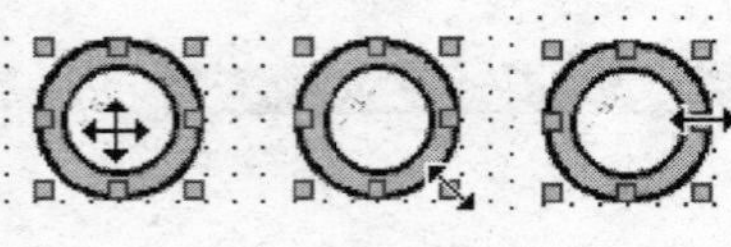

图 5.11 对象的移动与缩放

用鼠标左键选中 4 条边中点的某个小正方形，鼠标的光标变为水平或垂直的双向箭头，按住左键并移动鼠标，可将选中的对象沿水平方向或垂直方向放大或缩小。

(4) 组态指示灯连接的变量。选中画面上的指示灯，画面下面是指示灯的属性视图（见图 5.10）。属性视图左侧有一个树形结构，可以用它来选择各种属性类别。双击画面编辑器中的对象，可以打开或关闭它的属性视图。

用属性视图左侧窗口向右的箭头表示被选中的属性组，例如图 5.10 中的“常规”属性组。属性视图的右侧区域用于对当前所选属性组进行组态。其中的“常规”组用来设置最重要的属性。

选中属性视图中的“常规”组，单击右边的“变量”选择框右侧的▾按钮（见图 5.10），在出现的变量列表中，单击其中的变量“电动机”，该变量出现在显示框，就建立起了该变量与指示灯的连接关系，即用指示灯显示变量“电动机”的状态。

(5) 指示灯图形组态。指示灯分别用图形 Signal1_on1 和 Signal1-off1 来表示指示灯的点亮（对应的变量为 1 状态）和熄灭（对应的变量为 0 状态）状态（见图 5.10）。

图形 Signal1_on1 的中间部分为深色，图形 Signal1_off1 的中间部分为浅色，如图 5.12 所示。一般用浅色表示指示灯点亮，所以需要用下面的操作来交换属性视图中两个状态的图形。

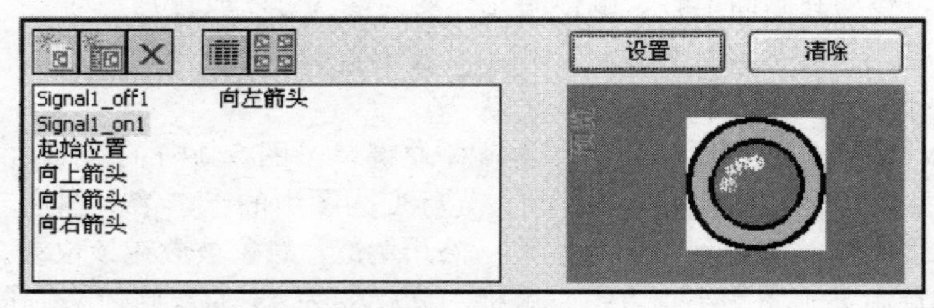

图 5.12 图形列表

单击图 5.10 的属性视图中"'ON'状态图形"选择框右侧的▼按钮，选中出现的图形列表（见图 5.12）中的"Signal1_off1"，窗口的右侧出现选中的指示灯图形。单击"设置"按钮，关闭图形列表。这样"ON"状态（变量为 1 状态）的指示灯图形的中间部分变为浅色。用同样的方法，设置"OFF"状态（0 状态）指示灯的图形为 Signal1_on1，中间部分为深色。

6. 按钮组态

(1) 生成按钮。画面上的按钮与接在 PLC 输入端的物理按钮的功能相同，用来将操作命令发送给 PLC，通过 PLC 的用户程序来控制生产过程。

单击工具箱中的"简单对象"组，将其中的按钮图标拖放到画面上，放开鼠标左键，按钮被放置在画面上。可以用前面介绍的鼠标的使用方法来调整按钮的位置和大小。

(2) 设置按钮属性。选中生成的按钮，在属性视图的"常规"对话框中，如图 5.13 所示，用单选框设置"按钮模式"和"文本"均为"文本"。

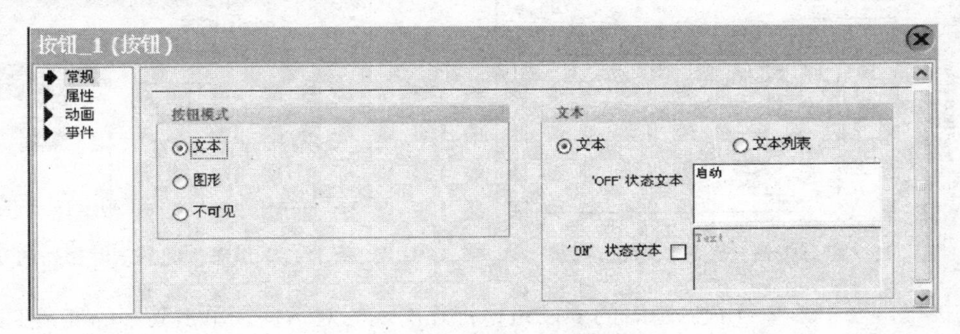

图 5.13 组态按钮的常规属性

如果选中复选框"ON 状态文本"，可以分别设置按下和释放按钮时，按钮上面的文本。未选中该复选框时，按钮按下和释放时显示的文本相同。

选中图 5.14 左边窗口的"外观"组，可以在右边窗口修改它的背景色和文本的颜色。还可以用复选框设置按钮是否有三维效果。

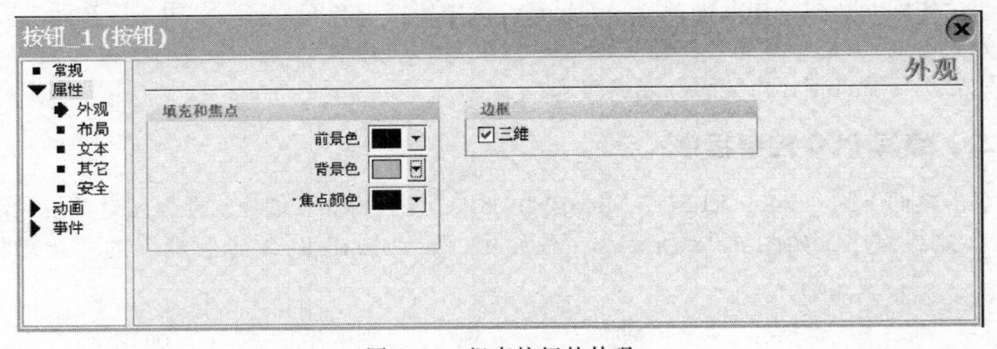

图 5.14 组态按钮的外观

在属性视图的"布局"对话框中，可以设置对象的位置和大小。一般在画面上直接用鼠标设置画面元件的位置和大小，这样比在"布局"对话框中修改参数更为直观。选中左边窗口的"文本"组，如图 5.15 所示，可以定义按钮上文本的字体、大小和对齐方式。

(3) 设置按钮功能。在属性视图的"事件"类的"按下"对话框中，如图 5.16 所示，单击视图右侧最上面一行，再单击它的右侧出现的▼键（在单击之前它是隐藏的），单击出

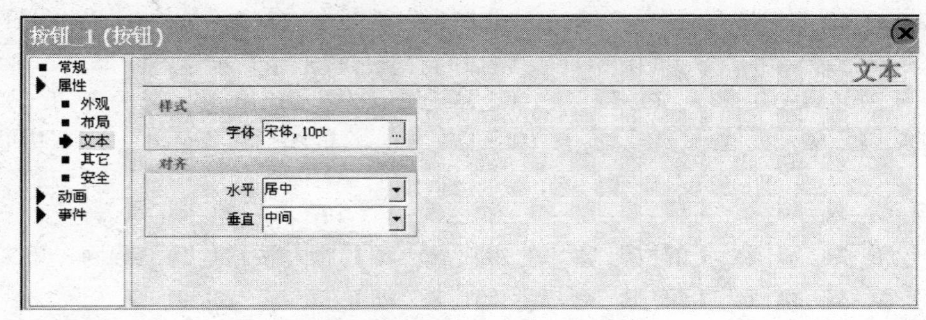

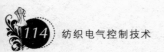

图 5.15　组态按钮的文本格式

现的系统函数列表的“编辑位”文件夹中的函数“SetBit”(置位)。

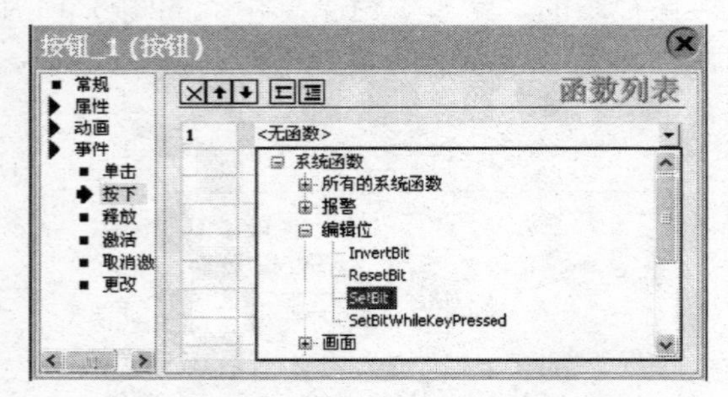

图 5.16　组态按钮按下时执行的函数

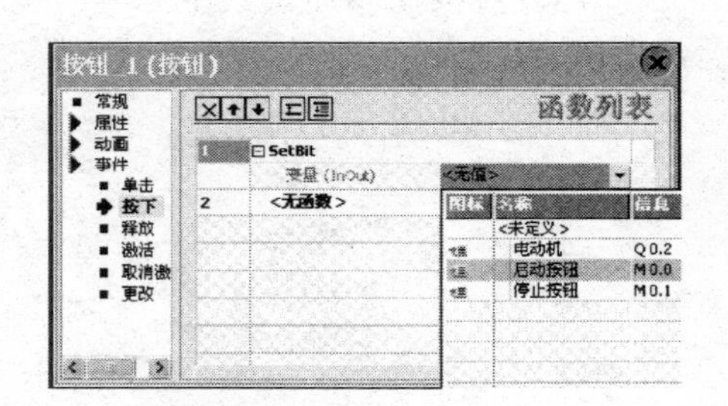

图 5.17　组态按钮按下时操作的变量

直接单击表中第 2 行右侧隐藏的▾按钮，打开出现的对话框，单击其中的变量“启动按钮”(M0.0)，如图 5.17 所示。在运行时按下该按钮，将变量“启动按钮”置位为 1 状态。

用同样的方法，在属性视图的“事件”类的“释放”对话框中，设置释放按钮时调用系统函数“ResetBit”，将变量“启动按钮”复位为 0 状态。该按钮具有点动按钮的功能，按下按钮时变量“启动按钮”被置位，释放该按钮时它被复位。

单击画面上组态好的启动按钮，先后执行“编辑”菜单中的“复制”和“粘贴”命令，生成一个相同的按钮。用鼠标调节它的位置，选中属性视图的“常规”组，将按钮上的文本修改为“停止”。选中“事件”组，组态“按下”和“释放”停止按钮的置位和复位事件，将它们分别与变量“停止按钮”连接起来。

二、编写 PLC 控制程序

双击桌面上的“V4.0 STEP 7 MicroWIN SP3”，打开 PLC 编程软件编写电动机启动/停止 PLC 控制程序，如图 5.18 所示。在程序中，启动按钮 I0.2 与触摸屏的“启动按钮”

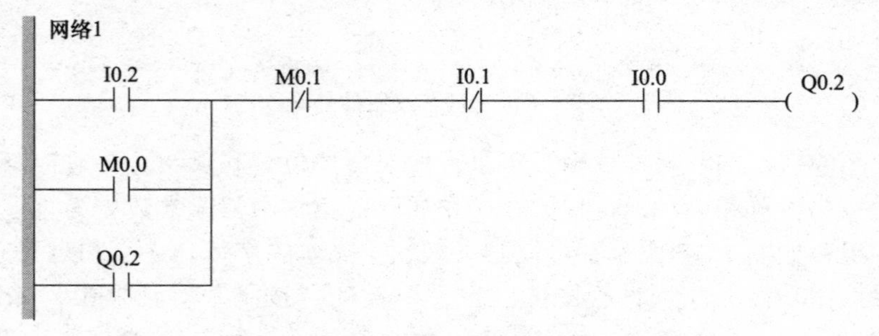

图 5.18　PLC 控制程序

M0.0 并联实现两地都可以启动电动机，停止按钮 I0.1 与触摸屏的“停止按钮” M0.1 串联实现两地都可以停止电动机，I0.0 为过载保护输入端，Q0.2 为输出端，控制电动机。程序编写完后，双击左侧边条“系统块”，将“通讯端口”中的波特率设为 19.2kbps。

三、组态画面、程序的下载与联机操作

1. 将组态画面下载到触摸屏

计算机与触摸屏可以通过 RS-232C 转 RS-485 的 PC/PPI 电缆将连接起来，如图 5.19 所示，同时要提供 24V 直流电源给触摸屏。

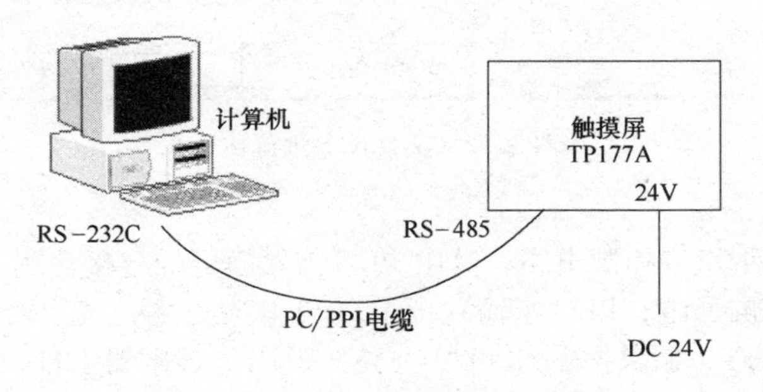

图 5.19 计算机与触摸屏的连接

如果第一次为触摸屏上电，必须设置触摸屏的通讯参数。触摸屏开机后进入的画面如图 5.20 所示（这个画面大约持续 3s）；点击“Control Panel”，进入控制面板页面；点击“Transfer”，进入传送设置页面，如图 5.21 所示，选中通道 1（Channel1）中串行（Serial）后的复选框，点击“OK”退出。重新启动触摸屏，选择传送“Transfer”，进入传送等待页面，等待计算机的传送。

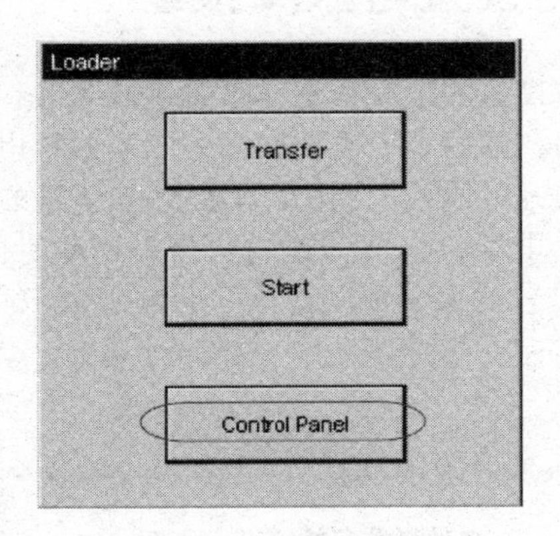

图 5.20 装载选项

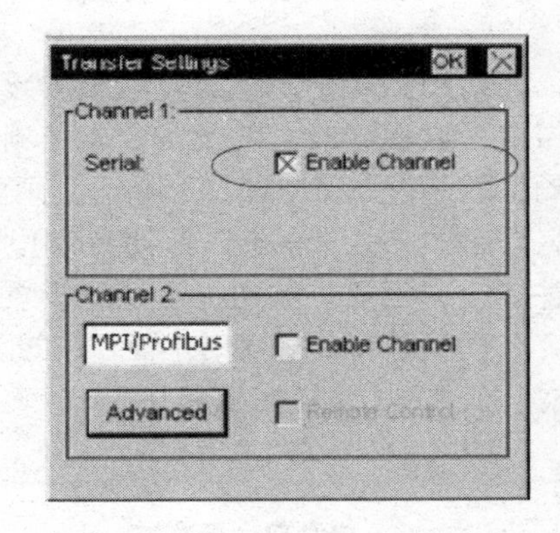

图 5.21 传送设置页面

已经组态好的画面如图 5.5 所示，点击工具栏中的传送，进入选择设备传送页面，如图 5.22 所示。选中触摸屏设备为“TP 177A 6 英寸”，模式“RS232/PPI 多主站电缆”，端口一般选择 COM1，点击“传送”，即可将组态好的画面下载到触摸屏中。下载完以后关闭触摸屏。

2. 将控制程序下载到 PLC

将 PC/PPI 电缆连接到 PLC，打开 PLC 电源，把图 5.18 所示的程序下载到 PLC 中，关闭 PLC 电源。

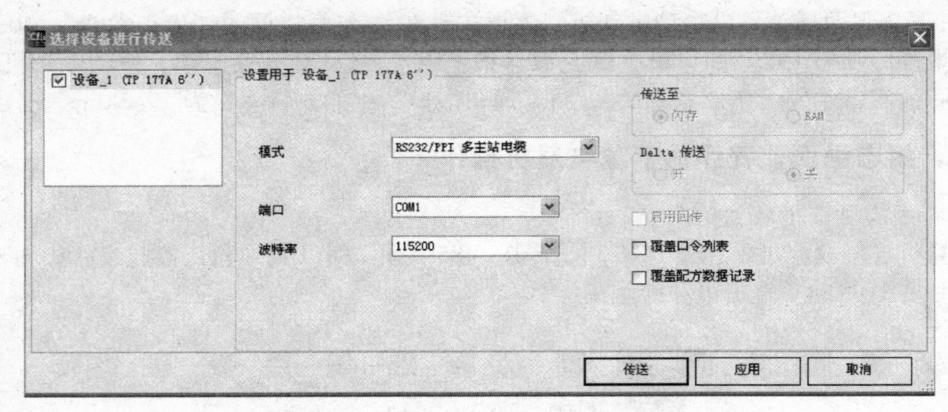

图 5.22　选择设备进行传送

3. 联机操作

(1) 按图 5.4 所示连接控制电路，其中 PLC 与触摸屏的连接使用 RS485 的通讯电缆。

(2) PLC 和触摸屏通电，PLC 上输入指示灯 I0.0 应点亮，表示输入继电器 I0.0 被热继电器 KH 常闭触头接通。如果指示灯 I0.0 不亮，说明热继电器 KH 常闭触头断开，热继电器已过载保护。

(3) 按启动按钮 SB2 或点击触摸屏的“启动”按钮，I0.2 或 M0.0 常开触头闭合，使输出继电器 Q0.2 自锁，交流接触器 KM 通电，电动机 M 通电运行。

(4) 按停止按钮 SB1 或点击触摸屏的“停止”按钮，I0.1 或 M0.1 常闭触头断开，使输出继电器 Q0.2 解除自锁，交流接触器 KM 失电，电动机 M 断电停止。

第三节　用触摸屏实现参数的设置与故障报警

在纺织生产中，常通过触摸屏设置工艺参数并监控设备的运行状态，当发生故障时，发出报警，以便于设备的维护。本节组态了 2 个用户画面，画面 1 为监控画面，用来监控电动机的运行状况，如图 5.23 所示。画面标题为“电动机运行监控”，指示灯监控电动机的运行，“启动”和“停止”按钮控制电动机，并动态显示电动机当前转速与当前日期和时间，通过“设置画面”按钮可切换到设置画面。画面 2 为设置画面，如图 5.24 所示。画面标题为“电动机轧车转速设定画面”，设定电动机的轧车转速，其范围是 0～1500r/min，点击“监控画面”按钮返回监控画面。

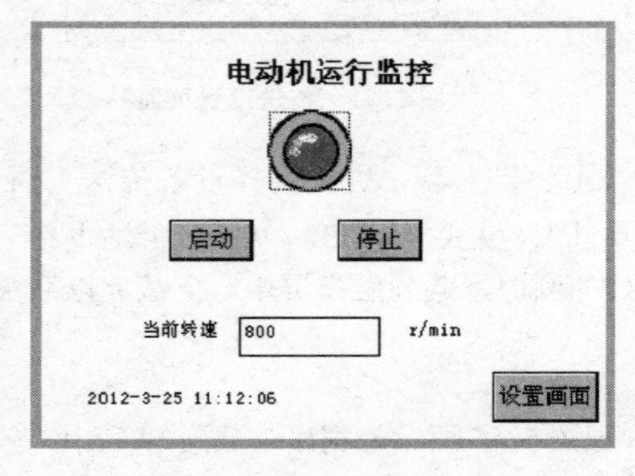

图 5.23　监控画面

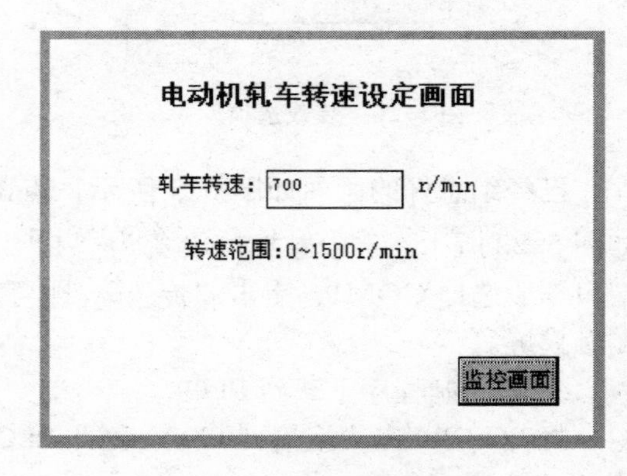

图 5.24　设置画面

在设备运行过程中，当出现故障时，弹出报警窗口，报警指示器闪烁，故障报警如图5.25所示。设备的故障有电动机过载、变频器故障、车门打开故障和电动机转速低于设定转速的轧车故障。

当热继电器过载保护动作后，电动机停止，报警窗口弹出电动机过载到达信息，点击报警文本信息[?]，出现如图5.26（a）所示的画面，通过这个画面可以了解故障的排除措施。点击报警确认按钮[!]进行确认。排除故障之后，报警窗口和报警指示器自动消失。其他的报警信息如图5.26（b）～图5.26（d）所示。

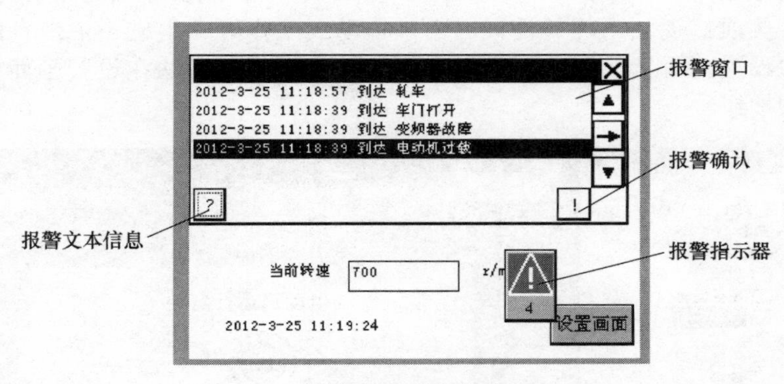

图5.25 故障报警

图5.26 报警文本信息

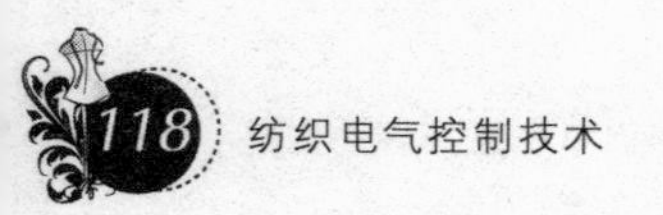

一、触摸屏画面组态

1. 创建监控画面和设置画面

项目的创建、通讯连接及启动/停止按钮和指示灯的组态在本章第二节已经详细阐述，这里主要进行动态显示速度与时间以及画面的切换。

项目默认的画面是“画面_1”，它也是触摸屏的起始画面，在左侧项目视图“画面_1”上点击右键选“重命名”，命名为“监控画面”；或在属性视图里将名称改为“监控画面”。在左侧项目视图里点击“添加画面”，添加一个“画面_2”，重新命名为“设置画面”。在监控画面里，将左侧项目视图下的“设置画面”拖动到工作区，生成一个带有画面切换的按钮，该按钮与“设置画面”相连，如图 5.27 所示。用同样的方法在设置画面里生成一个向监控画面切换的按钮。

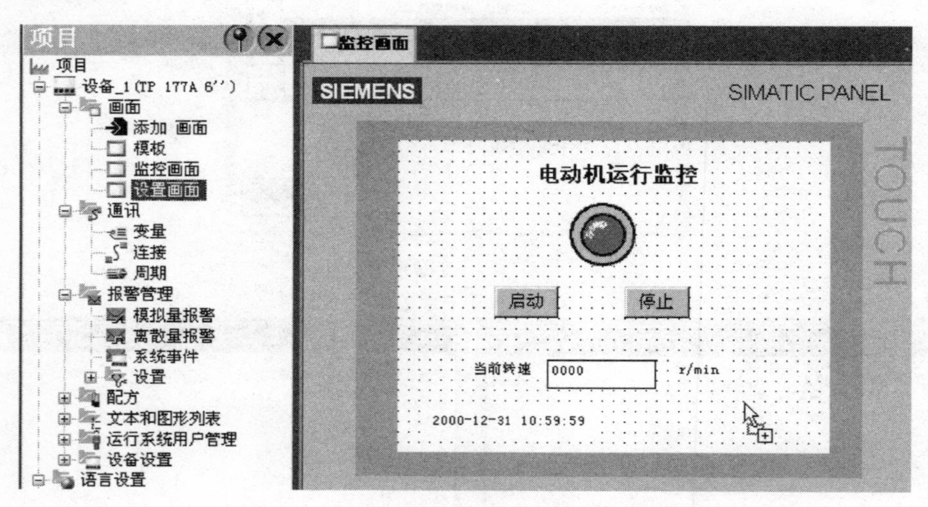

图 5.27 用拖动功能创建画面切换按钮

2. 添加变量

在变量表中创建整型（Int）变量“测量转速”和“轧车转速”，存储地址分别为“VW12”和“VW14”，如图 5.28 所示。

监控画面 | 设置画面 | 报警类别 | 模拟量报警 | 离散量报警 | 变量

名称	连接	数据类型	地址	数组计数	采集周期
启动按钮	连接_1	Bool	M 0.0	1	100 ms
停止按钮	连接_1	Bool	M 0.1	1	100 ms
电动机	连接_1	Bool	Q 0.2	1	100 ms
测量转速	连接_1	Int	VW 12	1	100 ms
轧车转速	连接_1	Int	VW 14	1	100 ms

图 5.28 添加变量

3. 创建 I/O 域

I/O 域是输入/输出域的简称，它分为 3 种模式：

（1）输入域。用于操作员输入要传送到 PLC 的数字、字母或符号，将输入的数值保存到指定的变量中。

(2) 输出域。只显示变量的数值。

(3) 输入/输出域。同时具有输入和输出功能，操作员可以用它来修改变量的数值，并将修改后的数值显示出来。

在监控画面中，选中工具箱中的“简单对象”，将“文本域”对象图标拖动到画面的合适位置并更改文本为“当前转速”，将“IO 域”对象图标拖放到“当前转速”的右边，然后再拖放一个“文本域”，更改为“r/min”，如图 5.27 所示。

点击“IO 域”，在 I/O 域属性视图的“常规”对话框中，如图 5.29 所示。设置 I/O 域的模式为“输出”，点击“变量”选择框右边的▼按钮，在出现的变量列表中选中“测量转速”。

输出域显示 4 位整数，为此组态“移动小数点”（小数部分的位数）为 0，“格式样式”为 9999（4 位）。

在“属性”下的“外观”选项中，选择边框样式为“实心的”。

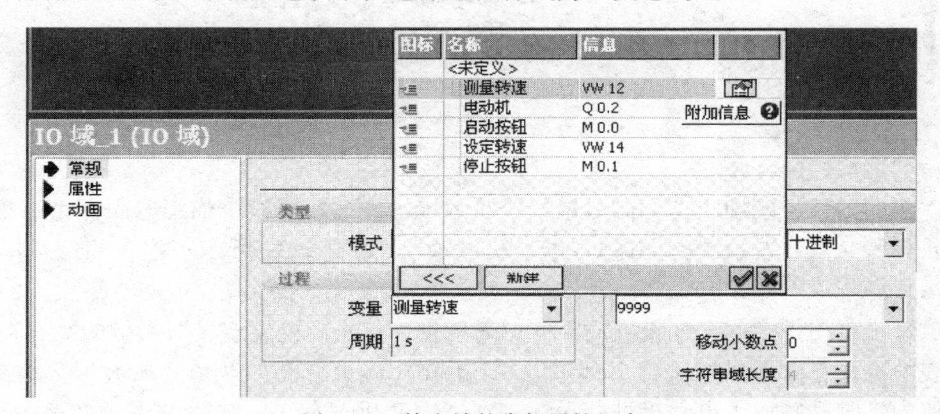

图 5.29　输出域的常规属性组态

将工具箱中的“简单对象”下的“日期时间域”拖放到监控画面的合适位置即可动态显示当前的日期与时间。

在设置画面中，选中工具箱中的“简单对象”，将“文本域”对象图标拖动到画面的合适位置并更改文本为“电动机当前转速设定画面”，用同样的方法建立文本域“轧车转速”，然后将“IO 域”对象图标拖放到“轧车转速”的右边，然后再拖放两个“文本域”，一个更改为“r/min”，另一个更改为“转速范围：0～1500r/min”。

二、故障报警组态

在项目视图中双击“\报警管理\设置”文件夹中的“报警类别”图标，三种报警类别显示在工作区的表格中，可以在表格单元或属性视图中编辑各类报警的属性，如图 5.30 所示。系统默认的“错误”和“系统”类的“显示的名称”为字符“!”和“$”，不太直观，图 5.30 中将它们改为“事故”和“系统”。“警告”类没有“显示的名称”，设置“警告”类的显示名称为“警告”。在“错误”的属性视图中，将已激活的下的“C”改为“到达”，已取消下的“D”改为“已排除”，已确认下的“A”改为“确认”。

1. 离散量报警组态

在变量表中创建字型（Word）变量“事故信息”，存储地址为“MW10”。一个字有 16 位，可以组态 16 个离散量报警。电动机过载、变频器故障和车门打开这三个事故分别占用

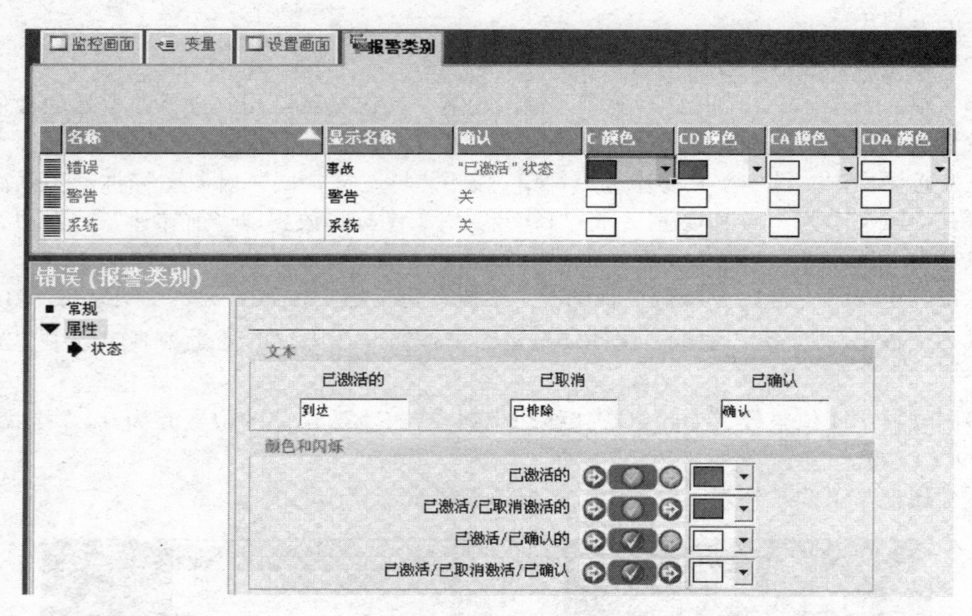

图 5.30　报警类别编辑器

"事故信息"的第 0～2 位。

在左侧的项目视图中点击"离散量报警"图标，在离散量报警编辑器中点击表格的第 1 行，输入报警文本（对报警的描述）"电动机过载"，如图 5.31 所示。报警的编号用于识别报警，是自动生成的。

离散量报警用指定的字变量内的某一位来触发，点击"触发变量"右侧的▼，在程序的变量列表中选择已定义的变量"事故信息"。选择"触发器位"为 0，那么当"事故信息"的第 0 位为 1 时就触发了电动机过载报警。在"电动机过载"的属性视图中，选中"属性"下的"信息文本"，输入电动机过载的相应信息。用相同的方法组态"变频器故障"和"车门打开"报警。

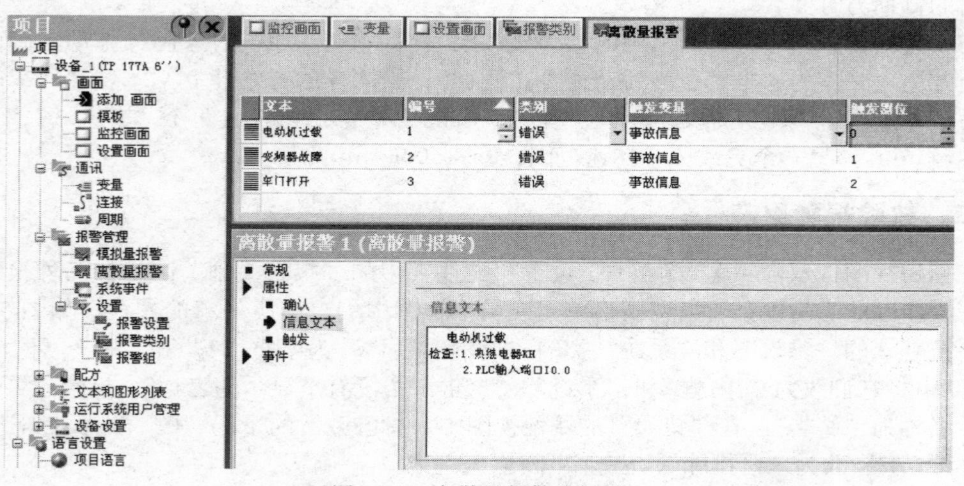

图 5.31　离散量报警编辑器

2. 模拟量报警组态

在左侧的项目视图中双击"模拟量报警"图标，出现模拟量报警编辑页面，在页面中点

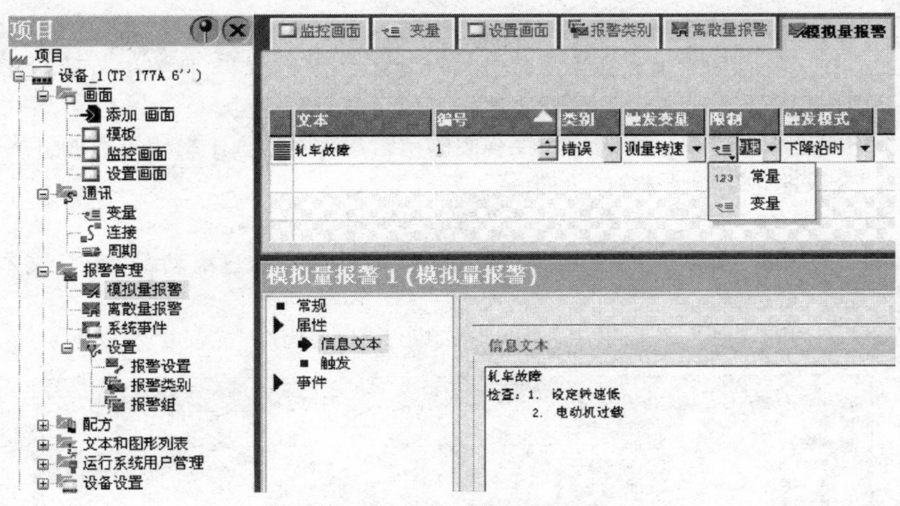

图 5.32　模拟量报警编辑器

击表格的第 1 行，输入报警文本“轧车故障”，如图 5.32 所示。点击“触发变量”右侧的▼，在程序的变量列表中选择已定义的变量“测量转速”，点击“限制”下边的表格，出现“常量”和“变量”选择，选择“变量”，再点击“限制”右侧的▼，在程序的变量列表中选择已定义的变量“轧车转速”，点击“触发模式”的▼，选择“下降沿时”，在“轧车故障”的属性视图中，选中“属性”下的“信息文本”，输入轧车故障的相应信息。那么当“测量转速”小于“轧车转速”时就会触发模拟量报警。

3. 报警窗口和报警指示器组态

报警窗口和指示器只能在画面模板中进行组态。双击项目视图“画面”文件夹中的“模板”图标，打开模板画面。将工具箱的“增强对象”组中的“报警窗口”与“报警指示器”图标拖放到画面模板中，如图 5.33 所示。

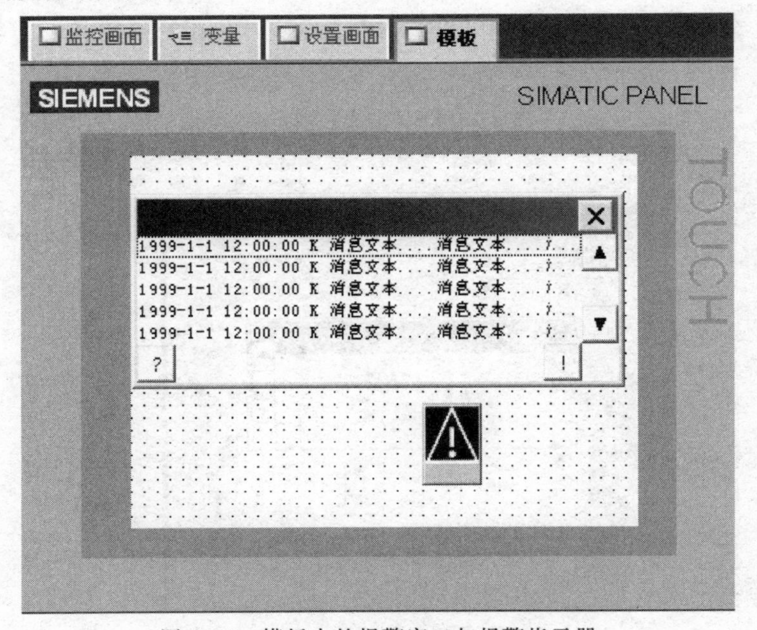

图 5.33　模板中的报警窗口与报警指示器

在组态时，如果在其他画面设置“使用模板”，在该画面中将会出现浅色的报警窗口与报警指示器。在运行时如果出现报警窗口组态的报警，报警窗口与报警指示器将会在当时被打开的画面中出现，与该画面是否选择复选框“使用模板”无关。

在模板中组态报警窗口，在它的属性视图的“常规”对话框中，用单选框组态显示“报警”，选中“未决消息”和“未确认的报警”复选框。

在“属性”类的“布局”对话框中，设置“可见报警”为5。

在“属性”类的“显示”对话框中，选中垂直滚动条、垂直滚动、“信息文本”按钮、“确认”按钮前的复选框。

在“属性”类的“列”对话框中，其组态如图5.34所示。

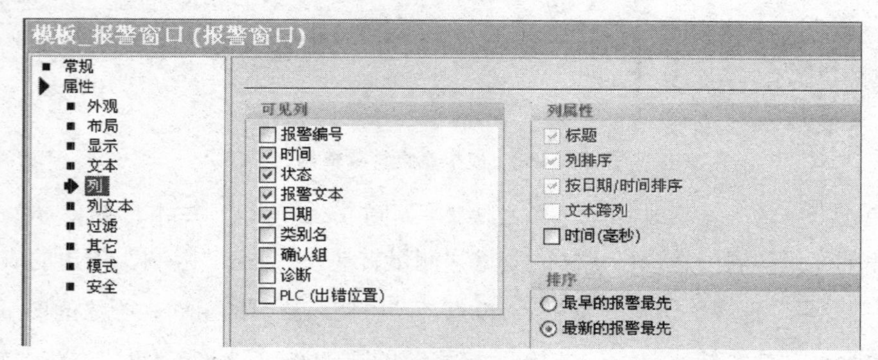

图5.34 报警窗口的列组态

三、模拟运行操作

点击工具栏中的按钮，启动模拟运行系统，进入离线模拟状态。

1. 点击“设置画面”按钮，进入设置画面，设定轧车转速为700r/min。

2. 点击WinCC flexible运行模拟器的“变量”下的表格，出现，选中“事故信息”，在“设置数值”栏设置为7（2#0000 0000 0000 0111），使“事故信息”的第0～2位都为

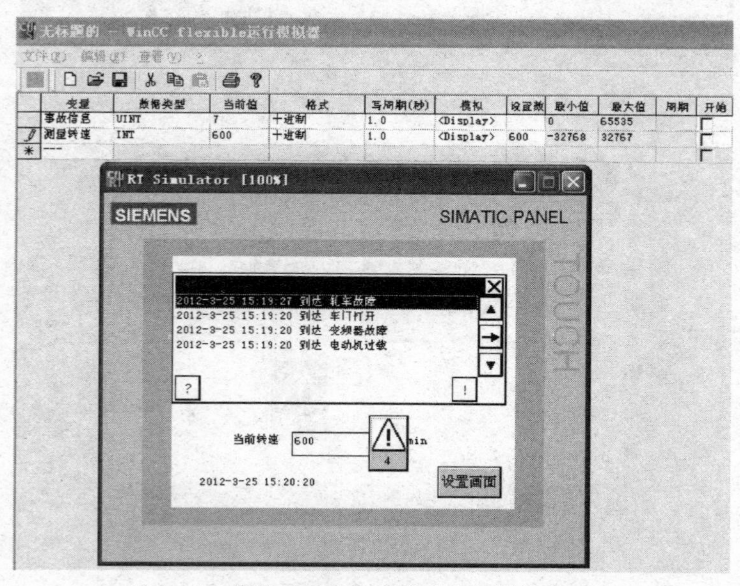

图5.35 模拟运行中的报警窗口与报警指示器

1，即离散量故障都发生。同样选中"测量转速"的"设置数值"为600r/min，小于轧车转速700r/min，模拟量报警"轧车故障"也发生，如图5.35所示。

3. 显示故障信息文本

选中报警窗口中发生的故障，点击左侧的[?]即可显示当前故障的信息文本，显示的文本信息如图5.26所示。

4. 故障的确认

选中报警窗口中发生的故障，点击左侧的[!]进行确认，确认后的画面如图5.36所示。

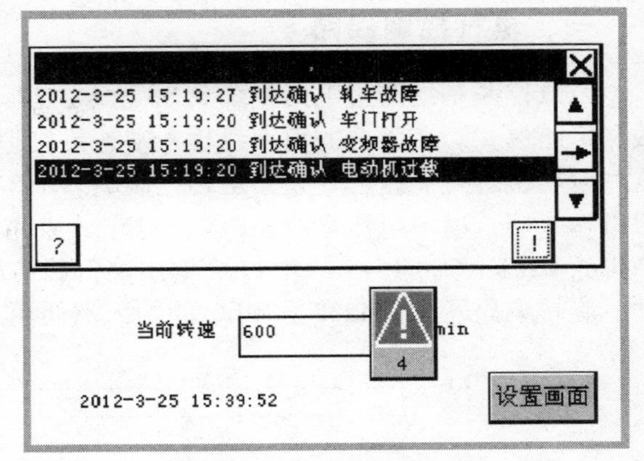

图5.36　确认后的画面

5. 排除故障

将"事故信息"的"设置数值"设为0，离散量故障全部排除。将"测量转速"的"设置数值"设为800r/min，高于设定转速(700r/min)，模拟量故障也排除，这时报警窗口和报警指示器一同消失，排除故障后的画面如图5.37所示。

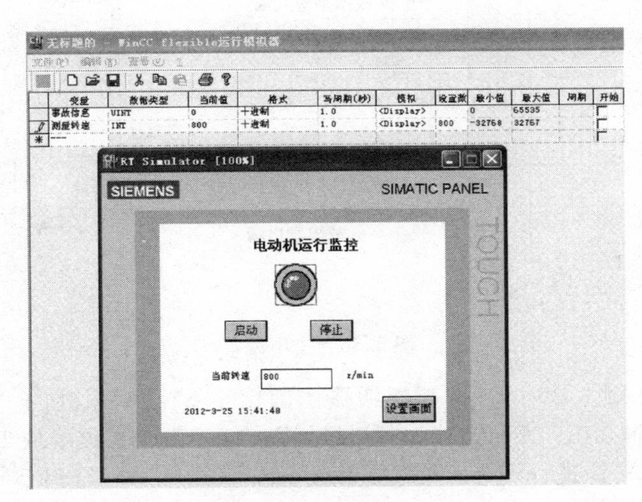

图5.37　排除故障后的画面

第四节　触摸屏、PLC和变频器的综合应用

现代的纺织设备很多都是将PLC、变频器和触摸屏整合在一起实现控制的设备。本节实现的控制要求如下。

(1) 电动机调速控制系统由PLC、模拟量扩展模块、触摸屏和变频器构成，要求控制功能强，操作方便。

(2) 可以在屏幕上通过修改和设定电动机的转速来实现电动机调速控制。

(3) 既可以通过触摸屏操作画面上的"启动"、"停止"按钮对电动机进行控制，也可以由启动/停止按钮进行控制。外接硬件"紧急停止"按钮用于生产现场出现紧急情况或触摸屏无法显示时停机。

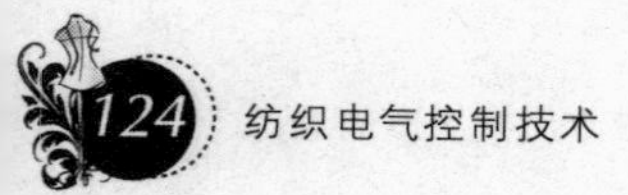

（4）出现故障时自动停车并显示故障画面。

一、电气控制线路

电气控制系统的主电路如图 5.38 所示。电动机受变频器控制，由空气开关 QF1 提供过载和短路保护。变频器的模拟量输入端连接模拟量扩展模块的电压输出端，随 D/A 转换电压对电动机进行调速。变频器正转控制端 DIN1 受接触器 KM 控制，AIN+、AIN-端为模拟量输入端，模拟电压为 0～10V，对应转速为 0～1500r/min。电源 380V AC 经变压器 T 降压为 220VAC，供 PLC 和 PLC 输出端负载使用，220V AC 经整流后输出 24V DC 供触摸屏、旋转编码器、EM235 和 PLC 的输入端使用。

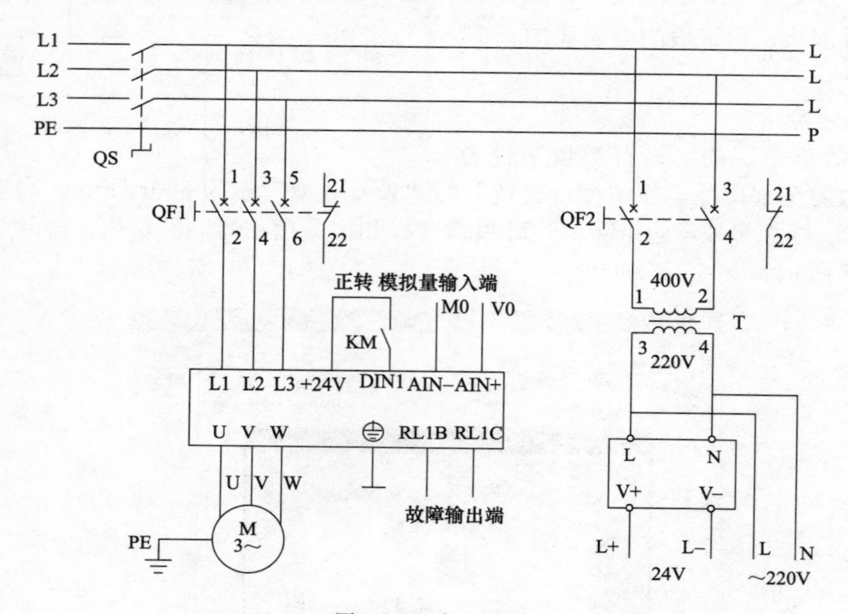

图 5.38 主电路

PLC 控制电路如图 5.39 所示，控制线路由西门子 S7-200 系列的 PLC（CPU224 AC/DC/继电器）、触摸屏 TP177A 6 英寸和模拟量输入/输出混合扩展模块 EM 235 组成，使用旋转编码器对电动机转速进行测量。触摸屏使用 24V 直流电源，与 PLC 通过 RS-485 通讯电缆进行通讯；旋转编码器的 A 相脉冲输出接 I0.0，B 相脉冲输出接 I0.1。EM 235 有两个模拟量输出端口，在本系统中只用到一个（V0、M0），对应的 PLC 输出寄存器单元为 AQW0。其中 V0 是电压输出端（0～10V），M0 是公共端。这个模拟量连接到变频器的 AIN+和 AIN-端，用于对电动机进行调速。

二、触摸屏画面组态

1. 建立触摸屏与 PLC 的通讯连接

打开触摸屏组态软件，选择设备为 TP177A 6 英寸，双击项目视图中通讯文件夹下的连接，选择“SIMATIC S7-200”，通讯的波特率为 19200。

2. 创建变量

按如图 5.40 所示创建变量，将“采集周期”由默认的 1s 改为 100ms，以提高故障的反应速度。

3. 监控画面组态

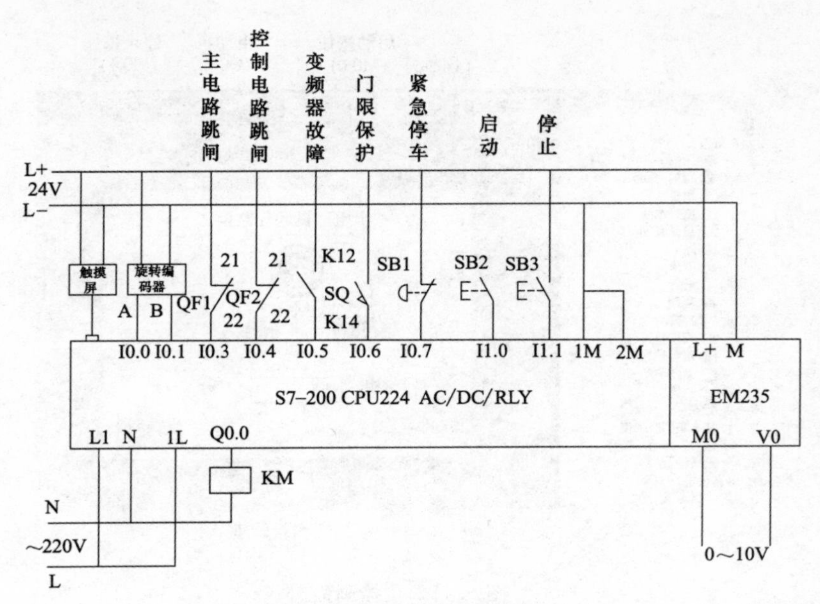

图 5.39　PLC 控制电路

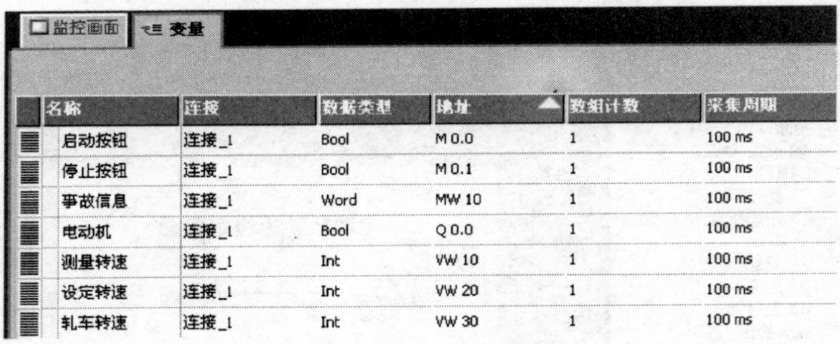

名称	连接	数据类型	地址	数组计数	采集周期
启动按钮	连接_1	Bool	M 0.0	1	100 ms
停止按钮	连接_1	Bool	M 0.1	1	100 ms
事故信息	连接_1	Word	MW 10	1	100 ms
电动机	连接_1	Bool	Q 0.0	1	100 ms
测量转速	连接_1	Int	VW 10	1	100 ms
设定转速	连接_1	Int	VW 20	1	100 ms
轧车转速	连接_1	Int	VW 30	1	100 ms

图 5.40　创建的变量

将项目视图中的“画面_1”命名为“监控画面”，将“启动”、“停止”、指示灯分别与变量“启动按钮（M0.0）”、“停止按钮（M0.1）”、“电动机（Q0.0）”关联，将当前转速的I/O域置为输出域，连接的变量为“测量转速（VW10）”，4 位显示，将日期时间域拖放到合适位置。监控画面如图 5.41 所示。

4. 设置画面组态

双击项目视图中的“添加画面”，添加 1 个“画面_2”，重命名为“设置画面”。将设定转速后的 I/O 域与变量“设定转速（VW20）”关联，将轧车转速设定后的 I/O 域与变量“轧车转速（VW30）”关联。如图 5.42 所示。

将项目视图中的“监控画面”拖放到工作区，创建 1 个画面切换按钮“监控画面”；打开监控画面，将项目视图中的“设置画面”拖放到工作区，创建 1 个画面切换按钮“设置画面”。

5. 报警组态

(1) 报警类别设置。双击项目视图中“报警管理”文件夹下的“报警类别”，按图 5.30 进行设置。

(2) 离散量报警组态。双击项目视图中“报警管理”文件夹下的“离散量报警”，按图

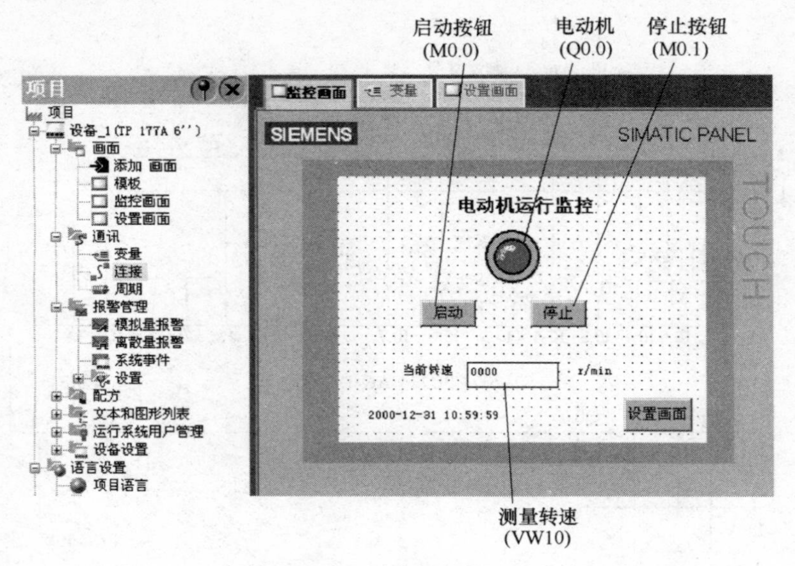

图 5.41　监控画面

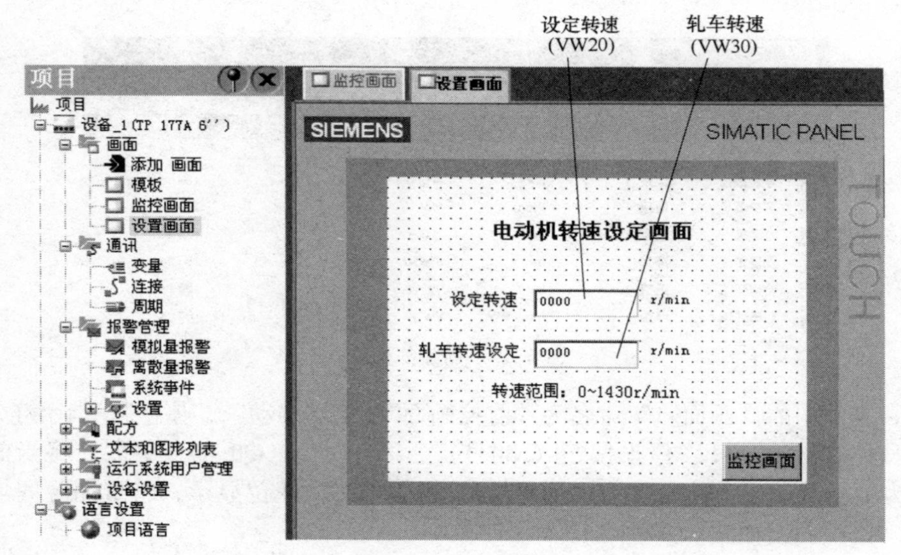

图 5.42　设置画面

5.43 进行设置。

在“主电路跳闸”属性视图的“属性”文件夹的“信息文本”内输入“主电路跳闸故障检查：①PLC 输入端口 I0.3；②空气开关 QF1；③电动机”。

在“控制电路跳闸”的“信息文本”内输入“控制电路跳闸故障 检查：①PLC 输入端口 I0.4；②空气开关 QF2”。

在“变频器故障”的“信息文本”内输入“变频器故障 检查：①PLC 输入端子 I0.5；②变频器”。

在“车门打开”的“信息文本”内输入“设备车门打开故障 检查：①车门是否打开；②PLC 输入端口 I0.6；③行程开关 SQ”。

在“紧急停车”的“信息文本”内输入“出现紧急情况 检查：①PLC 输入端口 I0.7；

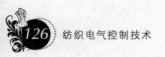

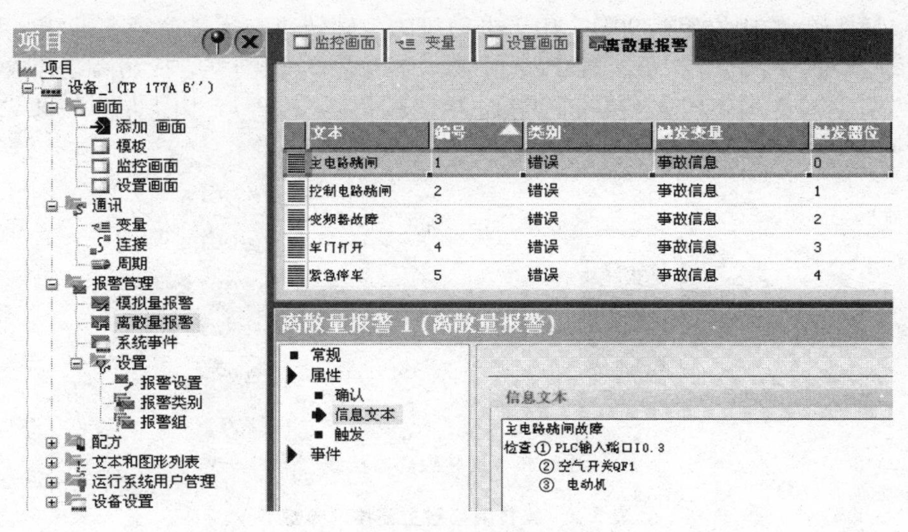

图 5.43　离散量报警的组态

②紧急情况发生”。

(3) 模拟量报警组态。双击项目视图中“报警管理”文件夹下的“模拟量报警”，按图 5.44 进行设置。将“轧车故障”的触发变量选“测量转速”，将限制选变量“轧车转速”，触发模式选“下降沿时”，“信息文本”输入“轧车故障 检查：①设定转速低；②电动机过载”。

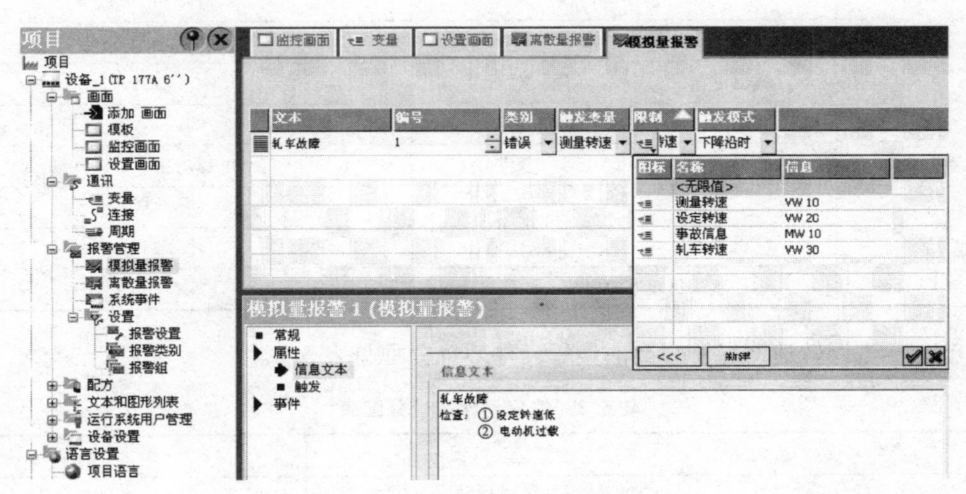

图 5.44　模拟量报警的组态

(4) 报警窗口和报警指示器组态。报警窗口和报警指示器按照第三节进行组态。

三、编写 PLC 控制程序

1. 电动机转速的测量与显示

电动机的转速可由旋转编码器测量，旋转编码器的主要技术参数见表 5.1。旋转编码器与电动机同轴安装，其电缆接线如图 5.45 所示，绿色线为输出脉冲信号 A 相，白色线为输出脉冲信号 B 相，黄色线为零脉冲信号 Z 相，红色线为电源（接 24V 的 L+），黑色线为 0V（接 24V 的 L-）。当电动机主轴旋转时，每旋转一圈，编码器输出 500 个 A/B 相正交脉冲信号（A与B的相位相差90°）。由于电动机的主轴转速高达每分钟上千转，所以使用高速计数器HSC0对A/B相正交信号进行计数，根据表3.35可知，应用高速计数器HSC0的模式9，对应的A相脉冲接PLC的I0.0，B相接PLC的I0.1，由于只对转速进行测量，所以清零脉冲Z相不接。

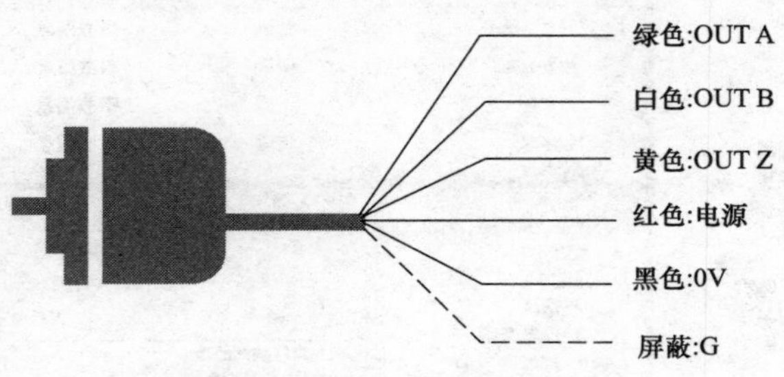

图5.45　旋转编码器接线

表5.1　旋转编码器主要技术参数

型　号			TRD-J100-RZ
电源	电源电压		DC 4.75～30V
输出波形	消耗电流(无负载)		⩽60mA
	信号形式		两相＋原点　50%±25%(矩形波)
	原点信号宽度		50%～150%
	上升/下降时间		⩽3μs(电缆50cm以下)
输出	输出形式		推拉输出
	输出电流	输出“H”	⩽10mA
		输入“L”	⩽30mA
	输出电压	“H”	⩾(电源电压－2.5V)
		“L”	⩽0.4V
	输出基准	TTL 5V	10 TTL
	负载电源电压		⩽DC 30V

主电动机进行转速测量所用到的编程元件地址分配见表5.2。

表5.2　编程元件地址分配表

类　别	地　址	作　用
高速计数器HSC0	SMB37	控制字节
	SMB38	初始值
	HC0	当前值
触摸屏显示的当前转速	VW10	速度显示存储器
定时器	T38	采样时间

程序梯形图如图5.46所示，在网络1中，开机（SM0.1＝1）调用子程序SBR_0对高速计数器HSC0初始化。在子程序SBR_0中，首先将16＃CC（2＃1100 1100）送入控制字节SMB37，其含义包括允许HSC、更新初始值、预置值不更新、不更新计数方向、增计数器、1倍计数率，然后将HSC0定义为模式9，初始值存储器SMD38预置为0，最后把以上

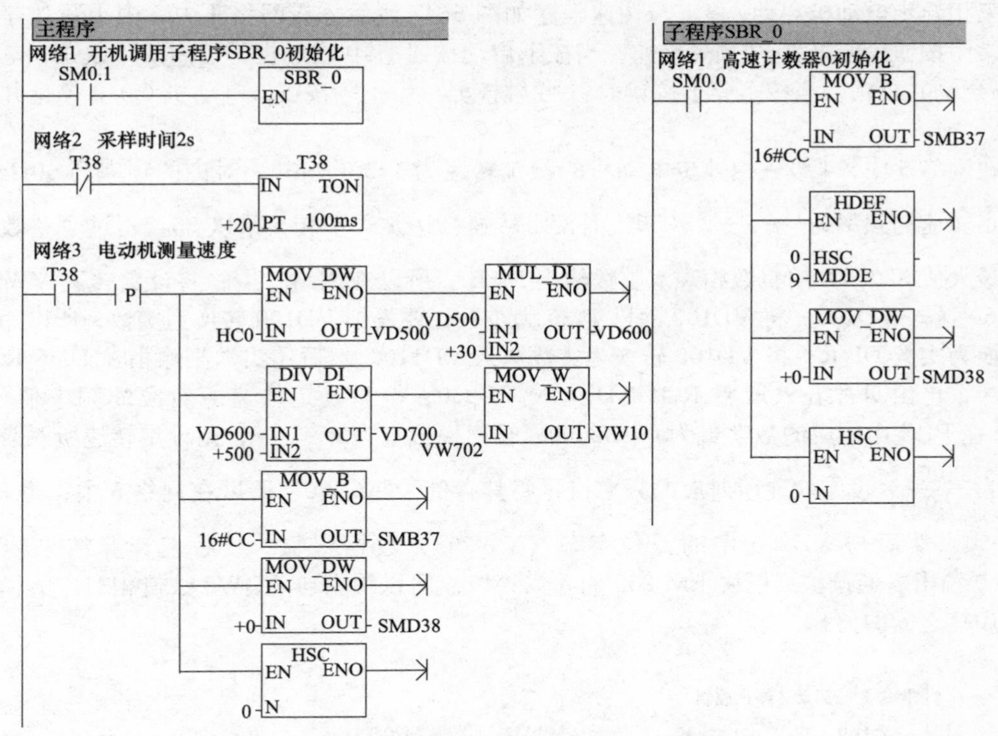

图 5.46　梯形图网络 1、网络 2、网络 3 及子程序

设置写入并启动高速计数器 HSC0。

在网络 2 中，利用定时器 T38 进行采样时间的设定，每 2s 采样一次。

在网络 3 中，采样时间到，在 T38 的上升沿，读取高速计数器的值 HC0 并将其送入 VD500，将 VD500 与 30 相乘送入 VD600，得到每分钟的计数值，再将 VD600 除以 500（旋转编码器转一圈输出 500 个脉冲）送入 VD700，得到每分钟的转速，取 VD700 的低位字（VW702）送入触摸屏的当前转速显示单元 VW10；然后将 16＃CC（2＃1100 1100）送入控制字节 SMB37，初始值清 0（0 送入 SMB38）；最后把以上设置写入并启动高速计数器 HSC0。

2. 电动机的启动/停止与调速

电动机启动/停止与调速所用到的地址见表 5.3。

表 5.3　电动机启动/停止与调速地址分配表

符　号	地　址	注　释
触摸屏"启动按钮"	M0.0	启动按钮
触摸屏"停止按钮"	M0.1	停止按钮
SB1 按钮	I0.7	紧急停车
SB2 按钮	I1.0	启动
SB3 按钮	I1.1	停止
KM	Q0.0	控制电动机
存储器	VW20	触摸屏设定转速
存储器	AQW0	模拟量输出存储器

三相异步电动机启动/停止与调速程序如图 5.47 所示，在网络 4 中，由于紧急停车按钮为常闭按钮，所以 I0.7 预先接通，当按下启动按钮 I1.0 或触摸屏“启动”按钮，电动机 Q0.0 启动并自锁。当按下停止按钮 I1.1 或触摸屏“停止”按钮，电动机 Q0.0 停止并解除自锁。

在网络 5 中，4 极三相异步电动机的额定转速为 1430r/min，对应的频率为 50Hz，则所设定转速的频率为$\frac{设定转速}{1430}\times 50$，而设定转速高达 1 千多转，乘以 50，超过了整数数字量的最大值 32000，用整数相乘双整数输出 MUL，所以在网络 5 中，将设定转速 VW20 先乘以 50 送入 VD100。将 VD100 除以 1430 为小数，要先把 VD100 转换为实数，所以用双整数转换为实数 DI_R，将 VD100 转换为实数送入 VD110。然后用实数相除指令 DIV_R 除以 1430.0，再由四舍五入取整 ROUND 送入 VD200，得到设定转速所对应的频率值。0～50Hz 在 PLC 中对应的数字量为 0～32000，输出模拟量为 0～10V，则设定转速所对应的数字量为$\frac{32000}{50}\times$设定转速所对应的频率值，将其存储于 AQW0。所以在网络 5 中，将 32000 除以 50，然后与 VD200 中的低位字节（VW202）数据相乘，最后把计算结果传送到 AQW0 输出。通过扩展模块 EM 235 的 V0、M0 就可以输出与 AQW0 数值相对应的模拟量(0～10V 之间的值)。

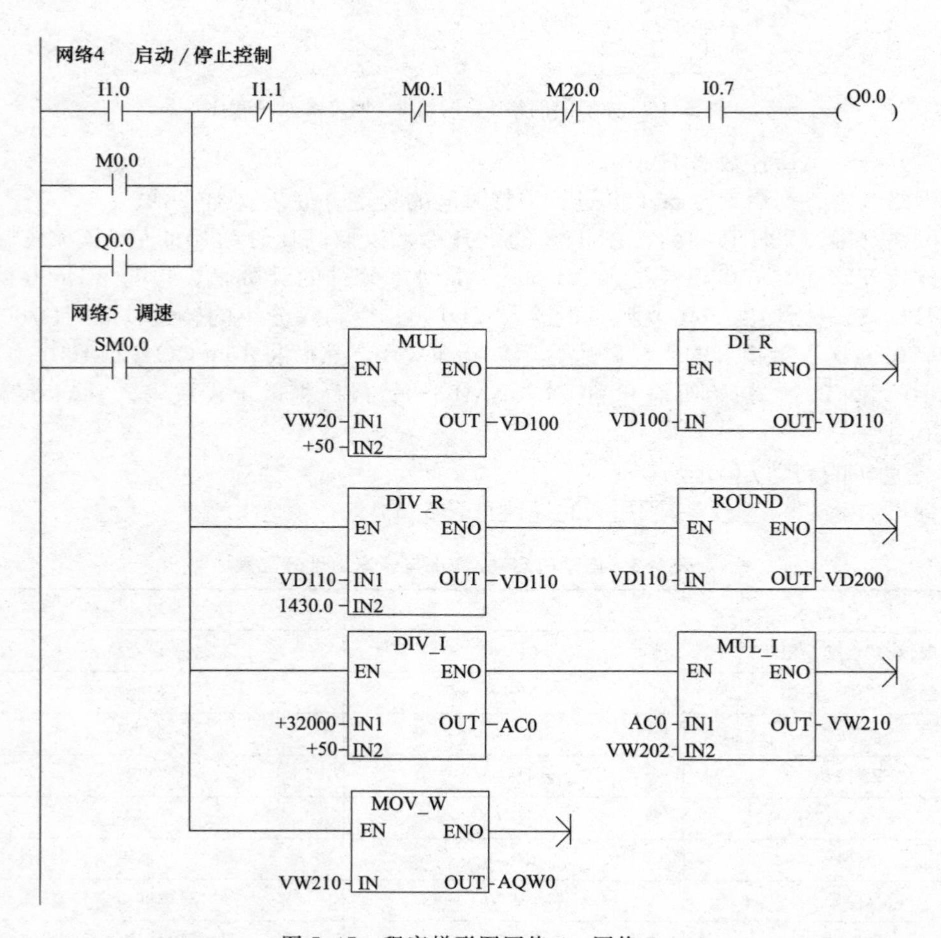

图 5.47 程序梯形图网络 4、网络 5

3. 故障控制

故障位与触摸屏的“事故信息”对应关系见表 5.4。

表 5.4　故障位与“事故信息”对应关系表

字	事故信息 MW10								
字节	MB10	MB11							
位		M11.7	M11.6	M11.5	M11.4	M11.3	M11.2	M11.1	M11.0
故障信息					紧急停车	车门打开故障	变频器故障	控制电路跳闸	主电路跳闸
输入					I0.7	I0.6	I0.5	I0.4	I0.3

故障控制的梯形图程序如图 5.48 所示。在正常工作时，主电路空气开关 QF1 合闸，其常闭触头断开，I0.3 没有输入，一旦跳闸，QF1 常闭触头接通，在网络 6 中，I0.3 接通，使 M11.0 为 1。

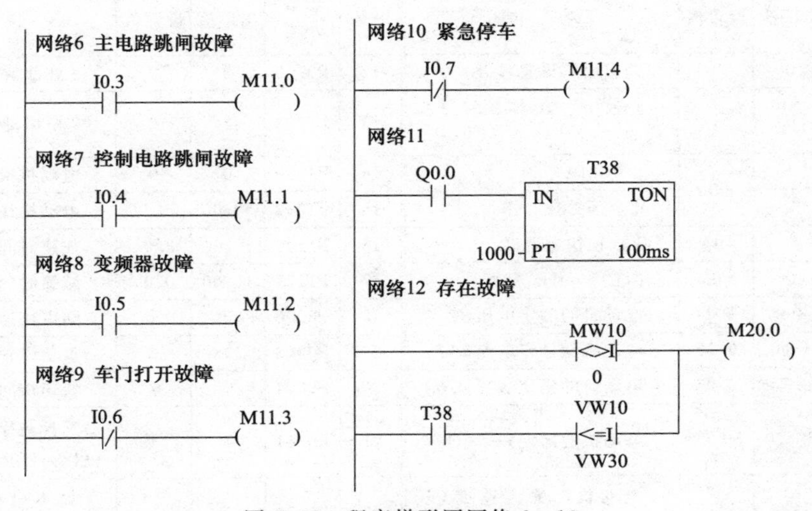

图 5.48　程序梯形图网络 6～10

网络 7 中的控制电路跳闸与主电路跳闸相同。

在网络 8 中，当变频器发生故障，变频器的 RL1B 与 RL1C 接通，I0.5 有输入，使 M11.2 为 1。

在网络 9 中，正常工作时，车门关闭，行程开关 SQ 常开触头闭合，I0.6 有输入，所以 I0.6 常闭触头断开，M11.3 为 0 表示没有故障发生。一旦车门打开，I0.6 没有输入，I0.6 的常闭触头接通，M11.3 为 1。

在网络 10 中，正常工作时，紧急停车按钮 SB1 是接通的，I0.7 有输入，常闭触头断开，M11.4 为 0。当按下紧急停车按钮 SB1，I0.7 没有了输入，I0.7 常闭触头接通，M11.4 为 1。同时在网络 4 中，I0.7 常开触头断开，Q0.0 断电并解除自锁，电动机停机。

在网络 11 中，电动机启动（Q0.0 接通）后，T38 延时 100s，判断电动机转速是否超过了轧车转速。

在网络 12 中，当发生离散量报警故障（MW10≠0）或者 T38 延时 100s，测量转速（VW10）仍然没有超过轧车转速（VW30），M20.0 有输出，网络 4 中的 M20.0 常闭触头断开，Q0.0 断电，电动机停机。

四、操作步骤

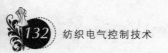

(1) 按图 5.38 和图 5.39 所示电路连接控制线路。

(2) 接通 QS、QF2，拨状态开关于“RUN”(运行) 位置。

(3) 将 PC/PPI 电缆连接到 PLC，打开 PLC 电源，启动编程软件，点击工具栏停止图标■使 PLC 处于“STOP”(停止) 状态。把图 5.46～5.48 所示的程序下载到 PLC 中，断开 QF2。

(4) 将 PC/PPI 电缆连接到触摸屏，接通 QF2，把已组态的触摸屏画面下载到触摸屏，然后关闭 QF2。

(5) 用 RS485 电缆将 PLC 和触摸屏连接起来。

(6) 接通 QF1，设置变频器参数。变频器参数设置见表 5.5。

表 5.5　变频器参数的设置

序号	参数代号	出厂值	设置值	说　明	序号	参数代号	出厂值	设置值	说　明
1	P0010	0	30	调出出厂设置参数	12	P0700	2	2	2 外部数字端子控制
2	P0970	0	1	恢复出厂值(恢复时间大约 60s)	13	P1000	2	2	2 模拟设定值
3	P0003	1	3	3 专家级	14	P1080	0	0	电动机最小频率(Hz)
4	P0004	0	0	0 全部参数	15	P1082	50.00	50.00	电动机最大频率(Hz)
5	P0010	0	1	1 启动快速调试	16	P1120	10.00	2.00	加速时间(s)
6	P0100	0	0	0 工频 50Hz	17	P1121	10.00	0.00	减速时间(s)
7	P0304	400	380	电动机的额定电压(V)	18	P3900	0	1	结束快速调试
8	P0305	1.90	0.35	电动机的额定电流(A)	19	P0003	1	3	重新设置 P0003 为 3
9	P0307	0.75	0.06	电动机的额定功率(kW)	20	P0004	0	7	快速访问命令通道
10	P0310	50.00	50.00	电动机的额定频率(Hz)	21	P0701	1	1	选择数字输入 1 的功能(启动/停止控制)
11	P0311	1395	1430	电动机的额定速度(r/min)	22	P0010	0	0	如不启动，检查 P0010 是否为 0

(7) 接通 QF1，进入触摸屏的设置画面，设置设定转速为 700r/min、轧车转速为 100r/min，点击“监控画面”按钮，返回监控画面，点击“启动”按钮或启动按钮 SB2，观察当前转速显示。设置不同的转速，观察当前转速是否改变。

(8) 接通 I0.3，电动机停机，触摸屏显示主电路跳闸故障；接通 I0.4，电动机停机，触摸屏显示控制电路跳闸故障；接通 I0.5，电动机停机，触摸屏显示变频器跳闸故障。断开 I0.6，电动机停机，触摸屏显示车门打开故障；按下紧急停车按钮，电动机停止，同时触摸屏显示紧急停车故障。对于每一种故障显示，点击报警窗口的故障确认，故障排除后，报警窗口和报警指示器自动消失。

(9) 按下停止按钮 SB3 或触摸屏的“停止”按钮，电动机停止。

习题

1. 在工业生产中，触摸屏的作用是什么？

2. 触摸屏是如何组态和运行的?
3. 怎样在画面中组态指示灯、按钮?
4. 如何将已组态的画面下载到触摸屏中?
5. 触摸屏使用什么样的电源?
6. 如何在画面中组态 IO 域?
7. 怎样在画面中组态画面切换按钮?
8. 如何组态离散量报警和模拟量报警?
9. 一个字类型的变量可以组态多少个离散量报警?一个双字类型的变量呢?
10. 在如图 5.38 所示电气控制系统中,什么器件为电动机提供过载和短路保护?
11. 设定电动机转速和轧车速度的存储器是什么?显示电动机转速的存储器又是什么?
12. 触摸屏应用变量“事故信息”的存储器是什么?其位地址与哪些故障对应?
13. 调速的过程是如何计算的?
14. 旋转编码器输出的 A 相与 B 相脉冲有何特点?
15. 如果使用电流 0～20mA 进行调速,EM235 与变频器如何连接?

第六章 纺织设备电气综合控制

现代纺织设备控制系统是综合了计算机、变频器、触摸屏和传感检测等技术的系统。本章结合纺织生产工艺流程，介绍纺织设备的控制过程。

第一节 往复式自动抓棉机电气控制

一、往复式自动抓棉机工艺流程

往复式自动抓棉机适用于各种等级的原棉和76mm以下的化纤，位于棉纺生产线的第一道工序。往复式自动抓棉机的结构如图6.1所示。

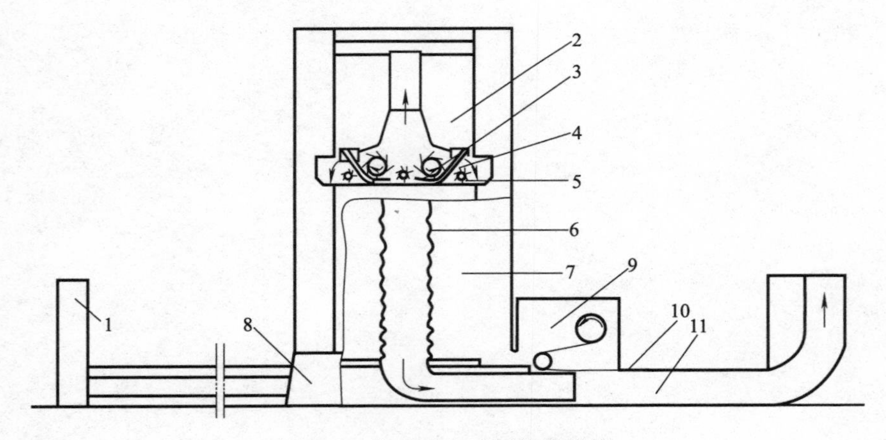

图6.1 往复式自动抓棉机结构

1—总电源开关箱；2—抓棉器；3—抓棉打手；4—肋条；5—压棉罗拉；6—伸缩管
7—转塔；8—行走小车；9—卷带装置；10—覆盖带；11—输送管道

抓棉器2内装有两只转向相反的抓棉打手3，无论行走小车8向前或向后运动，总有一个打手是顺向抓棉，而另一只逆向的打手则由电动机驱动的打手悬挂装置将其抬高，使两个打手工作负荷均匀。三根压棉罗拉5的表面速度与行走小车同步，初步压住纤维块，便于打

手刀片伸出肋条4抓取。外侧面的压棉罗拉轴头处设有安全保护装置，抓棉器设有限位保险装置，使其升降到极限位置时自动停止。在其升降传动机构中还设有超负荷离合器，当抓棉器升降阻力超过一定限度时，便发出自动停车警报。棉包堆放在轨道两侧，一侧抓完后，转塔7旋转180°，抓取另一侧的棉包。间歇下降的双打手随机体做往复行走运动，从棉包顶部抓取0.2～7mm深度的不同成分的纤维块，借风机的抽吸进入伸缩管6，经输送管道11送至前方机台。在抓取和输送过程中实现开松和混和作用。往复式抓棉机由PLC程序控制，作用于抓棉机构的升降和小车的往复。

二、电路特点与工艺要求

(1) 往复式自动抓棉机左右两侧均可放置棉包，轮换抓取，工作效率高。
(2) 因工艺和安保要求使用了较多的行程开关和位置开关。
(3) 小车根据前方机台是否要棉而行走或停止。
(4) 采用双打手，分别为正转和反转，因此，在小车行进过程中打手不需要换向。
(5) 压棉罗拉随小车行走方向的不同自动换向。
(6) 当小车换向时抓棉臂自动下降一个动程抓取棉层。
(7) 程序使用顺控指令，结构清晰，容易分析。

三、电气控制线路的组成和作用

自动抓棉机电气控制线路由主电路、风机与打手控制电路、PLC输入电路和PLC输出控制电路四部分组成，分别说明如下。

1. 主电路

主电路如图6.2所示。S1是三相电源总开关，Q1～Q6是各电动机支路的断路器，具有短路和过载保护作用。主电路中有6台电动机，其中M1是风机电动机，受接触器K1控制。M2是打手正转电动机，受接触器K2控制。M3是打手反转电动机，受接触器K3控制。M4是压棉罗拉电动机，K4是压棉罗拉正转接触器，K5是压棉罗拉反转接触器。M5是抓棉臂升降电动机，K6是抓棉臂上升接触器，K7是抓棉臂下降接触器。M6是小车行走电动机（小车行走与棉流方向一致为正向，反之为反向），K8是小车正向行走接触器，K9是小车反向行走接触器。

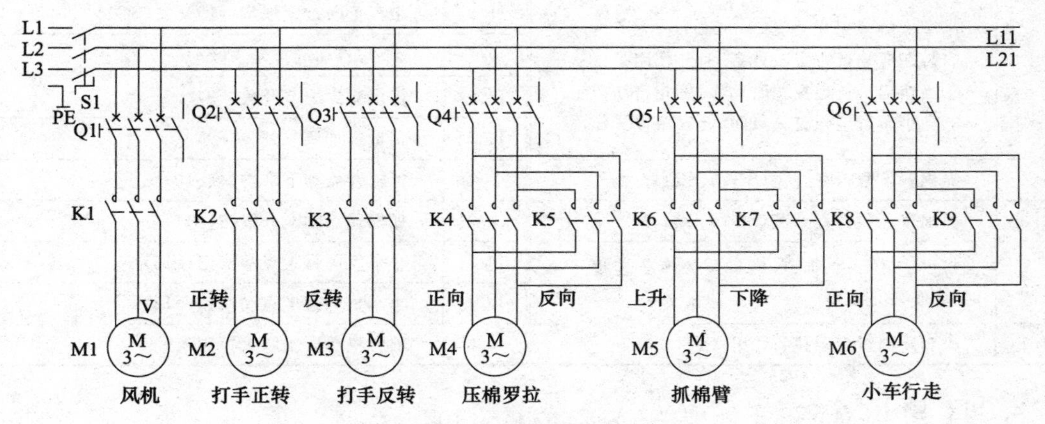

图6.2　自动抓棉机主电路

2. 风机与打手控制电路

风机与打手控制电路如图6.3所示，电源部分由断路器Q7、380V/220V变压器T1组成。该控制电路由 3 条支路构成，第 1 条支路由转塔到位行程开关 SQ1、紧急停车按钮 S2 与 S3、断路器的常开触头 Q1～Q6、风机停止/启动按钮 S4/S5 及风机运转接触器 K1 组成。第 2 条支路由抓棉臂障碍行程开关 SQ2～SQ5、打手停止/启动按钮 S6/S7 和打手接触器 K2、K3 组成。第 3 条支路由安装在抓棉机转盘内的抓棉臂换向行程开关 SQ16 和抓棉臂换向接触器 K10 组成，完成抓棉罗拉调整方向。

往复式自动抓棉机分左右两侧（面向棉流方向）抓棉，当左侧抓棉时，右侧可放置棉包；左侧抓棉结束时，抓棉臂可换到右侧，左侧重新放置棉包。抓棉臂在不同侧工作时，抓棉罗拉的旋转方向不同。抓棉臂在右侧工作时 SQ16 接通，接触器 K10 线圈通电，压棉罗拉接触器 K4、K5 是通过 K10 常开触头通电吸合。抓棉臂在左侧工作时 SQ16 断开，接触器 K10 线圈断电，压棉罗拉接触器 K4、K5 通过 K10 常闭触头通电吸合。

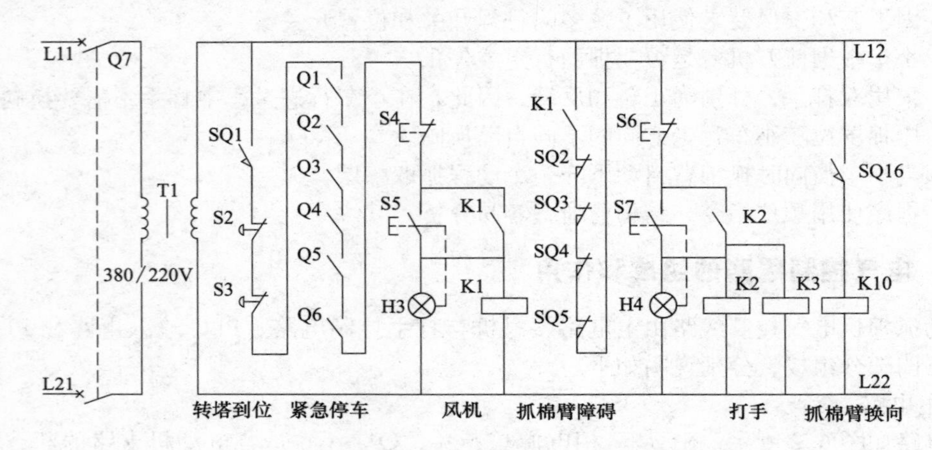

图 6.3 自动抓棉机风机与打手控制电路

3. PLC 输入电路

PLC 输入电路如图 6.4 所示，PLC 输入端子的定义号与功能见表 6.1。

表 6.1 PLC 输入端子的定义号与功能

定义号	功能	定义号	功能
I1.5	小车障碍行程开关(SQ6～SQ9) 安装在抓棉机行走轮处各一个，作用是： ①当抓棉机行走拥花时动作，停止自动行走； ②当小车行走限位失灵时，起安全保护作用	I1.0	小车正向行走限位行程开关(SQ15)
		I0.7	手动/自动选择开关(S8)
		I0.6	棉量减少调节开关(S9)
		I0.5	棉量增加调节开关(S9)
I1.4	抓棉臂下限行程开关(SQ10、SQ11)	I0.4	抓棉臂点动下降按钮(S10)
I1.3	抓棉臂上限行程开关(SQ12、SQ13)	I0.3	抓棉臂点动上升按钮(S11)
I1.2	打手防轧开关(B1)，当打手因噎车速度下降时，小车停止工作	I0.2	小车反向行走点动按钮(S12)
		I0.1	小车正向行走点动按钮(S13)
I1.1	小车反向行走限位行程开关(SQ14)	I0.0	前方机台要棉联锁控制信号

4. PLC 输出电路

PLC 输出电路如图6.5所示。PLC 的电源电压为 220V，接变压器 T1 的输出端。PLC 输出端的电源受打手接触器 K2、K3 的控制。PLC 输出端子的定义号与功能见表 6.2。

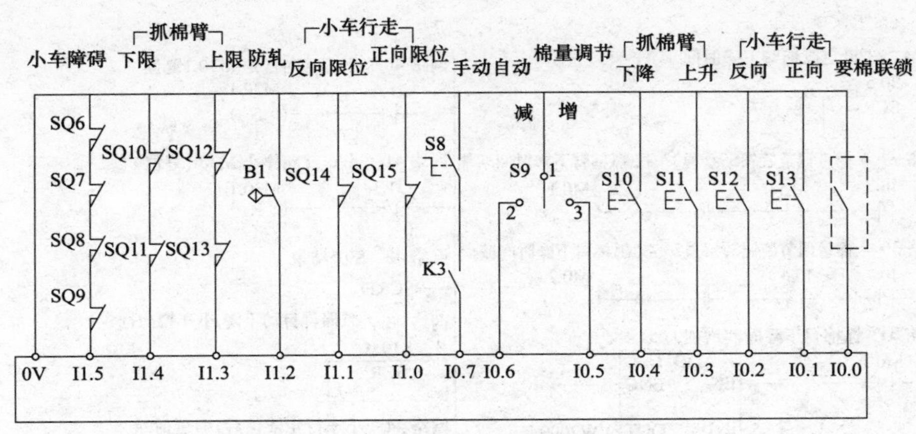

图 6.4 自动抓棉机 PLC 输入电路

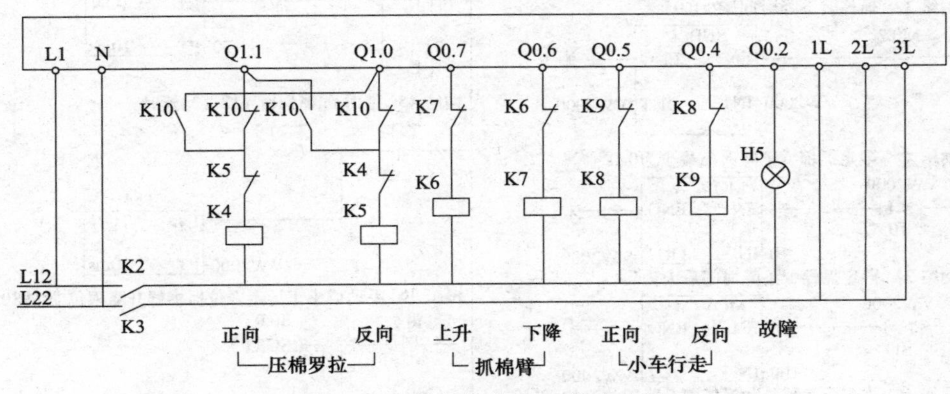

图 6.5 自动抓棉机 PLC 输出电路

表 6.2 PLC 输出端子的定义号与功能

定义号	功 能	定义号	功 能
L1、N	接变压器 T1 的输出电源 220V	Q0.6	抓棉臂下降接触器(K7)
Q1.1	压棉罗拉正向运转接触器(K4)	Q0.5	小车正向行走接触器(K8)
Q1.0	压棉罗拉反向运转接触器(K5)	Q0.4	小车反向行走接触器(K9)
Q0.7	抓棉臂上升接触器(K6)	Q0.2	故障指示灯(H5)

四、PLC 程序

PLC 控制程序如图 6.6 所示，程序由步进指令构成，步进指令程序中各状态继电器的逻辑功能见表 6.3。

表 6.3 状态继电器逻辑功能表

状态继电器	逻 辑 功 能	状态继电器	逻 辑 功 能
S0.0	初始状态(手动、自动选择)	S10.3	抓棉臂点动下降
S0.5	初始状态(设定抓棉臂下降动程时间)	S10.0	抓棉臂自动下降、小车换向行走
S10.0	抓棉臂点动上升，持续下降	S10.1	小车正向运行
S10.1	小车正向/反向手动行走	S10.2	小车反向运行
S10.2	抓棉臂点动下降脉冲指令		

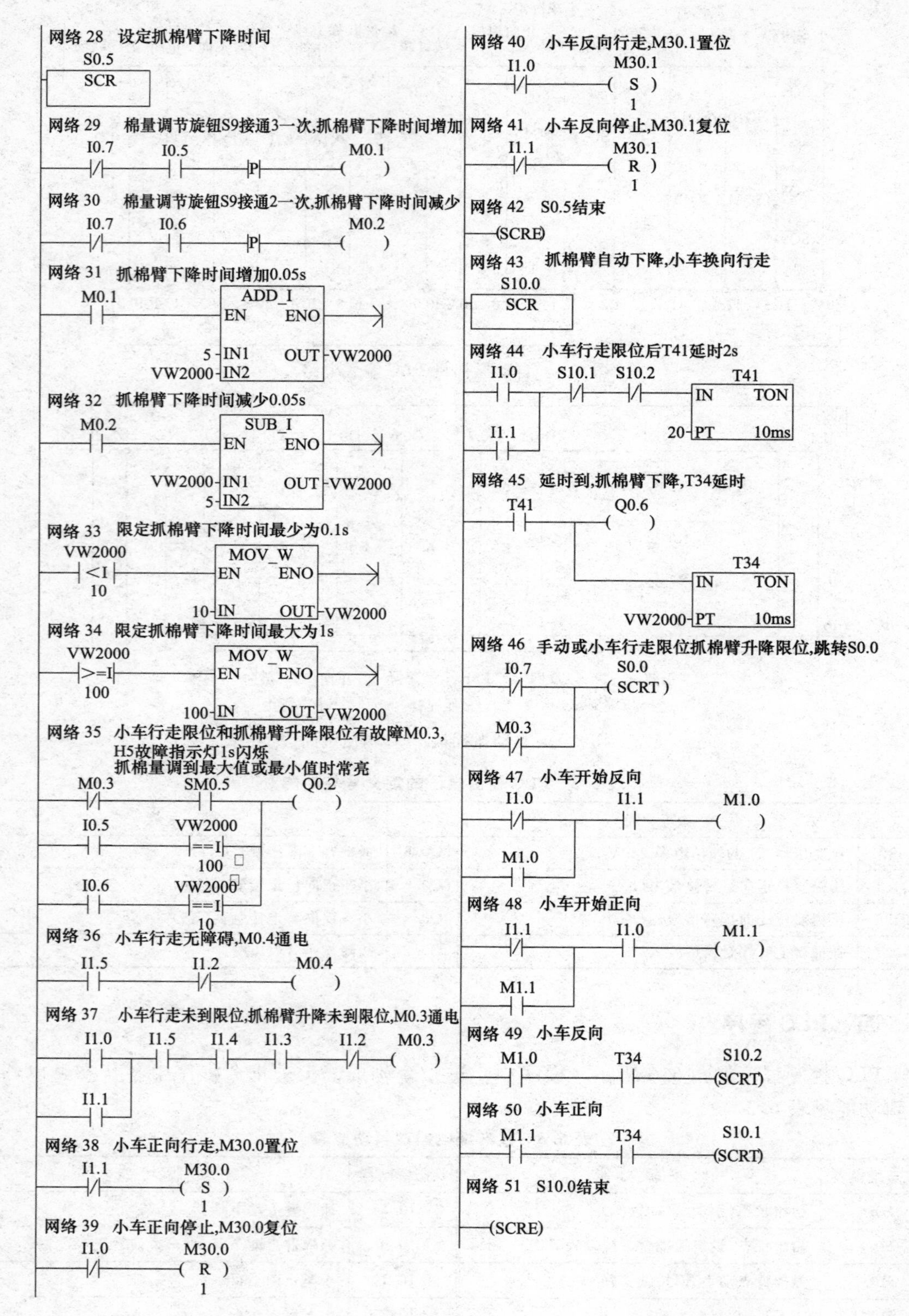
网络 28 设定抓棉臂下降时间
S0.5
SCR
网络 29 棉量调节旋钮S9接通3一次,抓棉臂下降时间增加
I0.7 I0.5 P M0.1
网络 30 棉量调节旋钮S9接通2一次,抓棉臂下降时间减少
I0.7 I0.6 P M0.2
网络 31 抓棉臂下降时间增加0.05s
M0.1 ADD_I EN ENO
5 IN1 OUT VW2000
VW2000 IN2
网络 32 抓棉臂下降时间减少0.05s
M0.2 SUB_I EN ENO
VW2000 IN1 OUT VW2000
5 IN2
网络 33 限定抓棉臂下降时间最少为0.1s
VW2000 <I 10
MOV_W EN ENO
10 IN OUT VW2000
网络 34 限定抓棉臂下降时间最大为1s
VW2000 >=I 100
MOV_W EN ENO
100 IN OUT VW2000
网络 35 小车行走限位和抓棉臂升降限位有故障M0.3,
H5故障指示灯1s闪烁
抓棉量调到最大值或最小值时常亮
M0.3 SM0.5 Q0.2
I0.5 VW2000 ==I 100
I0.6 VW2000 ==I 10
网络 36 小车行走无障碍,M0.4通电
I1.5 I1.2 M0.4
网络 37 小车行走未到限位,抓棉臂升降未到限位,M0.3通电
I1.0 I1.5 I1.4 I1.3 I1.2 M0.3
I1.1
网络 38 小车正向行走,M30.0置位
I1.1 M30.0 S 1
网络 39 小车正向停止,M30.0复位
I1.0 M30.0 R 1
网络 40 小车反向行走,M30.1置位
I1.0 M30.1 S 1
网络 41 小车反向停止,M30.1复位
I1.1 M30.1 R 1
网络 42 S0.5结束
(SCRE)
网络 43 抓棉臂自动下降,小车换向行走
S10.0
SCR
网络 44 小车行走限位后T41延时2s
I1.0 S10.1 S10.2 T41
IN TON
I1.1
20 PT 10ms
网络 45 延时到,抓棉臂下降,T34延时
T41 Q0.6
T34
IN TON
VW2000 PT 10ms
网络 46 手动或小车行走限位抓棉臂升降限位,跳转S0.0
I0.7 S0.0 SCRT
M0.3
网络 47 小车开始反向
I1.0 I1.1 M1.0
M1.0
网络 48 小车开始正向
I1.1 I1.0 M1.1
M1.1
网络 49 小车反向
M1.0 T34 S10.2 (SCRT)
网络 50 小车正向
M1.1 T34 S10.1 (SCRT)
网络 51 S10.0结束
(SCRE)

图 6.6

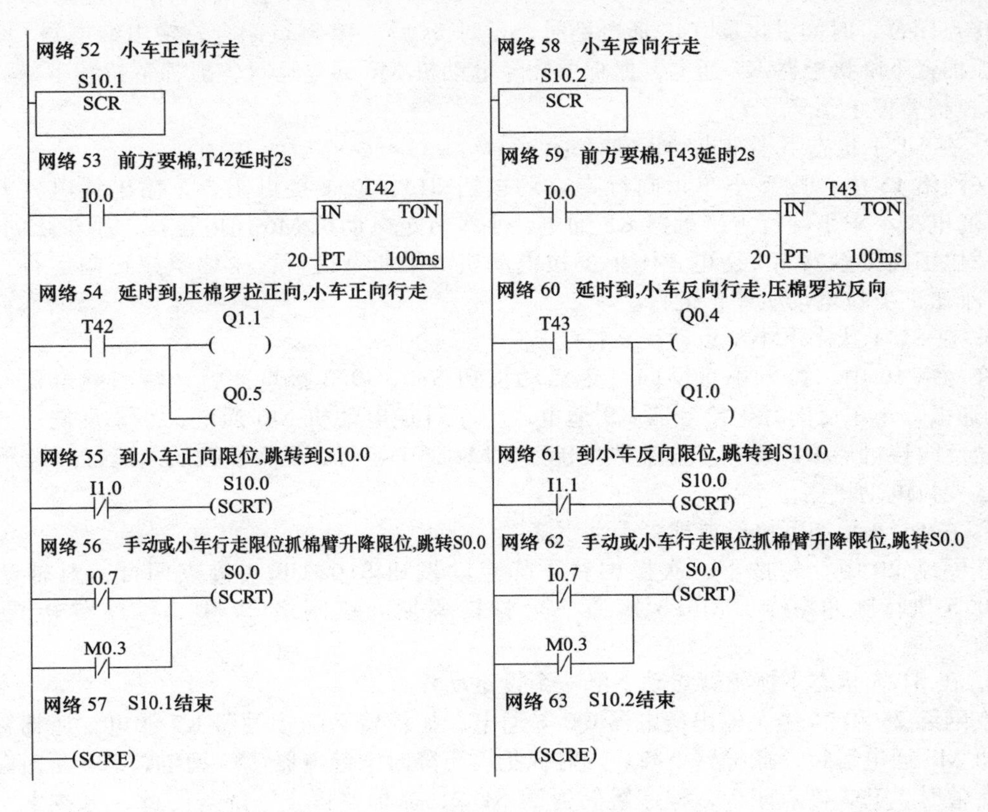

图 6.6　自动抓棉机 PLC 控制程序

对其主要工作原理分析如下。

(一) 风机、打手启动

1. 风机启动

接通总电源开关 S1 和控制电路电源断路器 Q7 后，在转塔旋转（手动）到位的情况下，SQ1 行程开关闭合。按下【风机启动】按钮 S5，风机接触器 K1 线圈通电自锁，风机电动机 M1 启动，风机运转指示灯 H3 亮。S4 是风机停止按钮，S2、S3 可紧急停车。

2. 打手启动

风机启动后，在抓棉臂无故障的情况下，按下【打手启动】按钮 S7，打手接触器 K2、K3 线圈通电自锁，打手电动机 M2、M3 启动，打手运转指示灯 H4 亮。S6 是打手停止按钮。

(二) 手动工作状态

将手动/自动选择开关 S8 分断，PLC 输入端 I0. 7 断电，程序处于手动工作状态。

在网络 3 中，小车行走无故障时 M0. 4 接点闭合，I0. 7 常闭接点闭合，程序跳转到 S1. 0、S1. 1 和 S1. 2 状态。

1. 在 S1. 0 状态下抓棉臂点动上升

在网络 9 中，按下抓棉臂上升点动按钮 S11，I0. 3 接点闭合，输出继电器 Q0. 7 通电，抓棉臂上升接触器 K6 通电，抓棉臂升降电动机 M5 通电运行，抓棉臂上升。松开 S11，抓棉臂停止上升。

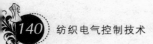

抓棉臂点动持续下降（需延时 5s）。在网络 10 和 11 中，按下抓棉臂下降点动按钮 S10，I0. 4 接点闭合，时间继电器 T40 通电延时，延时 5s 后 T40 接点闭合，输出继电器 Q0. 6 通电，抓棉臂下降接触器 K7 通电，抓棉臂升降电动机 M5 通电运行，抓棉臂持续下降。松开 S10，抓棉臂停止下降。

2. 在 S1. 1 状态下小车点动正向行走

在网络 15 中，按下小车正向行走点动按钮 S13，I0. 1 接点闭合，输出继电器 Q0. 5、Q1. 1 通电，小车正向行走接触器 K8 通电，小车行走电动机 M6 通电运行，小车正向行走；压棉罗拉正向接触器 K4 通电，压棉罗拉电动机 M4 通电运行，压棉罗拉正向运行。松开 S13，小车、罗拉电动机停止运行。

3. 在 S1. 1 状态下小车点动反向行走

在网络 16 中，按下小车反向行走点动按钮 S12，I0. 2 接点闭合，输出继电器 Q0. 4、Q1. 0 通电，小车反向行走接触器 K9 通电，小车行走电动机 M6 通电，小车反向行走；压棉罗拉反向接触器 K5 通电，压棉罗拉电动机 M4 通电运行，压棉罗拉反向运行。松开 S12，小车、罗拉电动机停止运行。

4. 在 S1. 2 状态下执行抓棉臂手动下降

在网络 20 中，每按下一次抓棉臂下降点动按钮 S10，I0. 4 接点闭合，对辅助继电器 M0. 5 执行脉冲指令，M0. 5 接通一个扫描周期。在网络 21 中，程序跳转到 S1. 3 状态。

5. 在 S1. 3 状态下抓棉臂点动下降一个设定动程

在网络 25 和 26 中，输出继电器 Q0. 6 通电，抓棉臂下降接触器 K7 通电，抓棉臂升降电动机 M5 通电运行，抓棉臂下降。同时抓棉臂下降时间继电器 T33 通电，T33 延时时间达到设定值时，T33 接点闭合，程序跳转返回 S1. 2，抓棉臂停止下降。因此，每按下一次抓棉臂下降点动按钮 S10，抓棉臂下降一个设定动程。

（三）在 S0. 5 状态下设定抓棉臂下降动程

在网络 29 中，拨动棉量调节旋钮 S9，I0. 5 接点通，对 M0. 1 执行脉冲指令。在网络 31 中，数据寄存器 VW2000 的数值每次增加 5，使抓棉臂下降时间增加 0. 05s。

在网络 30 中，拨动棉量调节旋钮 S9，I0. 6 接点通，对 M0. 2 执行脉冲指令。在网络 32 中，数据寄存器 VW2000 的数值每次减少 5，使抓棉臂下降时间减少 0. 05s。

在网络 33 和 34 中，锁定数据寄存器 VW2000 的数值范围为 10～100，即抓棉臂下降时间范围为 0. 1～1s。

在网络 35 中，当出现小车行走限位、抓棉臂升降限位等故障时，M0. 3 接点通，在秒脉冲振荡信号 SM0. 5 的作用下，输出继电器 Q0. 2 通电，故障指示灯 H5 闪亮。在进行调节棉量时，如果达到或超过设定范围，则故障指示灯 H5 常亮。

（四）辅助继电器的动作

在网络 36 中，小车行走无障碍和打手防轧无动作时，M0. 4 通电。

在网络 37 中，小车行走正常、抓棉臂升降正常和打手防轧无动作时，M0. 3 通电。

在网络 39、41 中，当小车未走到换向位置时，M30. 0、M30. 1 均复位。

在网络 39、40 中，当小车正向行走到换向位置时，小车正向限位开关 SQ15 动作，I1. 0 常闭触头通，M30. 0 复位，小车停止正向行走；M30. 1 置位，小车反向行走。

在网络 38、41 中，当小车反向行走到换向位置时，小车反向限位开关 SQ14 动作，I1. 1 常闭接点通，M30. 1 复位，小车停止反向行走；M30. 0 置位，小车正向行走。

（五）自动工作状态

将手动/自动选择开关 S8 闭合，PLC 输入端 I0. 7 通电，程序处于自动工作状态。

在网络 4 中，I0. 7 接点闭合时，对 M0. 6 执行脉冲指令。在网络 5、6 中，根据 M30. 0 和 M30. 1 的状态，程序分别跳转到小车正向行走状态 S10. 1 或小车反向行走状态 S10. 2。

1. 在 S10. 1 状态下小车正向行走

在网络 53 中，如果前方机台发出要棉信号，则 I0. 0 接点通，时间继电器 T42 延时 2s。

在网络 54 中，T42 延时时间到，输出继电器 Q1. 1、Q0. 5 通电，压棉罗拉正向接触器 K4 通电，压棉罗拉电动机 M4 正向运转；小车正向行走接触器 K8 通电，小车电动机 M6 正向行走。当小车行走到正向换向位置时，正向限位行程开关 SQ15 动作，输入继电器 I1. 0 断电，I1. 0 常闭接点闭合。

在网络 55 中，程序跳转到 S10. 0 状态。

2. 在 S10. 2 状态下小车反向行走

在网络 59 中，如果前方机台发出要棉信号，则 I0. 0 接点通，时间继电器 T43 延时 2s。

在网络 60 中，T43 延时时间到，输出继电器 Q1. 0、Q0. 4 通电，压棉罗拉反向接触器 K5 通电，压棉罗拉电动机 M4 反向运转；小车反向行走接触器 K9 通电，小车电动机 M6 反向行走。当小车行走到反向换向位置时，反向限位行程开关 SQ14 动作，输入继电器 I1. 1 断电，I1. 1 常闭接点闭合。

在网络 61 中，程序跳转到 S10. 0 状态。

3. 在 S10. 0 状态下抓棉臂自动下降

在网络 44 中，状态继电器 S10. 1、S10. 2 均为非活动状态，小车停止行走，S10. 1、S10. 2 常闭接点通，时间继电器 T41 延时 2s。

在网络 45 中，T41 延时时间到，输出继电器 Q0. 6 通电，抓棉臂下降接触器 K7 通电，抓棉臂下降电动机 M5 通电运行，抓棉臂下降。同时，时基为 10ms 的定时器 T34 通电延时，T34 的设定值存储于数据寄存器 VW2000 中。

4. 在 S10. 0 状态下小车换向行走

(1) 小车正向转为反向。在网络 47 中，当小车正向限位开关 I1. 0 动作时，M1. 0 通电自锁，为小车反向做好准备。在网络 49 中，当 T34 延时时间到，程序跳转到 S10. 2 状态，小车反向行走，抓棉臂停止下降。

(2) 小车反向转为正向。在网络 48 中，当小车反向限位开关 I1. 1 动作时，M1. 1 通电自锁，为小车正向做好准备。在网络 50 中，当 T34 延时时间到，程序跳转到 S10. 1 状态，小车正向行走，抓棉臂停止下降。

第二节　混棉机电气控制

一、混棉机工艺流程

多仓混棉机多为大型棉仓混棉，有 4～10 仓，常用六仓混棉机，位于开棉机和清棉机之间，适用于各种原棉、棉型化纤和中长化纤的混和。常用的六仓混棉机的输棉风机产生气流将原料抽吸至本机按顺序喂入各个棉仓内，经打手开松后落下的纤维，由各仓溢向机后回风道的回风与前方机台凝棉器抽吸一起形成气流，同时将纤维流送往前方机台，在输送过程中纤维得到混和。在各仓输出的原料中，第一仓与第六仓喂料间隔时间差约为 20～40min，时间差越大，同时参与混和的原料成分越多，混和效果越好。

二、电路特点与工艺要求

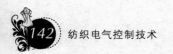

(1) 多仓混棉机采用压力－光电双控自动换仓方式，在机器上安装有空气压力传感器，在各仓上部安装对射式光电开关。气流带着纤维逐仓顺序喂棉，即从第一仓开始，直到最后一仓。当仓内棉量增加时，仓内气压逐步增高，当气压超过换仓压力设定值且挡住该仓光电管后，自动换仓。

(2) 除自动换仓方式外，还可实现手动换仓、出空仓和复位（返回第一仓）。

(3) 设有两处打手速度检测点，当因缠棉、噎车等原因使打手速度低于防轧设定值时自动停止打手和给棉。

(4) 给棉量通过变频器控制的电动机控制。

三、电气控制线路的组成和作用

混棉机电气控制线路由主电路、光电开关电路、PLC 输入电路、PLC 输出电路、模拟量扩展单元 EM235 电路五部分组成。

1. 主电路

主电路如图 6.7 所示。主电路有 4 台电动机，M1 是打手电动机，受接触器 K2 控制。M2 是风机电动机，受接触器 K3 控制。M4 给棉电动机，受给棉变频器 A21 控制。断路器 Q1～Q5 对电路起过载和短路保护。变压器 T1 输出 220V 供 PLC 控制电路用，A20 直流电源输出 24V 供触摸屏、模拟量扩展单元 EM235、PLC 输入电路、光电开关电路用。M5 是输棉帘电动机，受前方机台 FA109A 控制。M3 是除杂电动机，可不用，如选用 M3 与 M2 并联。

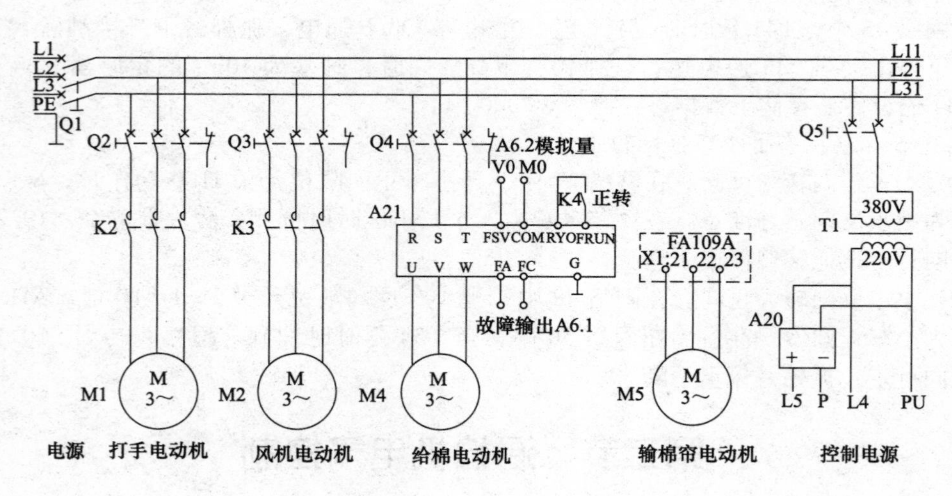

图 6.7 混棉机主电路

2. 光电开关电路

光电开关电路如图 6.8 所示。L5、P 是直流 24V 电源，V1～V6 是光电发射管，A1～A6 是光电接收管，将光信号转换为开关信号，V 管与 A 管成对使用。当棉仓上部无棉花时，光电开关分断；当棉仓上部有棉花时，光电开关闭合，相应接通 PLC 输入端 I2.0～I2.5。

3. PLC 输入电路

PLC 输入电路如图 6.9 所示。L4、PU 是 PLC 交流 220V 电源端。L5、P 是直流 24V 电

源端，为触摸屏 A32 和 PLC 输入端供电。触摸屏 A32 使用通信电缆与 PLC 通信口 PORT1 连接通信。PLC 输入端子的定义号与功能见表 6.4。

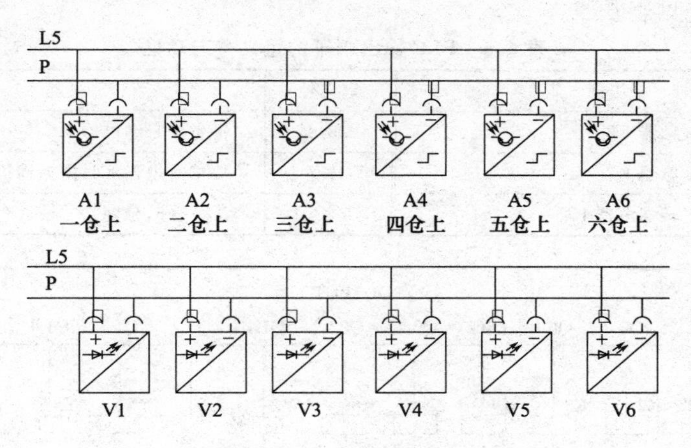

图 6.8　光电开关电路

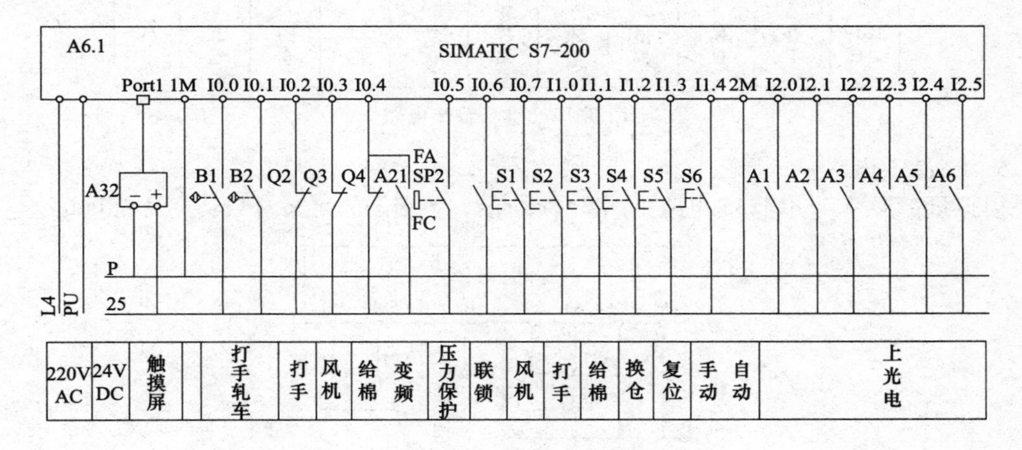

图 6.9　PLC 输入电路

表 6.4　PLC 输入端子的定义号与功能

定义号	功　能	定义号	功　能
I0.0	打手转速检测（B1、直流二线接近开关，红色接正极，黑色接负极）	I0.7	风机启动/停止按钮 S1，联锁全机停止
I0.1	打手转速检测（B2、直流二线接近开关，红色接正极，黑色接负极）	I1.0	打手启动/停止按钮 S2，联锁给棉停止
I0.2	打手主电路跳闸检测（断路器 Q2）	I1.1	给棉启动/停止按钮 S3
I0.3	风机主电路跳闸检测（断路器 Q3）	I1.2	手动换仓按钮 S4
I0.4	给棉主电路跳闸检测（断路器 Q4）、给棉变频器 A21 故障检测	I1.3	手动复位按钮 S5
I0.5	输棉管道压力检测（气压开关 SP2）	I1.4	手动/自动选择旋钮 S6，选择手动换仓或自动换仓
I0.6	前方机台联锁（要棉）信号，接通后给棉电动机才能运行	I2.0～I2.5	一仓～六仓光电开关常开触头（A1～A6）

4. PLC 输出电路

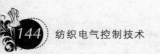

PLC 输出电路如图 6.10 所示。PLC 输出端电源 220V，由 L4、PU 供电。PLC 输出端子的定义号与功能见表 6.5。

表 6.5 PLC 输出端子的定义号与功能

定义号	功　能	定义号	功　能
Q0.0	打手接触器 K2	Q0.4	准备信号继电器 K5
Q0.1	风机接触器 K3	Q0.5	要棉继电器 K6，向抓棉机发出要棉信号
Q0.2	给棉正转继电器 K4	Q1.1～Q1.5	Y2～Y6，分别是二～六仓气动活门的电磁阀

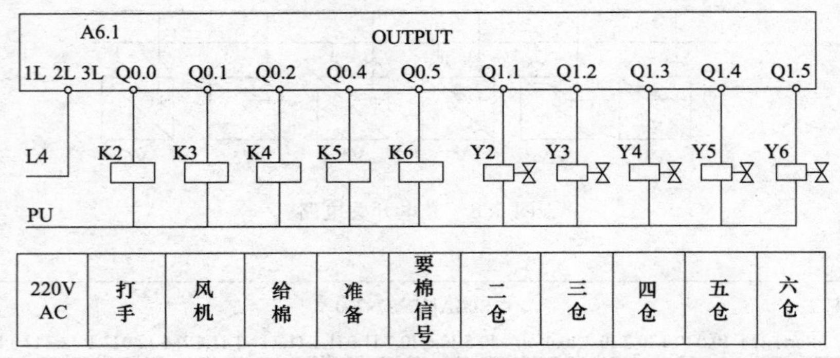

图 6.10 PLC 输出电路

5. EM235 电路

模拟量扩展单元 EM235 电路如图 6.11 所示，各端子的定义号与功能见表 6.6。

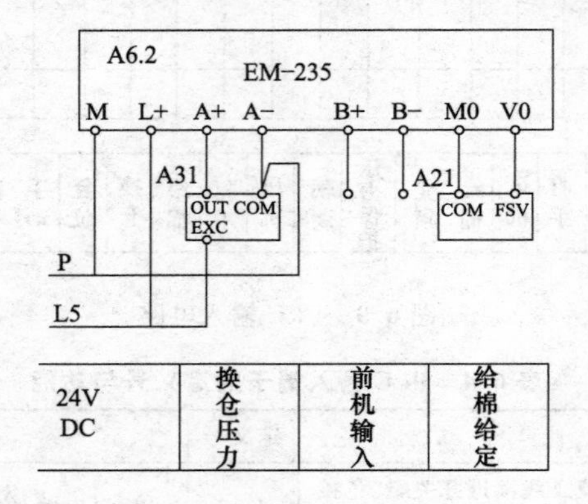

图 6.11 EM235 电路

表 6.6 EM235 端子的定义号与功能

定义号	功　能
L＋、M	直流 24V 电源端，L＋接正极，M 接负极
A＋	模拟电压 0～10V 输入端，A＋接高电位。A31 压力传感器：0～1000Pa，对应 0～10V
B＋	模拟电压 0～10V 输入端，B＋接高电位。接清梳联生产线给棉调节器
V0	模拟电压 0～10V 输出端，V0 输出高电位。接给棉变频器 A21 模拟量输入端

四、变频器端子功能

给棉电动机受变频器控制，给棉速度快慢可由前方机台（清梳联生产线给棉调节器）根据需棉量进行调节，变频器的型号是明电舍 VT230S，其端子功能见表 6.7。

表 6.7　明电舍 VT230S 端子功能

端子	名　称	输入/输出功能
R、S、T	三相电源输入端，接三相电源	输入：50Hz/380V
U、V、W	三相电源输出端，接电动机	输出：变频/变压
RY0	数字内部地	受继电器 K4 控制，当 K4 常开触头闭合时，变频器输出正转
FRUN	正转控制端	
FA、FC	变频器故障输出端（常开触头）	接 PLC 输入端 I0.4，故障报警
COM	模拟电压输入公共端	模拟量单元 EM235 输出电压 0～10V，相应变频器输出频率 0～50Hz
FSV	模拟电压输入端	
G	接地	

五、触摸屏显示画面与 PLC 关联部件

触摸屏有设定画面、显示画面、测试画面、故障报警画面。触摸画面切换按钮时，各画面之间可以相互切换。触摸屏画面与 PLC 的关联部件见表 6.8。其中，（VW2070）既是给棉量显示值也是本级给棉输入电压显示值，例如，若（VW2070）= 100，则表示给棉量为 100%，给棉输入电压为 10V。

表 6.8　触摸屏画面与 PLC 关联部件

设定画面		测试画面	
数值输入器	功　能	控制位	功　能
VW2004	换仓压力设定值（100～400）Pa	按钮 I5.1	风机测试
VW2006	换仓延时设定值（0～200）s	按钮 I5.2	打手测试
VW2060	打手转速防轧设定值（0～999）r/min	按钮 I5.3	给棉测试
VW2062	给棉输出比例设定值（10～100）%	按钮 I5.4	出空
显示画面		故障报警画面	
数值显示器	功　能	控制位	显示信息
VW2030	棉仓压力实际值（Pa）	I0.2	断路器 Q2 未接通
VW2070	本级给棉输入电压（0.1V）	I0.3	断路器 Q3 未接通
VW2082	前级给棉输入电压（0.1V）	I0.4	断路器 Q4 未接通
VW2050	打手转速 1# 检测值（r/min）	I0.5	压缩空气未达到规定值
VW2052	打手转速 2# 检测值（r/min）	M10.4	打手速度太低
VW2070	给棉量（%）	M2.7	1. 本机不向后机要棉；2. 风机将停止；3. 出空后需关闭电源

六、PLC 程序

PLC 控制程序如图 6.12 所示，对其主要工作原理分析如下。

（一）调试

1. 设定参数

设备安装完毕后，在全机电气、机械无故障情况下对该机输入正确的工艺参数。

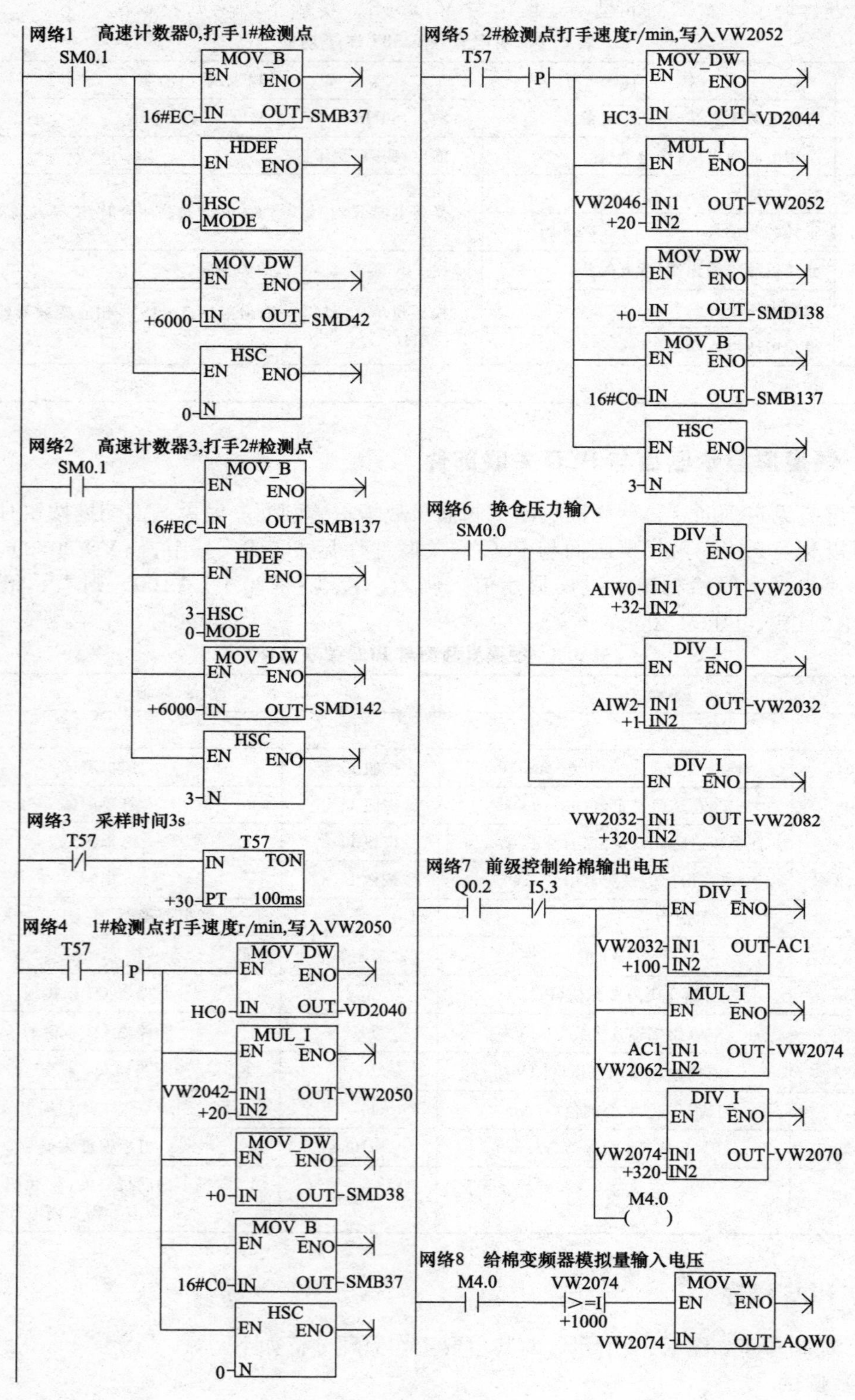
网络1 高速计数器0,打手1#检测点
SM0.1
MOV_B
EN ENO
16#EC-IN OUT-SMB37
HDEF
EN ENO
0-HSC
0-MODE
MOV_DW
EN ENO
+6000-IN OUT-SMD42
HSC
EN ENO
0-N
网络2 高速计数器3,打手2#检测点
SM0.1
MOV_B
EN ENO
16#EC-IN OUT-SMB137
HDEF
EN ENO
3-HSC
0-MODE
MOV_DW
EN ENO
+6000-IN OUT-SMD142
HSC
EN ENO
3-N
网络3 采样时间3s
T57
T57
IN TON
+30-PT 100ms
网络4 1#检测点打手速度r/min,写入VW2050
T57
P
MOV_DW
EN ENO
HC0-IN OUT-VD2040
MUL_I
EN ENO
VW2042-IN1 OUT-VW2050
+20-IN2
MOV_DW
EN ENO
+0-IN OUT-SMD38
MOV_B
EN ENO
16#C0-IN OUT-SMB37
HSC
EN ENO
0-N
网络5 2#检测点打手速度r/min,写入VW2052
T57
P
MOV_DW
EN ENO
HC3-IN OUT-VD2044
MUL_I
EN ENO
VW2046-IN1 OUT-VW2052
+20-IN2
MOV_DW
EN ENO
+0-IN OUT-SMD138
MOV_B
EN ENO
16#C0-IN OUT-SMB137
HSC
EN ENO
3-N
网络6 换仓压力输入
SM0.0
DIV_I
EN ENO
AIW0-IN1 OUT-VW2030
+32-IN2
DIV_I
EN ENO
AIW2-IN1 OUT-VW2032
+1-IN2
DIV_I
EN ENO
VW2032-IN1 OUT-VW2082
+320-IN2
网络7 前级控制给棉输出电压
Q0.2
I5.3
DIV_I
EN ENO
VW2032-IN1 OUT-AC1
+100-IN2
MUL_I
EN ENO
AC1-IN1 OUT-VW2074
VW2062-IN2
DIV_I
EN ENO
VW2074-IN1 OUT-VW2070
+320-IN2
M4.0
( )
网络8 给棉变频器模拟量输入电压
M4.0
VW2074
>=I
+1000
MOV_W
EN ENO
VW2074-IN OUT-AQW0

图 6.12

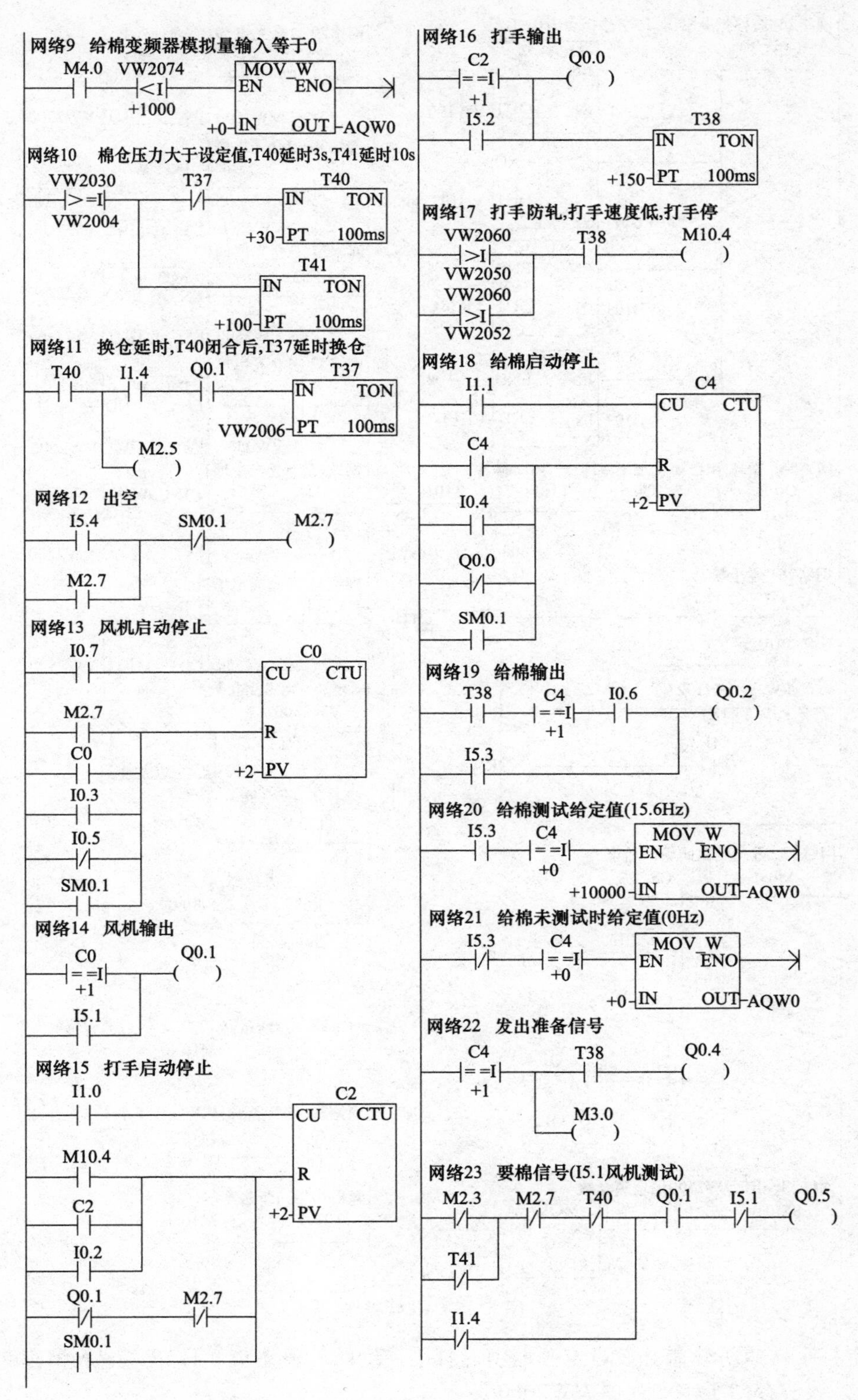

网络9 给棉变频器模拟量输入等于0
M4.0
VW2074
<I
+1000
MOV_W
EN
ENO
+0
IN
OUT
AQW0
网络10 棉仓压力大于设定值,T40延时3s,T41延时10s
VW2030
>=I
VW2004
T37
T40
IN
TON
+30
PT
100ms
T41
IN
TON
+100
PT
100ms
网络11 换仓延时,T40闭合后,T37延时换仓
T40
I1.4
Q0.1
T37
IN
TON
VW2006
PT
100ms
M2.5
网络12 出空
I5.4
SM0.1
M2.7
M2.7
网络13 风机启动停止
I0.7
C0
CU
CTU
M2.7
R
C0
+2
PV
I0.3
I0.5
SM0.1
网络14 风机输出
C0
==I
+1
Q0.1
I5.1
网络15 打手启动停止
I1.0
C2
CU
CTU
M10.4
R
C2
+2
PV
I0.2
Q0.1
M2.7
SM0.1
网络16 打手输出
C2
==I
+1
Q0.0
I5.2
T38
IN
TON
+150
PT
100ms
网络17 打手防轧,打手速度低,打手停
VW2060
>I
VW2050
T38
M10.4
VW2060
>I
VW2052
网络18 给棉启动停止
I1.1
C4
CU
CTU
C4
R
+2
PV
I0.4
Q0.0
SM0.1
网络19 给棉输出
T38
C4
==I
+1
I0.6
Q0.2
I5.3
网络20 给棉测试给定值(15.6Hz)
I5.3
C4
==I
+0
MOV_W
EN
ENO
+10000
IN
OUT
AQW0
网络21 给棉未测试时给定值(0Hz)
I5.3
C4
==I
+0
MOV_W
EN
ENO
+0
IN
OUT
AQW0
网络22 发出准备信号
C4
==I
+1
T38
Q0.4
M3.0
网络23 要棉信号(I5.1风机测试)
M2.3
M2.7
T40
Q0.1
I5.1
Q0.5
T41
I1.4

图 6.12

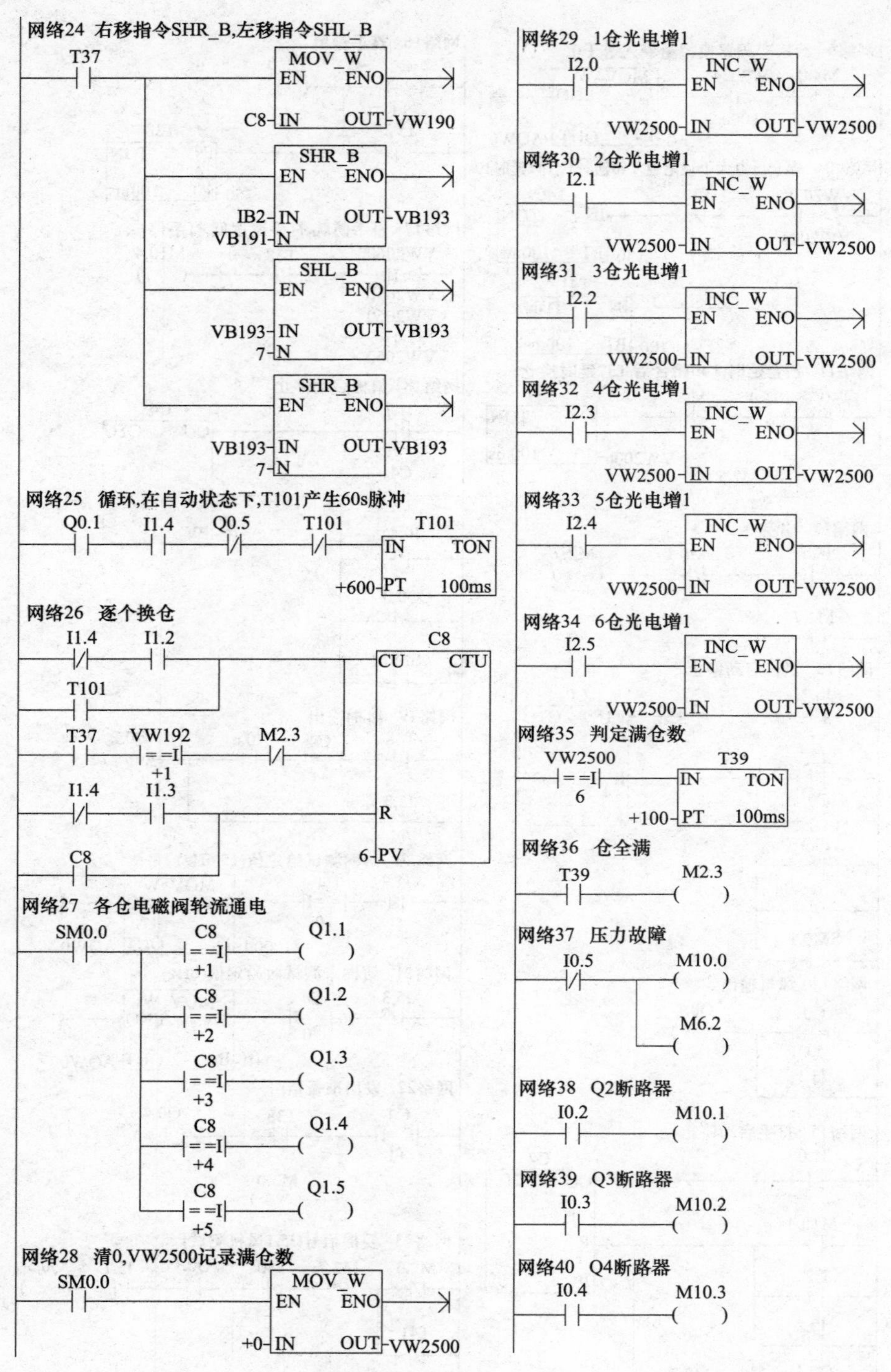

图 6.12 PLC 程序

设定打手转速防轧值。按设定画面中【打手速度防轧设定值】按钮，输入相应的转速值(r/min)，该值存储于字寄存器 VW2060。

同样方法将“换仓压力设定值”写入 VW2004；将“换仓延时设定值”写入 VW2006；将“给棉输出比例设定值”写入 VW2062，给棉输出比例通常设为 40%～65%。

2. 测试

点击画面切换按钮进入测试画面。

(1) 风机测试。按【风机测试】按钮，I5.1 闭合，在程序网络 14 中，风机输出 Q0.1 通电，接触器 K3 通电，风机电动机运转；松开按钮，风机电动机停转。

(2) 打手测试。按【打手测试】按钮，I5.2 闭合，在程序网络 16 中，打手输出 Q0.0 通电，接触器 K2 通电，打手电动机运转；松开按钮，打手电动机停转。

(3) 给棉测试。按【给棉测试】按钮，I5.3 闭合，在程序网络 19 中，给棉输出 Q0.2 通电，继电器 K4 通电，给棉变频器正转控制端 FRUN 接通；在程序网络 20 中，常数 10 000 传送到模拟量单元 EM235 的输出端 AQW0，AQW0 输出与公式（10000×50/32000=15.6Hz）相应的模拟电压到给棉变频器，给棉电动机低速运转。松开按钮，在程序网络 21 中，常数 0 传送到模拟量单元 EM235 的输出端 AQW0，给棉电动机停转。

(二) 打手转速检测与显示

打手转速有两处检测点，安装测速开关 B1、B2，产生的高速脉冲分别输入 PLC 的 I0.0 和 I0.1 端。

1. 打手转速 1＃检测与显示

1＃检测点的转速计数由高速计数器 HSC0 完成。在程序网络 1 中，SMB37 为控制字节存储器，HSC0 工作模式 0，预置值常数 6000 存储于双字存储器 SMD42。

程序网络 3 中定时器 T57 构成 3s 周期振荡器，程序网络 4 中 HC0 记录了 3s 内的转速值，传送到双字存储器 VD2040，其低位字 VW2042 与常数 20 相乘后存储 VW2050（每分钟的转速），在显示画面中显示打手转速 1＃检测点数据（r/min）。

2. 打手转速 2＃检测与显示

2＃检测点的转速计数由高速计数器 HSC3 完成。在程序网络 2 中，SMB137 为控制字节存储器，HSC3 工作模式 0，预置值常数 6000 存储于双字存储器 SMD142。

程序网络 3 中定时器 T57 构成 3s 周期振荡器，程序网络 6 中 HC3 记录了 3s 内的转速值，传送到双字存储器 VD2044，其低位字 VW2046 与常数 20 相乘后存储 VW2052（每分钟的转速），在显示画面中显示打手转速 2＃检测点数据（r/min）。

(三) 打手防轧

在程序网络 16 中，当打手启动时，定时器 T38 延时（15s），打手启动过程结束转为高速运转后，T38 常开触头闭合。

在程序网络 17 中，如果打手转速正常，位存储器 M10.4 断电；如果（VW2060）＞（VW2050），或者（VW2060）＞（VW2052），说明打手转速低于防轧设定值，位存储器 M10.4 通电，使程序网络 15 中计数器 C2 复位，程序网络 16 中打手输出停止，打手电动机停止（程序网络 18 中 C4 复位，联锁给棉电动机停止）。同时显示故障信息“打手转速太低”。

(四) 故障显示与保护

1. “打手转速太低”故障与打手防轧

当打手转速低于防轧设定值时，即（VW2060）＞（VW2050）或（VW2060）＞（VW2052），打手电动机停止，同时显示“打手转速太低”故障信息。

2. 打手电路短路与过载保护

当打手主电路发生短路或过载故障时，断路器 Q2 动作，其主触头分断，辅助常闭触头闭合。在程序网络 15 中，当 I0.2 接通时，计数器 C2 复位，程序网络 16 中打手输出停止（联锁给棉停止）。同时，在网络 38 中，I0.2 接通故障位 M10.1，显示故障信息“断路器

Q2 未接通”。

3. 风机电路短路与过载保护

当风机主电路发生短路或过载故障时，断路器 Q3 动作。在程序网络 13 中，当 I0. 3 接通时，计数器 C0 复位，程序网络 14 中风机输出停止（联锁全机停止）。同时在网络 39 中，I0. 3 接通故障位 M10. 2，显示故障信息“断路器 Q3 未接通”。

4. 给棉电路短路与过载保护

当给棉主电路发生短路或过载故障时，断路器 Q4 动作。在程序网络 18 中，当 I0. 4 接通时，计数器 C4 复位，程序网络 19 中给棉输出停止。同时在网络 40 中，I0. 4 接通故障位 M10. 3，显示故障信息“断路器 Q4 未接通”。

当给棉变频器 A21 发生故障时，故障输出端（FA、FC）闭合，使 I0. 4 接通，动作同上。

（五）发出准备就绪信号

在程序网络 22 中，当给棉电动机启动，打手电动机处于高速状态（T38 闭合）时，Q0. 4 通电，继电器 K5 通电，其常开触头闭合，向前机或清梳联生产线发出准备就绪信号。

（六）发出要棉信号

在程序网络 23 中，当棉仓未满（M2. 3 闭合），未出空（M2. 7 闭合），棉仓压力小于设定值（T40 闭合），风机电动机启动（Q0. 1 闭合）时，Q0. 5 通电，继电器 K6 通电，其常开触头闭合，向抓棉机发出要棉信号。

当所有棉仓棉花充满（光电被遮挡）和风机停止时，不发出要棉信号。在程序网络 35、36 中，当所有棉仓光电被遮挡时，VW2500 等于 6，T39 延时 10s 后使 M2. 3 通电，使要棉信号关断。

（七）开机操作

1. 风机启动/停止

按下【风机启停】按钮 S1，在程序网络 13 中，计数器 C0 当前值由 0 变为 1。在程序网络 14 中，比较接点 C0 = 1 闭合，风机输出端 Q0. 1 通电，接触器 K3 通电，风机电动机启动。

再次按下【风机启停】按钮 S1，在程序网络 13 中，计数器 C0 当前值由 1 变为 2，C0 自复位，在程序网络 14 中，风机输出端 Q0. 1 断电，风机电动机停止。

C0 复位条件还有：开机复位（SM0. 1）、短路与过载复位（I0. 3）、输棉管道压力不足复位（I0. 5）、出空时复位（M2. 7）。

2. 打手启动/停止

按下【打手启停】按钮 S2，在程序网络 16 中，计数器 C2 当前值由 0 变为 1。在程序网络 17 中，比较接点 C2 = 1 闭合，打手输出端 Q0. 0 通电，接触器 K2 通电，打手电动机启动，同时触摸屏上显示打手转速。

再次按下【打手启停】按钮 S1，在程序网络 16 中，计数器 C2 当前值由 1 变为 2，C2 自复位，在程序网络 17 中，打手输出端 Q0. 0 断电，打手电动机停止。

C2 复位条件还有：开机复位（SM0. 1）、短路与过载复位（I0. 2）、风机联锁复位（Q0. 1）、打手速度低复位（M6. 0）。

3. 给棉启动/停止

按下【给棉启停】按钮 S3，在程序网络 18 中，计数器 C4 当前值由 0 变为 1。在程序网络 19 中，比较接点 C4 = 1 闭合，给棉处于准备状态。当前方机台联锁（要棉）信号 I0. 6 接通时，给棉输出端 Q0. 2 通电，继电器 K4 通电，给棉变频器获得正转信号。

给棉电动机的转速由变频器 A21 控制，变频器上的模拟电压给定信号（0～10V DC）由前方机台（清梳联生产线给棉调节器）输入给定，在触摸屏上需设定给棉比例（10%～100%，通常设为 40%～65%），可以此来调整输棉帘上的棉层厚度，同时触摸屏上显示给棉电动机的给棉量。

前方机台输入模拟电压通过 EM235 输入端 B+、B-输入，转换为 AIW2（数值范围 0～32000）。在程序网络 6 中，AIW2 除以 1 存储 VW2032，（VW2032）再除以 320 存储 VW2082（数值范围 0～100），（VW2082）在显示画面上缩小 10 倍（个位数据前有固定小数点）后显示为前级给棉输入电压（数值范围 0～10V）。

在程序网络 7 中，VW2032 除以 100 存储于累加器 AC 1（数值范围 0～320），AC 1 与给棉输出比例设定值寄存器 VW2062（数值范围 10～100）相乘，积存储于 VW2074（数值范围 3200～32000）。（VW2074）再除以 320 存储于 VW2070（数值范围 10～100）。（VW2070）在显示画面上缩小 10 倍（个位数据前有固定小数点）后显示为本级给棉输入电压（数值范围 0～10V）。（VW2070）在显示画面上显示为给棉量（数值范围 10%～100%）。

在程序网络 8 中，当 VW2074 大于或等于 1000 时，（VW2074）传送到 AQW0 输出。因为 1000×50/32000=1.56Hz，所以给棉变频器输出频率范围为 1.56～50Hz。

在程序网络 9 中，当 VW2074 小于 1000 时，常数 0 传送到 AQW0 输出，给棉变频器输出频率为 0Hz，给棉电动机停止。

4. 手动换仓

将【自动/手动】旋钮 S6 分断，I1.4 断电。按下【换仓】按钮 S4（I1.2），在程序网络 26 中，计数器 C8 当前值从 0 变为 1。在程序网络 27 中，当 C8=1 时，Q1.1 通电，电磁阀 Y2 通电，二仓活门打开，由一仓换为二仓。逐次按下【换仓】按钮 S4，完成一仓到六仓的换仓。第六次按下【换仓】按钮 S4，计数器 C8 复位为 0，所有活门关断，返回一仓。

在手动换仓时，按下【复位】按钮 S5（I1.5），C8 复位清 0，所有活门关断，返回一仓。

5. 自动换仓

将【自动/手动】旋钮 S6 接通，I1.4 通电，手动换仓无效。自动换仓必须同时满足超过换仓压力和棉花挡住该仓上光电两个条件。在程序网络 26 中，这两个条件分别由 T37 常开触头和比较接点 VW192=1 控制。

换仓压力传感器 A31 输入压力范围为 0～1000Pa，相应输出模拟电压值为 0～10V。A31 输入模拟电压通过 EM235 输入端 A+、A-输入，转换为 AIW0（数值范围 0～32000）。在程序网络 6 中，AIW0 除以 32 存储 VW2030（数值范围 0～1000），（VW2030）在显示画面上显示为棉仓压力实际值（数值范围 0～1000Pa）。

在程序网络 10 中，当（VW2030）小于棉仓压力设定值（VW2004）时，T40、T41 断电。当（VW2030）大于或等于棉仓压力设定值（VW2004）时，T40、T41 通电，T40 延时 3s，T41 延时 10s，进行换仓准备。

在程序网络 11 中，T40 延时到，I1.4 已接通，风机 Q0.1 运转，则 T37 延时，延时时间为换仓延时设定值（VW2006，10～200s）。T37 延时时间到，在程序网络 26 中，T37 常开触头闭合，准备换仓。

比较接点 VW192=1 是保证顺序换仓的另一个条件。在程序网络 24 中，当 T37 触头闭合时，C8 计数器当前值写入 VW190（VB190、VB191）。当棉仓满仓时，上光电动作，I2.0～I2.5 相应接通（可能存在多位接通）。在字节右移指令 SHR_B 作用下，输入端字节 IB2 右移，移位数目是 C8 当前值，即当前仓位状态（0 或 1）移到最低位，存储于字节

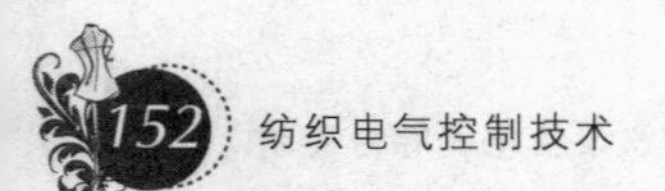

VB193。在字节左移指令 SHL _ B 作用下，VB193 左移 7 位；在字节右移指令 SHR _ B 作用下，VB193 右移 7 位。这样，输入字节 IB2 经过三次移位操作后，当前仓位状态移位到最低位。如果该仓棉花挡住上光电，则仓位状态为 1，即 VB193 = 1，所以 VW192 = 1。

当 VW192 = 1 时，C8 增 1 计数。在程序网络 27 中，该仓对应下一个仓的电磁阀通电，进行换仓。

6. 顺序仓位吹风

在程序网络 25 中，在风机 Q0. 1 通电、选择自动 I1. 4 状态下，当棉仓全部充满后，不发出要棉信号，T101 延时产生 60s 周期脉冲信号。在程序网络 26 中，T101 使 C8 顺序计数。在程序网络 27 中，各仓电磁阀轮流通电，各仓活门顺序打开，进行仓位吹风操作。

当棉仓未满发出要棉信号后，T101 断电，无顺序仓位吹风功能。

7. 满仓计数，控制要棉信号

在程序网络 28 中，对仓位记录存储器 VW2500 清 0。在程序网络 29～34 中，当某仓上光电开关接通时，VW2500 当前值增 1。在程序网络 35 中，当 VW2500 = 6 时，说明全部仓位已满仓，T39 延时 10s，延时时间到，在程序网络 36 中，M2. 3 通电。

在程序网络 26 中，M2. 3 常闭触头断开，停止自动换仓。

在程序网络 23 中，M2. 3 常闭触头断开，停止要棉信号。

当某仓棉花低于上光电时，VW2500≠6，T39 断电，M2. 3 断电。M2. 3 常闭触头闭合，恢复自动换仓和发出要棉信号。

8. 出空

需要清空棉仓时，在触摸屏测试画面上按【出空】按钮 I5. 4，在程序网络 12 中，M2. 7 通电自锁。在程序网络 13 中，C0 复位。在程序网络 14 中，风机输出停止，在触摸屏显示画面上显示出空信息。

在程序网络 15 中，M2. 7 常闭触头断开，打手和给棉电动机继续运转。

在程序网络 23 中，M2. 7 常闭触头断开，不发出要棉信号。

要退出出空状态需关闭 PLC 电源，重新启动 PLC。

9. 停机操作

在运行状态下，按下【风机启动/停止】按钮 S1 时，风机、打手、给棉全部停止。

第三节　开棉机电气控制

一、开棉机工艺流程

开棉机的作用是对棉纤维进一步开松并除去其中大部分的杂质。单梳针辊筒开棉机专为清梳联流程设计，位于混棉机和清棉机之间，结构如图 6. 13 所示。输棉帘 1 和压棉罗拉 2 把筵棉喂入本机，在一对给棉罗拉 3 的握持下，梳针辊筒 4 进行开松梳理，辊筒下方配置有三组除尘刀、分梳板与吸风口组合件 5，能清除梳理过程中分离出的部分杂质，开松、除杂后的棉块从出棉口 7 输送至下一机台。

二、电路特点与工艺要求

(1) 开棉机的电气控制系统由 PLC、触摸屏和变频器组成，控制功能强，操作灵活。

(2) 工艺参数可以方便地在触摸屏的屏幕上设定。例如，可以通过设定打手电动机的频率（0～50Hz）来确定打手的转速，还可以设定打手转速防轧值。

(3) 外部有【总开】、【总停】和【紧急停车】按钮。触摸屏画面上有打手测试、给棉开、给棉停、给棉点动等按键，例如，当设备因故障噎车时，点击触摸屏画面中的给棉反转按键，给棉罗拉低速反转，可将噎在给棉罗拉与打手之间的棉花倒出来。

(4) 打手电动机和给棉电动机的转速均受各自变频器控制。打手变频器的输出频率通过触摸屏设定；给棉变频器的输出频率受生产线给棉调节器的控制，当前方机台需要棉流大时输出频率高，反之输出频率低，以保持棉流均匀供给。

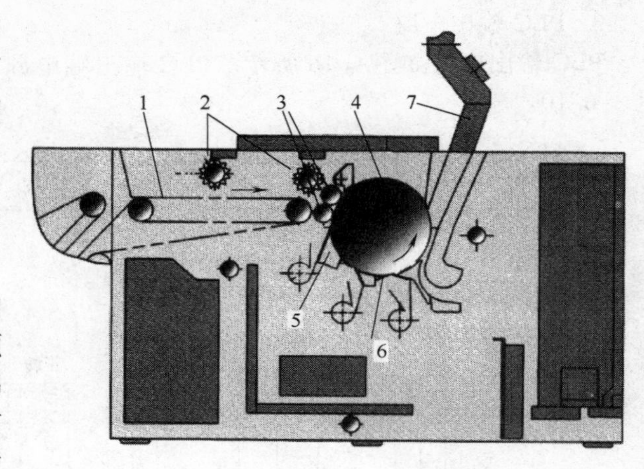

图 6.13　单辊筒开棉机结构

1—输棉帘；2—压棉罗拉；3—给棉罗拉；4—梳针辊筒；5—除尘刀、分梳板与吸风口组合；6—调节板；7—出棉口

三、电气控制线路的组成和作用

开棉机电气控制线路由主电路、PLC 输入电路、PLC 输出电路、模拟量扩展单元电路几部分组成，分别说明如下。

1. 主电路

主电路如图 6.14 所示。主电路有两台电动机，M1 是打手电动机，受变频器 A1 控制。M2 是给棉电动机，受变频器 A2 控制。断路器 Q1～Q4 对电路提供过载和短路保护。

打手变频器 A1 的模拟量输入端连接模拟量扩展单元 EM235 的模拟电压输出端，故障输出端连接 PLC 输入端 I0.4。PCS 为控制公共端，接触器 KM2 的常开触头连接打手正转控制端。

给棉变频器 A2 的模拟量输入端连接前方机台的模拟量的输出端，在清梳联控制中连接集控柜上的给棉调节器，故障输出端连接 PLC 输入端 I0.5。接触器 KM31、KM32、KM33 的常开触头分别连接给棉正转、反转、点动控制端。

AC 380V 经变压器 T1 降压为 AC 220V，供 PLC 和 PLC 输出端负载使用，AC 220V 经整流后输出 DC 24V 供 PLC 输入端和触摸屏使用。

2. PLC 输入电路

PLC 输入电路如图 6.15 所示，PLC 输入端子的定义号与功能见表 6.9。

表 6.9　PLC 输入端子的定义号与功能

定义号	功　能	定义号	功　能
I0.0	打手速度检测(传感器 B01、直流二线接近开关)	I1.0	输棉管道压力检测(气压开关 B1)
I0.2	打手主电路跳闸检测(断路器 Q2)	I1.1	滤尘管道压力检测(气压开关 B2)
I0.3	给棉主电路跳闸检测(断路器 Q3)	I1.5	急停按钮 SB01
I0.4	打手变频器故障检测(变频器 A1 故障输出端)	I1.6	总开按钮 SB02
I0.5	给棉变频器故障检测(变频器 A2 故障输出端)	I1.7	总停按钮 SB03
I0.6	门限保护(行程开关 SQ1)	I2.0	联锁信号
I0.7	棉层超厚(行程开关 SQ2、SQ3)		

3. PLC 输出电路

PLC 输出电路如图 6.16 所示。PLC 输出端电源 220V，PLC 输出端子的定义号与功能见表 6.10。

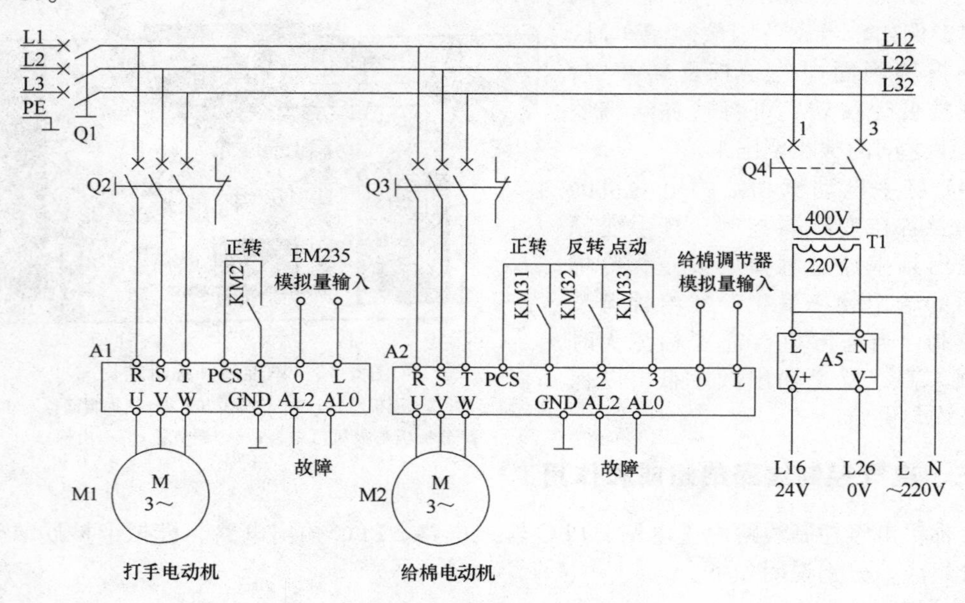

图 6.14　开棉机主电路

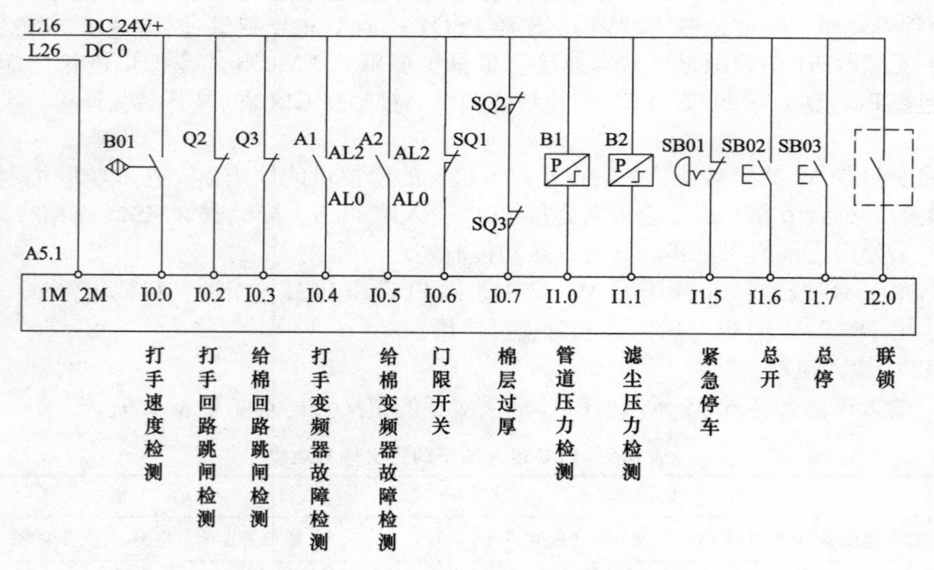

图 6.15　开棉机 PLC 输入电路

表 6.10　PLC 输出端子的定义号与功能

定义号	功　能	定义号	功　能
Q0.1	打手接触器(KM2)	Q0.4	给棉点动接触器(KM33)，正转点动时需要KM31 同时动作
Q0.2	给棉正转接触器(KM31)	Q0.5	要棉接触器(KM5)，向后方机台发出要棉信号
Q0.3	给棉反转接触器(KM32)		

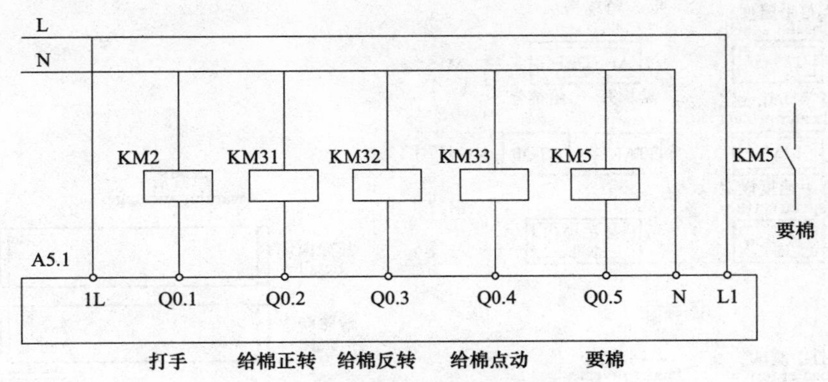

图 6.16　开棉机 PLC 输出电路

4. 模拟量扩展单元电路

PLC 单元（A5.1）、模拟量扩展单元（A5.2）和触摸屏单元（A7）的电路连接如图 6.17 所示。触摸屏单元（A7）电源电压为直流 24V，通过电缆连接与 PLC 通信。模拟量扩展单元的型号为 EM235，工作电压为 DC 24V，有 4 路模拟量输入和 1 路模拟量（电压、电流各 1）输出。模拟量扩展单元的定义号与功能见表 6.11。

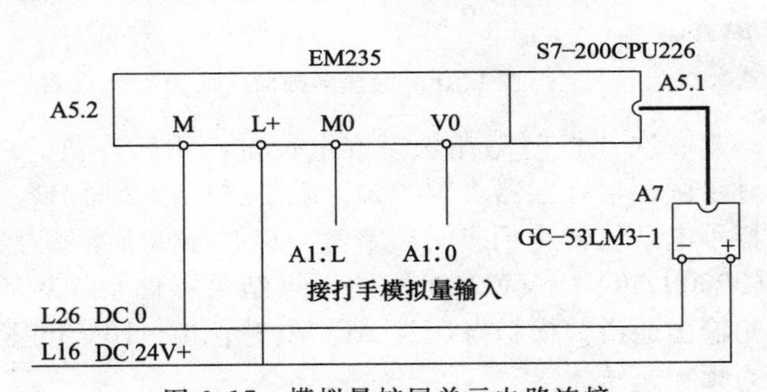

图 6.17　模拟量扩展单元电路连接

表 6.11　模拟量扩展单元的定义号与功能

定义号	功　能
L+、M	接 DC24V 电源。L+接正极，M 接负极
M0、V0	模拟电压量输出端，接打手变频器的模拟量输入端

四、触摸屏显示画面与控制部件

触摸屏画面如图 6.18 所示。其中 B2 是操作与设置画面，B3 是测试与点动画面，B4 是故障报警画面。屏幕按键与 PLC 的位存储器 M 关联，例如，给棉开/停按钮分别与 M17.0/M17.1 关联。屏幕数值设置或数值显示与 PLC 的变量存储器 V 关联，例如，打手速度值存储于 VW2600，打手防轧设定值存储于 VW2400。

五、PLC 程序

PLC 控制程序如图 6.19 所示，对其主要工作原理分析如下。

（一）调试

1. 打手转速设定

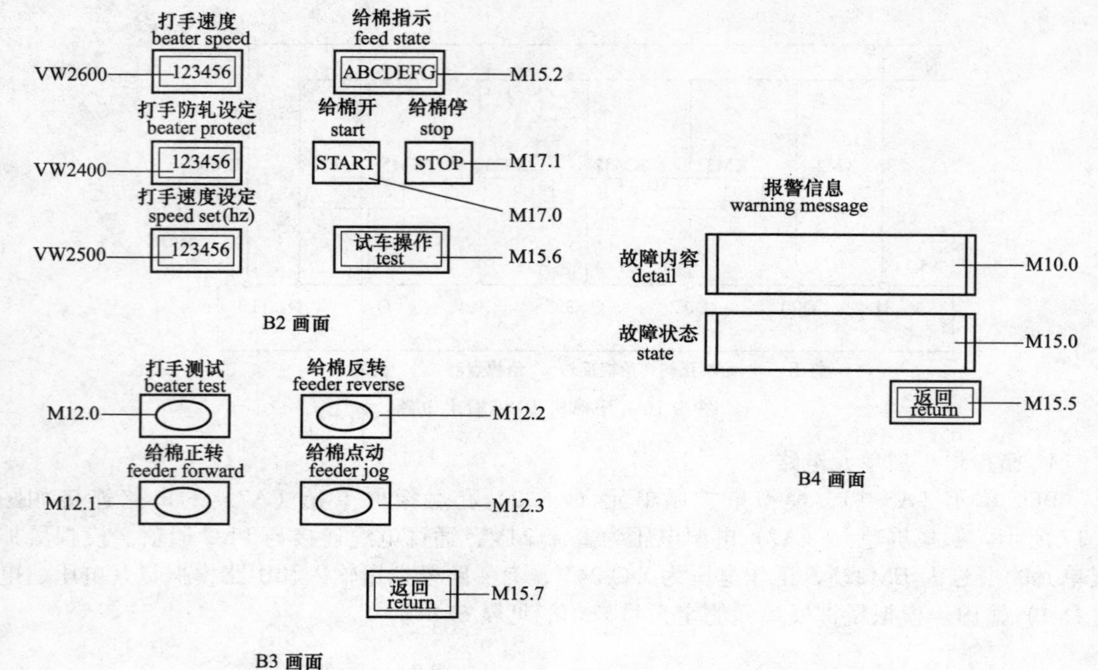

图 6.18　触摸屏画面

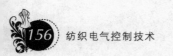

设备安装完毕后，第一次开机前需在触摸屏上设定打手转速值。PLC 运行时，程序网络 5 中常数 2 传送到显示画面字寄存器 VW2900，触摸屏显示画面 B2。按 B2 画面中【打手速度设定】键，输入打手电动机转速相应的频率值，该值存储于字寄存器 VW2500。

程序网络 38 中（32000/50）×（VW2500）的运算结果存储于 VW3000，（VW3000）传送到模拟量扩展模块的输出通道，模拟电压量 AQW0 输出 0～10V 电压，驱动打手变频器，使打手电动机按设定的频率运转。

2. 打手转速防轧设定

在 B2 画面，按【打手防轧设定】键，输入打手电动机的转速防轧值，该值存储于字寄存器 VW2400。

3. 打手测试

在 B2 画面，按【试车操作】键，M15.6 闭合，显示画面 B3（程序网络 4）。在 B3 画面中，按【打手测试】键，M12.0 闭合，Q0.1 通电，接触器 KM2 通电，打手电动机运转，松开按钮，电动机停转（程序网络 24）。

4. 给棉单动

在 B3 画面，按【给棉正转】键，M12.1 闭合，程序网络 29 中 Q0.2 通电，接触器 KM31 通电，给棉电动机正向运转。按【给棉反转】键，M12.2 闭合，程序网络 35 中 Q0.3 通电，接触器 KM32 通电，给棉电动机反转。按【给棉点动】键，M12.3 闭合，程序网络 29 中 Q0.2 通电，程序网络 36 中 Q0.4 通电，接触器 KM31、KM33 同时通电，给棉电动机点动。

按 B3 画面中【返回键】，M15.7 闭合，程序网络 6 中常数 2 传送到显示画面字寄存器 VW2900，返回触摸屏显示画面 B2。

注意：在调试状态下，安全保护限位开关及各电动机的联锁关系将不起作用，如打手电动机频繁启动，易造成变频器过流。

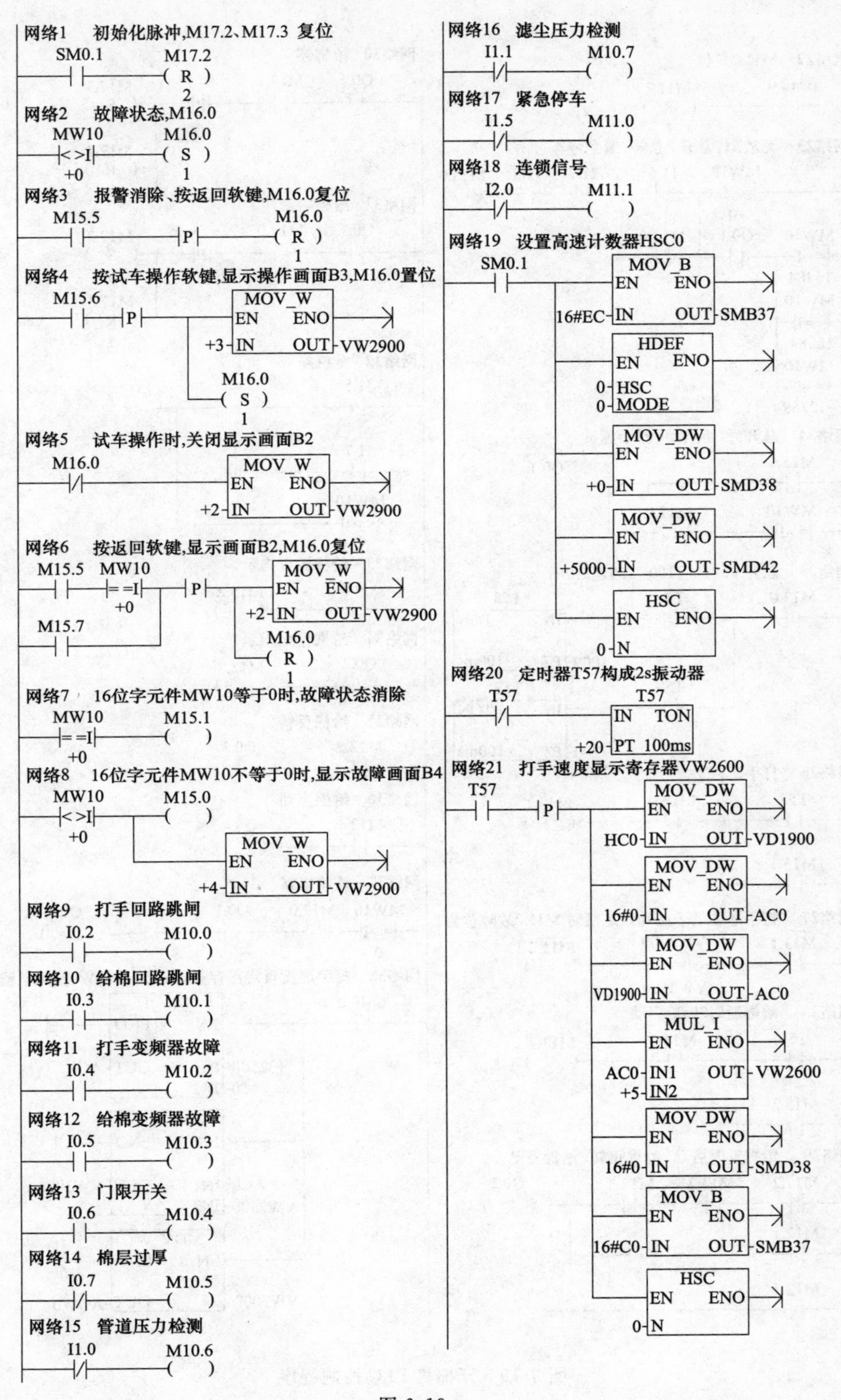
网络1　初始化脉冲,M17.2、M17.3 复位
SM0.1
M17.2
R
2
网络2　故障状态,M16.0
MW10
M16.0
<>I
S
+0
1
网络3　报警消除、按返回软键,M16.0复位
M15.5
P
M16.0
R
1
网络4　按试车操作软键,显示操作画面B3,M16.0置位
M15.6
P
MOV_W
EN ENO
+3 IN OUT VW2900
M16.0
S
1
网络5　试车操作时,关闭显示画面B2
M16.0
MOV_W
EN ENO
+2 IN OUT VW2900
网络6　按返回软键,显示画面B2,M16.0复位
M15.5
MW10
==I
+0
M15.7
P
MOV_W
EN ENO
+2 IN OUT VW2900
M16.0
R
1
网络7　16位字元件MW10等于0时,故障状态消除
MW10
==I
+0
M15.1
网络8　16位字元件MW10不等于0时,显示故障画面B4
MW10
<>I
+0
M15.0
MOV_W
EN ENO
+4 IN OUT VW2900
网络9　打手回路跳闸
I0.2
M10.0
网络10　给棉回路跳闸
I0.3
M10.1
网络11　打手变频器故障
I0.4
M10.2
网络12　给棉变频器故障
I0.5
M10.3
网络13　门限开关
I0.6
M10.4
网络14　棉层过厚
I0.7
M10.5
网络15　管道压力检测
I1.0
M10.6
网络16　滤尘压力检测
I1.1
M10.7
网络17　紧急停车
I1.5
M11.0
网络18　连锁信号
I2.0
M11.1
网络19　设置高速计数器HSC0
SM0.1
MOV_B
EN ENO
16#EC IN OUT SMB37
HDEF
EN ENO
0 HSC
0 MODE
MOV_DW
EN ENO
+0 IN OUT SMD38
MOV_DW
EN ENO
+5000 IN OUT SMD42
HSC
EN ENO
0 N
网络20　定时器T57构成2s振动器
T57
T57
IN TON
+20 PT 100ms
网络21　打手速度显示寄存器VW2600
T57
P
MOV_DW
EN ENO
HC0 IN OUT VD1900
MOV_DW
EN ENO
16#0 IN OUT AC0
MOV_DW
EN ENO
VD1900 IN OUT AC0
MUL_I
EN ENO
AC0 IN1 OUT VW2600
+5 IN2
MOV_DW
EN ENO
16#0 IN OUT SMD38
MOV_B
EN ENO
16#C0 IN OUT SMB37
HSC
EN ENO
0 N

图 6.19

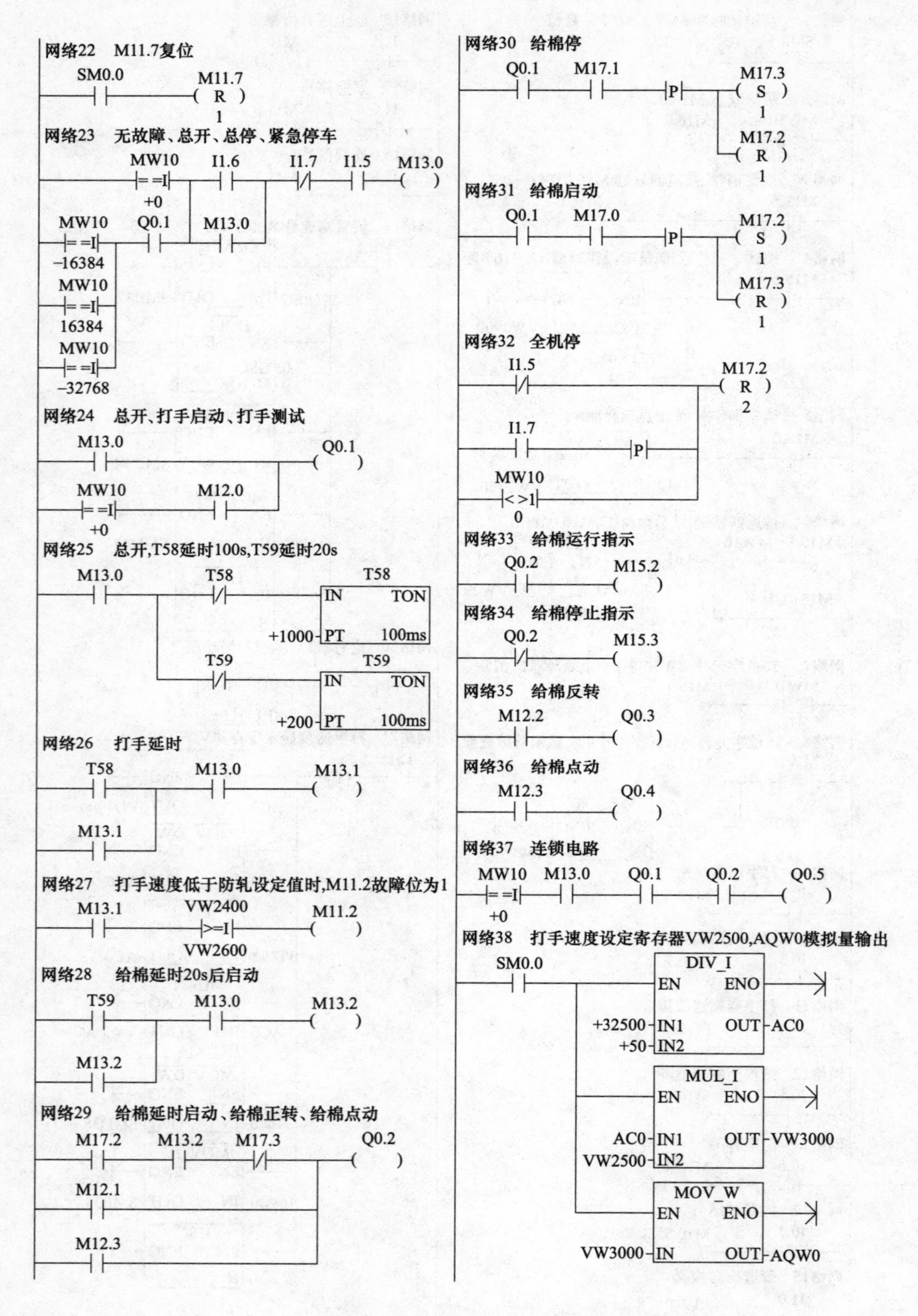

图 6.19 开棉机 PLC 控制程序

（二）打手高速计数与显示

接近开关与打手旋转信号盘的工作原理如图 6.20 所示。打手旋转一周，接近开关输出 6 个脉冲信号，由于计时周期为 2s，所以打手速度 V = HSC0 × 30 ÷ 6 = 5HSC0（r/min）。

打手的转速计数由高速计数器 HSC0 完成，I0.0 为计数脉冲输入端。在程序网络 19 中，SMB37 为控制字字节存储器，HSC0 工作模式 0，预置值常数 5000 存储于双字存储器 SMD42。

程序网络 20 中定时器 T57 构成 2s 振荡器，程序网络 21 中将 2s 时间内打手的转速转换成 r/min 数据存储于字存储器 VW2600。打手的接近开关信号传送到双字存储器 VD1900，VD1900 传送到累加器 AC 0，（AC 0）与常数 5 相乘后存储 VW2600，在画面 B2 中显示打手的实际转速。

（三）打手防轧

打手的转速防轧设定值存储于字寄存器 VW2400，实际转速值存储于字寄存器 VW2600，当打手启动过程结束后，定时器 T58 延时时间（100s）到，程序网络 26 中 M13.1 通电自锁，进入总开状态。

在程序网络 27 中，M13.1 接点闭合。如果此时（VW2400）＞（VW2600），说明打手转速低于设定值，位存储器 M11.2 通电，故障位置 1，全机停车。

（四）故障位、故障控制字、故障显示与保护

程序网络 9～网络 18、网络 27 为故障设置位。例如，当车身门打开时，SQ1 闭合，输入端 I0.6 通电，在程序网络 13 中，M10.4 通电置 1；当棉层超厚时，输入端 I0.7 断开，在程序网络 14 中，M10.5 通电置 1。

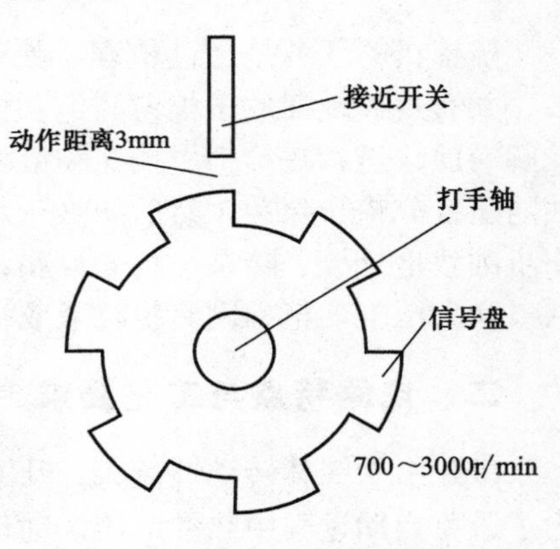

图 6.20　接近开关与打手旋转信号盘位置

MW10 为故障控制字，由字节 MB10 和 MB11 构成，字节与位元件关系如下。

MB10（位元件　M10.0、M10.1、M10.2、M10.3、M10.4、M10.5、M10.6、M10.7）

MB11（位元件　M11.0、M11.1、M11.2、M11.3、M11.4、M11.5、M11.6、M11.7）

在无故障状态时，（MW10）= 0；在故障状态时，(MW10)≠0。

当出现故障时，在触摸屏 B4 画面会显示故障状态和故障代码。

在程序网络 23 中，在无故障状态时，打手正常启动；出现故障时，全机停车。但出现管道压力故障时，MW10 = 16 384 时（即 M10.6 位置 1，其余各位置 0），打手仍保持运行状态，给棉停车。

（五）发出要棉信号

在程序网络 37 中，在无故障状态时，打手和给棉正常运行，Q0.5 通电，接触器 KM5 通电，其常开触头闭合，向后方机台发出要棉信号。

（六）开机操作

设备运行前，需仔细调整压力开关 B1、B2 的动作设定值，当压力达到要求时，B1、B2 的触头闭合，否则触头断开。在全机电气、机械无故障而且由专业人员对该机输入正确的工艺参数之后，挡车人员就可以按以下步骤开机。

1. 打手启动

按下【总开】按钮 SB02，输入端 I1.6 通电，在程序网络 23 中，位存储器 M13.0 通电自锁。在程序网络 24 中，输出端 Q0.1 通电，接触器 KM2 通电，打手变频器 A1 获正转信号，打手电动机启动。

2. 给棉启动

在程序网络 25 中，定时器 T59 延时 20S 后动作。在程序网络 28 中，位存储器 M13.2 通电自锁。按下触摸屏画面 B2 中【给棉开】键，M17.0 闭合。在程序网络 31 中，M17.2 置位，M17.3 复位。在程序网络 29 中，输出端 Q0.2 通电，接触器 KM31 通电，给棉变频器 A2 获正转信号，给棉电动机正转启动。

3. 停机

在运行状态下，按下【总停】按钮 SB03，在程序网络 23 中，I1.7 分断，M13.0 断电解除自锁，全机停。

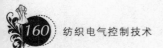

第四节　梳棉机电气控制

一、梳棉机工艺流程

梳棉机的任务是通过梳理、除杂、均匀混和作用，制成符合一定规格和重量要求的棉条，并有规律地圈放于棉条筒中。梳棉机的结构如图 6.21 所示。纤维卷经棉卷罗拉 10 摩擦退解向前输送，在给棉罗拉 9 和给棉板握持下，刺辊 8 及其下方的除尘刀、分梳板、小漏底共同配合分梳、除杂，然后纤维从刺辊转移到锡林 6，锡林、盖板 7、道夫 5 部分对纤维进一步细致地分梳、除杂、均匀混和，在道夫表面凝聚成棉层，经剥棉罗拉 4 剥取成网，大喇叭口和大压辊 3 把棉网聚拢收紧成棉条，圈条器 2 把棉条按次序圈放在棉条筒 1中。

二、电路特点与工艺要求

(1) 由于锡林转动惯量大，升速困难，故造成锡林电动机启动电流大，启动时间较长。为了避免启动过程中热继电器误动作，在锡林启动时，热继电器不接入。只有当锡林转速达到正常转速的 75%～80%，启动过程即将结束时，才允许热继电器接入主电路。

(2) 道夫电动机采用了变频器调速，从而实现了道夫升速斜率的调节，满足了道夫“慢速生头、快速运转和出现罗拉返花故障时直流制动停车”的工艺要求，以防止道夫变速时影响输出棉条的条干均匀度。

(3) 在控制柜的面板上装有数显仪，可以掌握梳棉机的运行情况，进行生产参数输入和定长控制。

(4) 当出现刺辊转速降低、厚卷、棉条断条、堵管等故障时，道夫变频器在设定的减速时间内自动停车，并用信号灯给出相应指示。

(5) 当出现道夫罗拉返花故障时，为了防止道夫针齿轧伤，道夫变频器采用直流制动方式，道夫电动机迅速停车，并用信号灯给出相应指示。

三、电气控制线路的组成和作用

梳棉机电气控制线路由主电路、PLC 输入和 PLC 输出电路三部分组成。

1. 主电路

主电路如图 6.22 所示。主电路开关 QS1 有【运转】、【抄针】、【停止】三个位置，正常生产时将 QS1 拨到【运转】位置。在【抄针】位置时，两相电源线对调，锡林电动机反转

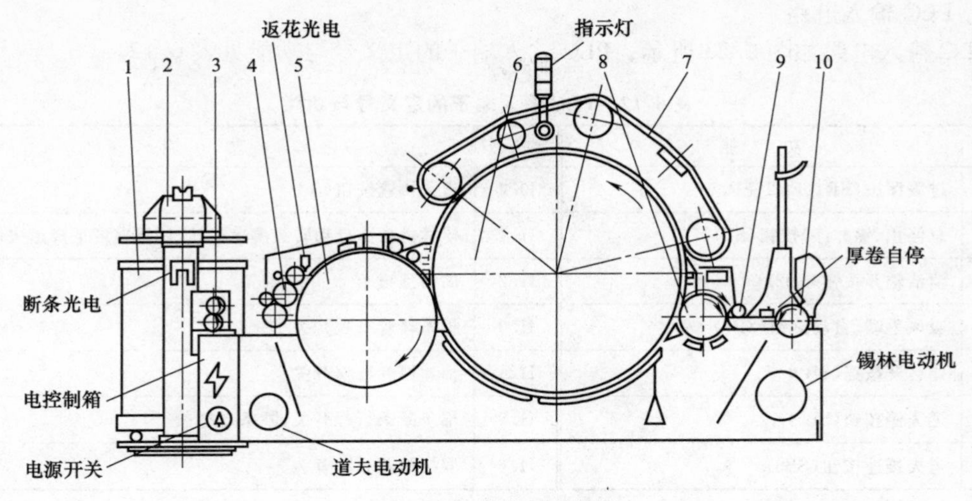

图 6.21　梳棉机结构

1—棉条筒；2—圈条器；3—大压辊；4—剥棉罗拉；5—道夫；
6—锡林；7—盖板；8—刺辊；9—给棉罗拉；10—棉卷罗拉

抄针。

主电路有四台电动机，其中 M1 是清洁辊电动机，受接触器 KM1 控制。M2 是吸风电动机，受接触器 KM2 控制，M1 和 M2 均具有短路和过载保护。M3 是锡林电动机，锡林启动时接触器 KM3 接通，三相电源直接与锡林电动机连接；启动结束转为正常运转时，锡林运转接触器 KM4 接通（KM3 分断），三相电源经热继电器 FR3 与锡林电动机连接，FR3 起过载保护作用。

M4 是道夫电动机，受伦茨变频器 8212E 的控制，断路器 QF1 起短路和过载保护。

变压器 T 输出 AC 220V 供 PLC、继电器负载和数显仪用电，输出 AC 12V 供指示灯和光电控制器用电。

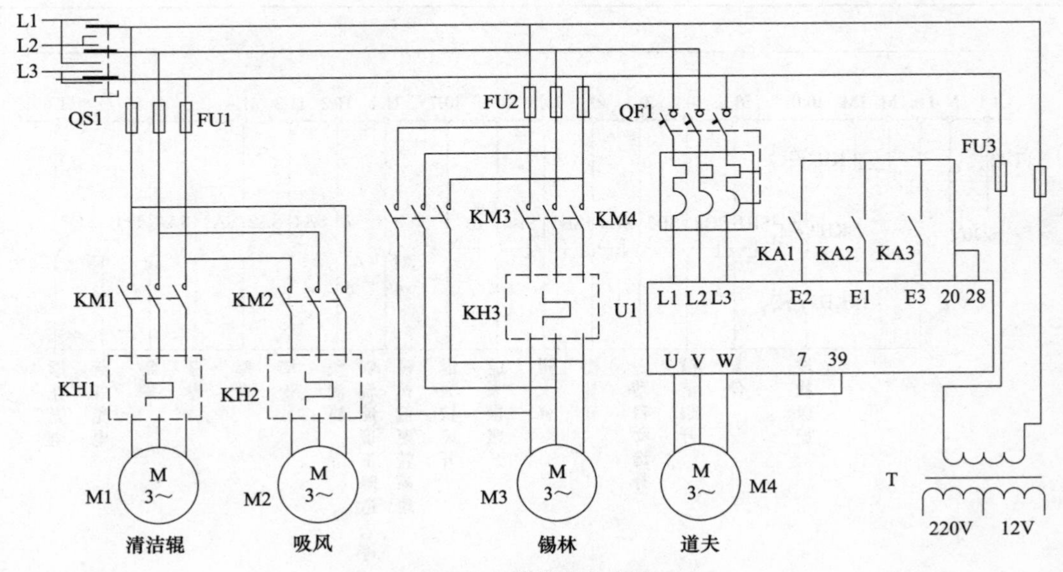

图 6.22　梳棉机主电路

2. PLC输入电路

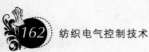

PLC输入电路如图6.23所示，PLC输入端子的定义号与功能见表6.12。

表6.12 PLC输入端子的定义号与功能

定义号	功能	定义号	功能
I0.0	过载保护(FR1、FR2、FR3)	I0.7	道夫快速按钮(SB7)
I0.1	总停止(锡林停)按钮(SB1)	I1.1	锡林由低速启动转为高速运转,刺辊速度下降道夫停止
I0.2	清洁辊开按钮(SB2)	I1.2	满筒预报
I0.3	吸风手动/自动旋钮(SB3)	I1.3	棉条堵管行程开关
I0.4	锡林开按钮(SB4)	I1.4	棉卷厚卷行程开关
I0.5	道夫停按钮(SB5)	I1.5	棉条断条行程开关,断条光电
I0.6	道夫慢速按钮(SB6)	I1.6	罗拉返花光电开关

3. PLC输出电路

PLC输出电路如图6.24所示。PLC输出端继电器负载的电源电压为220V，指示灯的电源电压为12V。PLC输出端子的定义号与功能见表6.13。

表6.13 PLC输出端子的定义号与功能

定义号	功能	定义号	功能
Q0.0	清洁辊接触器(KM1)	Q0.6	道夫制动中间继电器(KA3)
Q0.1	吸风接触器(KM2)	Q1.0	黄灯(HL1)返花故障
Q0.2	锡林启动接触器(KM3)	Q1.1	白灯(HL2)满筒
Q0.3	锡林运转接触器(KM4)	Q1.2	蓝灯(HL3)吸尘运行指示
Q0.4	道夫慢速中间继电器(KA1)	Q1.3	红灯(HL4)断条指示
Q0.5	道夫快速中间继电器(KA2)	Q1.4	绿灯(HL5)厚卷指示、刺辊欠速指示

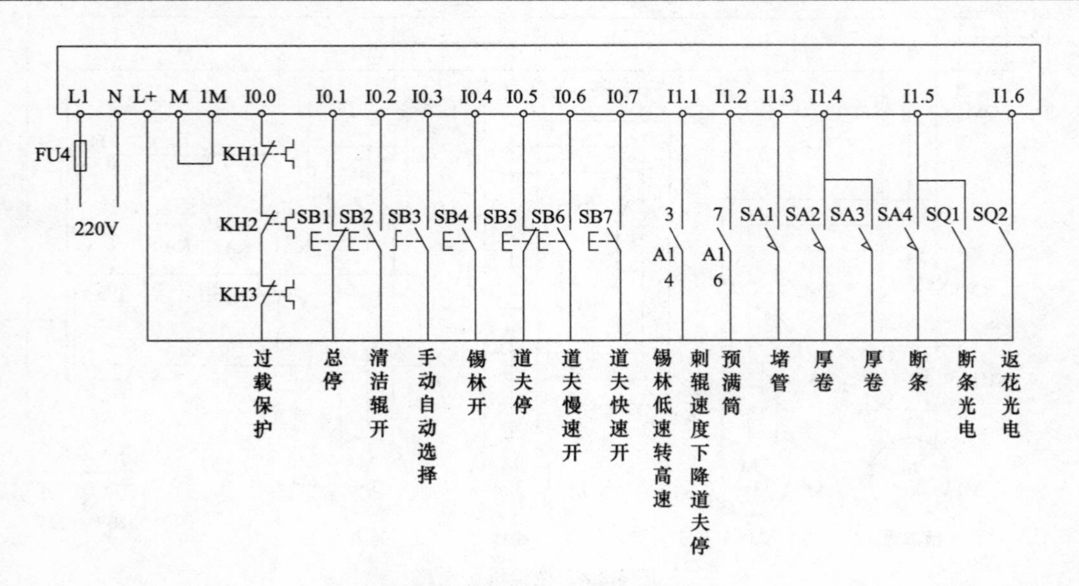

图6.23 梳棉机PLC输入电路

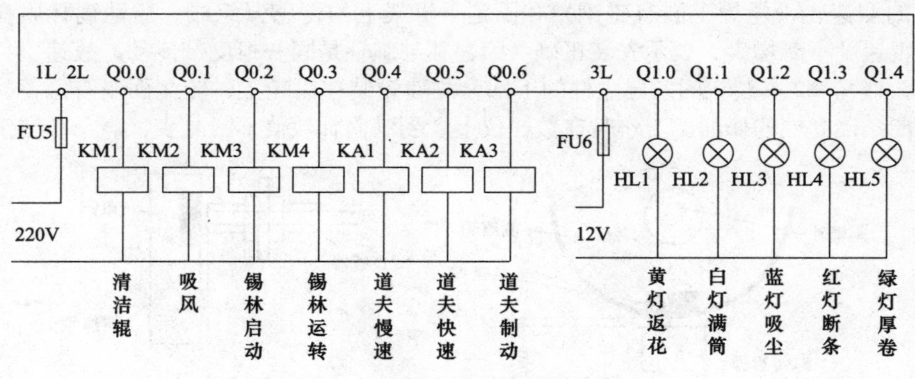

图 6.24　梳棉机 PLC 输出电路

四、变频器端子功能

道夫变频器的型号是伦茨 8212E，其端子功能见表 6.14。

表 6.14　变频器 8212E 端子功能

端子	功　　能	有 效 输 出
L1、L2、L3	三相电源输入端，接三相电源	50Hz/380V
U、V、W	三相电源输出端，接电动机	变频/变压
7	数字内部地(GND)	低电平
20	内部电源 12V/15V/20mA	高电平
28	控制使能端	高电平
39	数字输入地(外部电源供电时的地)	低电平
E2/E1	寸动频率 1、2、3	00＝键盘设定值 01＝寸动频率 1 有效(C037 参数设定频率) 10＝寸动频率 2 有效(C038 参数设定频率) 11＝寸动频率 3 有效(C039 参数设定频率)
E3	直流制动	高电平
E4	正转/反转	正转：低/反转：高

变频器数字控制端使用内部电源供电时端子 7 和 39 必须短接（使用外部电源供电时端子 7 和 39 断开）。E2 和 E1 的组合代码 10、11、00 分别为道夫慢速、快速和停车。E3、E2 和 E1 的组合代码 100 为道夫停车直流制动状态。

五、数显仪工作原理

数显仪 A1 的接线如图 6.25 所示。数显仪的工作电压为交流 220V，主要显示刺辊转速、出条速度、四个班的班产量。并具有满筒倒计数，满筒预报及满筒道夫停车等功能。在数显仪输入端接有两个霍尔传感器 S1 和 S2，S1 用来检测刺辊转速，S2 用来检测棉条长度。

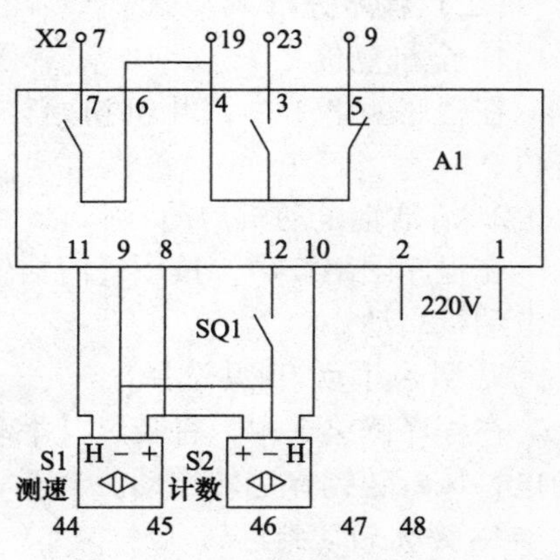

图 6.25　数显仪 A1 的接线

霍尔传感器的安装位置如图 6.26 所示，S1 由装在刺辊轴上的测速轮（轮周上嵌有磁钢）和固定于机架上的传感器组成。启动锡林后在数显仪上看到刺辊速度不断增大，表示安装正确（因锡林与刺辊是同一根皮带传动，故速度检测点放在刺辊轴头处）。S2安装在圈条器立柱的下部，测速轮装在齿轮上，轮侧面嵌有磁钢，传感器支架装在圈条器立柱的侧面。工作时在数显仪上看到满筒计数值不断减少，表示安装正确。

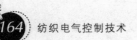

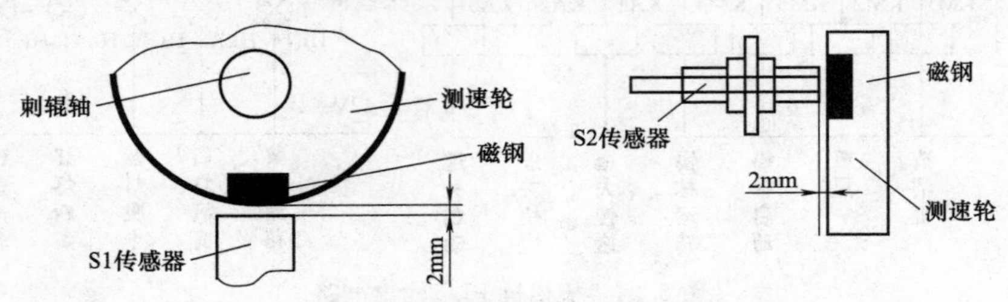

图 6.26　霍尔传感器的安装

满筒前预报及满筒停车的功能：数显仪A1常开触头（6、7）在满筒长度倒计数还剩200m时接通，指示灯白灯亮，但道夫不停车。倒计数为“0”时数显仪A1常开触头（3、4）停道夫，机上红灯亮。

图6.25所示数显仪A1常开触头（3、4）在低速状态时分断，在高速状态时闭合。其作用有两个，其一是锡林启动时，当刺辊速度高于设定值时，常开触头动作闭合，完成锡林从启动到正常运转的转换。其二是控制道夫，运行中由于某些原因，致使刺辊速度降至设定值以下时，联锁道夫停车，蓝灯亮。

六、PLC程序

梳棉机PLC控制程序如图6.27所示，对其主要工作原理分析如下。

（一）程序联锁关系

（1）清洁辊电动机联锁道夫电动机。清洁辊启动后，才允许开道夫，防止罗拉返花轧伤道夫针齿。

（2）锡林运转接触器联锁锡林启动接触器。即KM4通电时KM3断电。

（3）锡林运转联锁道夫。锡林由低速启动转为高速运转后，道夫电动机才能启动，给棉罗拉转动喂棉，防止喂入纤维拥塞在给棉罗拉和刺辊间，轧坏刺辊。

（4）道夫低速联锁道夫高速。只有道夫低速运转后，才能启动道夫高速。

（5）故障道夫停。当出现各种故障时自动停止道夫。

（二）程序分析

1. 全机复位

在程序网络1中，开机初始化、过载保护时或按下【总停止】按钮时，Q0.0～Q1.7复位。

2. 清洁辊电动机启动

在程序网络2中，按下【清洁辊开】按钮，I0.2通，清洁辊输出Q0.0通电自锁，清洁辊电动机启动。

3. 吸风手动/自动选择

在程序网络3中，将吸风【手动/自动】旋钮关断，当锡林正常运转时，吸风输出Q0.1通电，风机随锡林运转启动。

4. 锡林启动到运转

在程序网络4中，按下【锡林开】按钮，I0.4通，锡林启动输出Q0.2通电自锁，锡林

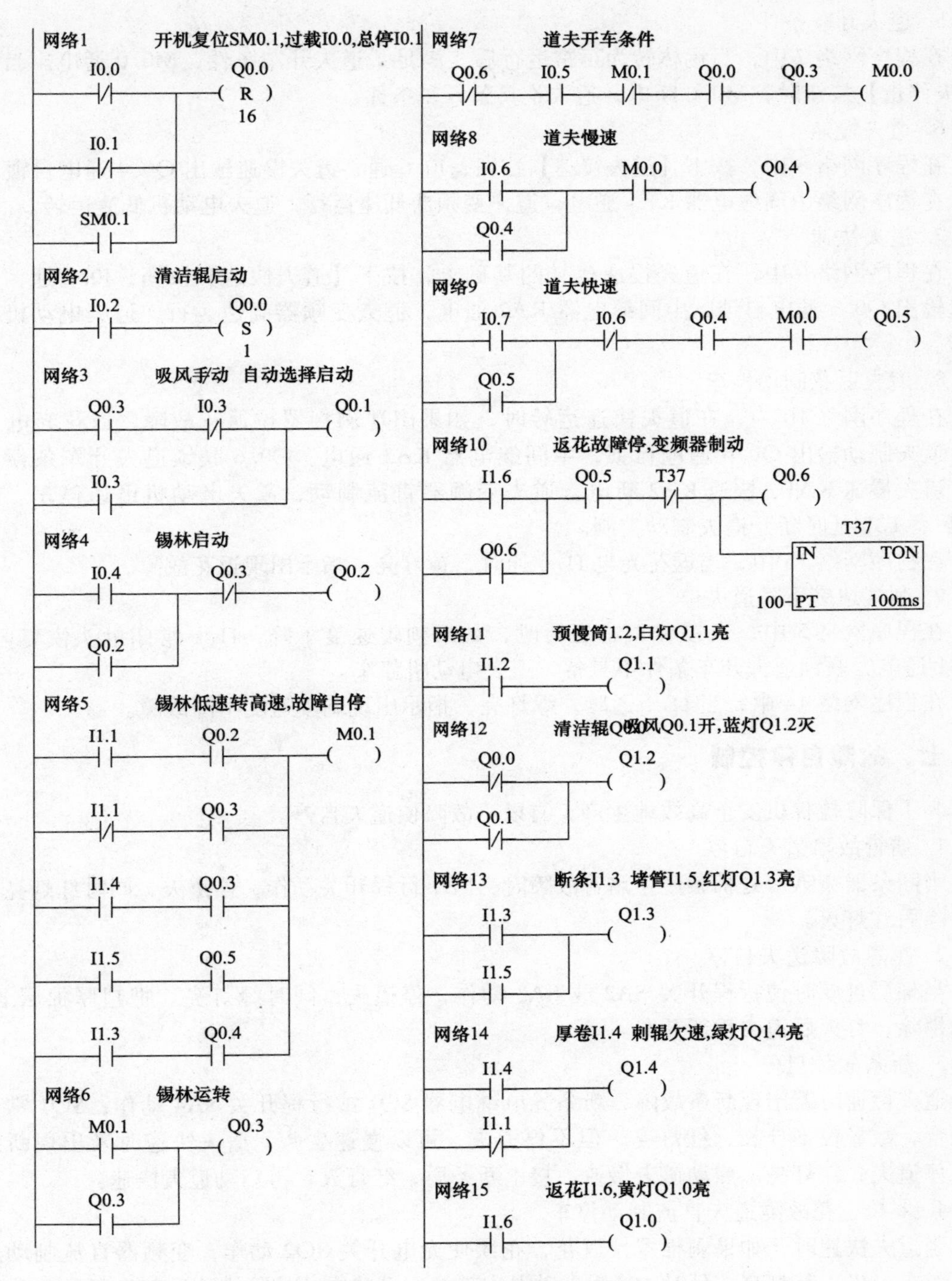

图 6.27　梳棉机 PLC 控制程序

电动机低速启动。

在程序网络中 5，当锡林电动机由低速达到预定高速时，数显仪中 A1（3、4）触头闭合，I1.1 闭合，M0.1 通电。

在程序网络 6 中，当 M0.1 闭合时，锡林运转 Q0.3 通电自锁，锡林电动机正常运行。在程序网络 4 中，锡林启动 Q0.2 断电。在程序网络 5 中，M0.1 断电。

5. 道夫开车条件

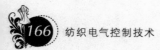

在程序网络7中，当锡林转为正常运行后，满足了道夫开车条件，M0.0通电。当按下【道夫停止】按钮时，M0.0断电，道夫不具备开车条件。

6. 道夫慢速

在程序网络8中，按下【道夫慢速】按钮，I0.6通，道夫慢速输出Q0.4通电自锁，

在程序网络中间继电器KA1通电，道夫变频器低速运行，道夫电动机低速运转。

7. 道夫快速

在程序网络9中，在道夫慢速运转的基础上，按下【道夫快速】按钮，I0.7通，道夫快速输出Q0.5通电自锁，中间继电器KA2通电，道夫变频器高速运行，道夫电动机高速运转。

8. 道夫返花制动停车

在程序网络10中，在道夫快速运转时，如果出现剥棉罗拉返花故障，返花光电I1.6通，道夫制动输出Q0.6通电自锁，中间继电器KA3通电，Q0.6联锁道夫开车条件不具备，道夫慢速KA1、快速KA2断电，道夫变频器直流制动，道夫电动机迅速停车。制动10s后，T37延时断开道夫制动控制。

在程序网络15中，当返花光电I1.6通时，黄灯亮，指示出现返花故障。

9. 刺辊速度下降道夫停

在程序网络5中，当锡林正常运转时，如果刺辊速度下降，I1.1常闭触头恢复闭合，M0.1通电，联锁道夫开车条件不具备，道夫电动机停车。

在程序网络14中，当I1.1通时，绿灯亮，指示出现刺辊速度下降故障。

七、故障自停控制

为了保障梳棉机安全高效地生产，有以下故障使道夫自停。

1. 堵管故障道夫自停

当圈条器喇叭口处棉条产生堵管故障时，SA1行程开关动作，停道夫，同时红灯亮。故障排除后红灯灭。

2. 厚卷故障道夫自停

当棉层过厚时使行程开关SA2或SA3动作，停道夫，同时绿灯亮。把超厚棉层退出，故障消除，灯灭后道夫重新开车。

3. 断条故障自停

道夫慢速时若出现断条故障，断条光电继电器SQ1或行程开关SA4动作，SQ1常开触头闭合，数显仪不计长，红灯亮，但不停道夫，可以慢速生头。道夫快速时若出现断条故障，停道夫，红灯亮。启动道夫慢速，接上断条后，红灯灭，再启动道夫快速。

4. 罗拉返花故障道夫直流制动停车

当道夫快速时，如果剥棉罗拉返花，花团使光电开关SQ2动作，变频器直流制动迅速停止道夫，机上黄灯亮，延时10s后自动退出直流制动状态。故障排除后黄灯灭。

八、设备操作

1. 开车准备

将QS1置于【运转】位置，使控制柜通电，红灯、绿灯、蓝灯亮。控制柜内道夫变频器显示“F050.0”，且F后的0还闪亮，风机启动旋钮拨到【自动】位置。

2. 锡林启动

按【锡林开】按钮 SB4，锡林电动机启动。数显仪（操作时按 * 81 “显示”，“确定”，可见到刺辊转速不断上升）上数值超过 760 时，绿色信号灯灭，表示锡林启动接近完毕，可以开道夫。此时吸风风机自动启动。

3. 清洁辊启动

按【清洁辊开】按钮 SB2，蓝色信号灯灭。

4. 道夫启动

按【道夫慢速】按钮 SB6，道夫电动机缓慢启动，将棉条引入圈条器挡光后，数显仪开始计数，机上红灯灭。这时可按【道夫快速】按钮 SB7，道夫按设定的升速率上升到设定值。此时变频器显示道夫快速运行频率。

5. 道夫快转慢

在道夫快速状态下要转换成慢速，只需按【道夫慢速】按钮 SB6。

6. 道夫停

按【道夫停】按钮 SB5，道夫停止。

7. 全机停

按【总停止】按钮 SB1，全机断电，道夫由变频器减速时间控制停。过十几分钟锡林停后，才能把电源开关断开，关车完毕。

第五节　清梳联电气控制

一、清梳联工艺流程

将开清棉工序输出的棉流，直接均匀地输配给多台梳棉机，由此组成的联合机台称为清梳联合机，简称“清梳联”。清梳联实现了开清棉和梳棉两个工序的连接，改变了传统开清棉“开松—压紧—再开松”的不合理工艺，缩短了工艺流程。清梳联依靠先进的自动控制技术，改善了棉条质量，提高了生产效率，降低了生产消耗，清梳联已经成为现代纺织企业提高产品质量的关键设备。

清梳联系统由一组开清棉机联合机台（抓棉机、混棉机、清棉机等）和 6～12 台梳棉机组合而成，以抓棉喂入为始端、棉条输出为尾端对原棉进行循序加工。清梳联纺棉流程按“一抓、一开、一混、一清”，纺化纤流程按“一抓、一混、一清”配多台高产梳棉机的工艺原则来配置设备。如图 6. 28 所示为生产纯棉纤维的清梳联典型工艺流程。棉花从往复式自动抓棉机 FA006C 开始抓起，送入输棉管道，经输棉风机 TF2406、金属火星探除器 AMP2000、单轴流开棉机 FA113。棉流由气动配棉器 TF2212 分成左、右两路，分别经多仓混棉机 FA028、清棉机 JWF1124、除微尘机 FA151 到达清梳联喂棉箱 FA177A。

二、电路特点与工艺要求

(1) 清梳联整机采用多电动机传动及 PLC 控制。

(2) 两路连续喂棉设置超低限报警及超高限停车控制。

(3) 流程中设有金属火星探除器等安全措施。

(4) 输棉风机采用变频调速，根据需要进行无级调速。

三、电气控制线路的组成和作用

ZLFA06611 型清梳联合机电气线路由主电路和控制电路组成，分别说明如下。

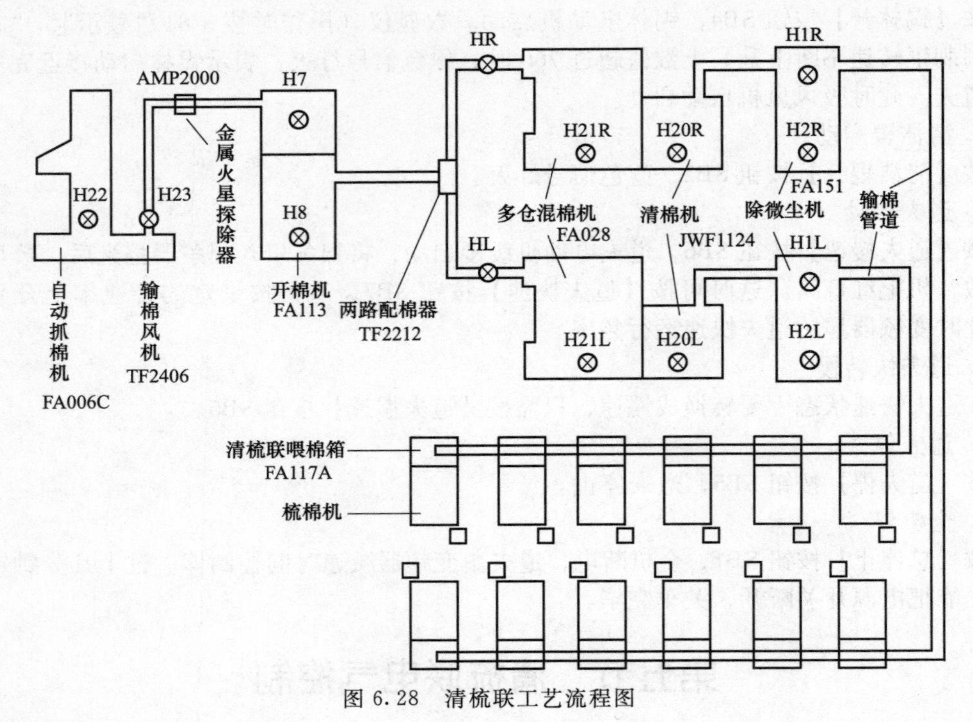

图 6.28 清梳联工艺流程图

1. 主电路

主电路如图 6.29、图 6.30 所示。Q0 是开清棉联合机总电源空气开关，当 Q0 处于接通状态时，各机台的（往复式自动抓棉机 FA006C、输棉风机 TF2406、单轴流开棉机 FA113C、左右路多仓混棉机 FA028B、左右路清棉机 JWF1124、左右路除微尘机 FA151）电源接通。

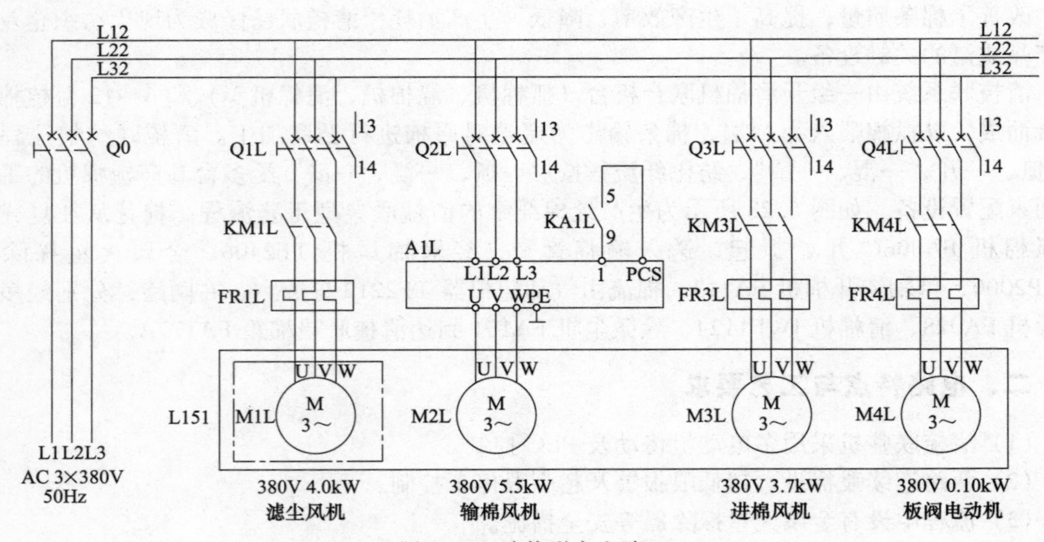

图 6.29 清梳联主电路 1

Q1L～Q4L 是左路除微尘机 L FA151 各电动机支路的空气开关。L FA151 主电路中有四台鼠笼式异步电动机，其中 M1L 是滤尘风机电动机，受接触器 KM1L 控制；M2L 是输棉风机电动机，其转速受变频器 A1L 控制，A1L 的运转控制端受中间继电器 KA1L 控制；M3L

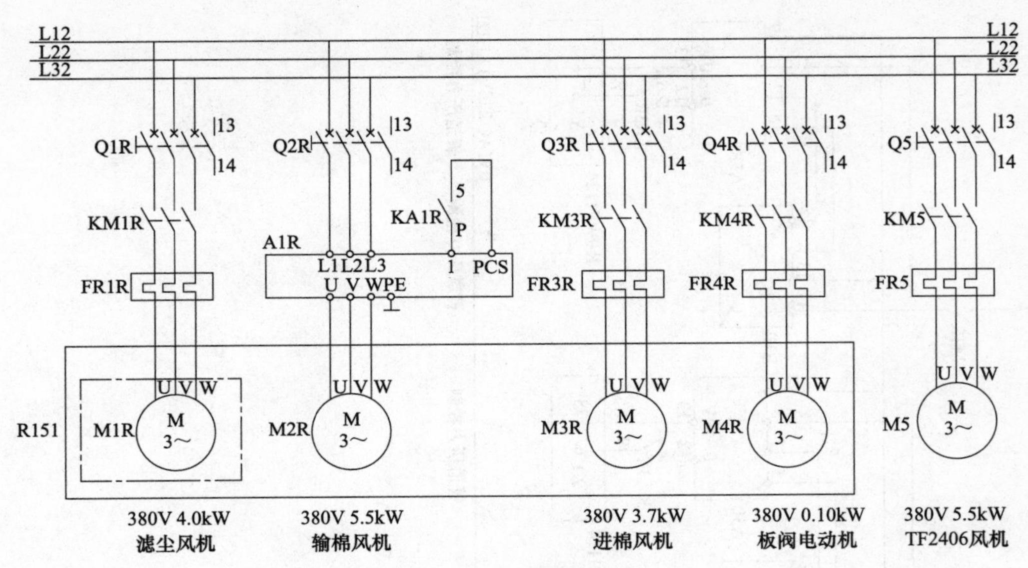

图 6.30　清梳联主电路 2

是进棉风机电动机，受 KM3L 控制；M4L 是板阀电动机，受 KM4L 控制。

Q1R～Q4R 是右路除微尘机 R FA151 各电动机支路的空气开关。R FA151 主电路中有四台鼠笼式异步电动机，其中 M1R 是滤尘风机电动机，受接触器 KM1R 控制；M2R 是输棉风机电动机，其转速受变频器 A1R 控制，A1R 的运转控制端受中间继电器 KA1R 控制；M3R 是进棉风机电动机，受 KM3R 控制；M4R 是板阀电动机，受 KM4R 控制。

Q5 是输棉风机 TF2406 电动机 M5 支路的空气开关，M5 受接触器 KM5 控制。

所有电动机均受到短路和过载保护。

2. 控制电路

控制电路如图 6. 31～图 6. 36 所示。在图 6. 31 所示的开清棉联合机控制电路 1 中，QF1 和 QF2 是控制电路电源空气开关，控制变压器 T1 的初级电压为 AC 380V，次级电压为 AC 220V。该控制电路中主要器件的名称及作用见表 6. 15。

表 6. 15　控制电路 1 中主要器件的名称及作用

器件代号	名称及作用	器件代号	名称及作用
SP1L	连续喂棉超低限警铃，受 KA4L 控制	B1L、B1R	输棉管道压力传感器
SP1R	连续喂棉超低限警铃，受 KA4R 控制	A3L、A3R	连续喂棉 PID 控制器、型号 SR62、控制 JWF1124 给棉变频器模拟量输入
H1	电源指示灯、红色	AU1. 1	PLC 十槽框架、型号 E04-B
H2	控制电源指示灯、绿色	AU1. 2	CPU、型号 SE22、光阳系列 SE 系列 PLC
H3	柜内照明、日光灯/25W	AU1. 3 ～AU1. 6	PLC 输入模块、型号 E-05N
SP2	开车警铃，受 SB2 按钮控制	AU1. 7	PLC 输出模块、型号 E-05T
H4L	L FA151 照明	AU2. 0 ～AU2. 3	PLC 输出模块、型号 E-01T
H4R	R FA151 照明		

在图 6. 32 所示的开清棉联合机控制电路 2 中，PLC 输入端使用内部直流电源，PLC 输出端负载使用 AC220V 电源。该控制电路中 PLC 输入 /输出端口分配见表 6. 16。

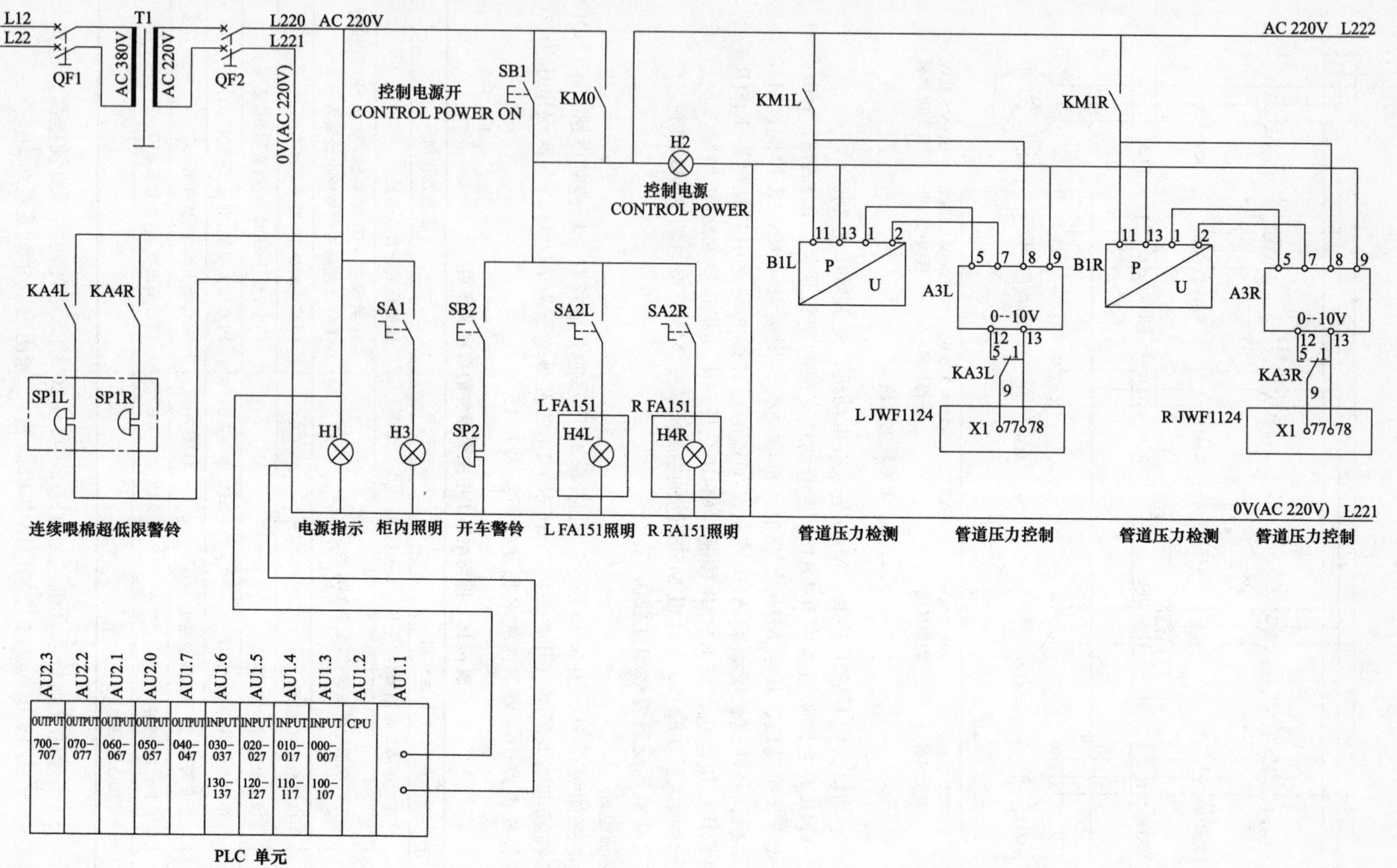

图 6.31 清梳联控制电路 1

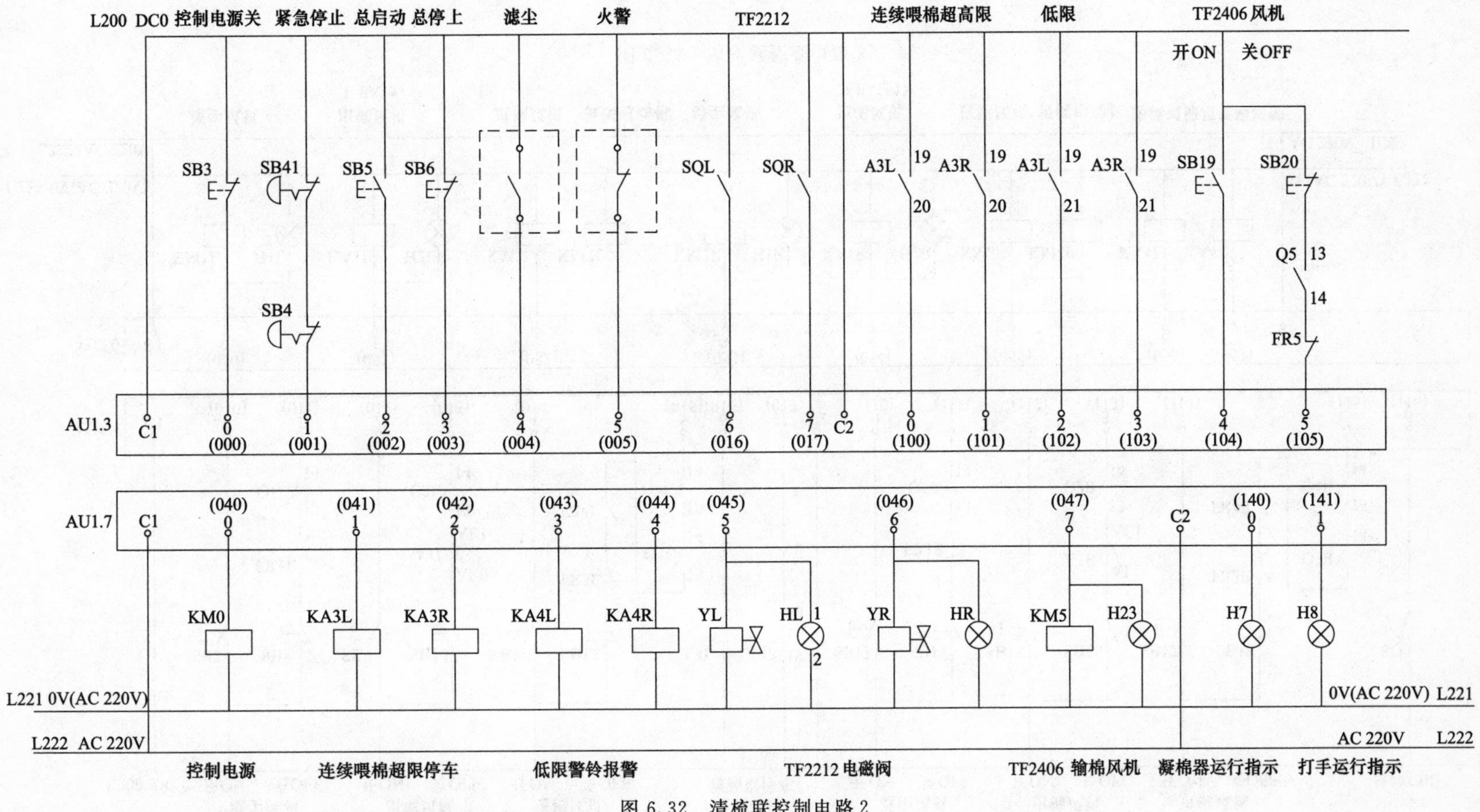

图 6.32　清梳联控制电路 2

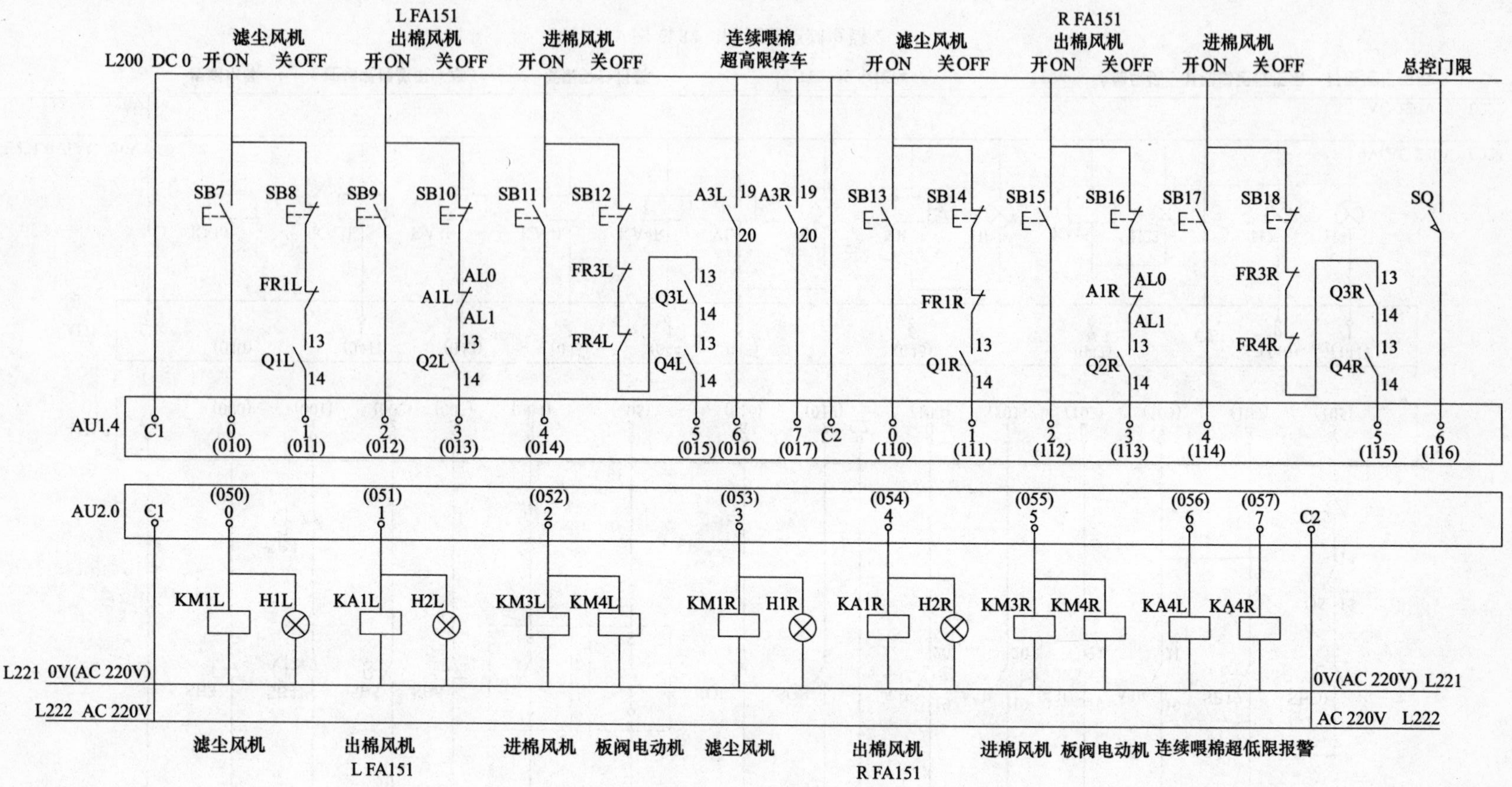

图 6.33 清梳联控制电路 3

表 6.16 控制电路 2 中 PLC 输入/输出端口分配表

输入端	名称及作用	输出端	名称及作用
000	SB3 控制电源关按钮	040	KM0 控制电源通断接触器
001	SB4 紧急停止按钮	041	KA3L 左路连续喂棉超限停车中间继电器
002	SB5 总启动按钮	042	KA3R 右路连续喂棉超限停车中间继电器
003	SB6 总停止按钮	043	KA4L 左路低限警铃报警中间继电器
004	滤尘控制触头	044	KA4R 右路低限警铃报警中间继电器
005	火警控制触头	045	YL 配棉器左路电磁阀；HL 电磁阀工作指示灯
006	SQL 左路配棉器 TF2212 控制触头	046	YR 配棉器右路电磁阀；HR 电磁阀工作指示灯
007	SQR 右路配棉器 TF2212 控制触头	047	KM5、TF2406 输棉风机接触器；H23、输棉风机工作指示灯
100	A3L 左路连续喂棉超高限控制触头	140	H7 凝棉器运行指示
101	A3R 右路连续喂棉超高限控制触头	141	H8 打手运行指示
102	A3L 左路连续喂棉超低限控制触头		
103	A3R 右路连续喂棉超低限控制触头		
104	SB19、TF2406 风机启动按钮		
105	SB20、TF2406 风机停止按钮		

在图 6.33 所示的开清棉联合机控制电路 3 中，PLC 输入端使用内部直流电源，PLC 输出端负载使用 AC220V 电源。该控制电路中 PLC 输入/输出端口分配见表 6.17。

表 6.17 控制电路 3 中 PLC 输入/输出端口分配表

输入端	名称及作用	输出端	名称及作用
010	SB7、L FA151 滤尘风机启动按钮	050	KM1L、L FA151 滤尘风机接触器；H1L、滤尘风机工作指示灯
011	SB8、L FA151 滤尘风机停止按钮	051	KA1L、L FA151 输棉风机继电器；H2L、输棉风机工作指示灯
012	SB9、L FA151 出棉风机启动按钮	052	KM3L、L FA151 进棉风机接触器；KM4L、板阀电动机接触器
013	SB10、L FA151 出棉风机停止按钮	053	KM1R、R FA151 滤尘风机接触器；H1R、滤尘风机工作指示灯
014	SB11、L FA151 进棉风机启动按钮	054	KA1R、R FA151 输棉风机继电器；H2R、输棉风机工作指示灯
015	SB12、L FA151 进棉风机停止按钮	055	KM3R、R FA151 进棉风机接触器；KM4R、板阀电动机接触器
016	A3L、左路连续喂棉超高限停车控制触头	056	KA4L、左路连续喂棉超低限报警继电器
017	A3R、右路连续喂棉超高限停车控制触头	057	KA4R、右路连续喂棉超低限报警继电器
110	SB13、R FA151 滤尘风机启动按钮		
111	SB14、R FA151 滤尘风机停止按钮		
112	SB15、R FA151 出棉风机启动按钮		
113	SB16、R FA151 出棉风机停止按钮		
114	SB17、R FA151 进棉风机启动按钮		
115	SB18、R FA151 进棉风机停止按钮		
116	SQ、总控制柜门限行程开关		

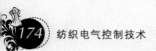

在图 6.34 所示的开清棉联合机控制电路 4 中，PLC 输入端使用内部直流电源，PLC 输出端负载使用 AC220V 电源。该控制电路中 PLC 输入/输出端口分配见表 6.18。

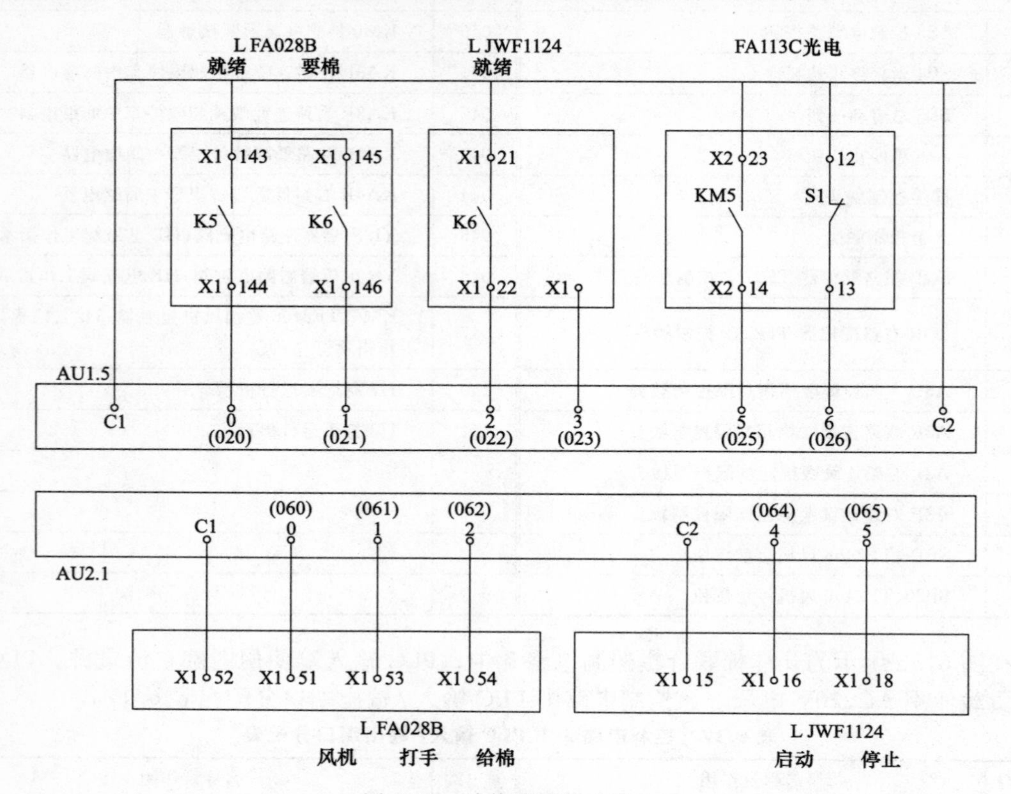

图 6.34 清梳联控制电路 4

表 6.18 控制电路 4 中 PLC 输入/输出端口分配表

输入端	名称及作用	输出端	名称及作用
020	K5、L FA028B 混棉机就绪	060	L FA028B 混棉机风机启动
021	K6、L FA028B 混棉机要棉	061	L FA028B 混棉机打手启动
022	K6、L JWF1124 清棉机就绪	062	L FA028B 混棉机给棉启动
025	KM5、TF2406 风机工作	064	L JWF1124 清棉机启动
026	S1、FA113C 开棉机光电	065	L JWF1124 清棉机停止

在图 6.35 所示的开清棉联合机控制电路 5 中，PLC 输入端使用内部直流电源，PLC 输出端负载使用 AC220V 电源。该控制电路中 PLC 输入/输出端口分配见表 6.19。

表 6.19 控制电路 5 中 PLC 输入/输出端口分配表

输入端	名称及作用	输出端	名称及作用
030	K5、R FA028B 混棉机就绪	070	R FA028B 混棉机风机启动
031	K6、R FA028B 混棉机要棉	071	R FA028B 混棉机打手启动
032	K6、R JWF1124 清棉机就绪	072	R FA028B 混棉机给棉启动
		074	R JWF1124 清棉机启动
		075	R JWF1124 清棉机停止

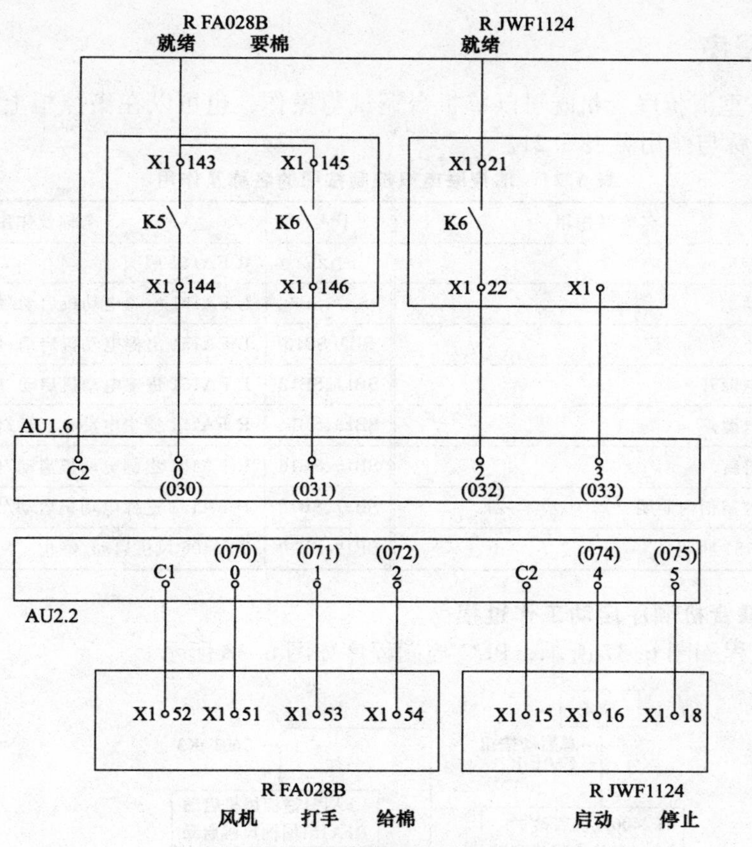

图 6.35　清梳联控制电路 5

在图 6.36 所示的开清棉联合机控制电路 6 中，PLC 输出端负载使用 AC 220V 电源。该控制电路中接 PLC 输出端的主要器件的名称及作用见表 6.20。

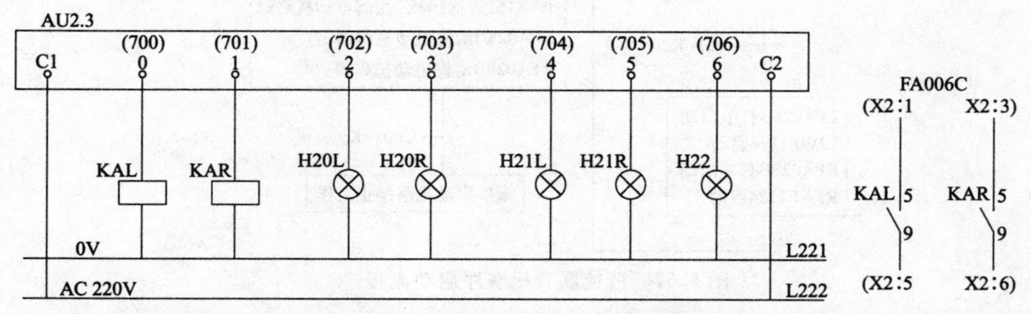

图 6.36　清梳联控制电路 6

表 6.20　控制电路 6 中 PLC 输出端口分配表

PLC 输出端	名称及作用	PLC 输出端	名称及作用
700	KAL、FA006C 前方要棉信号	704	H21L、FA028B 给棉指示灯
701	KAR、FA006C 前方要棉信号	705	H21R、FA028B 给棉指示灯
702	H20L、JWF1124 给棉指示灯	706	H22、FA006C 给棉指示灯
703	H20R、JWF1124 给棉指示灯		

四、PLC 程序

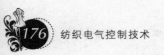

ZLFA06611 型清梳联合机既可以单机台调试与操作，也可以在集控柜上进行整机顺序控制，各按钮名称与作用见表 6.21。

表 6.21 清梳联电气控制按钮的名称及作用

代号	名称及作用	代号	名称及作用
SB4	紧急停车	SA2R	R FA151 照明
SB5	总启动	SB7、SB8	L FA151 滤尘电动机启动/停止
SB6	总停止	SB9、SB10	L FA151 出棉电动机启动/停止
SB1	控制电源开	SB11、SB12	L FA151 进棉电动机启动/停止
SB3	控制电源停	SB13、SB14	R FA151 滤尘电动机启动/停止
SB2	开车警铃	SB15、SB16	R FA151 出棉电动机启动/停止
SA1	电气控制柜内照明	SB17、SB18	R FA151 进棉电动机启动/停止
SA2L	L FA151 照明	SB19、SB20	TF2406 风机启动/停止

（一）清梳联合机顺序启动工作过程

顺序启动流程如图 6.37 所示，PLC 控制程序如图 6.38 所示。

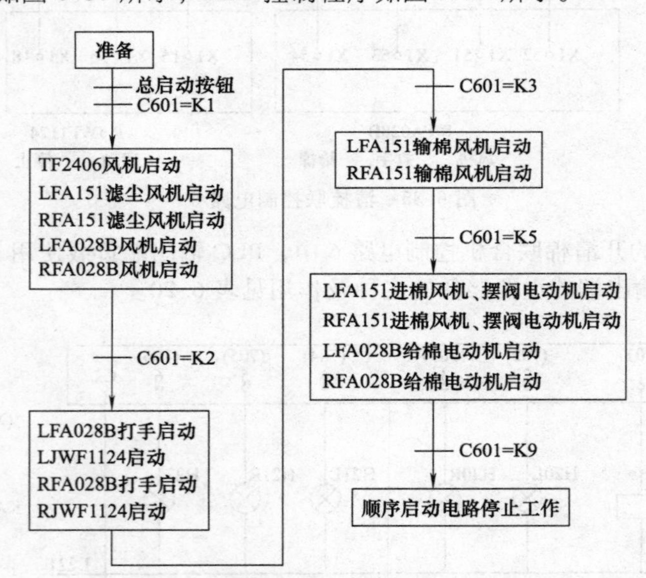

图 6.37 清梳联合机顺序启动流程

1. 启动

按下【总启动】按钮 SB5，在程序 0000 行，接点 002 闭合，内部继电器 170 通电自锁。在程序 0007 行，时间继电器 T600 构成 5s 脉冲振荡电路。在程序 0011 行，计数器 C601 对周期为 5s 的脉冲信号计数，每间隔 5s，C601 的当前值增 1。初始脉冲 0374 对计数器 C601 开机复位，C601 计数满时自复位。

2. 当 C601 = K1 时

在程序 0043 行，输出继电器 047 通电自锁，接触器 KM5 通电，TF2406 风机启动。

在程序 0056 行，输出继电器 050 通电自锁，接触器 KM1L 通电，L FA151 滤尘风机启动。

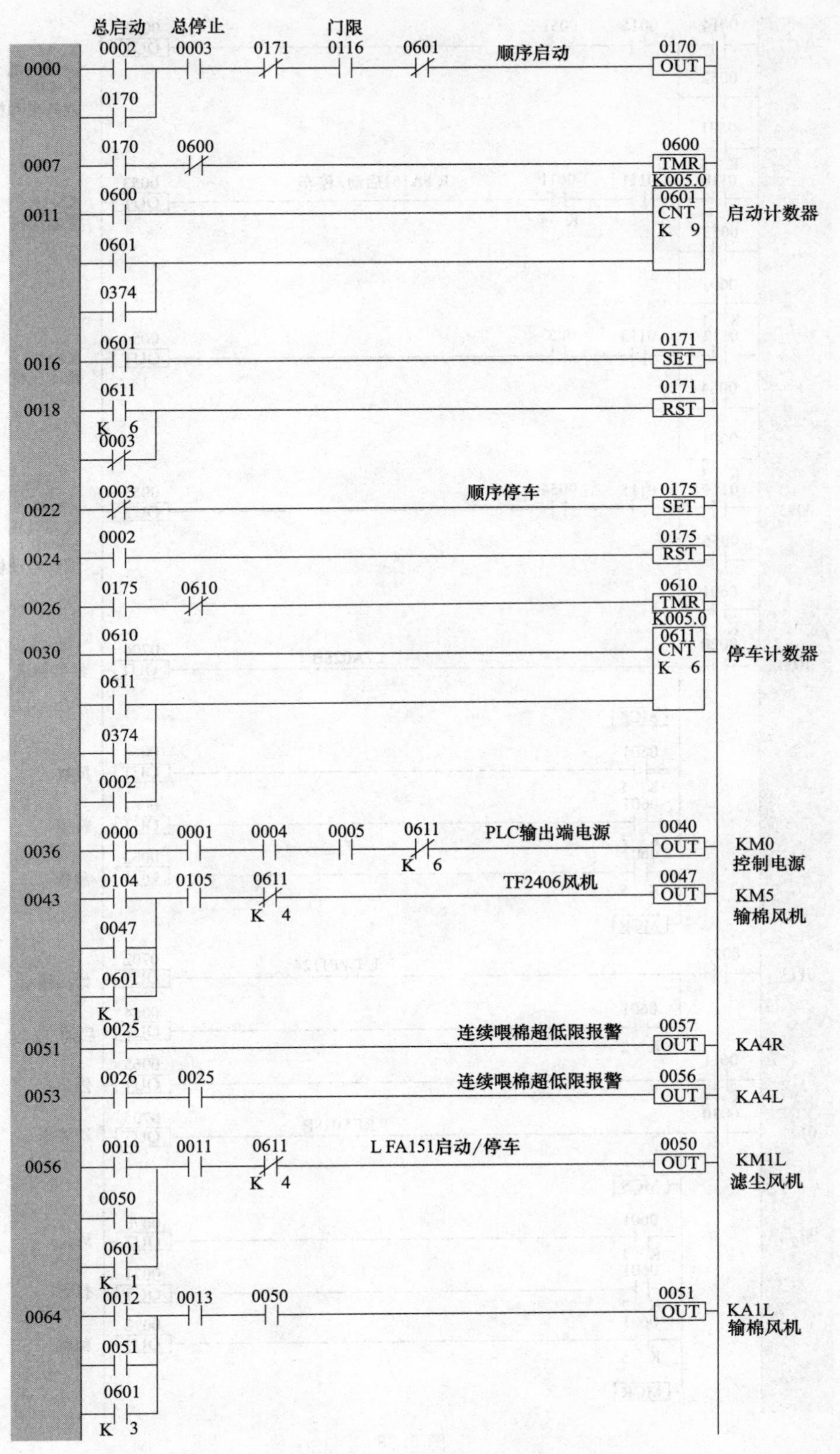
总启动
总停止
门限
0002
0003
0171
0116
0601
顺序启动
0170
OUT
0000
0170
0007
0600
TMR
K005.0
0011
0601
CNT
K 9
启动计数器
0374
0016
SET
0018
0611
K 6
RST
0022
顺序停车
0175
0024
0026
0610
0030
K005.0
0611
停车计数器
0036
0000
0001
0004
0005
PLC输出端电源
0040
KM0
控制电源
0043
0104
0105
K 4
TF2406风机
0047
KM5
输棉风机
K 1
0051
0025
连续喂棉超低限报警
0057
KA4R
0053
0026
0056
KA4L
0010
0011
L FA151启动/停车
0050
KM1L
滤尘风机
0064
0012
0013
0051
KA1L
输棉风机
K 3

图 6.38

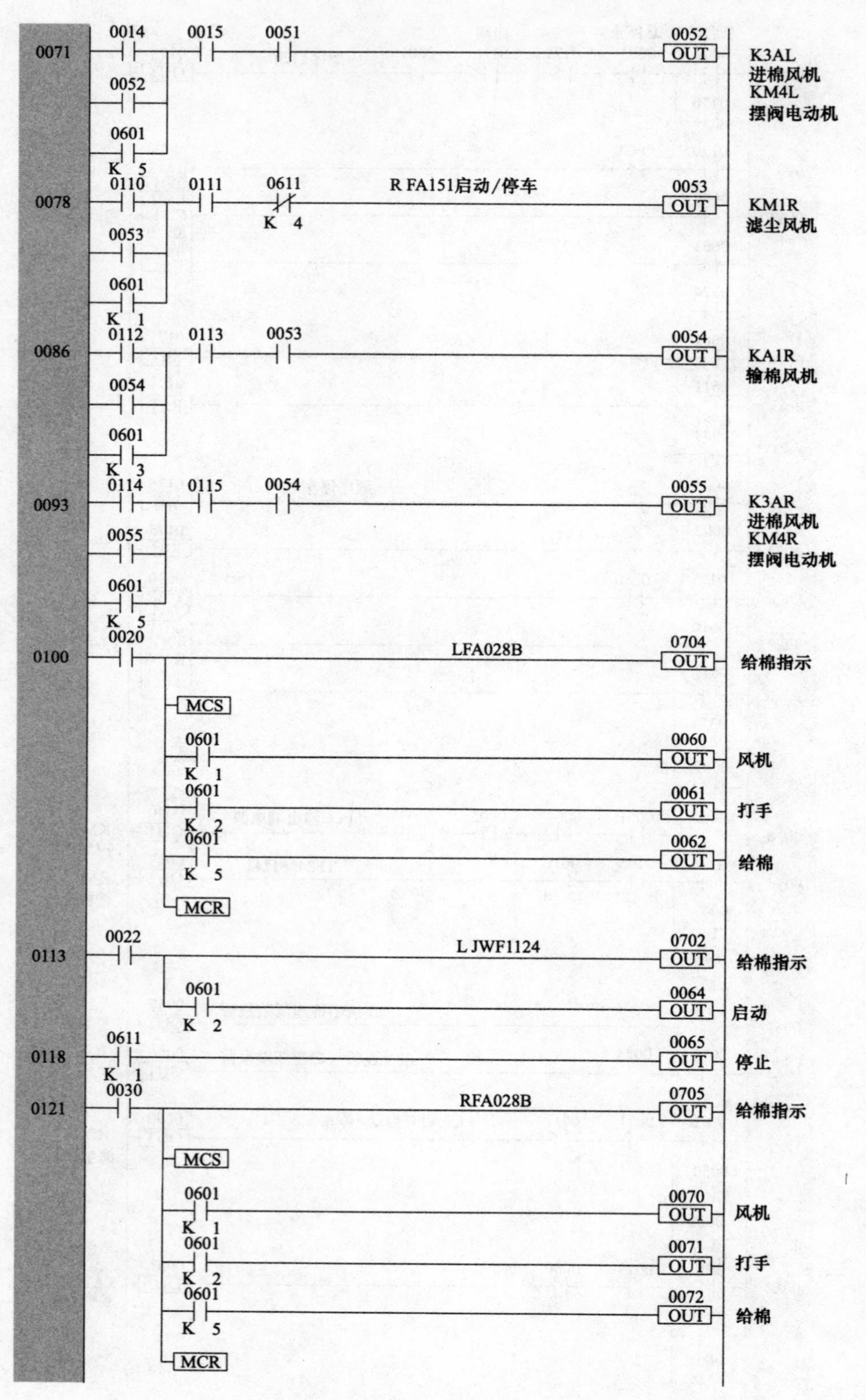
0071
0014
0015
0051
0052
OUT
K3AL
进棉风机
KM4L
摆阀电动机
0052
0601
K 5
0078
0110
0111
0611
K 4
R FA151启动/停车
0053
OUT
KM1R
滤尘风机
0053
0601
K 1
0086
0112
0113
0053
0054
OUT
KA1R
输棉风机
0054
0601
K 3
0093
0114
0115
0054
0055
OUT
K3AR
进棉风机
KM4R
摆阀电动机
0055
0601
K 5
0100
0020
LFA028B
0704
OUT
给棉指示
MCS
0601
K 1
0060
OUT
风机
0601
K 2
0061
OUT
打手
0601
K 5
0062
OUT
给棉
MCR
0113
0022
L JWF1124
0702
OUT
给棉指示
0601
K 2
0064
OUT
启动
0118
0611
K 1
0065
OUT
停止
0121
0030
RFA028B
0705
OUT
给棉指示
MCS
0601
K 1
0070
OUT
风机
0601
K 2
0071
OUT
打手
0601
K 5
0072
OUT
给棉
MCR

图 6.38

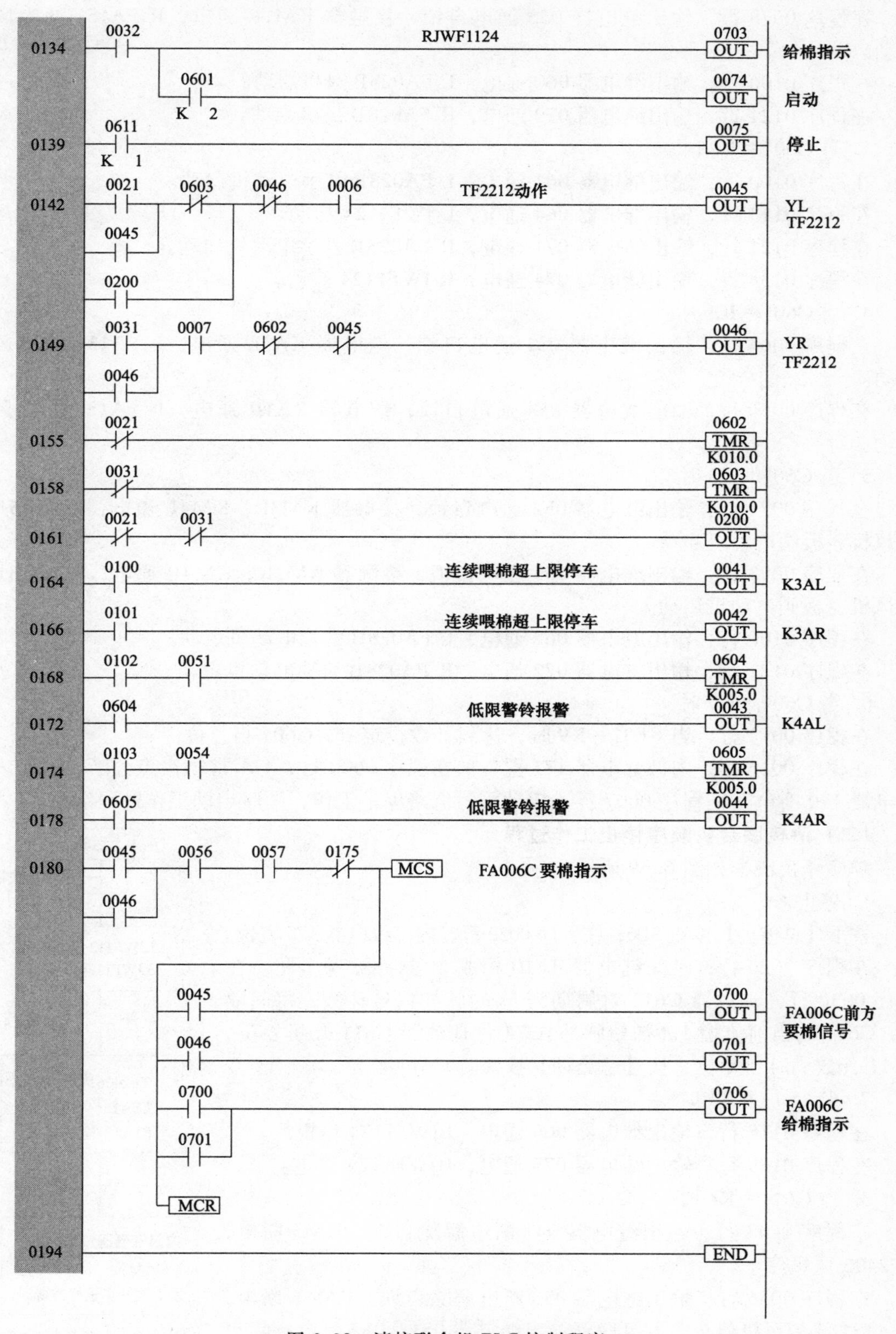

图 6.38　清梳联合机 PLC 控制程序

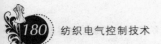

在程序 0078 行，输出继电器 053 通电自锁，接触器 KM1R 通电，R FA151 滤尘风机启动。

在程序 0100 行，输出继电器 060 通电，L FA028B 风机启动。

在程序 0121 行，输出继电器 070 通电，R FA028B 风机启动。

3. 当 C601 = K2 时

在程序 0100 行，输出继电器 061 通电，L FA028B 打手电动机启动。

在程序 0113 行，输出继电器 064 通电，L JWF1124 启动。

在程序 0121 行，输出继电器 071 通电，R FA028B 打手电动机启动。

在程序 0134 行，输出继电器 074 通电，R JWF1124 启动。

4. 当 C601 = K3 时

在程序 0064 行，输出继电器 051 通电自锁，继电器 KA1L 通电，L FA151 输棉风机启动。

在程序 0086 行，输出继电器 054 通电自锁，继电器 KA1R 通电，R FA151 输棉风机启动。

5. 当 C601 = K5 时

在程序 0071 行，输出继电器 052 通电自锁，接触器 KM3L、KM4L 通电，L FA151 进棉风机、板阀电动机启动。

在程序 0093 行，输出继电器 055 通电自锁，接触器 KM3R、KM4R 通电，R FA151 进棉风机、板阀电动机启动。

在程序 0100 行，输出继电器 062 通电，L FA028B 给棉电动机启动。

在程序 0121 行，输出继电器 072 通电，R FA028B 给棉电动机启动。

6. 当 C601 = K9 时

在程序 0011 行，当 C601 = K9 时，达到计数设定值，C601 自复位。

在程序 0016 行，内部继电器 171 置位。在程序 0000 行，171 常闭接点分断，联锁内部继电器 170 断电。在程序 0007 行，启动振荡电路停止工作，顺序启动工作过程结束。

（二）清梳联合机顺序停止工作过程

顺序停止流程如图 6.39 所示。

1. 停止

按下【总停止】按钮 SB6，在程序 0022 行，内部继电器 175 置位。

在程序 0026 行，时间继电器 T610 构成 5s 脉冲振荡电路。在程序 0030 行，计数器 C611 对周期为 5s 的脉冲信号计数，每间隔 5s，C611 的当前值增 1。初始脉冲 0374 对计数器 C611 开机复位，C611 计数满时自复位，按【总启动】按钮时 C611 复位。

2. 当 C611 = K1 时

在程序 0118 行，输出继电器 065 通电，LJWF1124 停止。

在程序 0139 行，输出继电器 075 通电，RJWF1124 停止。

3. 当 C611 = K4 时

在程序 0043 行，输出继电器 047 断电解除自锁，KM5 断电，TF2406 风机停止。

在程序 0056 行，输出继电器 050 断电解除自锁，KM1L 断电，LFA151 滤尘风机停止。并且联锁输出继电器 051、052 断电解除自锁，LFA151 输棉风机、进棉风机、板阀电动机停止。

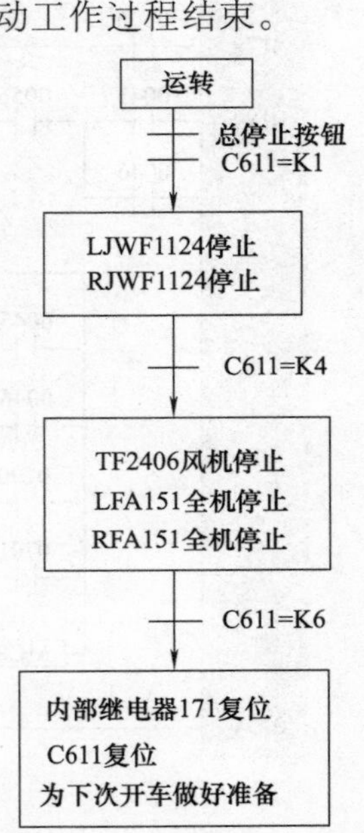

图 6.39 清梳联合机顺序停止流程

在程序 0078 行，输出继电器 053 断电解除自锁，KM1R 断电，RFA151 滤尘风机停止。并且联锁输出继电器 054、055 断电解除自锁，RFA151 输棉风机、进棉风机、板阀电动机停止。

4. 当 C611 = K6 时

在程序 0018 行，内部继电器 171 复位，为内部继电器 170 通电（下次开车）做好准备。

在程序 0036 行，输出继电器 040 断电，KM0 断电，切断控制电源。

在程序 0030 行，当 C611 = K6 时，达到计数设定值，C611 自复位。顺序停止工作过程结束。

五、连续喂棉系统

（一）连续喂棉系统原理

连续喂棉是整套清梳联喂入系统的枢纽，通过安装在输棉管道上的压力传感器（第一台梳棉机的棉箱顶部），将检测到的输棉管道内压力变化信息汇总转化为 0～10V 模拟电压信号，同步传输到清棉集控柜上的连续喂棉装置 SR82（如图 6. 35 中 A3L 或 A3R）中。SR82 是由日本岛电公司生产的 SR80 系列 PID 调节器，SR80 系列是 0. 25 级的 PID 调节器，具有双四位显示，双输出，外部开关，遥控输入，模拟变送输出，斜率运行，数字通讯，上下限报警等功能。SR82 连续喂棉器将压力传感器传输过来的模拟信号转换处理，显示出输棉管道内的实际压力值并与面板上管道压力设定值相比较，通过其内部计算，得出喂入机构需要的输出量，再将其转化为模拟电压信号传输给 JWF1124 型清棉机给棉变频器，遥控开棉机输棉帘运转的速度，从而控制给棉量。这实现了无级变速喂给，保证清梳联系统喂入与生产的精密平衡。即实现了连续均匀给棉，保证了输棉管道及上棉箱压力的稳定。

同时 SR82 带有常开触头如图 6. 36、6. 37 中 A3L 和 A3R，若输棉管道压力检测过大，即连续喂棉超高限时，图 6. 36 中 A3L（或 A3R）动作，PLC 程序控制 KA3L（或 KA3R）继电器常闭触头分断，JWF1124 清棉机给棉变频器模拟量输入端断开，给棉电动机停止供棉。反之若管道压力过低，即连续喂棉超低限时，图 6. 37 中 A3L（或 A3R）动作，PLC 程序控制 KA4L（或 LA4R）闭合，响铃报警。

（二）连续喂棉系统的调节

根据清梳联合连续喂棉系统的工作原理，输棉管道中的设定压力 P1 是以所有 FA177A 型清钢联喂棉箱原棉的需要量确定的。棉箱原棉的需要量大，则 P1 设定要大；反之，P1 设定要小。而确定设定压力上下限的范围值 P2 则在实际生产中使用 P1 - P2 压力时 FA177A 型不掉花，P1 + P2 压力时输棉管道不堵花为原则。在生产过程中，通常将输棉管道中的设定压力 P1 为 800Pa，确定设定压力的上下限范围值 P2 为 50Pa。那么输棉管道中的实际压力 P0 为 750Pa 以下时，连续喂棉系统全速喂棉；当输棉管道中的实际压力 P0 为 50～850Pa 时系统连续喂棉；P0 高于 850Pa 时，系统停止给棉。设定压力 P1 和设定压力的上下限值 P2 均在总控制柜 PLC 中设置。调整 JWF1124 型的给棉速度，控制输棉管道中的实际压力 P0 在 750～850Pa 运行，清梳联合连续喂棉系统就达到了连续喂棉的目的。

（三）前后机台棉流量控制

为了保持不间断地按需供棉，输出流量均匀的棉流，开清棉联合机通过压力传感器和光电控制器获得要棉信号，在 PLC 程序作用下控制供棉量。

（1）当左路除微尘机 LFA151 滤尘风机工作时，接触器 KM1L 通电，给气压传感器 B1L 和 PID 控制器 A3L 供电，PID 控制器的模拟量输出端连接清棉机 LJWF1124 的给棉变频器的模拟量输入端，控制给棉电动机的转速，即根据输棉管道内气压高低来调节棉流量。

同理，可以分析右路棉流量调节过程。

(2) 当左路多仓混棉机 LFA028B 工作就绪并发出要棉信号后，PLC 输入端 020、021 通电。在程序 142 行，输出继电器 045 通电自锁，气动配棉器 TF2212 电磁阀 YL 通电工作，左路输棉管道通。

在输棉风机 TF2406 工作时，KM5 接触器通电，PLC 输入端 025 通电。在开棉机 FA113C 工作时，光电传感器使 PLC 输入端 026 通电。在程序 51、53 行，输出继电器 056、057 通电。

在程序 0180 行，输出继电器 700 通电，继电器 KAL 通电，向自动抓棉机 FA006C 发出前方要棉信号，自动抓棉机输出的棉流进入左路输棉管道。

同理，可以分析棉流进入右路输棉管道的过程。

(四) 金属火星探除器 AMP2000

AMP2000 金属火星探除器安装在输棉管道上，能自动检测、排除管道棉流中的金属物和火星，是确保生产安全的重要设备。

1. 金属探除

当输棉管道中的原棉含有铁丝等金属杂物能过金属探测区时，探测机构发出清除信号，驱动排杂机构动作，将含金属杂物棉流排入杂物箱，避免金属杂物进入下一道开清棉设备。

2. 火星探除

当抓棉打手因打击到金属等杂物产生火花时，火花会夹杂棉流中在风力作用下在输棉管道里运动。当它经过红外探测区时，探测机构发出信号送入 PLC 输入端口 005，在程序第 36 行，005 常开接点分断，至使 PLC 输出端口 040 断电，接触器 KM0 断电，PLC 输出端电源中断，清梳联生产线停止工作。排杂机构将含火星的棉流排入杂物箱，确保火星不进入下一道开清棉设备。

第六节　粗纱机电气控制

一、粗纱机工艺流程

粗纱机的任务是通过牵伸、加捻作用将粗纱卷绕在筒管上，做成一定形状和大小的卷绕形式，以便于细纱机作进一步的加工。

粗纱机的结构如图 6.40 所示。条子从条筒引出经导条辊喂入由 3～4 对罗拉组成的牵伸

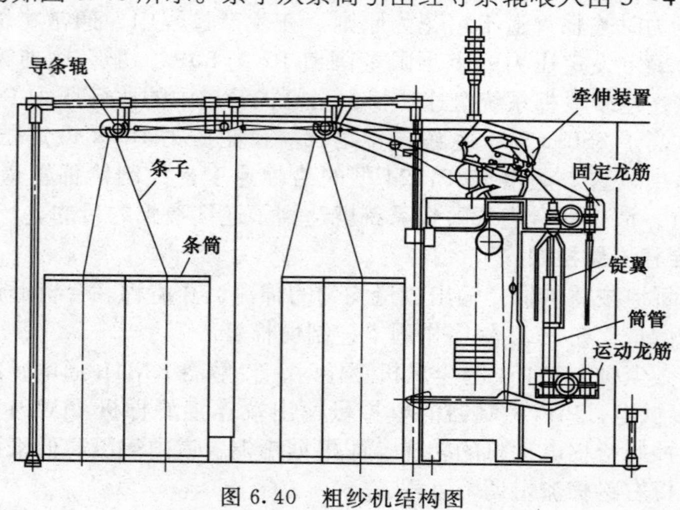

图 6.40　粗纱机结构图

装置，罗拉线速度从后到前逐渐增大5～10倍，把须条抽长拉细成一定规格的粗纱须条，须条穿过高速转动的锭翼，锭翼每回转一转，对须条加上一个捻回，以增加须条的紧密度，由于悬吊在固定龙筋上的锭翼和装在运动龙筋上的筒管同向不同速转动，两者产生速度差，在成形机构的控制下，使粗纱按一定形状和规律卷绕在粗纱筒管上。

二、电路特点与工艺要求

(1) 粗纱机主电动机使用变频器控制，通过延长变频器的升速过程，实现“缓速生头、高速生产”，便于挡车工操作和保证粗纱机的产量。

(2) 在纺纱过程中，随着粗纱在筒管上的卷绕，粗纱直径逐圈增大，而前罗拉输出速度不变，因此必须降低卷绕转速，使单位时间的输出长度和卷绕长度相适应。同时使粗纱筒管绕纱密度内外均匀，需保持粗纱张力均匀。措施是在一落纱过程中，将主电动机速度从高到低分为八段，使主电动机逐步降速运行，因此PLC需要三个数字量输出端来控制变频器输出八段速度。

(3) 采用了三自动机构落纱，即下铁炮升降机构、铁炮皮带复位机构和满纱自停机构。粗纱满纱停车，应做到“三定”，即满纱时必须达到一定的纺纱长度，称为“定长”，便于细纱使用；“定向”指落纱时运动龙筋的方向一定。“定位”是指落纱时运动龙筋下降至卷装高度的1/3～1/2高度处，便于细纱换粗纱的操作。

(4) 具有防止粗纱塌肩功能。在粗纱机电路中设有“换向前不自停装置”，防止由于断头发生在换向处引起粗纱塌肩（也称冒花）。两个防冒开关分别装在成形装置两侧，换向断头时，尽管因纱条断头自停形成断路，但因防冒开关与运动龙筋向上、向下继电器串联，而暂时不停，必须等到运动龙筋换向后，并越过极点区防冒开关断开后才会停车，达到防冒纱目的。

(5) 具有断条、断纱和安保光电自停等功能。

三、电气控制线路的组成和作用

粗纱机电气控制线路由主电路、整流电路、PLC输入电路和PLC输出电路四部分组成，分别说明如下。

1. 主电路

粗纱机主电路如图6.41所示。

M1是主电动机，在变频器作用下实现缓速启动和调速运行。

M2是锥轮皮带复位电动机，KM3控制皮带放松，KM4控制皮带张紧。

M3是下龙筋升降电动机，KM5控制龙筋下降，KM6控制龙筋上升。

M4是吹风电动机，受KM7控制。

M5是吸棉电动机，受KM8控制。

控制变压器TC输出交流12V（8、PEN），受控QF3，供信号灯用电。

控制变压器TC输出交流24V（9、A），受控QF4，供整流电路用电。

V相线与地线的交流电压220V（2V、PEN），受控QF5，供PLC电源模块和输出端用电。

2. 整流电路

整流电路如图6.42所示。VC是桥式整流块，整流滤波后直流24V（28、N），供PLC输入电路用电。IC1、IC2是集成直流稳压块，输出直流15V（29、N），供行程开关、传感器和光电自停电路用电。

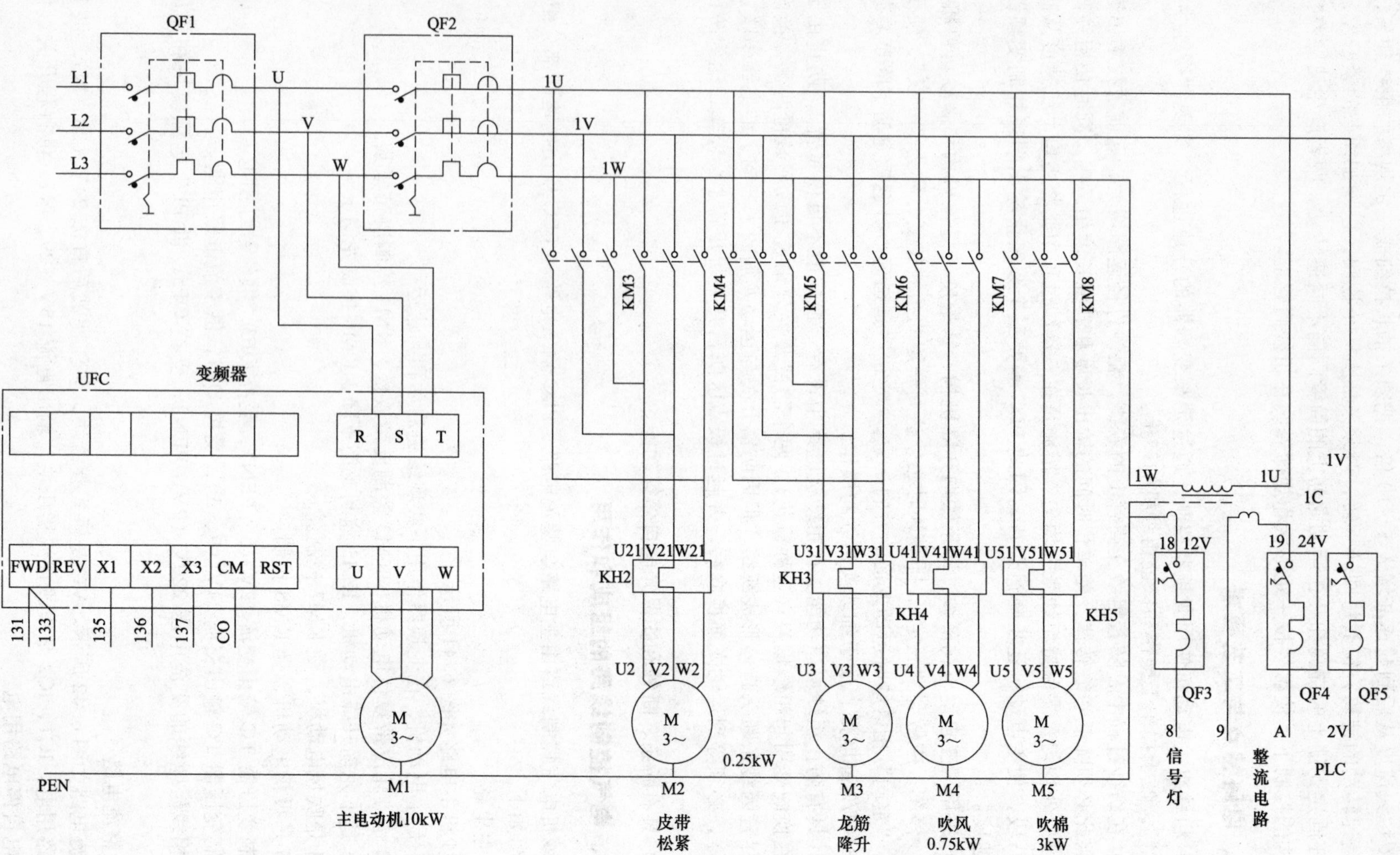
QF1
QF2
L1
L2
L3
U
V
W
1U
1V
1W
KM3
KM4
KM5
KM6
KM7
KM8
UFC
变频器
R
S
T
FWD
REV
X1
X2
X3
CM
RST
U
V
W
131
133
135
136
137
CO
PEN
M
3~
M1
主电动机10kW
U21
V21
W21
KH2
U2
V2
W2
M2
皮带
松紧
0.25kW
U31
V31
W31
KH3
U3
V3
W3
M3
龙筋
降升
U41
V41
W41
KH4
U4
V4
W4
M4
吹风
0.75kW
U51
V51
W51
KH5
U5
V5
W5
M5
吹棉
3kW
1W
1U
1V
1C
18
12V
QF3
8
信号灯
9
19
24V
QF4
A
整流电路
QF5
2V
PLC

图 6.41 粗纱机主电路

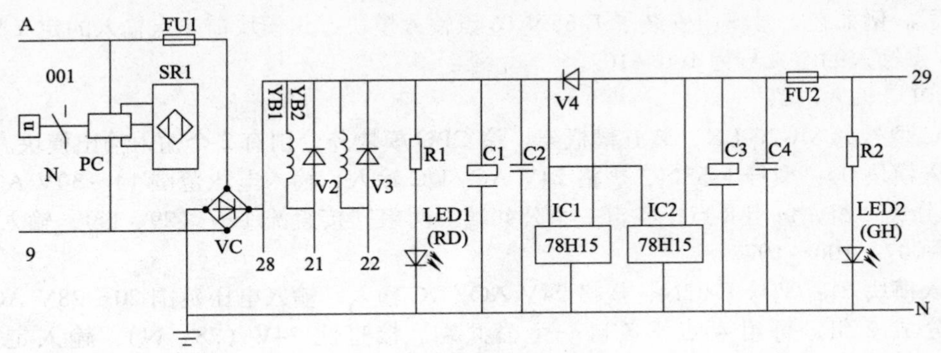

图 6.42　粗纱机整流电路

3. PLC 的定义号与功能

粗纱机使用无锡光洋 SR-20 型模块式 PLC，PLC 的部分定义号与功能见表 6.22。

表 6.22　光洋 PLC 的定义号与功能

定义号	点　数	功　能
000～177，700～767	184	输入/输出继电器
200～337，340～373	124	中间继电器线圈
600～677	64	定时器/计数器

600～677 这 64 个线圈既可以定义为定时器 T，也可以定义为计数器 C，但同一个定义号不能同时用作定时器或计数器。定时器和计数器的预置值用四位十进制数表示，每个定时器的预置值为 0.1～999.9s，每个计数器的预置值为 1～9999。定时器、计数器工作原理如图 6.43 所示，当输入点 001 闭合时，T601 延时，15s 后 T601 常开触头闭合，输出点 020 通电。当输入点 015 从断开到接通时，C603 加 1，当 C603 = 35 时，C603 常开触头闭合，输出点 046 通电；当 013 从断开到接通时，C603 复位清零。

SR-20 型 PLC 系列采用模块式组合。I/O 模块可根据需要任意组合安装。其定义号不是取决于 I/O 模块，而是取决于安装框架的槽号，每个槽都有固定的定义号，如图 6.44 所示，装 CPU 的槽为 0 号槽，靠近 CPU 的槽为 1 号槽，其定义号为 0～7，往左为 2 号槽，其定义号为 10～17，……以此类推。如果某槽中安装 16 点模块，则前 8 个点定义号为该槽定义号，后 8 个点定义号为该槽定义号 + 100。因此模块一旦安装好后，该模块的定义号也

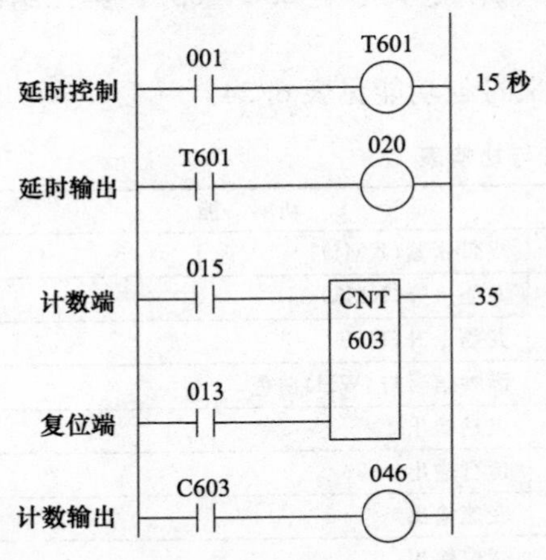

图 6.43　定时器、计数器工作原理

8	7	6	5	4	3	2	1	0	
70 | 77	60 | 67	50 | 57	40 | 47	30 | 37	20 | 27	10 | 17	0 | 7	CPU	电源
170 | 177	160 | 167	150 | 157	140 | 147	130 | 137	120 | 127	110 | 117	100 | 107		

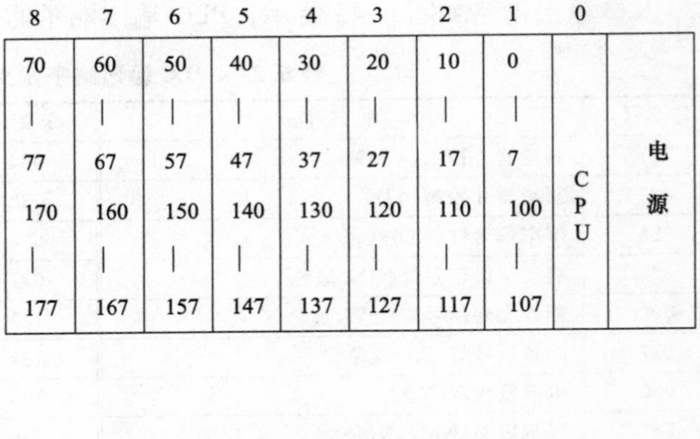

图 6.44　SR-20 型 PLC 系列槽号

就确定了。例如在1号槽中安装了E-55N 16点输入模块，该模块前8点输入的定义号为0～7，后8点输入的定义号为100～107。

4. PLC输入电路

PLC型号为SR-20-EX，装五槽框架。除CPU模块外分别有2个输入输出模块。

输入模块00：型号E-55N，规格24V AC/DC输入，输入电压范围14～30V AC/DC。16个点分成2组，每组8点，各自一个公共端。两组同接直流15V（29、N），输入定义号是000～007，100～107。

输入模块01：型号E-02N，规格24V AC/DC输入，输入电压范围20～28V AC/DC。8个点分成2组，每组4点，各自一个公共端。接直流24V（28、N），输入定义号是010～017。

PLC输入电路如图6.45所示，PLC输入端子的定义号与功能见表6.23。

表6.23 PLC输入端子的定义号与功能

定义号	功　能	定义号	功　能
000	罗拉转速传感器输入(SR2)	105	满纱信号位置开关(SQ5)(作用定向、定位)
001	计长表信号输入(PC)	106	皮带复位开关(SQ6)
002	自动控制输入	107	皮带张紧开关(SQ7)
003	手动控制输入	010	故障开关(SQ1、SP1～SP4、FR2～FR5)
004	断条信号输入	011	停车按钮(SA1～SA5)，红色
005	断纱信号输入	012	松皮带按钮(SB2)
006	安保信号输入	013	龙筋超降按钮(SB3)
100	防塌肩信号输入(SQ8～SQ10)	014	紧皮带按钮(SB4)
102	龙筋超降限位开关(SQ2)	015	龙筋上升按钮(SB5、SB6)
103	龙筋下降限位开关(SQ3)	016	点动按钮(SA1～SA5)，白色
104	纺纱初绕开关(SQ4)	017	启动按钮(SA1～SA5)，绿色

5. PLC输出电路

输出模块02：型号E-01T，规格220V AC/24V DC继电器输出，8个点分成2组，每组4点，各自一个公共端，每组可由一个独立电源供电。第一组接直流24V（28、N），控制制动器；第二组接交流12V（8、PEN），控制信号灯。输出定义号是020～027。

输出模块03：型号E-05T，规格220V AC/24V DC继电器输出，16个点分成2组，每组8点，各自一个公共端，每组可由一个独立电源供电。第一组接交流220V（2V、PEN），控制接触器线圈，交流12V（8、PEN），控制信号灯，输出定义号是030～037；第二组接变频器控制端，输出定义号是130～137。

PLC输出电路如图6.45所示，PLC输出端子的定义号与功能见表6.24。

表6.24 PLC输出端子定义号与功能表

定义号	功　能	定义号	功　能
021	制动器Ⅰ控制(YB1)	034	皮带张紧(KM4)
022	制动器Ⅱ控制(YB2)	035	龙筋下降(KM5)
024	停车信号灯(RD)红色	036	龙筋上升(KM6)
025	启动运行信号灯(GN)绿色	037	满纱信号灯(WH)白色
026	断纱安保信号灯(YW)黄色	131	点动输出
027	断条信号灯(BL)蓝色	133	运行输出
030	电磁铁控制(YA)	135	变速输出
032	风机启动(KM7、KM8)	136	变速输出
033	皮带松回摇(KM3)	137	变速输出

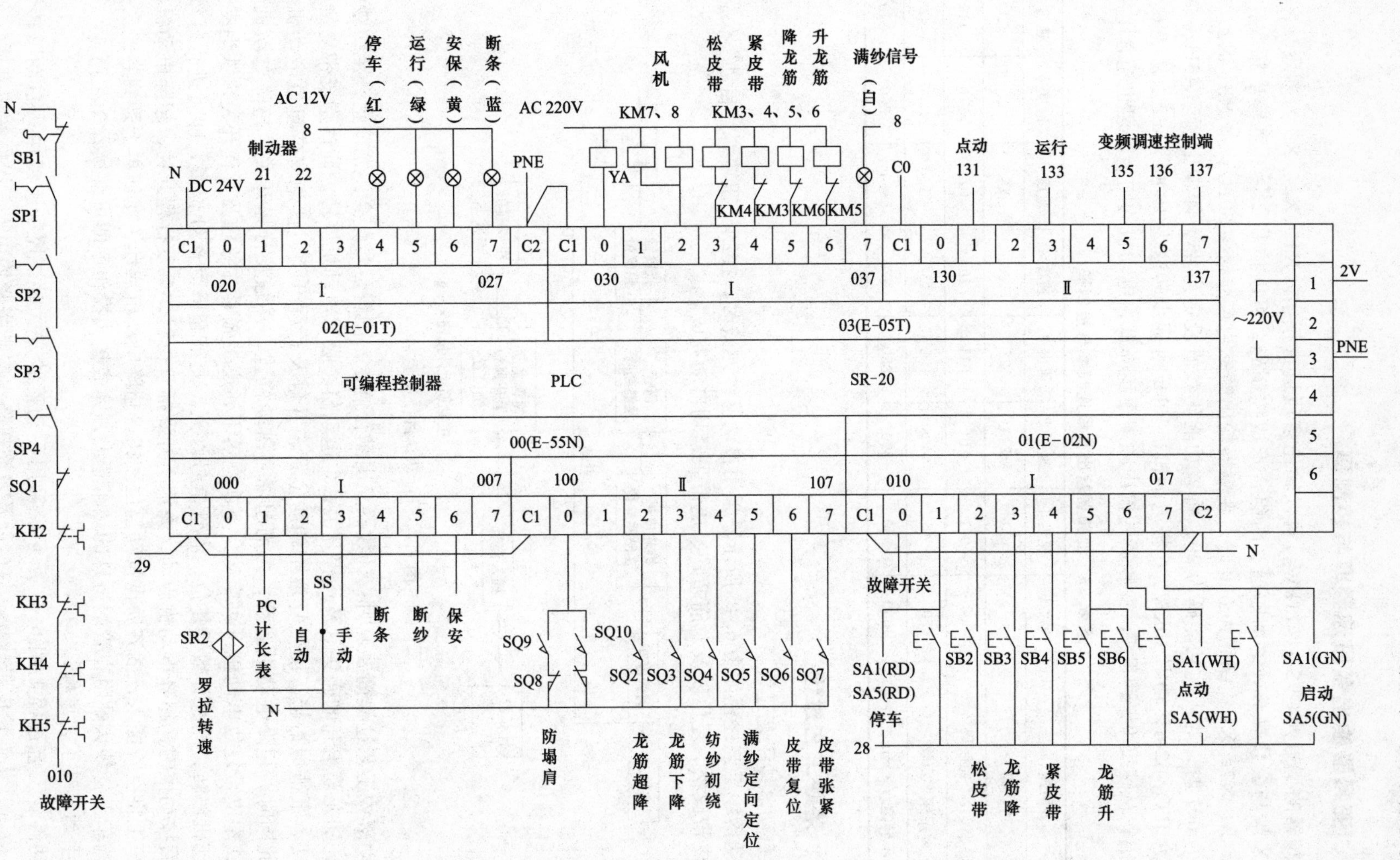

图 6.45　粗纱机 PLC 输入/输出电路

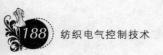

四、变频器输出多段速频率与控制码

变频器的型号为 G9S-4，11kW，可以输出多段运行频率。X1、X2、X3 为多段频率控制端，X 端与公共端 CM 之间的通、断组合形成控制码，可以控制 $2^3=8$ 种输出频率，例如，当 X3、X2、X1 控制码为 000 时，变频器输出频率为基准频率 50Hz；当 X3、X2、X1 控制码为 001 时，对应的功能码为 20，将该功能码数值设定为 45，即输出频率 45Hz。M1 的型号为 JFO_2-62-6，功率 10kW，6 极电动机，50Hz 时同步转速为 1000r/min。从表 6.25 可以看出，从速度 0～速度 7，变频器的输出频率逐步降低，电动机的同步转速也随之下降。

表 6.25 变频器输出多段速频率与控制码

多段速	速度 0	速度 1	速度 2	速度 3	速度 4	速度 5	速度 6	速度 7
功能码	—	20	21	22	23	24	25	26
X3、X2、X1 控制码	000	001	010	011	100	101	110	111
设定频率/Hz	50	45	44.5	44	43.5	43	42.5	42
同步转速/$r\cdot min^{-1}$	1000	900	890	880	870	860	850	840

五、落纱工艺过程

1. 自动落纱工艺过程

自动落纱工艺过程如图 6.46 所示。采用自动落纱方式时，控制旋钮转到“自动”位置，从锥轮皮带放松、复位以及龙筋超降、皮带张紧均自动完成。

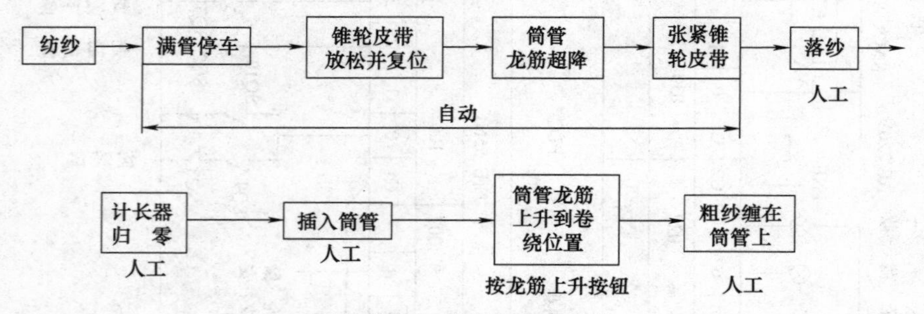

图 6.46 自动落纱工艺过程

自动落纱工艺过程简要说明：计数器发出满管信号，满管信号灯亮，龙筋上升至纺纱中间位置，随龙筋上升的碰头触及行程开关，主电动机、吸风电动机停转，而铁炮皮带复位电动机启动，下铁炮抬起，皮带复位至始纺位置，并触及行程开关，铁炮皮带复位电动机停转。与此同时，超降电动机启动，龙筋超降至落纱位置，并触及行程开关，超降电动机停转，而铁炮皮带复位电动机再次启动，下铁炮落下，皮带张紧并并触及行程开关，铁炮皮带复位电动机停转，同时计数器复位，满管信号灯灭。龙筋超降到落纱位置，即可进行落纱，落完纱后按动推键，超降电动机启动，龙筋上升到插管位置，触及行程开关，超降电动机停转，挡车工将空管插入，插齐后再按动复位按钮，超降电动机启动，龙筋再上升到卷绕生头位置，挡车工将纱头贴附在管端特殊的绒布卷上，完成接头操作，即可继续开车生产。

2. 手动落纱工艺过程

手动落纱工艺过程如图 6.47 所示。采用手动落纱方式时，控制旋钮由“自动”转到“手动”位置，从锥轮皮带放松、复位以及龙筋超降、皮带张紧均由人工操作按钮完成。

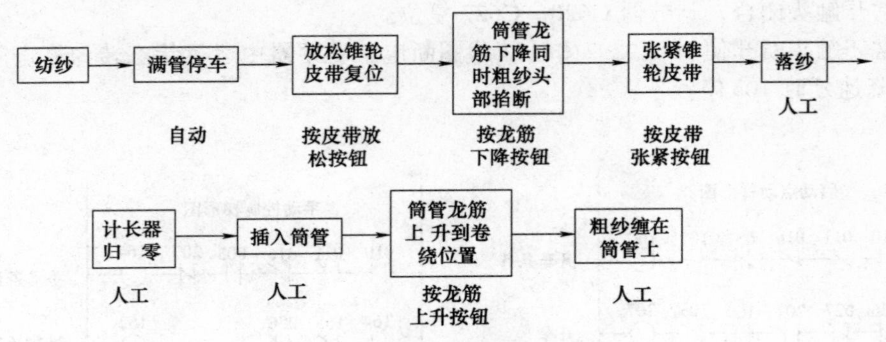

图 6.47　手动落纱工艺过程

六、PLC 程序

粗纱机 PLC 控制程序如图 6.48 所示。

1. 调速控制

启动开车时，PLC 输出端 137、136、135 均处于断开状态，其输出状态为“000”，控制变频器以速度 0 的方式运行。变频器输出频率 50Hz，启动时间 10s，主电动机缓慢升速运行。当前罗拉旋转时，装在前罗拉上的传感器 SR2 发出表示旋转圈数的脉冲信号，该信号送 PLC 输入端 000，在梯形图中，000 接到计数器 C620 的计数端。C620 的预置值为 1118，接成自复位方式，每计 1118 个脉冲后自行复位并输出一个脉冲信号，C620 的输出脉冲信号分别接到 C621～C627 的计数端。当 C621 接到 C20 发出的第 5 个脉冲信号时（此时 C620 已发出 1118×5＝5590 个脉冲），C621 的常开触头闭合，输出端 135 接通，PLC 此时的输出状态为“001”，控制变频器以速度 1 的方式运行，变频器的输出频率从 50Hz 下降为 45Hz，主电动机降速运行。当 C622 输出时，对应 PLC 输出状态为“010”，控制变频器以速度 2 的方式运行，……以此类推。

当满纱时，PLC 输出端 037 闭合，计数器 C620～C627 同时复位清零。

2. 启动、点动、停车

若开车条件具备，即无故障（故障检测开关 010 有输入）、皮带张紧开关 SQ7 闭合(107 有输入)，则中间继电器 160 线圈通电。

(1) 启动。按【启动】按钮，017 常开触头闭合，中间继电器 207 得电自锁，207 常开触头闭合使线圈 133 通电输出，变频器正转控制端 FWD 接通运行。207 常开触头闭合使运行指示线圈 025 通电输出，绿灯亮。207 常闭触头断开使停车指示线圈 024 通电输出，红灯灭。时间继电器 T603 接通，延时 7s 后，T603 常开触头闭合使风机线圈 032 通电输出，吸棉和吹风电动机运行。

(2) 点动。点动时断条、断纱光电自停不起作用。按【点动】按钮，016 常开触头闭合，点动线圈 131 通电输出，变频器正转控制端 FWD 接通运行。

(3) 停车。按【停车】按钮，011 有输入，011 常闭触头断开使 160 线圈断电，160 的常开触头断开使 207 线圈断电，207 常开触头断开使 133 线圈断电，同时，011 常闭触头断开使 131 和 161 线圈断电，全机停车。

3. 满纱控制

满纱时，计长表送入信号，001 常开触头闭合，当定向定位开关 SQ5 动作时，105 常开触头闭合，满纱指示输出线圈 037 通电自锁，白灯亮。

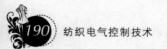

037 常开触头闭合，计数器 C620～C627 复位。

037 常闭触头断开使 160、207 和 133 线圈断电，变频器由运行状态转为停止制动状态，主电动机降速延时 10s 停。

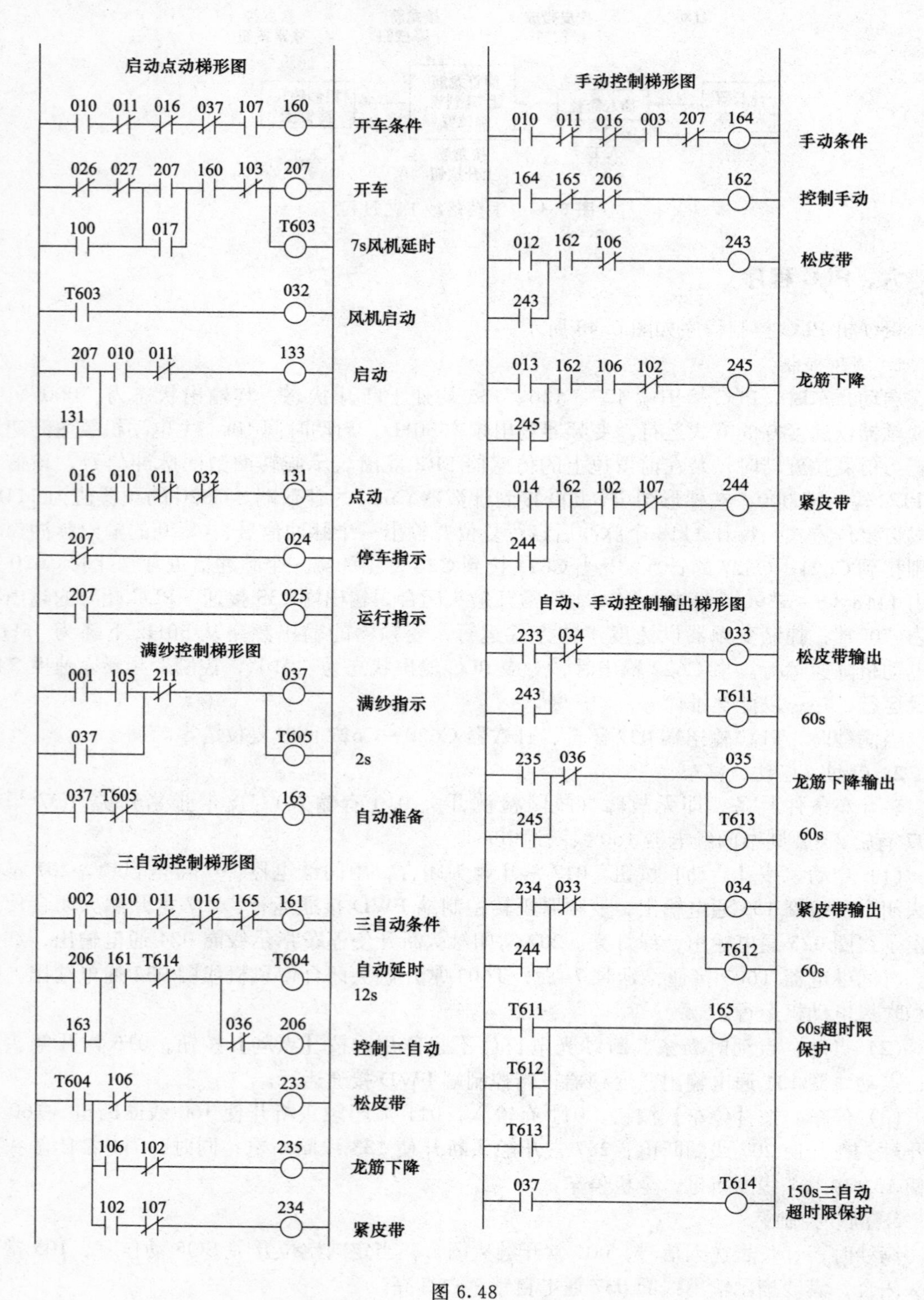

图 6.48

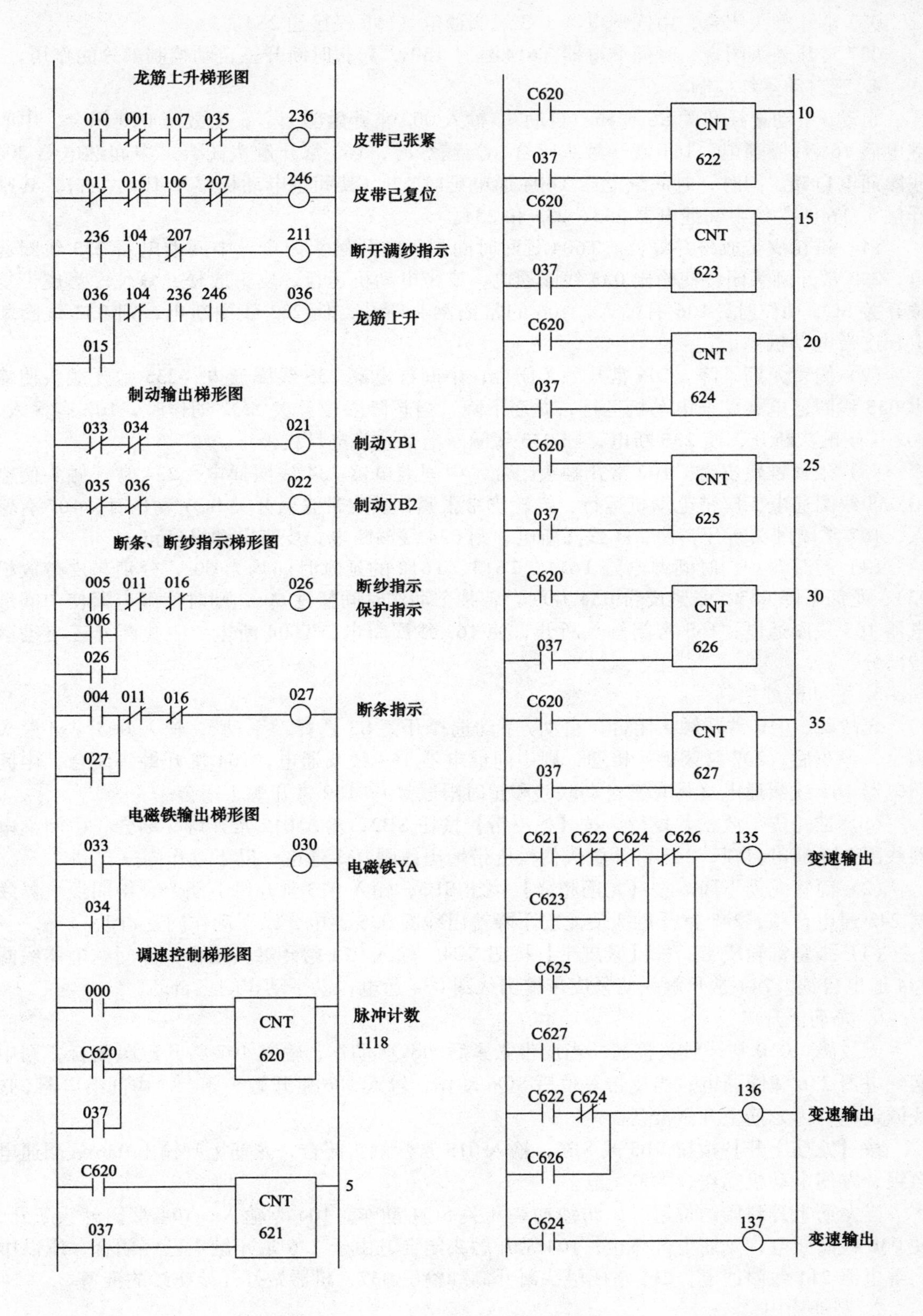

图 6.48 粗纱机 PLC 控制程序

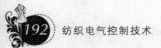

037 常开触头闭合，中间继电器 163 线圈通电（163 仅接通 2S）。

037 常开触头闭合，时间继电器 T614 延时 150s，起超时断开三自动控制部分的作用。

4. 三自动落纱控制

自动/手动选择开关 SS 选择“自动”，输入 002 常开触头闭合，无故障 010 闭合，中间继电器 161 线圈通电。161 常开触头闭合，当满纱时，163 常开触头闭合，中间继电器 206 线圈通电自锁。同时，时间继电器 T604 通电延时 12s（其间主电动机停车 10s 左右），其常开触头 T604 主控中间继电器 233、235 和 234。

（1）锥轮皮带放松并复位。T604 延时时间到，常开触头闭合，中间继电器 233 线圈通电，233 常开触头闭合使输出 033 线圈通电，皮带电动机运行，皮带放松并复位。当皮带复位开关 SQ6 动作时，106 有输入，106 的常闭触头断开，使 233 线圈断电，则 033 线圈断电，皮带电动机停止。

（2）筒管龙筋下降。106 常开触头闭合，中间继电器 235 线圈通电，235 常开触头使输出 035 线圈通电，龙筋电动机运行，龙筋下降，当超降限位开关 SQ2 动作时，102 有输入，102 常闭触头断开，使 235 断电，则 035 线圈断电，龙筋电动机停止。

（3）张紧锥轮皮带。102 常开触头闭合，中间继电器 234 线圈通电，234 常开触头使输出 034 线圈通电，皮带电动机运行，锥轮皮带张紧，当皮带张紧开关 SQ7 动作时，107 有输入，107 常闭触头断开，使 234 线圈断电，则 034 线圈断电，皮带电动机停止。

（4）超时保护。时间继电器 T611、T613、T612 的延时时间均为 60s，分别与皮带放松 033、龙筋下降 035、张紧皮带 034 并联。若某个动作时间超过 60s，则时间继电器使中间继电器 165 线圈通电，165 常闭触头断开，使 161 线圈断电、T604 断电、主控断开三自动落纱部分。

5. 手动落纱控制

无故障，010 常开触头闭合，自动/手动选择开关 SS 选择“手动”，输入 003 常开触头闭合，停车后，207 常闭触头接通，则中间继电器 164 线圈通电，164 常开触头闭合，中间继电器 162 线圈通电（具有三自动联锁和超时限联锁），162 常开触头闭合。

（1）锥轮皮带放松并复位。按【松皮带】按钮 SB2，输入 012 常开触头闭合，中间继电器线圈 243 通电自锁，243 常开触头使松皮带输出线圈 033 通电，以下动作同三自动。

（2）筒管龙筋下降。按【龙筋超降】按钮 SB3，输入 013 常开触头闭合，中间继电器线圈 245 通电自锁，245 常开触头使龙筋下降输出线圈 035 通电，以下动作同三自动。

（3）张紧锥轮皮带　按【紧皮带】按钮 SB4，输入 014 常开触头闭合，中间继电器线圈 244 通电自锁，244 常开触头使紧皮带输出线圈 034 通电，以下动作同三自动。

6. 龙筋上升

无故障，010 常开触头接通，当皮带张紧后，SQ7 动作，输入 107 常开触头闭合，则中间继电器 236 线圈通电；当皮带复位后 SQ6 动作，输入 106 常开触头闭合，中间继电器 246 线圈通电，为龙筋上升做准备。

按【龙筋上升】按钮 SB5 或 SB6，输入 015 常开触头闭合，龙筋上升输出 036 线圈通电自锁，龙筋电动机动作，龙筋上升。

当龙筋上升到始纺位置时，纺纱初绕开关 SQ4 动作，104 有输入，104 常闭触头断开，使 036 线圈断电，龙筋上升停止；104 常开触头闭合，由于 236 常开触头已经闭合，所以中间继电器 211 线圈通电，211 常闭触头断开满纱输出 037，机器做好开始纺纱的准备。

7. 制动输出

当皮带松或张紧时，输出 033 或 034 动作，制动输出 021 线圈断电，制动器 YB1 断电停止制动。当龙筋升降时，输出 035 或 036 动作，制动输出 022 线圈断电，制动器 YB2 断电停止制动。

8. 断纱、安保、断条指示

当断纱信号输入时，输入 005 常开触头闭合；当安保信号输入时，输入 006 常开触头闭合。则断纱、安保信号输出 026 线圈通电自锁，信号黄灯亮。026 常闭触头断开开车输出 207，主机断电停转。

当断条信号输入时，输入 004 常开触头闭合，断条信号输出 027 线圈通电自锁，信号蓝灯亮。027 常闭触头断开开车输出 207，主机断电停转。

当按下【停止】(011)、【点动】(016) 按钮后，026、027 解除自锁，信号灯灭。

9. 粗纱防塌肩

如果粗纱在筒管换向时停车，机器重新启动时粗纱可能产生塌肩。因此在靠近纱锭肩部出现断纱、安保、断条停车信号时，在 SQ8～SQ10 开关的作用下，输入信号 100 常开触头闭合，机器将继续运转直到筒管龙筋完成换向后再自动停车。

10. 电磁铁输出

当皮带松或张紧时，输出 033 或 034 动作，电磁铁输出 030 线圈通电，电磁铁通电动作。

第七节　细纱机电气控制

一、细纱机工艺流程

细纱机的任务是将退绕下来的粗纱喂入牵伸系统，牵伸后的须条经加捻作用纺成细纱，并按一定规律和形状卷绕在筒管上，便于后工序加工。如图 6.49 所示，粗纱管退绕下来后，经导纱杆喂入牵伸装置，牵伸以后的须条由前罗拉输出，经过导纱钩、穿过钢丝圈，最后卷绕到纱管上。钢丝圈一转给须条加上一个捻回，钢丝圈的转速低于纱管的转速。在钢领板的升降运动带动下，使前罗拉输出的须条按一定的规律卷绕到纱管上。细纱机的运动使用 PLC 控制，程序简洁易懂，工艺参数调节方便。关主机电源和主轴制动控制采用霍尔传感器，电气元件简单，工作可靠，不易损坏。

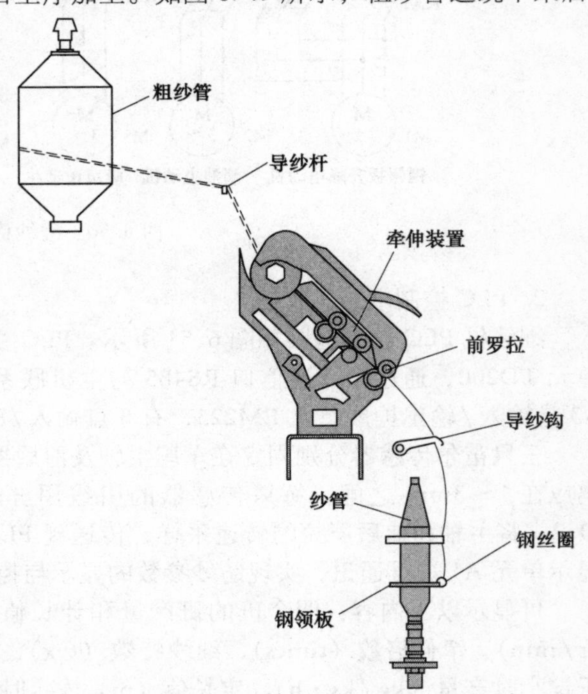

图 6.49　细纱机工艺流程图

二、电路特点与工艺要求

(1) 在主轴、前罗拉和后罗拉车尾处上装有测速传感器（霍尔传感器），测速信号输入 PLC 中进行计算并参与控制。

(2) 为满足“低速启动、高速运行”的工艺要求，主电动机采用双速电动机。

(3) PLC 的显示单元与主机通过串

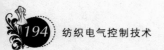

行通讯接口 RS485 联系，可以显示或设定纺纱工艺参数、累计班产量等。

(4) 自动滴油系统和吹吸风系统均由电气系统控制。

三、电气控制线路的组成和作用

细纱机电气控制线路由主电路和 PLC 控制电路两部分组成，分别说明如下。

1. 主电路

细纱机主电路如图 6.50 所示。

M1 是钢领板升降电动机，中间继电器 KA1 控制上升，KA2 控制下降。

M2 是滴油电动机，受中间继电器 KA3 控制。

M3 是吸风电动机，受接触器 KM1 控制。

M4 是主轴电动机，双绕组（4/6 极）。低速（6 极，同步转速 1000r/min）受接触器 KM2 控制，高速（4 极、同步转速 1500r/min）受 KM3 控制。

M5 是吹吸风电动机，受接触器 KM4 控制。

T1 是落纱电源变压器（380V/36V），受接触器 KM5 控制。

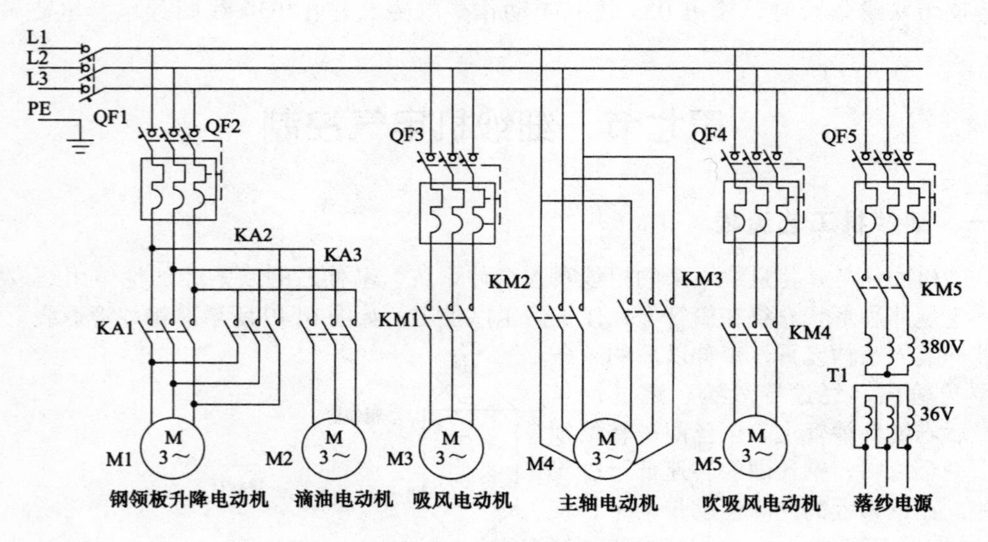

图 6.50 细纱机主电路

2. PLC 控制电路

细纱机 PLC 控制电路如图 6.51 所示。PLC 主机型号为 S7-200（CPU224）。A1 是显示单元 TD200，通过串行通信口 RS485 与主机联系。A2 是主机，有 14 点输入/10 点输出。A3 是输入/输出扩展单元 EM223，有 8 点输入/8 点输出。

三只霍尔传感器分别固定在车尾主轴及前后罗拉尾部的支架上，传感器的顶端与磁钢距离应在 1～3mm 之间，每只传感器的引线用屏蔽线连接到 PLC 的输入端 I0.0、I0.1 和 I0.2，将主轴和前后罗拉的转速采样，传送到 PLC 内部进行运算，并通过通信口 RS485 与显示单元 A1 进行通讯，实现纺纱参数的显示与控制。

可显示以下内容：四个班的班产量和计长值（m）、锭子速度（r/min）、前罗拉转速（r/min）、牵伸倍数（times）、细纱特数（tex）、粗纱定量（g/10m）、细纱捻度（T/m）、千锭小时产量（kg/ks·h）、定长值（m）或定时值（min）。

细纱机 PLC 输入端子的定义号与功能见表 6.26。

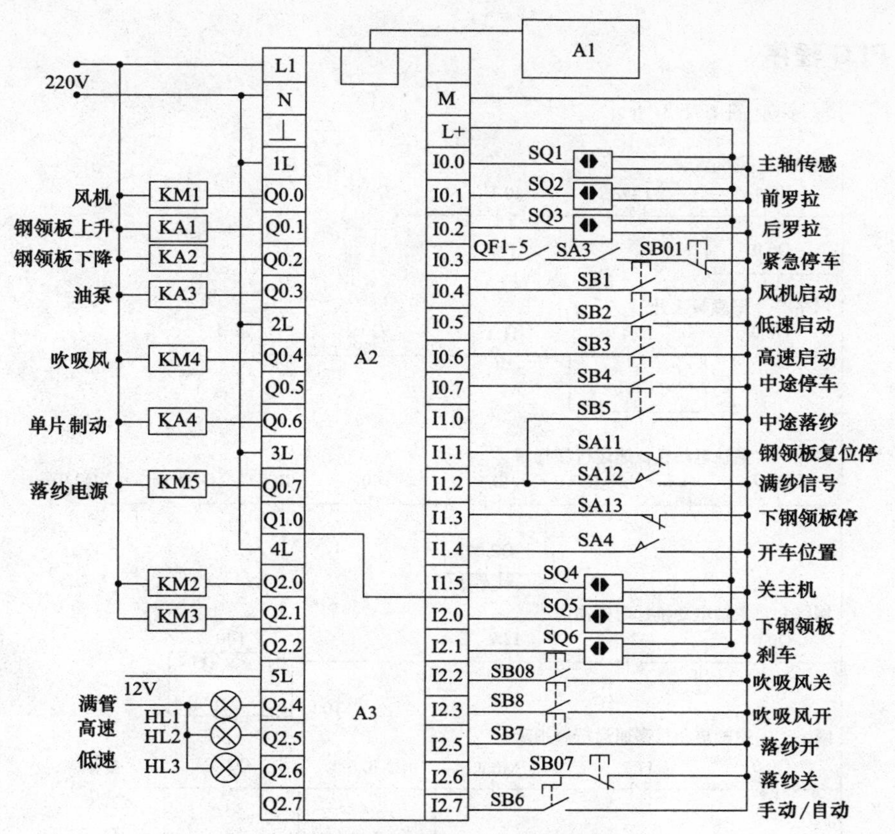

图 6.51 细纱机 PLC 控制电路

表 6.26 PLC 输入端子定义号与功能表

定义号	功　能	定义号	功　能
I0.0	主轴霍尔传感器 SQ1	I1.3	下钢领板停行程开关 SA13
I0.1	前罗拉霍尔传感器 SQ2	I1.5	关主电动机传感器 SQ4
I0.2	后罗拉霍尔传感器 SQ3	I2.0	下钢领板传感器 SQ5
I0.3	停车(【停止】按钮 SB01、车门开关 SA3、断路器 QF1～QF5 常开触头串联)	I2.1	刹车传感器 SQ6
I0.4	【风机启动、钢领板复位】按钮 SB1	I2.2	【吹吸风关】按钮 SB08
I0.5	【主轴低速】按钮 SB2	I2.3	【吹吸风开】按钮 SB8
I0.6	【主轴高速】按钮 SB3	I2.5	【落纱电源开】按钮 SB7
I0.7	【中途停车】按钮 SB4	I2.6	【落纱电源关】按钮 SB07
I1.1	钢领板复位停行程开关 SA11	I2.7	【手动/自动】旋钮 SB6
I1.2	【中途落纱】按钮 SB5、满纱信号行程开关 SA12		

PLC 输出端子的定义号与功能见表 6.27。

表 6.27 PLC 输出端子定义号与功能表

定义号	功　能	定义号	功　能
Q0.0	风机接触器 KM1	Q0.7	落纱电源 KM5
Q0.1	钢领板上升继电器 KA1	Q2.0	主机低速接触器 KM2
Q0.2	钢领板下降继电器 KA2	Q2.1	主机高速接触器 KM3
Q0.3	油泵继电器 KA3	Q2.4	满管指示红灯 HL1
Q0.4	吹吸风接触器 KM4	Q2.5	低速指示黄灯 HL2
Q0.6	单片制动继电器 KA4	Q2.6	高速指示绿灯 HL3

四、PLC 程序

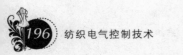

PLC 控制程序如图 6. 52 所示。

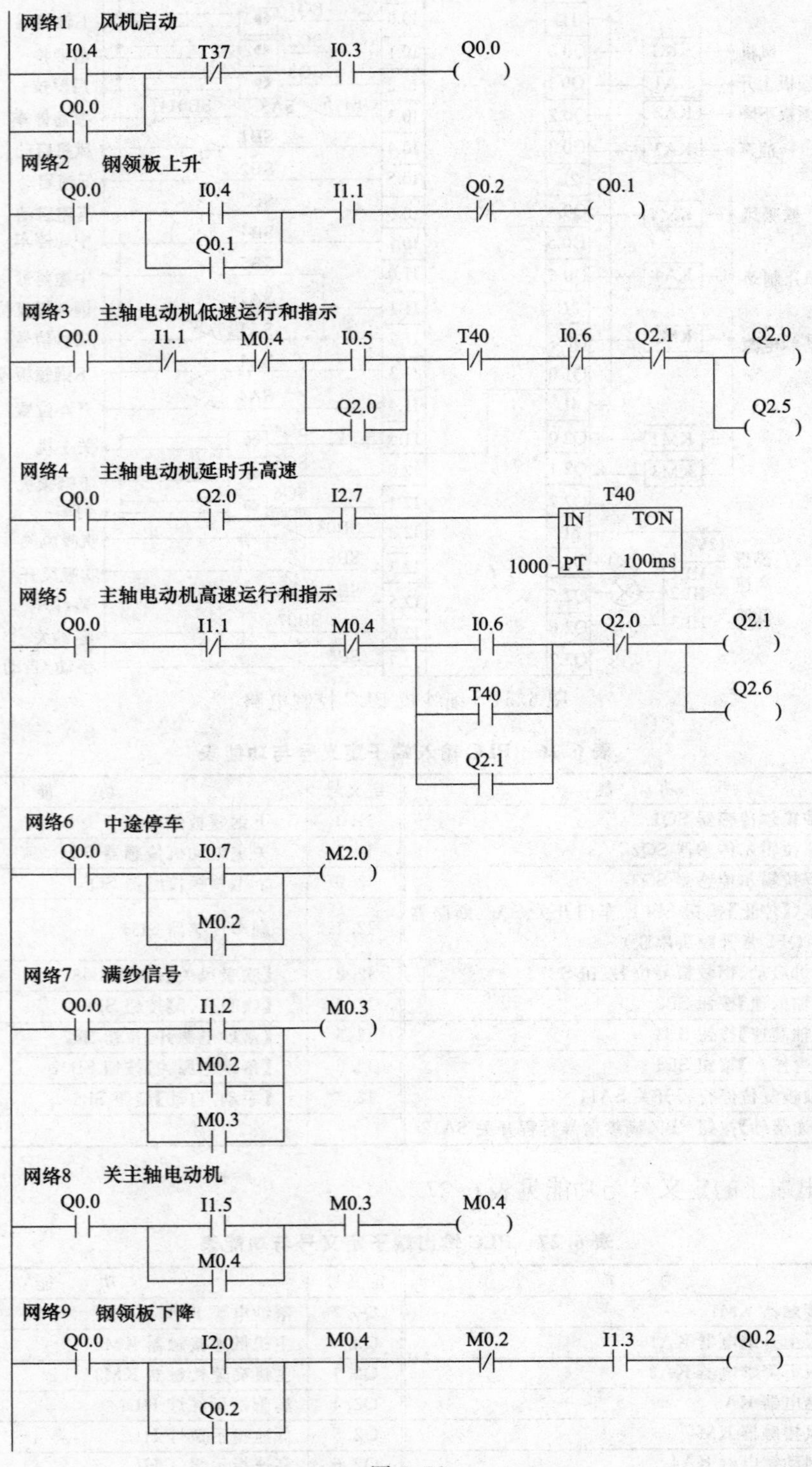

图 6. 52

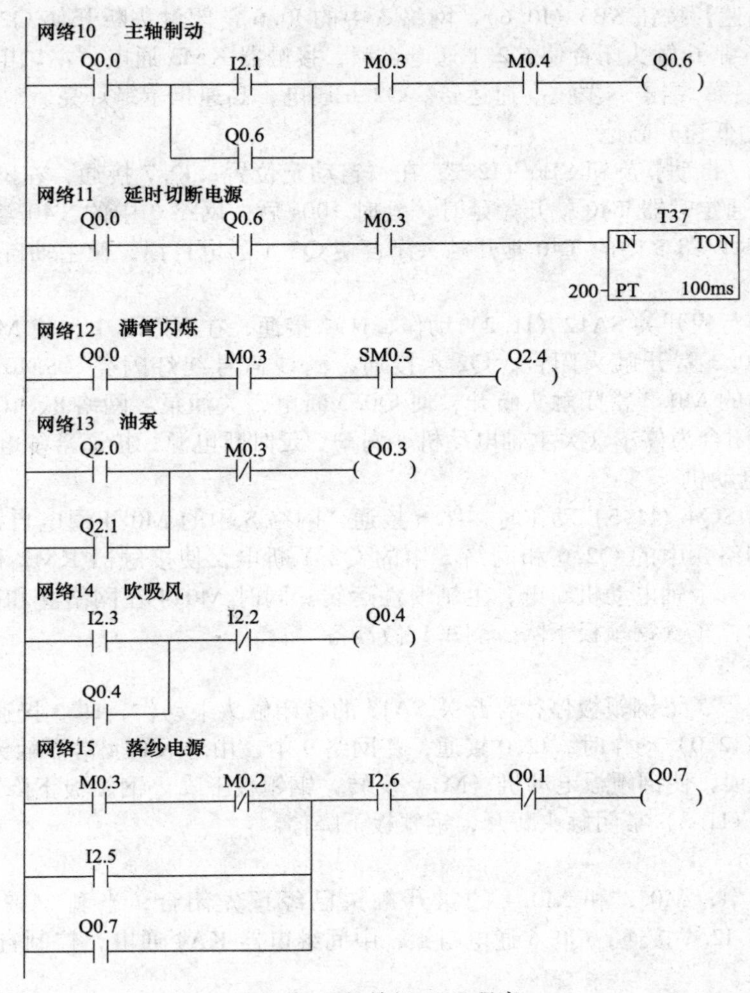

图 6.52　细纱机 PLC 程序

1. 启动

PLC 输入端 I0. 3 串联接入断路器 QF1～QF5 的短路与过载保护常开触头、紧急停车按钮 SB01 和车门打开行程开关 SA3，在正常状态下，所有的断路器都合闸，车门闭合，I0. 3 处于接通状态。在网络 1 中，按【风机启动、钢领板复位】按钮 SB1（I0. 4），Q0. 0 通电自锁，接触器 KM1 通电，风机（M3）启动，通过 Q0. 0 的常开触头主控全机主要程序。在网络 2 中，由于每次落纱时钢领板停在落纱位置，输入端 I1. 1 接通。Q0. 1 通电自锁，继电器 KA1 通电，钢领板电动机（M1）正转，钢领板上升复位。

2. 始纺位置

钢领板上升到始纺位置后，行程开关 SA11 动作，I1. 1 断开，在网络 2 中，Q0. 1 断电，钢领板电动机（M1）停。

3. 主轴低速

按【主轴低速】按钮 SB2（I0. 5），在网络 3 中，Q2. 0 通电自锁，接触器 KM2 通电，主轴电动机（M4）6 极低速运行，锭子、罗拉低速运转，纺纱开始。Q2. 5 通电，低速指示黄灯亮。

4. 主轴高速

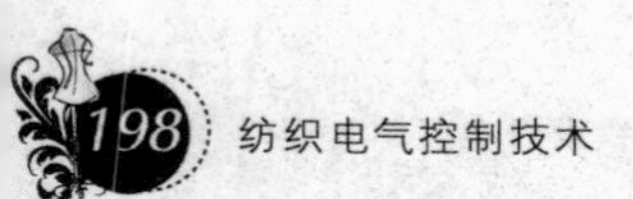

按【主轴高速】按钮 SB3（I0.6），网络 3 中的 I0.6 常闭触头断开使 Q2.0 断电，同时网络 5 中的 I0.6 常开触头闭合使 Q2.1 通电自锁，接触器 KM3 通电，主轴电动机由 6 极切换到 4 极高速运转，锭子、罗拉高速运转。Q2.6 通电，高速指示绿灯亮。

5. 主轴自动低速升高速

如果【手动/自动】旋钮 SB6（I2.7）在“自动”位置，I2.7 接通，在网络 4 中，主轴低速 Q2.0 一接通定时器 T40 就开始延时，延时 100s 后，网络 3 中的 T40 常闭触头断开使 Q2.0 断电，同时网络 5 中的 T40 常开触头闭合使 Q2.1 通电自锁，使主轴自动升到高速。

6. 满纱落纱

当满纱时，行程开关 SA12（I1.2）动作，I1.2 接通，在网络 7 中，使 M0.3 通电自锁。网络 12 中的 M0.3 常开触头闭合，Q2.4 接通，满纱信号红灯闪亮（SM0.5 为秒周期振荡）；网络 13 中的 M0.3 常闭触头断开，使 Q0.3 断电，关油泵。网络 8、10、11、15 中的 M0.3 常开触头闭合为停车（关主轴电动机、刹车、延时断电源、接通落纱电源）做准备。

7. 关主轴电动机

霍尔传感器 SQ4（I1.5）动作时，I1.5 接通，网络 8 中的 M0.4 通电自锁，通过 M0.4 的常闭触头使网络 3 中的 Q2.0 和网络 5 中的 Q2.1 断电，使接触器 KM2 和 KM3 线圈断电，主触头断开，主轴电动机断电，主轴惯性运转。同时 M0.4 在网络 9 和网络 10 中的常开触头闭合，为停车（钢领板下降、刹车）做准备。

8. 钢领板下降

未在落纱位置，下钢领板停行程开关 SA13 的常闭触头未动作，I1.3 接通；下钢领板霍尔传感器 SQ5（I2.0）动作时，I2.0 接通，在网络 9 中，由于 M0.4 常开触头已经闭合，所以 Q0.2 通电自锁，使钢领板电动机（M1）反转，钢领板下降。钢领板下降到落纱位置时，行程开关 SA13（I1.3）常闭触头断开，钢领板下降停。

9. 主轴制动

在网络 10 中，M0.3 和 M0.4 的常开触头已经预先闭合，当刹车霍尔传感器 SQ6（I2.1）动作时，I2.1 接通，Q0.6 通电自锁，中间继电器 KA4 通电，控制直流 24V 单片制动器使主轴刹车。

10. 全机停

M0.3 已经闭合，主轴制动时，网络 11 中的 Q0.6 常开触头闭合，T37 延时 20s 后，使网络 1 中的 T37 常闭触头断开，Q0.0 断电解除自锁，主控全机主要电气动作结束。

11. 中途落纱

在网络 7 中，按【中途落纱】按钮 SB5（I1.2），I1.2 接通，M0.3 通电自锁，后面的电气动作同满纱落纱。

12. 中途停车

在网络 6 中，按【中途停车】按钮 SB4（I0.7），I0.7 接通，M0.2 通电自锁，M0.2 在网络 9 和网络 15 中的常闭触头断开，使钢领板不下降，不接通落纱电源；同时在网络 7 中的 M0.2 常开触头闭合，使 M0.3 通电自锁，后面的动作顺序同满纱落纱。

13. 油泵电动机

在网络 13 中，油泵电动机在主轴低速（Q2.0）、高速（Q2.1）时运转，满纱（M0.3）后停止。

14. 吹吸风

在网络 14 中，通过简单的自锁控制电路控制吹吸风电动机。

15. 落纱电源

在网络15中，落纱电源属于自锁控制电路，但中途停车时不接通落纱电源。

五、设备操作

在车尾拨【电源开关】SB，开关箱内PLC电源接通。

1. 启动

SB6预先旋转到【自动】，先按【风机启动，钢领板复位】按钮SB1，风机启动，同时钢领板电动机启动，钢领板由落纱位置上升到始纺位置后停止。然后再按【主轴低速】按钮SB2，机器开始低速运转，低速指示黄灯亮延时100s后，机器自动转为高速运转。

2. 满纱

SAl2动作，满纱信号红灯闪亮，36V落纱电源接通。

3. 停主电动机

霍尔传感器SQ4动作，停主电动机。SQ5动作，钢领板下降，SA13动作，钢领板下降停止。SQ6动作，主轴刹车制动，同时PLC程序中时间继电器延时20s动作，风机停转，机台处于落纱位置。

4. 落纱电源断电

落纱完毕后，下次开车钢领板上升时，落纱电源被切断。

5. 中途停车

当机器需要中途停车时，只需按【中途停车】按钮SB4，机器即可自动适位制动停车，而不允许按【紧急停车】按钮SB01或关车尾开关箱上的【电源开关】SB。

恢复开车时，先按【风机启动，钢领板复位】按钮SB1，再按【主轴低速】按钮SB2，机器进入正常运转。

6. 中途落纱

当机器需要提前落纱时，只需按【中途落纱】按钮SB5，钢领板自动下降到落纱位置，成型凸轮自动适位制动，全机停转，落纱电源接通，即可落纱。

7. 紧急停车

当机器运转中遇有紧急情况，需要立即停车时，可按【紧急停车】按钮SB01或者关【电源开关】SB，此时停车后，不能适位制动。恢复开车时，按顺序按SB1、SB2按钮，机器即恢复正常运转。

第八节　转杯纺纱机电气控制

一、转杯纺纱工艺流程

转杯纺纱是自由端纺纱的一种，转杯纺纱工艺与环锭纺纱工艺有原则的区别，它包括喂给、开松与输送、凝聚与成形、加捻与成纱、卷绕几个部分，其工艺原理如图6.53所示。

1. 喂给

棉条1经喇叭口2进入给棉罗拉3和给棉板4之间，给棉罗拉的转动将条子送入开松区。

2. 开松与输送

分梳辊5的锯齿把纤维从条子上梳下，将连续的棉条分解成相互分离的单纤维，棉条中的杂质经排杂通道排出。分梳与开松后的单纤维6随分梳辊向前运动到输送管7中，借助分梳辊的离心力和补入气流的作用，单纤维被送往转杯8。

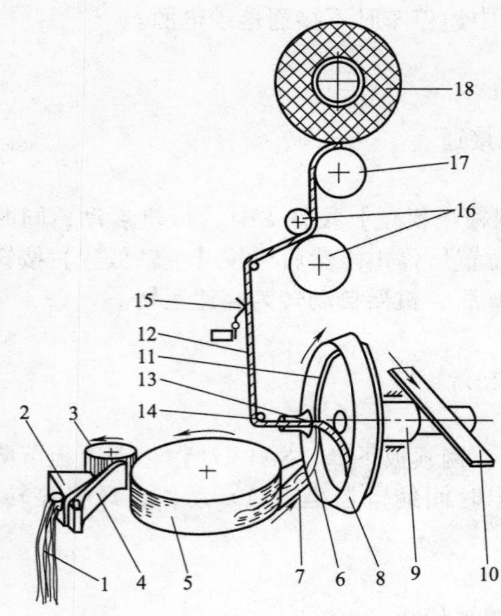

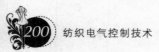

图 6.53 转杯纺纱原理示意图

1—棉条；2—喇叭口；3—给棉罗拉；4—给棉板；5—分梳辊；6—单纤维；7—输送管；8—转杯；9—轴承；10—环形带；11—凝聚槽；12—成纱；13—假捻盘；14—阻捻头；15—断纱自停探针；16—引纱罗拉；17—卷绕罗拉；18—纱管

3. 凝聚与成形

转杯中的纤维层在离心力和气流动力的作用下滑向凝聚槽 11，形成纤维条。

4. 加捻与成纱

将纱头由转杯中心的引纱孔引入转杯中，纱头在离心力作用下抛向凝聚槽，在转动中和纤维条相接，纤维条被引出，由于转杯的转动，转杯中心引纱管中的纱段被加捻而成纱。

5. 卷绕

引纱罗拉 16 送出的细纱卷绕在纱管 18 上，纱管由卷绕罗拉 17 传动；布纱机构使细纱交叉卷绕在纱管。

二、电气控制特点及工艺要求

转杯纺纱机采用 PLC 控制及变频器调速技术，以满足转杯纺纱工艺的特定要求，在电气控制方面有以下特点。

(1) 多台电动机分别传动转杯龙带、分梳辊龙带、喂棉机构、卷绕机构和排杂风机等，全机各电动机既可按程序自动运行，亦可分别点动控制开停。

(2) 为了适应不同的纺纱工艺，卷绕和喂棉电动机采用变频器控制转速，改变变频器的输出频率，可得到所需不同的牵伸倍数和捻度。

(3) 为了提高生产效率，电气控制中有开车集体生头和关车时留尾纱的控制程序，由引纱轴和给棉轴上的电磁离合器、制动器执行相应的程序动作。

(4) 在每个纺纱器上都装有一套断头自停装置，在纺纱过程中出现断纱后，断头自停装置动作，使喂给罗拉电磁摩擦离合器脱开，喂给罗拉立即停转，棉条停止喂入，以防止纤维堵塞分梳辊和转杯而引起火灾。同时纺纱器上断头指示灯亮，挡车工可迅速发现处理。

三、电气控制线路的组成和作用

全机电气线路由主电路、离合器与制动器控制电路和 PLC 控制电路等部分组成。

1. 主电路

F1603 转杯纺纱机主电路如图 6.54、图 6.55 所示。

主电路由 9 台电动机构成，其中 M1、M2 是左、右转杯电动机，用于驱动转杯，功率 2×11kW。K17、K9、K1 与 K18、K10、K2 分别是 M1、M2 的电源接触器和 Y/△形接触器。

M3、M4 是左、右分梳辊电动机，用于驱动分梳辊，功率 2×3kW，分别受接触器 K3、K4 控制。

M5 是排杂电动机，用于驱动排杂机构，功率 2.2kW，受接触器 K5 控制。

M6 是辅助吸嘴电动机，用于驱动辅助吸嘴，功率 3kW，受接触器 K6 控制。

M8 是输送带电动机，用于驱动输送带，功率 0.37kW，受接触器 K8 控制。

M7 是卷绕电动机，用于驱动卷绕轴，功率 4kW，受变频器 U2 控制。

M9 是喂棉电动机，用于驱动喂棉轴，功率 0.75kW，受变频器 U1 控制。

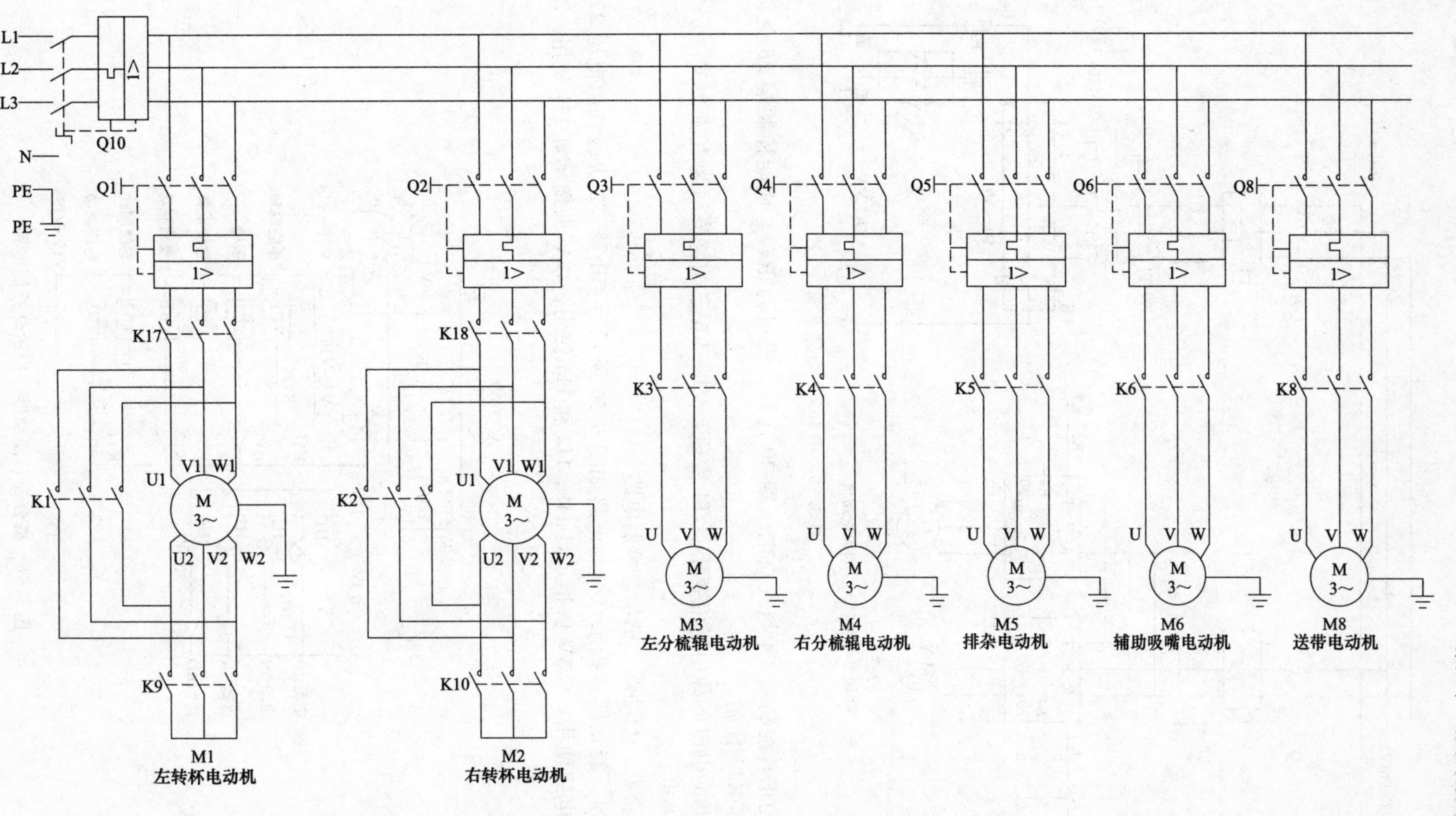

图 6.54 F1603 主电路 1

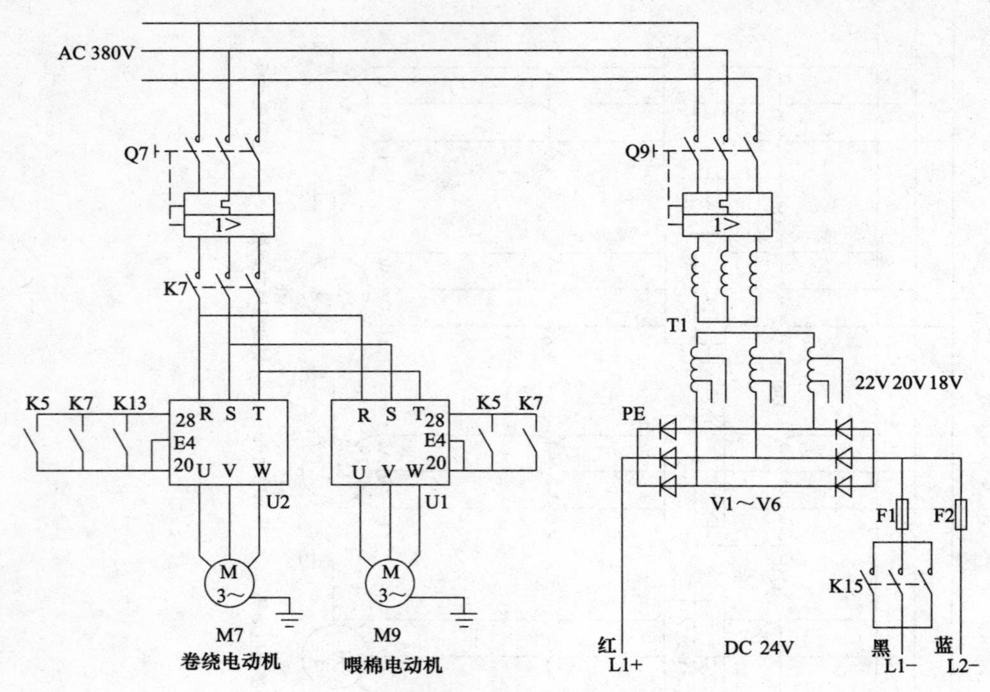

图 6.55　F1603 主电路 2

U1、U2 的正转控制端 E4 与直流电压端 20 连接，设置为正转。使能控制端 28 受接触器 K5、K7 和 K13 控制。

纺纱器的供电电源由三相变压器 T1 变压、V1～V6 三相整流后为直流 24V，分左、右两侧单独供电。

2. 离合器、制动器、指示灯控制电路

离合器、制动器、指示灯控制电路如图 6.56 所示。变压器 T2 次级绕组电压 220V 供 PLC 及其电路使用。6.3V 供指示灯 H1、H2 和 H3 使用，12V 供指示灯 H4 使用。29V 经

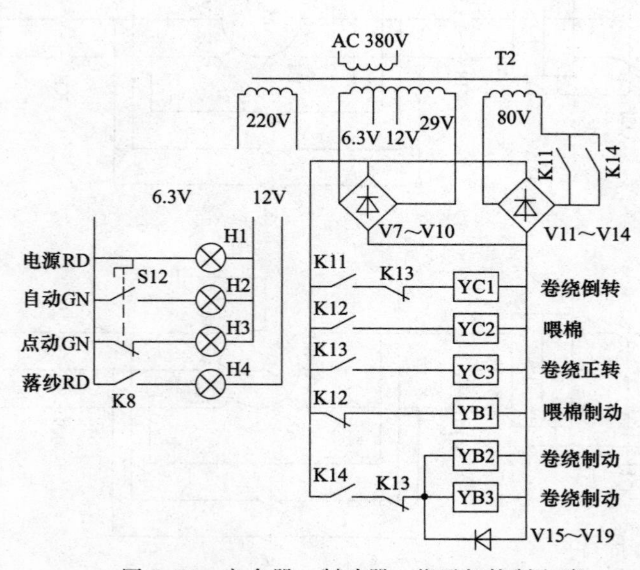

图 6.56　离合器、制动器、指示灯控制电路

整流后供离合器和制动器长时间使用，80V 经整流后供离合器和制动器短时间使用（也称为强激磁）。

3. PLC 控制电路

PLC 控制电路如图 6. 57 所示。

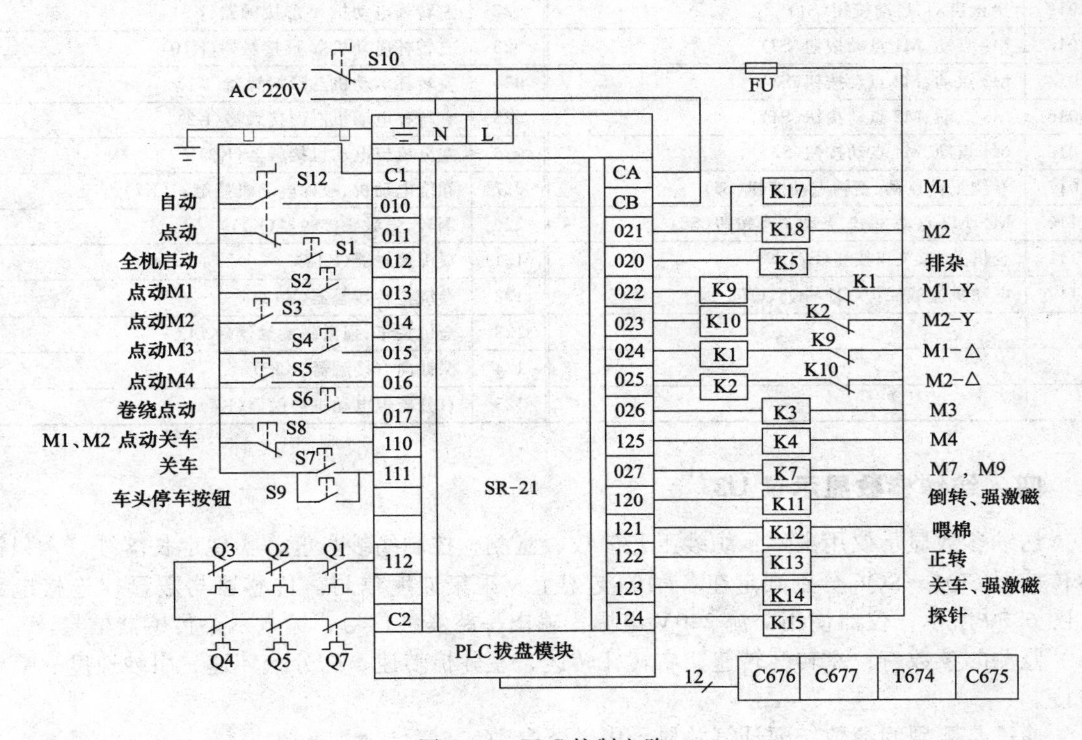

图 6. 57　PLC 控制电路

PLC 型号为 SR-21P-EX（无锡华光），装五槽框架，电源电压为交流 220V。除 CPU 模块外另加了 1 个输入模块，1 个输出模块和一个拨盘模块。

输入模块（E-05N），规格 24V AC/DC 输入，16 个点分成 2 组，每组 8 点，各自一个公共端，两个公共端相互隔离。输入定义号分别为 010～017、110～117。

输出模块（E-05T），规格 5～265V AC/DC 继电器输出，16 个点分成 2 组，每组 8 点，各自一个公共端，每组可由一个独立电源供电。输出定义号分别为 020～027、120～127。

拨盘模块（E-01D），采用 8421BCD 码，C676、C677、T674、C675 为拨盘设定式定时器或计数器，它们的延时时间是在标有“喂棉”、“留头”、“倒转”、“正转”的拨盘上设定，其设定值与所纺支数、主机转速有关。

PLC 输入/输出端子定义号与功能见表 6. 28。

4. 辅助吸嘴、输送带控制电路

辅助吸嘴、输送带控制电路如图 6. 58 所示。在任何时候均可根据需要，随时开停辅助吸嘴电动机 M6，M6 由旋钮 SB11 控制。

输送带电动机 M8 由旋钮 SB13 控制，根据需要可随时操作。同时也受纺纱参数显示仪 U3 控制，当 U3 发出满纱信号时输送带电动机 M8 可自动启动，M8 启动后满纱指示灯 H4 亮。待落纱操作完毕后，将 U3 复位到开始纺纱时的读数，按下停止按钮 S14，M8 便停止运转。

表 6.28 输入/输出端子定义号与功能表

输入端	功 能	输入端	功 能
010	自动信号、自动/点动选择旋钮(S12)	020	排杂电动机接触器(K5)
011	点动信号、自动/点动选择旋钮(S12)	021	转杯电动机接触器(K17、K18)
012	全机启动、启动按钮(S1)	022	左转杯电动机Y形接触器(K9)
013	M1点动、M1点动按钮(S2)	023	右转杯电动机Y形接触器(K10)
014	M2点动、M2点动按钮(S3)	024	左转杯电动机△形接触器(K1)
015	M3点动、M2点动按钮(S4)	025	右转杯电动机△形接触器(K2)
016	M4点动、M4点动按钮(S5)	026	左分梳辊电动机接触器(K3)
017	卷绕正转点动、正转点动按钮(S6)	027	卷绕电动机、喂棉电动机接触器(K7)
110	M1、M2点动关车、点动关车按钮(S8)	120	倒转、强激磁接触器(K11)
111	全机关车、关车按钮(S7、S9)	121	喂棉接触器(K12)
112	电动机过载保护(Q1～Q5、Q7)	122	卷绕正转接触器(K13)
		123	全机关车、强激磁接触器(K14)
		124	探针向右接触器(K15)
		125	右分梳辊电动机接触器(K4)

四、纺纱参数显示仪 U3

纺纱参数显示仪用来显示纺纱工艺参数、监测、控制纺纱长度，实现定长落纱。六只霍尔传感器 SQ1～SQ6 分别固定在各轴的支架上，采集速度信号。传感器与数显仪连接电路如图 6.59 所示，仪器使用交流 220V 电源，输出一路满纱信号，输入六路传感器信号。

监测的参数有：左转杯转速、右转杯转速、左分梳转速、右分梳转速、引纱速度、喂棉速度。

通过监测到的参数，要计算并显示出以下参数：

牵伸倍数 = 引纱速度 / 喂棉速度

细纱捻度 = 转杯转速 / 引纱速度

细纱特数 = 棉条特数 / 牵伸倍数

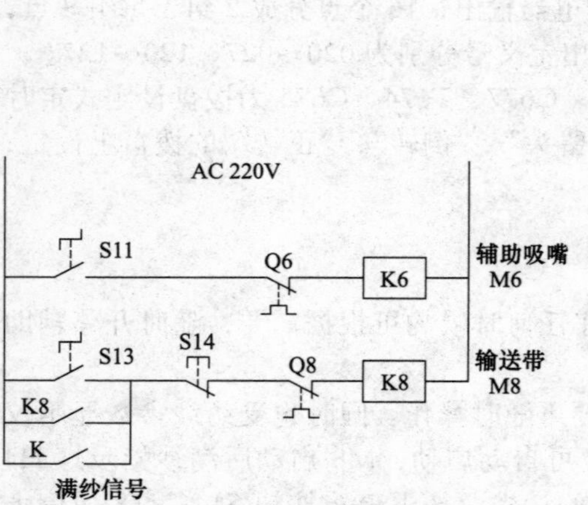

图 6.58 辅助吸嘴、输送带控制电路

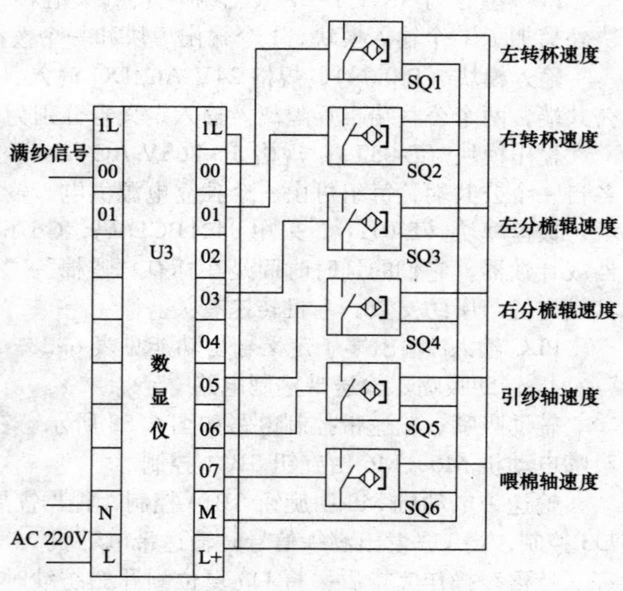

图 6.59 传感器与数显仪连接电路

五、开关车动作控制

1. 转杯电动机

采用Y/△降压启动以延缓转杯的启动过程，可防止转杯龙带产生变形和打滑磨损，延长龙带的使用寿命。在生头时，转杯电动机断电，保持惯性运转以利于提高生头率，生头完毕后，转杯电动机直接△形连接全压运转。关车时，利用其降速过程，进行留生头尾纱的动作。

2. 开车自动生头

关车后，尾纱脱离转杯，留在引纱管内，再开车时，转杯、分梳辊与卷绕电动机首先启动运转，然后转杯电动机瞬时断电，转杯借惯性继续运转，此时卷绕罗拉与引纱罗拉倒转，在转杯回转产生的负压作用下，尾纱被吸入杯内，与喂给罗拉喂入杯内的纤维搭接加捻，然后卷绕与引纱罗拉正转，把纱引出。此时，转杯电动机重新全压得电并达到全速，开始正常纺纱，此过程称为倒正转的低速自动留头方式。按留头工艺要求，适当选择有关设定参数，可较为精确地控制留头时的转杯转速和各离合器的动作时间，从而可获得很高的留头率。

3. 关车留头

按下关车按钮，转杯电动机、分梳辊电动机断电，转杯电动机降至较低速时，给棉轴制动；残留在纺纱器内的纤维继续纺纱，达到设定值时，引纱轴制动，使留在纺纱器内的尾纱恰好在引纱管内。低速留尾纱有利于机器制动。同时要将尾纱拉出转杯留在引纱管里，为下次开车自动生头做好准备。

六、纺纱器的断纱自停控制

纺纱器断纱自停探针如前述图6.53所示，断纱自停控制电路如图6.60所示。

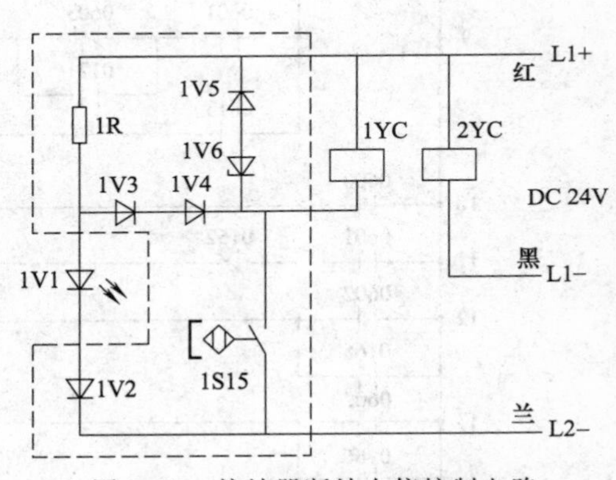

图6.60 纺纱器断纱自停控制电路

断纱自停电路由探针吸铁，发光二极管1V1、干簧管开关1S15、喂棉离合器线圈1YC及探针控制线圈2YC等组成，工作电压为直流24V。

正常纺纱时，在纱线张力作用下，探针永久磁铁处于干簧管工作位置，干簧管导通，电流通过喂棉离合器线圈1YC，离合器得电吸合，喂给罗拉转动，棉条喂入纺纱器。

纱线断头后，失去纱线张力，在磁场力的作用下，探针偏离纺纱管，使干簧管开路，1YC电磁离合器释放，喂给罗拉停转，棉条停止喂入，同时发光二极管1V1亮，指示断头。在开车前和停车后，由于尾纱没有张力，探针压住纱头，防止纱头从引纱管内滑脱。

探针的强制位置。若探针线圈2YC得电，线圈衔铁产生一个与磁钢极性相反的磁场，此时，电磁离合器1YC强制得电，所有纺纱器的给棉罗拉由给棉轴集体控制传动。

七、PLC程序

PLC程序梯形图如图6.61所示。

1. 自动程序

(1) 开车准备。闭合主电路中断路器Q1～Q10以及PLC控制回路电源开关S10，此时PLC与变压器T1、T2接入电源，电源指示灯H1亮。将【自动/点动】选择开关S12置于自动位置，PLC输入端010闭合，自动指示灯H2亮。

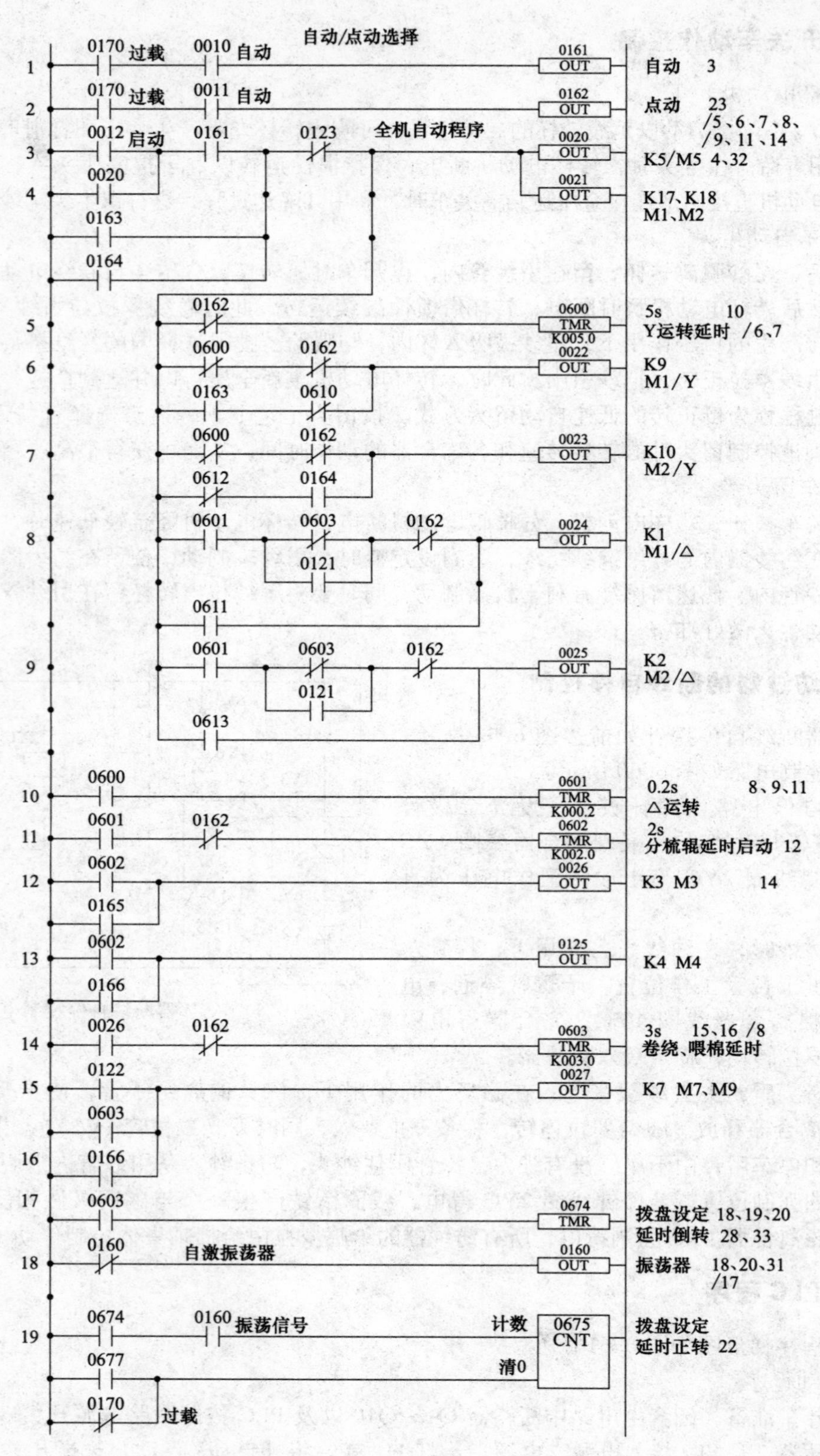

自动/点动选择
1 0170 过载 0010 自动 0161 OUT 自动 3
2 0170 过载 0011 自动 0162 OUT 点动 23 /5、6、7、8、/9、11、14
3 0012 启动 0161 0123 全机自动程序 0020 OUT K5/M5 4、32
4 0020 0021 OUT K17、K18 M1、M2
0163
0164
5 0162 0600 TMR K005.0 5s 10 Y运转延时 /6、7
6 0600 0162 0022 OUT K9 M1/Y
0163 0610
7 0600 0162 0023 OUT K10 M2/Y
0612 0164
8 0601 0603 0162 0024 OUT K1 M1/△
0121
0611
9 0601 0603 0162 0025 OUT K2 M2/△
0121
0613
10 0600 0601 TMR K000.2 0.2s 8、9、11 △运转
11 0601 0162 0602 TMR K002.0 2s 分梳辊延时启动 12
12 0602 0026 OUT K3 M3 14
0165
13 0602 0125 OUT K4 M4
0166
14 0026 0162 0603 TMR K003.0 3s 15、16 /8 卷绕、喂棉延时
15 0122 0027 OUT K7 M7、M9
0603
16 0166
17 0603 0674 TMR 拨盘设定 18、19、20 延时倒转 28、33
18 0160 自激振荡器 0160 OUT 振荡器 18、20、31 /17
19 0674 0160 振荡信号 计数 0675 CNT 拨盘设定 延时正转 22
0677 清0
0170 过载

图 6.61

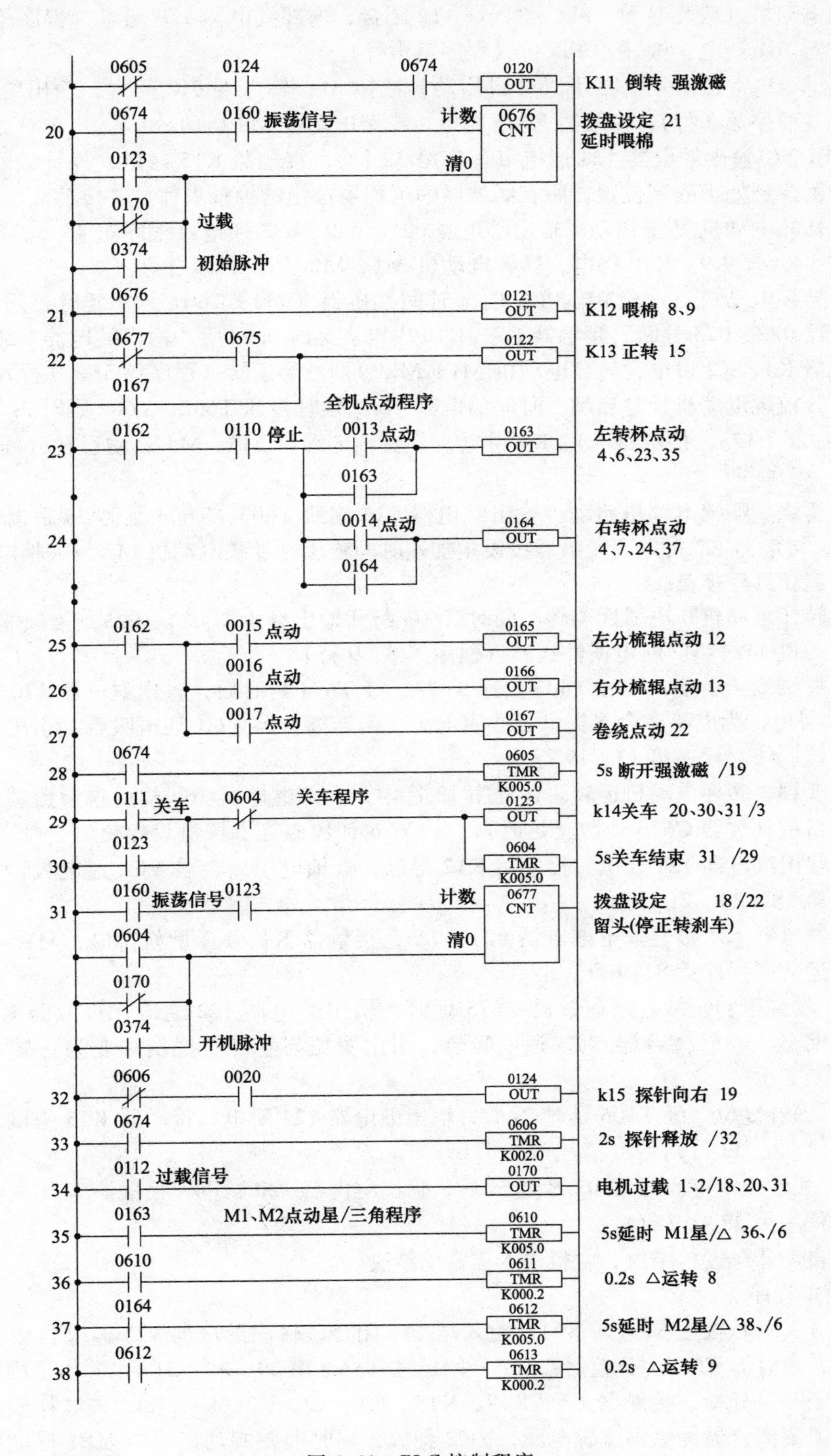

图 6.61　PLC 控制程序

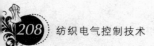

在无电动机过载情况下，PLC 输入端 112 闭合，内部继电器 170 通电（程序第 34 行），内部继电器 161 通电，做好开车准备（程序第 1 行）。

(2) 排杂电动机启动。按下【全机启动】按钮 S1，输入端 012 闭合，输出继电器 020 通电自锁（程序第 3 行），接触器 KM5 得电，排杂电动机 M5 启动。

020 闭合使输出继电器 124 通电（程序第 32 行），接触器 K15 得电，探针线圈 2YC 得电，纺纱器探针处于强制位置，所有纺纱器的给棉罗拉由给棉轴集体控制传动。

(3) 转杯电动机 Y 形启动。输出继电器 021、022、023 通电（程序第 4、6、7 行），接触器 K17、K18、K9、K10 得电，转杯电动机 M1、M2 分别 Y 形启动。

(4) 转杯电动机△形运转。PLC 内部时间继电器 T600、T601 开始延时，延时 5s 后，输出继电器 022、023 分断，接触器 K9、K10 失电。延时 5. 2s 后，输出继电器 024、025 通电，接触器 K1、K2 得电，转杯电动机 M1、M2 分别△形运转（程序第 5～10 行）。

(5) 分梳辊电动机延时启动。时间继电器 T601 延时接通 T602，T602 延时 2s 后接通输出继电器 026、125，接触器 K3、K4 得电，分梳辊电动机 M3、M4 启动运转（程序第 12、13 行）。

(6) 卷绕、喂棉电动机启动。输出继电器 026 接通 T603，T603 延时 3s 后接通输出继电器 027，接触器 K7 得电，变频器按设定加速时间输出，卷绕电动机 M7 与喂棉电动机 M9 同时启动运转（程序第 14、15 行）。

(7) 转杯电动机断电惯性运转。同时 T603 断开输出继电器 024、025，接触器 K1、K2 失电，电动机 M1、M2 断电惯性运转（程序第 8、9 行）。

(8) 卷绕倒转引纱。同时 T603 接通 T674，经 T674 延时后，输出继电器 120 通电，接触器 K11 得电，为电磁离合器提供强激磁电源，倒转离合器 YC1 通电吸合，引出罗拉与卷绕罗拉倒转引纱（程序第 17、19 行）。

(9) 喂棉、转杯电动机运转。在程序 18 行中，内部继电器 160 构成自激振荡器，其振荡脉冲数目被计数器 C676 计数（延时），当 C676 计数值等于拨盘设定值时，C676 常开接点闭合，输出继电器 121 通电，接触器 K12 得电，喂棉电磁离合器 YC2 通电吸合，开始喂棉（程序第 18、20、21 行）。

输出继电器 121 接通输出继电器 024、025，接触器 K1、K2 重新得电，M1、M2 重新△形连接运转（程序第 8、9 行）。

(10) 卷绕正转纺纱。经计数器 C675 延时，输出继电器 122 通电，接触器 K13 得电，YC1 断电释放，正转离合器 YC3 通电吸合，引出罗拉与卷绕罗拉倒转变为正转（程序第 22 行）。

(11) 探针复位。经 T606 延时 2s 后，输出继电器 124 断电，接触器 K15 失电，探针复位（程序第 32、33 行）。

(12) 强激磁断电。经 T605 延时 5s 后，输出继电器 120 断电，接触器 K11 失电，强激磁断电（程序第 28、19 行）。

到此自动开车过程结束，主机进入正常纺纱过程。

2. 关车程序

按下【关车】按钮 S7（或 S9），输入端 111 闭合，输出继电器 123 通电自锁，接触器 K14 得电，定时器 T604、计数器 C677 开始延时（程序第 29、30、31 行）。由于程序第 3 行中 123 常闭触头分断，接触器 K5、K17、K18、K1、k2、K3、k4、K12 失电释放。K14 得电再次为电磁离合器提供强激磁电源，YC2 释放，同时喂棉制动离合器 YB1 得电吸合，使喂棉轴刹车。M1、M2、M3、M4、M5 断电，但主机仍依靠 M1、M2 的惯性继续纺纱，其

目的是将纺纱器通道里及转杯里的剩余纤维纺完，同时要将尾纱拉出转杯而停留在引纱管里，为下次开车自动生头做好准备（程序第 3、20、21、29 行）。

当计数器 C677 延时到，输出继电器 122、027 断电，接触器 K13、K7 失电，电动机 M7、M9 断电，YC3 断电释放，同时卷绕制动离合器 YB2、YB3 得电吸合，使卷绕与引出罗拉刹车，使尾纱停在引纱管的中部。当 T604 延时 5s 后，输出继电器 123 断电，接触器 K14 失电释放，强激磁结束，YB2、YB3 也断电释放，到此关车结束。（程序第 22、15、29 行）

3. 点动程序

在第一次开车前一定要先将自动/点动开关 S12 置于点动位置，进行点动试车，以保证电动机的转向。

将【自动/点动】选择开关 S12 置点动位置，输入端 011 闭合，输出继电器 162 通电，点动指示灯 H3 亮，这时 M1～M5 及 M7 可分别通过点动按钮 S2～S6 单独启动。其中 M5 是随着 M1、M2 的启动而同时启动的（程序第 2 行）。

(1) 转杯电动机 Y/△形降压启动。按下左转杯电动机 M1【点动】按钮 S2，输入端 013 闭合，内部继电器 163 通电自锁。输出继电器 020、021、022 通电，接触器 K5 得电，排杂电动机 M5 运转。接触器 K17、K9 得电，左转杯电动机 M1Y 形连接启动运转（程序第 23、3～6 行）。

同时时间继电器 T610 通电，T610 延时 5s 后，断开输出继电器 022，接触器 K9 失电，M1Y 形连接断开。T610 延时接通定时器 T611，T611 延时 0.2s 后接通输出继电器 024，接触器 K1 得电，转杯电动机 M1△形运转（程序第 35、6、36、8 行）。

M1、M2 启动后自锁，便于人工生头时喂入尾纱。

按下 M1、M2【点动停止】按钮 S8，M1 停止。

同理可分析 M2Y/△形点动运转过程。

(2) 分梳辊电动机点动。按下【左分梳辊点动】按钮 S4，输入端 015 闭合，内部继电器 165 通电，输出继电器 026 通电，接触器 K3 得电，左分梳辊电动机 M3 启动运转。释放按钮 S4，M3 停止（程序第 25、12 行）。

按下【右分梳辊点动】按钮 S5，输入端 016 闭合，内部继电器 166 通电，输出继电器 125 通电，接触器 K4 得电，右分梳辊电动机 M4 启动运转。释放 S5，M4 停止（程序第 25、13 行）。

M4 正转同时 166 接通输出继电器 027，接触器 K7 得电，卷绕电动机 M7、喂棉电动机 M9 启动运转（程序第 16 行）。

(3) 卷绕正转。按下【卷绕点动】按钮 S6，输入端 017 闭合，内部继电器 167 通电，输出继电器 122 通电，接触器 K13 得电，卷绕电动机 M7 启动运转，卷绕离合器 YC3 得电吸合，引出与卷绕罗拉正转。释放 S6，卷绕停止（程序第 25、22 行）。

第九节　剑杆织机 PLC 控制

一、剑杆织机工艺简介

在织物形成过程中，剑杆织机与其他织机一样要完成经纬纱的相互交织，并且使形成的织物不断引离织口，同时经纱不断向前输送。如图 6.62 织机工艺流程所示，经纱自织轴上退绕下来绕过后梁，穿过停经片、综丝和钢筘，在织口处与纬纱交织形成的织物绕过胸梁，

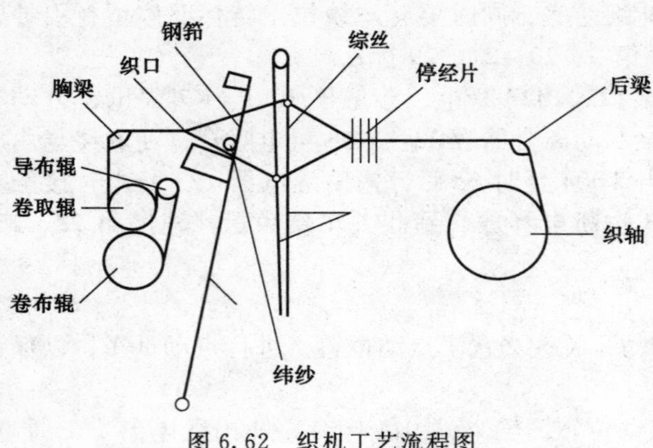

图 6.62 织机工艺流程图

经卷取辊、导布辊后卷到卷布辊上，由此完成织物的形成。这个工艺过程织机需经历五大运动，即开口、引纬、打纬、卷取和送经运动。纬纱的引入通过剑杆织机特有的送纬剑与接纬剑的相互交接实现。

二、电气控制特点

(1) 卷取与送经采用步进电动机控制，其控制性能好，可以做到快速启动、停止和反转，卷取与送经量控制精度高，可适应各种纬密变化的要求。

(2) 引纬与打纬采用伺服电动机控制。

(3) 开口运动中综框的升降由气压传动系统控制。

三、电气控制线路的组成和作用

该织机电气控制线路由主电路和控制电路组成，控制系统的主电路如图 6.63 所示，其中 2 个伺服电动机分别用于伺服引纬和伺服打纬，2 个步进电动机用于卷绕/送经。织机的控制电路如图 6.64 所示，应用了 2 个 PLC 的基本单元和 7 个扩展模块，一个基本单元 CPU224 用于主控制，另一个基本单元 CPU222 用于伺服引纬控制；在扩展模块中，一个 EM223 和 2 个 EM222 用于综框控制，一个 EM222 用于纬纱控制，另 2 个 EM223 分别用于伺服打纬与引纬，一个 EM235 用于张力测量。

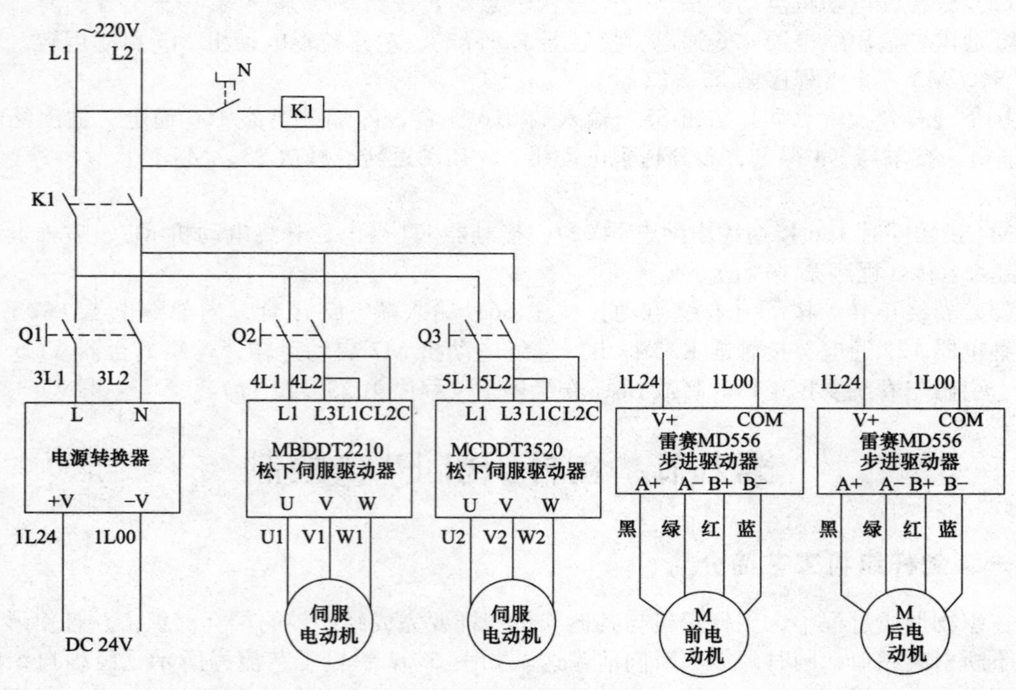

图 6.63 织机主电路

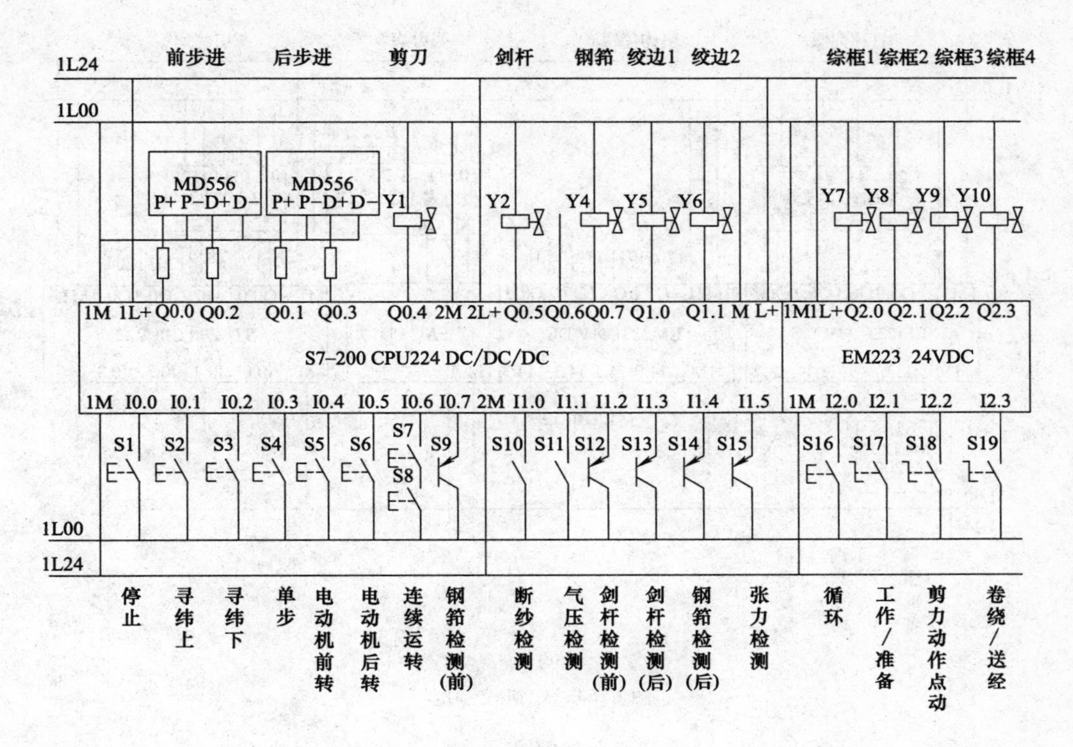
1L24
前步进 后步进 剪刀 剑杆 钢筘 绞边1 绞边2 综框1 综框2 综框3 综框4
1L00
MD556
P+ P− D+ D−
MD556
P+ P− D+ D−
Y1 Y2 Y4 Y5 Y6 Y7 Y8 Y9 Y10
1M 1L+ Q0.0 Q0.2 Q0.1 Q0.3 Q0.4 2M 2L+ Q0.5 Q0.6 Q0.7 Q1.0 Q1.1 M L+
S7-200 CPU224 DC/DC/DC
1M I0.0 I0.1 I0.2 I0.3 I0.4 I0.5 I0.6 I0.7 2M I1.0 I1.1 I1.2 I1.3 I1.4 I1.5
1M 1L+ Q2.0 Q2.1 Q2.2 Q2.3
EM223 24VDC
1M I2.0 I2.1 I2.2 I2.3
S1 S2 S3 S4 S5 S6 S7 S8 S9 S10 S11 S12 S13 S14 S15 S16 S17 S18 S19
1L00
1L24
停止 寻纬上 寻纬下 单步 电动机前转 电动机后转 连续运转 钢筘检测(前) 断纱检测 气压检测 剑杆检测(前) 剑杆检测(后) 钢筘检测(后) 张力检测 循环 工作/准备 剪力动作点动 卷绕/送经

(a)

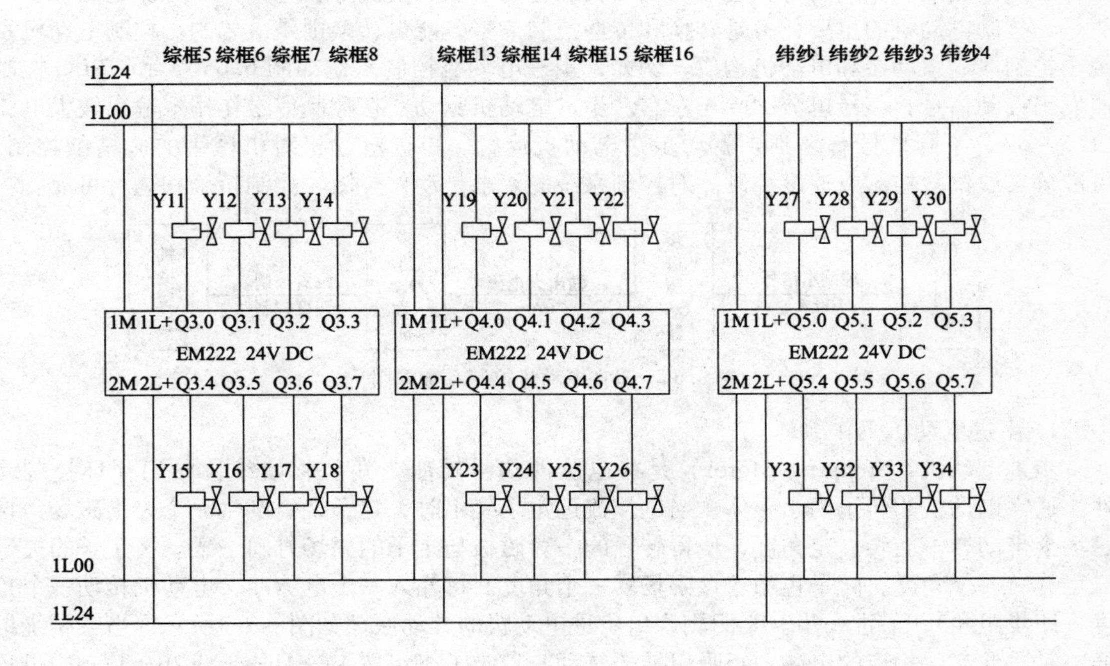
综框5 综框6 综框7 综框8 综框13 综框14 综框15 综框16 纬纱1 纬纱2 纬纱3 纬纱4
1L24
1L00
Y11 Y12 Y13 Y14 Y19 Y20 Y21 Y22 Y27 Y28 Y29 Y30
1M 1L+ Q3.0 Q3.1 Q3.2 Q3.3
EM222 24V DC
2M 2L+ Q3.4 Q3.5 Q3.6 Q3.7
1M 1L+ Q4.0 Q4.1 Q4.2 Q4.3
EM222 24V DC
2M 2L+ Q4.4 Q4.5 Q4.6 Q4.7
1M 1L+ Q5.0 Q5.1 Q5.2 Q5.3
EM222 24V DC
2M 2L+ Q5.4 Q5.5 Q5.6 Q5.7
Y15 Y16 Y17 Y18 Y23 Y24 Y25 Y26 Y31 Y32 Y33 Y34
1L00
1L24

(b)

图 6.64

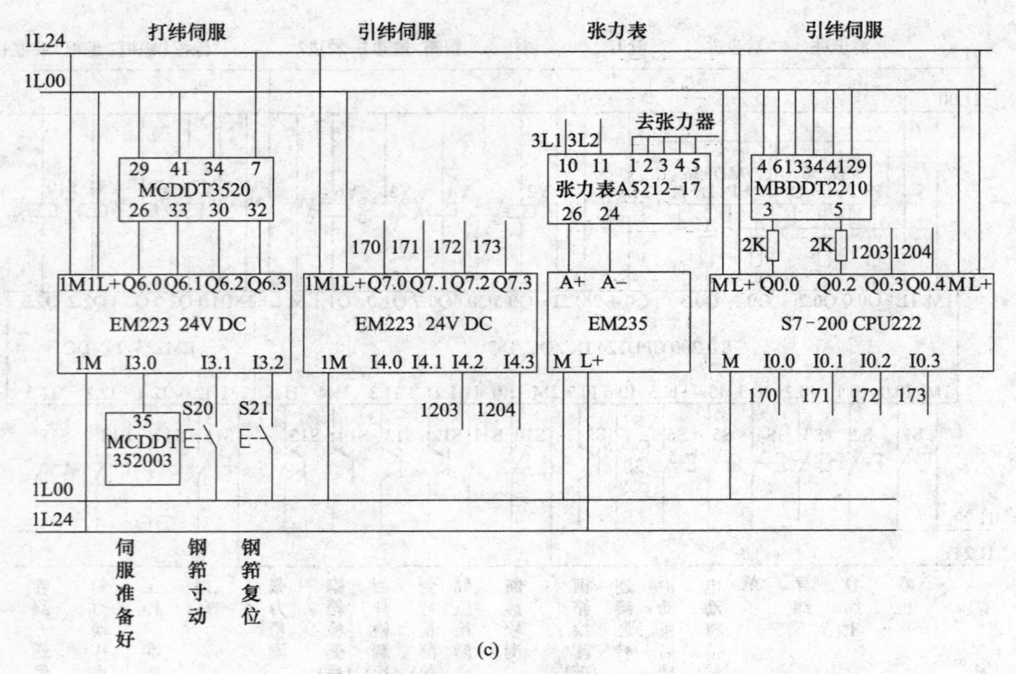

(c)

图 6.64 织机控制电路

四、步进控制系统

工业常用控制电动机有步进电动机和伺服电动机。与交流异步电动机、直流电动机不同的是，控制电动机的主要任务是转换和传递控制信号，能量转换则是次要的。控制电动机系统由控制器、驱动器和电动机构成，例如，步进电动机控制系统如图 6.65 所示，PLC 控制器发出控制信号，信号电流 10mA 左右。步进电动机驱动器在控制信号作用下输出较大电流（1.5～6A，不同型号有区别）驱动步进电动机运行。步进电动机对机械手实施精细控制，可准确实现位置控制或速度控制。对控制系统的要求是动作灵敏、控制精确和运行可靠。

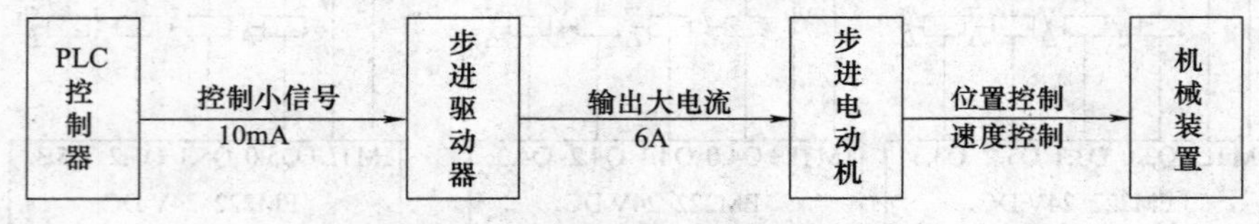

图 6.65 步进电动机控制系统框图

1. 步进电动机工作原理

步进电动机（Stepping Motor）是将电脉冲信号转变为角位移或线位移的开环控制元件。通常电动机的转子为永磁体，当电流流过定子绕组时，定子绕组产生一个矢量磁场，该磁场会带动转子旋转一定角度，使得转子的一对磁极与定子的磁场方向一致。当定子的矢量磁场旋转一个角度，转子也随着该磁场转一个角度。每输入一个电脉冲，电动机转动一个角度（即步距角），前进一步。某四相绕组步进电动机的转动原理如图 6.66 所示，当某相绕组通电时，便产生相应的电磁力矩吸引转子转动。若定子绕组按 1a→1b→2a→2b→1a→……顺序通电，则转子以 90°的步距角一步一步地旋转，其控制过程称为四相四拍。由于转轴的转动是每输入一个脉冲，步进电动机前进一步，所以叫做步进电动机。步进电动机输出的角位移与输入的脉冲数成正比、转速与脉冲频率成正比。改变绕组通电的顺序，电动机就会反

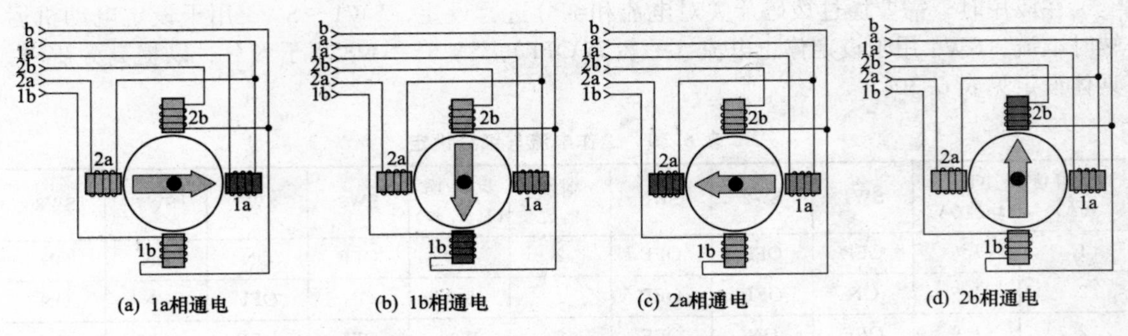

(a) 1a相通电　(b) 1b相通电　(c) 2a相通电　(d) 2b相通电

图 6.66　四相步进电动机工作原理示意图

转。所以，可用控制脉冲数量、频率及电动机各相绕组的通电顺序来控制步进电动机的转动。

本织机的卷绕/送经电动机使用的是台湾东元机电的步进电动机，型号为 DST86EL82A，其中，DS 为 2 相步进，T 为高转矩，86 为外部尺寸 86mm×86mm，E 为步距角 1.8°，L 为电动机长度 128mm，8 为 8 线输出，2 为绕线方式，A 为单边输出轴。该 8 线步进电动机串联接法，如图 6.67 所示，实现低速高转矩。

2. 步进驱动器

步进电动机由步进驱动器进行驱动，当步进驱动器接收到一个脉冲信号，它就驱动步进电动机按设定的方向转动一个固定的角度，步进电动机的旋转就是以固定的角度一步一步进行的。可以通过控制脉冲个数来控制角位移量，从而达到准确定位的目的；同时可以通过控制脉冲频率来控制电动机转动的速度和加速度，从而达到调速的目的。

本织机系统使用的步进驱动器为雷赛公司的 MD556，如图 6.68 所示，其端口功能见表 6.29。

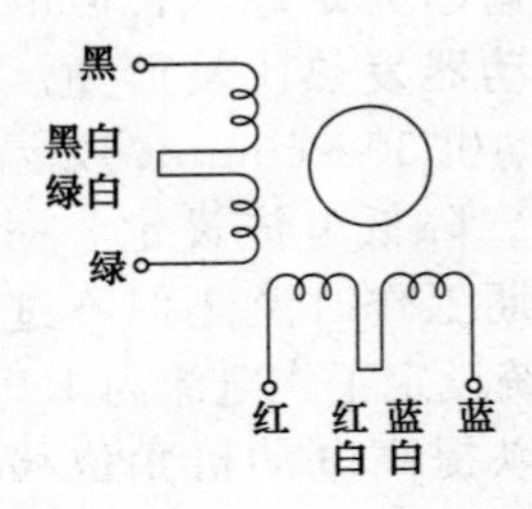

图 6.67　步进电动机的接线

图 6.68　MD556 步进驱动器

表 6.29　MD556 端口功能

<table>
<tr><th colspan="2">输入端口 P1</th><th colspan="2">输出端口 P2</th></tr>
<tr><th>名称</th><th>功能</th><th>名称</th><th>功能</th></tr>
<tr><td>PUL+</td><td rowspan="2">脉冲控制信号，高电平 4～5V，低电平 0～0.5V，使用 12V 或 24V 应加限流电阻。</td><td>GND</td><td>直流电源地</td></tr>
<tr><td>PUL−</td><td>+V</td><td>直流电源(+20V～+50V)</td></tr>
<tr><td>DIR+</td><td rowspan="2">方向控制信号，高低电平对应正反转。</td><td>A+</td><td rowspan="2">步进电动机 A 相</td></tr>
<tr><td>DIR−</td><td>A−</td></tr>
<tr><td>ENA+</td><td rowspan="2">驱动器使能信号，高电平使能，低电平禁止，悬空不接自动使能。</td><td>B+</td><td rowspan="2">步进电动机 B 相</td></tr>
<tr><td>ENA−</td><td>B−</td></tr>
</table>

在应用时，需要通过拨码开关对电流和细分进行设定，SW1～SW3 用于设定电动机运转时电流，SW4 用于设定停止电流（一般为 OFF)，SW5～SW8 用于细分，以提高分辨率，具体设定见表 6. 30。

表 6. 30 工作电流与细分设定

电流峰值(A)	电流平均值(A)	SW1	SW2	SW3	细分倍数	步数/圈(1. 8°/步)	SW5	SW6	SW7	SW8
1. 4	1. 0	OFF	OFF	OFF	2	400	OFF	ON	ON	ON
2. 1	1. 5	ON	OFF	OFF	4	800	ON	OFF	ON	ON
2. 7	1. 9	OFF	ON	OFF	8	1600	OFF	OFF	ON	ON
3. 2	2. 3	ON	ON	OFF	16	3200	ON	ON	OFF	ON
3. 8	2. 7	OFF	OFF	ON	32	6400	OFF	ON	OFF	ON
4. 3	3. 1	ON	OFF	ON	64	12800	ON	OFF	OFF	ON
4. 9	3. 5	OFF	ON	ON	126	25600	OFF	OFF	OFF	ON
5. 6	4. 0	ON	ON	ON	5	1000	ON	ON	ON	OFF
					10	2000	OFF	ON	ON	OFF
					20	4000	ON	OFF	ON	OFF
					25	5000	OFF	OFF	ON	OFF
					40	8000	ON	ON	OFF	OFF
					50	10000	OFF	ON	OFF	OFF
					100	20000	ON	OFF	OFF	OFF
					125	25000	OFF	OFF	OFF	OFF

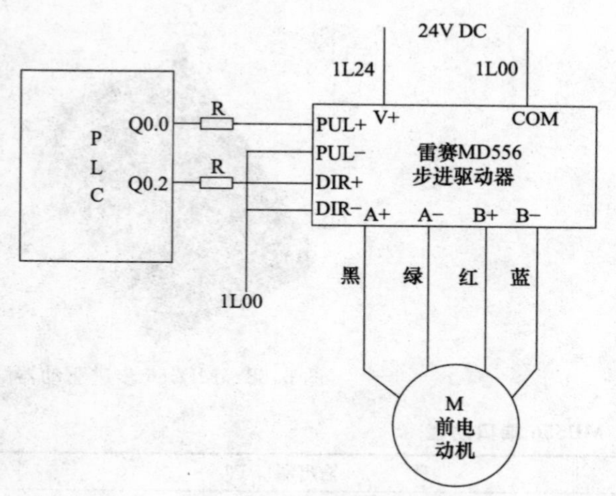

图 6. 69 步进控制系统

对于同一个电动机，电流设定值越大，电动机输出力矩越大，但电流大时电动机和驱动器发热比较严重。电流设定后运转电动机 30～60min，如温升过高(大于 70℃)，降低电流设定。一般将电流设定为长期工作时温热但不过热时的数值，本系统设定工作电流为 1. 9A。

细分可以提高电动机角位移的分辨率，系统中电动机的步距角为 1. 8°，设定 8 倍细分，则分辨率为 1. 8°/ 8 = 0. 225°，也即是将圆周分为 1600 份，每份为 360°/1600 = 0. 225°。由原来的每个脉冲 1. 8°提高到 0. 225°。

系统中应用 PLC 输出的脉冲对卷取/送经进行控制，Q0. 0（Q0. 1）为脉冲输出端，Q0. 2（Q0. 3）为电动机转向控制端，如图 6. 69 所示。

五、伺服控制系统

1. 伺服控制系统

步进电动机是一种开环控制电动机，而伺服电动机（Servo Motor）是通过与电动机同轴的旋转编码器实现反馈的闭环控制电动机。伺服系统（Servo Mechanism）是使物体的位置、方位、状态等输出被控量能够跟随输入目标（或给定值）的任意变化的自动控制系统，其控制系统方框图如图 6.70 所示。伺服主要靠脉冲来定位，基本上可以这样理解，伺服电动机接收到 1 个脉冲，就会旋转 1 个脉冲对应的角度。因为，伺服电动机本身具备发出脉冲的功能，所以伺服电动机每旋转一个角度，都会发出对应数量的脉冲，这样，和伺服电动机接受的脉冲形成了呼应，或者叫闭环，如此一来，系统就会知道发了多少脉冲给伺服电动机，同时又收了多少脉冲回来，这样，就能够很精确地控制电动机的转动，从而实现精确定位。由此可知，虽然步进电动机与伺服电动机在控制方式上相似（脉冲串和方向信号），但在使用性能和应用场合上存在着较大的差异，伺服电动机的控制精度要远远高于步进电动机，伺服电动机在低速情况下也不会产生步进电动机的抖动现象。

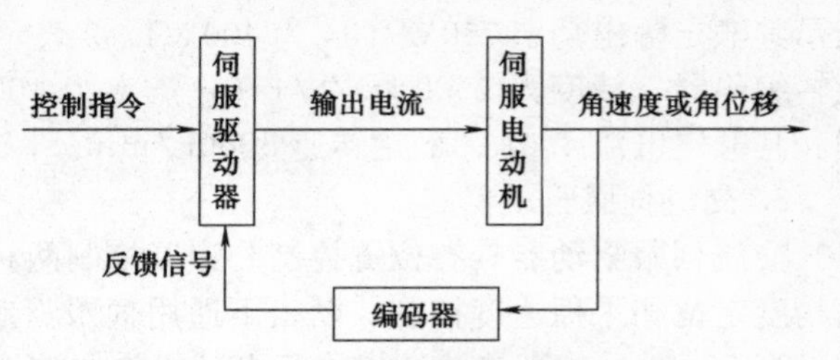

图 6.70 伺服电动机闭环控制系统

2. 交流伺服电动机

伺服电动机可分为直流伺服和交流伺服两大类，其中交流伺服电动机使用范围较广泛。三相交流伺服电动机如图 6.71 所示，在电动机尾部安装了编码器，引出编码器电缆。与普通三相交流异步电动机工作原理类似，伺服驱动器输出 U、V、W 三相交流电流流入伺服电动机的三相定子绕组形成旋转磁场。伺服电动机的转子材料是永磁铁，随着电动机定子旋转磁场的变化，转子也做相应频率的速度变化，而且转子速度 = 定子速度，所以称“同步”。伺服电动机的特点是：不仅要求它在静止状态下能服从控制信号的命令而转动，而且要求在电动机运行时如果发出停止指令，电动机应立即停转。因此，转子做成杯形，其转动惯量很小，可迅速启动或停止。

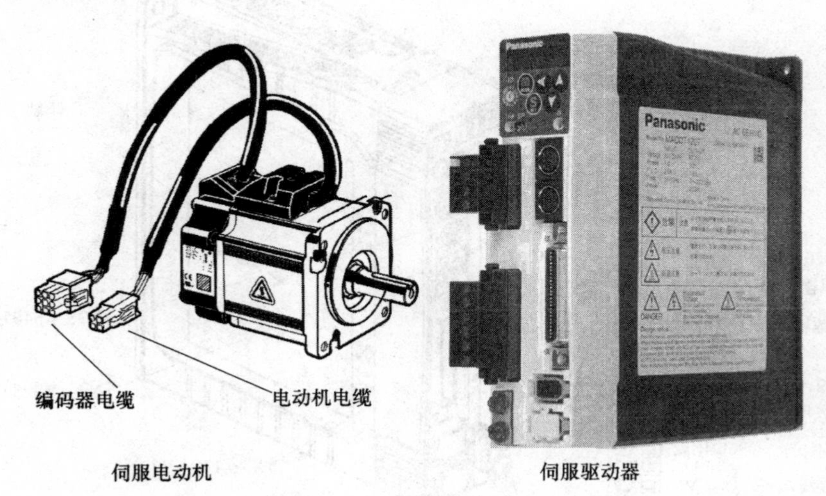

图 6.71 交流伺服电动机和交流伺服驱动器

本织机使用的是松下三相交流伺服电动机 MHMD082P1U 和 MSMD042P1U，分别用于打纬和引纬。以 MHMD082P1U 为例，MHMD 为高惯量的电动机（MSMD 为低惯量），08

表示其额定输出功率750W（04为400W），2表示额定电压为交流200V，P表示5芯增量式旋转编码器，精度为2500脉冲/r（分辨率为10000），1表示标准设计，U表示电动机结构。其额定电流4.0A，额定转速3000r/min。

3. 交流伺服驱动器

交流伺服驱动器具有位置控制和速度控制两种模式，因此它适用于一般机械加工设备的高精度定位和平稳速度控制。以松下通用伺服驱动器Minas A4系列为例，位置控制模式可用最高500kpps的高速脉冲串执行电动机旋转速度和方向的控制，分辨率为100000脉冲/r的高精度定位。速度控制模式可用由参数构成的内部速度指令（最多8速）对伺服电动机的旋转速度和方向进行高精度的平滑控制。本织机系统应用的是松下伺服驱动器MCDDT3520配MHMD082P1U伺服电动机，通过位置和速度两种模式控制伺服打纬；MBDDT2210配MSMD042P1U伺服电动机通过位置控制模式用于伺服引纬。松下三相交流伺服驱动器MBDDT2210如图6.72所示，MBDD表示B型机箱的A4系列驱动器，T2表示最大瞬时输出电流15A（T3为30A），2表示单相200V（5为单相/三相200V），10表示电流检测器的额定电流为10A（20为20A）。

（1）主回路引脚配置。主回路引脚配置见表6.31。

表6.31 主回路引脚配置

插头	符号	名称	功能
X1	L1、(L2)、L3	主回路电源输入端子	三相200～240V时连接L1、L2、L3 单相200～240V连接L1与L3
	L1C、L2C	控制电源输入端子	单相200～240V，L1C连接L1，L2C连接L3
X2	RB1、RB2、RB3	制动电阻接线端子	现生能量很高时连接外部再生电阻
	U、V、W	电动机连接端子	连接到电动机的各相绕组，U接U相，V接V相，W接W相

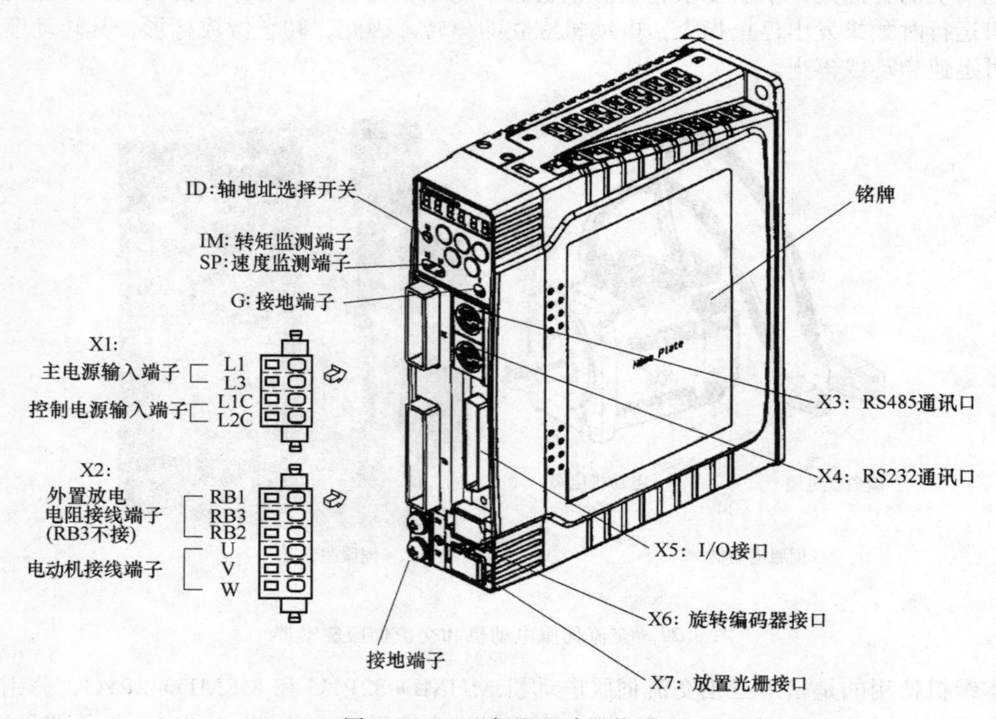

图6.72 B型伺服驱动器外形

(2) 控制信号主要引脚配置。控制信号主要引脚配置见表6.32。

表6.32 控制信号主要引脚配置

<table>
<tr><th>信号</th><th>符号</th><th>引脚</th><th>功 能</th></tr>
<tr><td rowspan="2">控制信号电源</td><td>COM+</td><td>7</td><td>连接到外置直流电源(12～24V)的正极(+)</td></tr>
<tr><td>COM−</td><td>41</td><td>连接到外置直流电源(12～24V)的负极(−)</td></tr>
<tr><td>伺服使能</td><td>SRV-ON</td><td>29</td><td>此信号与COM−短接,伺服使能(电动机运转);断开,伺服禁止。</td></tr>
<tr><td>零速箝位</td><td>ZEROSPD</td><td>26</td><td>Pr06设为1时,此信号与COM-短接,正常运行;断开,速度指令为0,即零速箝位。</td></tr>
<tr><td>第1内部速度选择</td><td>INTSPD1</td><td>33</td><td rowspan="2">第28引脚开路时
<table>
<tr><td>33</td><td>30</td><td>Pr05=1</td></tr>
<tr><td>开路</td><td>开路</td><td>第1内部速度(Pr53的值)</td></tr>
<tr><td>短路</td><td>开路</td><td>第2内部速度(Pr54的值)</td></tr>
<tr><td>开路</td><td>短路</td><td>第3内部速度(Pr55的值)</td></tr>
<tr><td>短路</td><td>短路</td><td>第4内部速度(Pr56的值)</td></tr>
</table></td></tr>
<tr><td>地2内部速度选择</td><td>INTSPD2</td><td>30</td></tr>
<tr><td>控制模式切换</td><td>C-MODE</td><td>32</td><td>如果Pr02设为3～5
<table>
<tr><th>Pr02值</th><th>C-MODE与COM-开路
(第1控制模式)</th><th>C-MODE与COM-短路
(第2控制模式)</th></tr>
<tr><td>3</td><td>位置控制</td><td>速度控制</td></tr>
<tr><td>4</td><td>位置控制</td><td>转矩控制</td></tr>
<tr><td>5</td><td>速度控制</td><td>转矩控制</td></tr>
</table></td></tr>
<tr><td rowspan="2">伺服准备好</td><td>S-RDY−</td><td>34</td><td>此端子与COM-短接</td></tr>
<tr><td>S-RDY+</td><td>35</td><td>当控制电源/主电源接通,而且没有报警,此信号接通。</td></tr>
<tr><td rowspan="2">指令脉冲输入1</td><td>PULS1</td><td>3</td><td rowspan="4">此接口为普通光耦电路接口,根据Pr41和Pr42选择6种不同的输入形式。
(1)2相正交脉冲(A相+B相)
(2)CW脉冲(PULS)+CCW脉冲(SIGN)
(3)指令脉冲(PULS)+指令方向(SIGN)</td></tr>
<tr><td>PULS2</td><td>4</td></tr>
<tr><td rowspan="2">指令脉冲输入2</td><td>SIGN1</td><td>5</td></tr>
<tr><td>SIGN2</td><td>6</td></tr>
</table>

(3) 伺服打纬与引纬。伺服打纬采取位置控制与速度控制模式,如图6.73所示。其伺服驱动器的参数设置见表6.33。

表6.33 打纬伺服驱动器参数设置

参数编号	设置值	默认值	功 能
Pr02	3	1	3:位置(第1)/速度(第2)控制,C-MODE与COM−开路选择第1控制模式,短路选择第2控制模式
Pr05	1	0	1:内部指令(第1～第4内部速度,Pr53～Pr56设定值)
Pr06	1	0	零速箝位
Pr53	0	0	第1内部速度,Q6.1、Q6.2=00时选择该速度
Pr54	2000	0	第2内部速度2000r/min,Q6.1、Q6.2=10时选择该速度
Pr55	200	0	第3内部速度200r/min,Q6.1、Q6.2=01时选择该速度
Pr56	0	0	第3内部速度,Q6.1、Q6.2=11时选择该速度

伺服引纬采用位置控制模式,如图6.74所示,PLC的Q0.0输出脉冲作为位置控制的指令脉冲PULS,Q0.2的输出作为方向控制脉冲SIGN。引纬伺服驱动器的参数设置见表6.34。从表中可以看到,如果编码器的分辨率为10000,则伺服电动机每转所需脉冲数=编码器分辨率$\times\frac{Pr4B}{Pr48\times 2^{Pr4A}}=10000\times\frac{100}{1000\times 2^{0}}=1000$。

表 6.34 引纬伺服驱动器参数设置

参数编号	设置值	默认值	功能
Pr02	0	1	0:位置控制
Pr20	962	100	惯量比
Pr40	0	0	0:通过光耦电路输入(第 3、4、5、6 脚)
Pr41	0	0	Pr41、Pr42=03 选择指令脉冲(PULS)+指令方向(SIGN)
Pr42	3	1	PULS SIGN　H 高电平　L 低电平
Pr48	1000	0	每转所需指令脉冲数=编码器分辨率×$\frac{Pr4B}{Pr48\times 2^{Pr4A}}$
Pr4A	0	0	
Pr4B	100	10000	

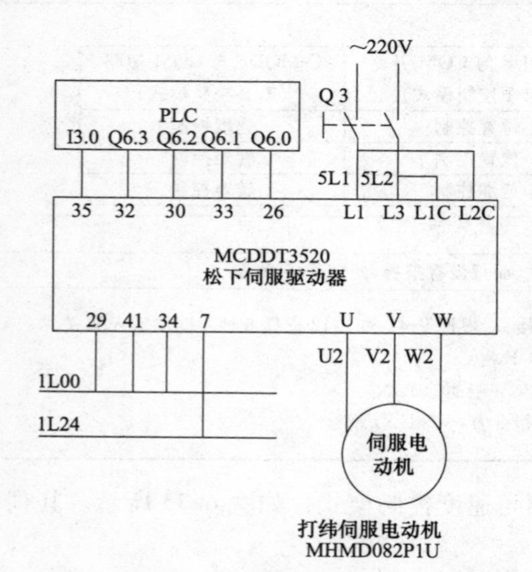

图 6.73 伺服打纬控制图

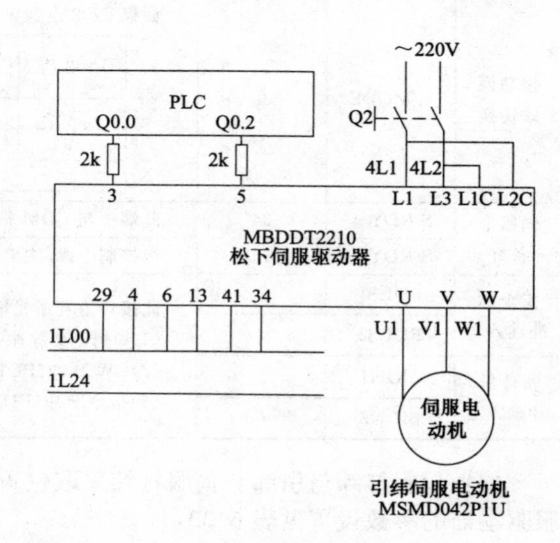

图 6.74 伺服引纬控制图

六、剑杆织机运行控制

(一) 开口运动控制

开口过程主要是在引入纬纱之前，根据经纱的提升规律控制综框的升降。综框的升降顺序由纹板图输入信息控制。系统的开口由 PLC 输出扩展模块控制电磁阀开闭，从而通过气路中气缸的伸缩控制综框的升降实现的。控制程序如图 6.75 所示，在网络 1 中，对控制综框升降的输出 QB2～QB4 进行清零。

在网络 2 中，首先读取纹板图的首地址分别送入 VD46 和 VD50，将已经织造的地址偏移量 VD42（每织一纬加 4）与 VD46 相加得到后一纬的地址，然后减 4，得到当前纬的综框 1～综框 14 的数据地址，保存在 VD46；将 VD42 减 2，加上纹板图首地址 VD50，得到当前纬的综框 15～综框 20 的数据地址，保存在 VD50。取 VD46 所存地址单元的数据送入 VW58，取 VD50 所存地址单元的数据送入 VW60。

在网络 3 中，根据所设计的纹板图数据控制相应的综框升降。

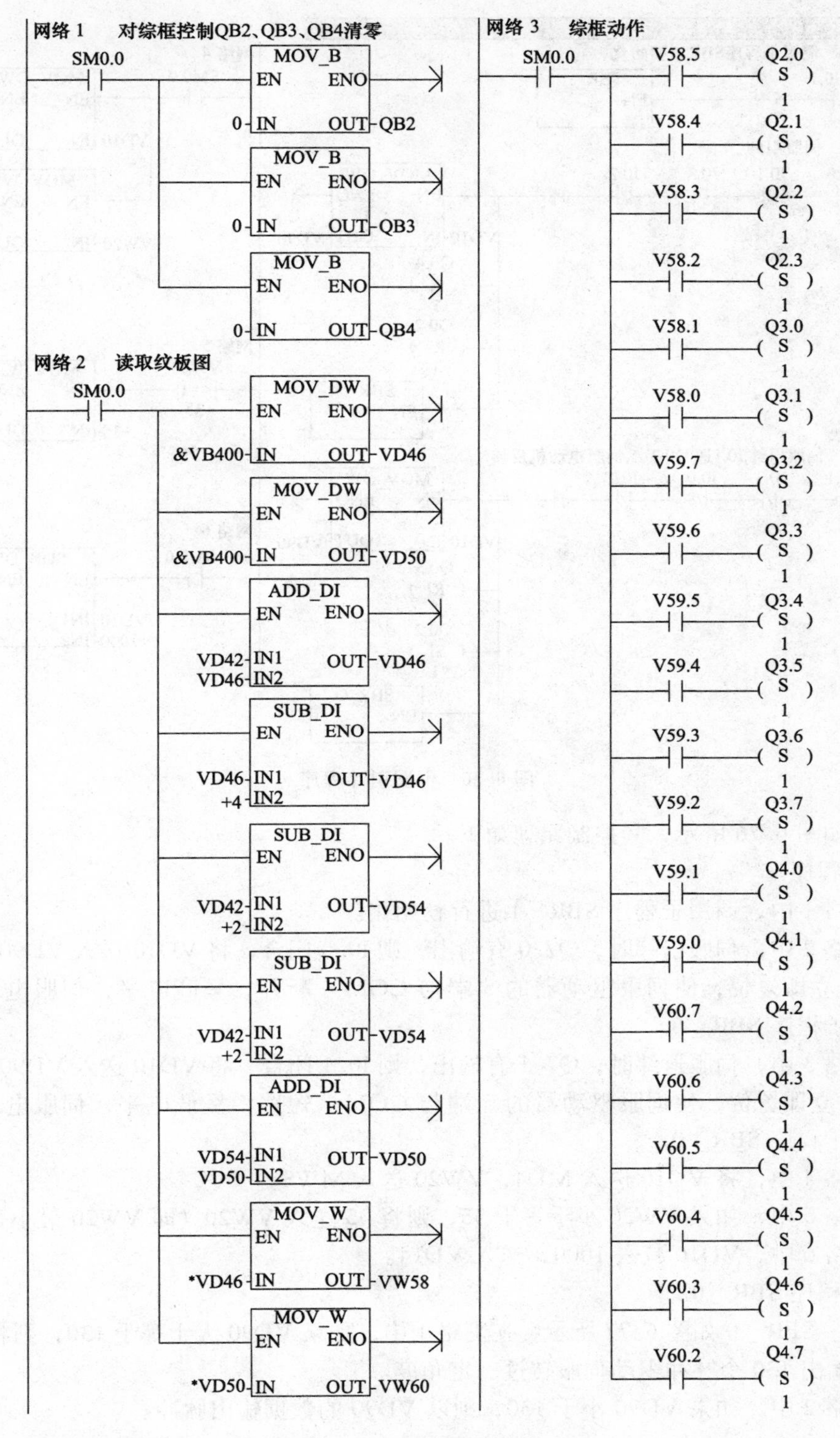

图 6.75　开口控制程序

（二）引纬运动控制

梭口开启后，由 CPU222 控制的伺服电动机通过机械机构带动剑杆往复运动完成引纬，

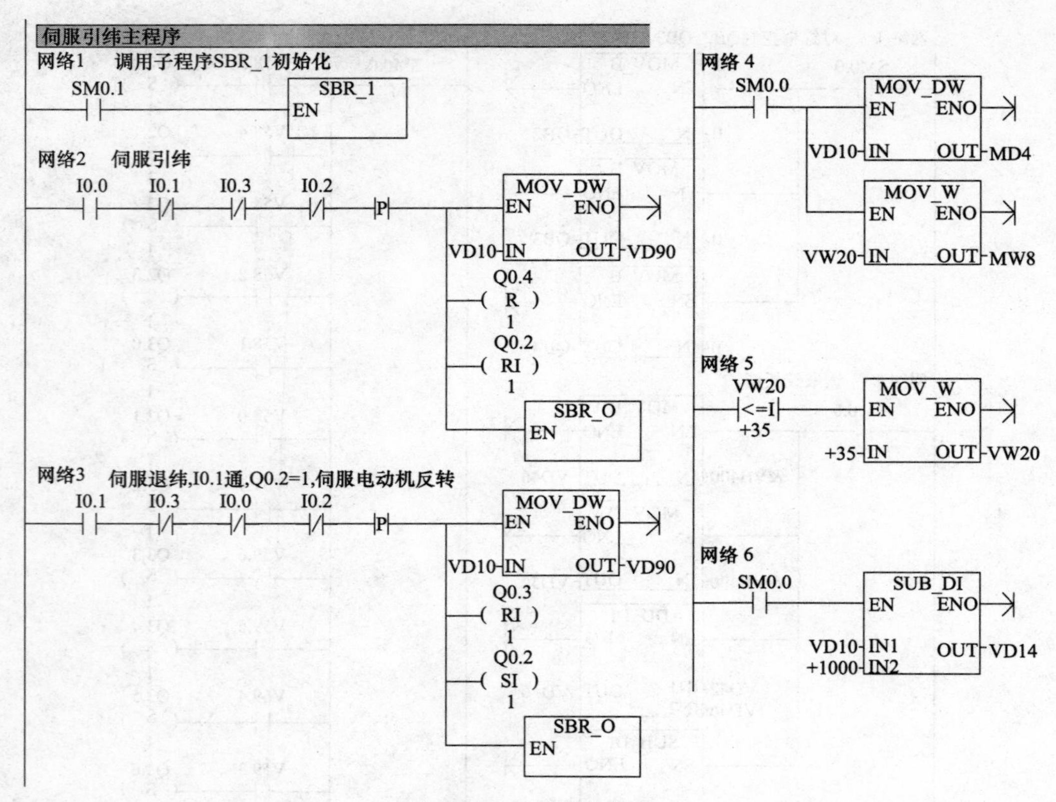

图 6.76 伺服引纬程序

控制程序如图 6.76 所示，其控制原理如下。

1. 主程序

在网络 1 中，调用子程序 SBR _ 1 进行初始化。

在网络 2 中，伺服引纬时，Q7.0 有输出，则 I0.0 闭合，将 VD10 送入 VD90，Q0.4 复位，Q0.2 立即复位，使伺服驱动器的 5 端与 COM－断开，呈高电平，伺服电动机正转。最后调用子程序 SBR _ 0。

在网络 3 中，伺服退纬时，Q7.1 有输出，则 I0.1 闭合，将 VD10 送入 VD90，Q0.3 复位，Q0.2 立即置位，使伺服驱动器的 5 端与 COM－短路，呈低电平，伺服电动机反转。最后调用子程序 SBR _ 0。

在网络 4 中，将 VD10 送入 MD4，VW20 送入 MW8。

在网络 5 中，如果 VW20 小于等于 35，则将 35 送入 VW20（即 VW20 最小是 35）。

在网络 6 中，VD10 减去 1000，送入 VD14。

2. 子程序 SBR _ 0

子程序 SBR _ 0 如图 6.77 所示，在网络 1 中，如果 VD90 大于等于 130，则将 130 送入 AC1，即输出 130 个脉冲驱动伺服转过一定角度。

在网络 2 中，如果 VD90 小于 130，则以 VD90 的数据输出脉冲。

在网络 3 中，如果 VD90 大于等于 VD14，则输出脉冲的周期为 100μs；否则输出脉冲的周期为 VW20 的数据。

在网络 4 中，如果 VD90 大于 1，将 PTO 控制字 16＃85（2＃1000 0101）送入 SMB67；

将 AC1 中的脉冲数送入 SMD72；将中断程序 INT _ 0 与事件号 19（PTO0 脉冲串输出完成）连接起来，全局开中断；PTO 脉冲指令选择 Q0. 0 输出脉冲，通过伺服驱动器控制伺服电动机的转动；最后将 VD90 减去 AC1 保存在 VD90。

3. 子程序 SBR _ 1

子程序 SBR _ 1 如图 6. 77 所示，该子程序主要实现初始化，在网络 1 中，将 6400 送入 MD4，800 送入 MW8。

在网络 2 中，将 MD4（6400）送入 VD10，MW8（800）送入 VW20。

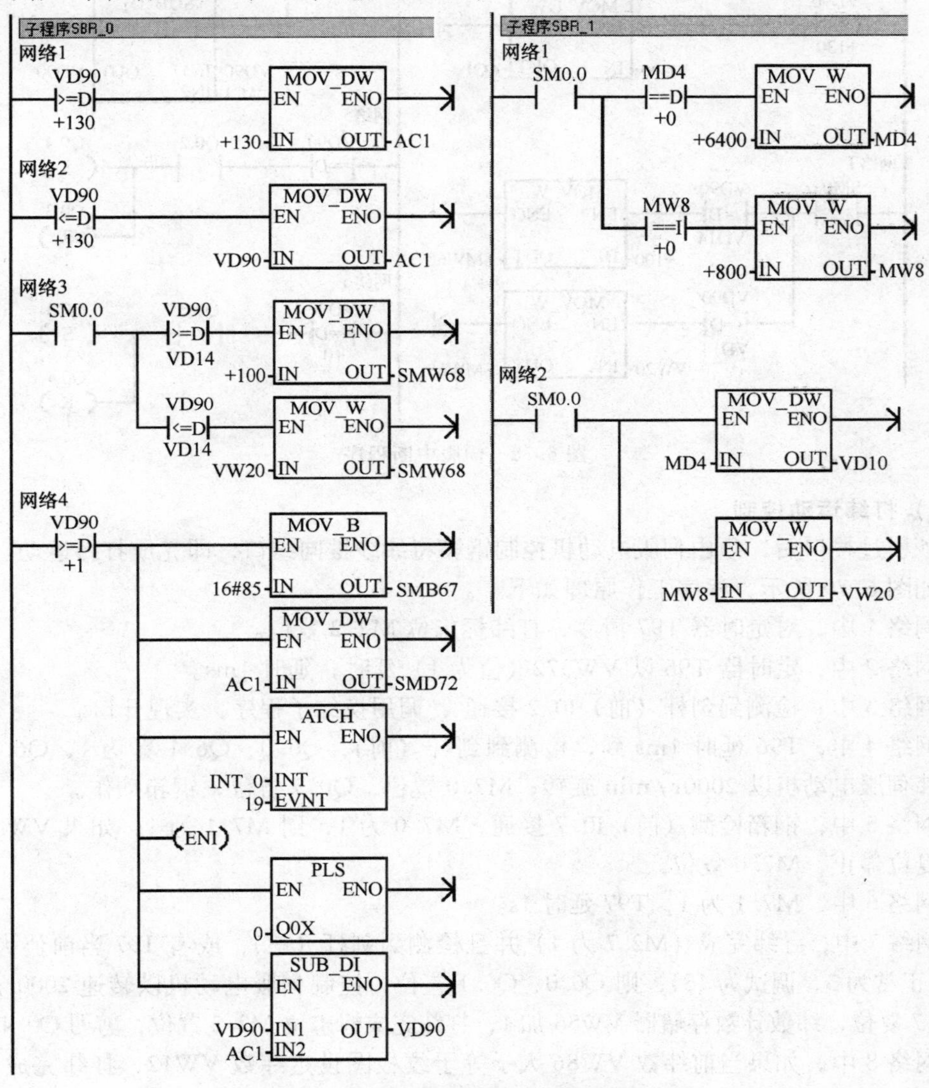

图 6. 77　伺服引纬子程序 0 和子程序 1

4. 中断程序 INT _ 0

中断程序 INT _ 0 如图 6. 78 所示，网络 1～网络 4 与子程序 SBR _ 0 中一样。

在网络 5 中，VD90＝0，如果 Q0. 2 为 1（伺服电动机反转），Q0. 4 置为 1，Q0. 3 复位为 0，伺服退纬。

在网络 6 中，VD90＝0，如果 Q0. 2 为 0（伺服电动机正转），Q0. 4 复位为 0，Q0. 3 置为 1，伺服引纬。

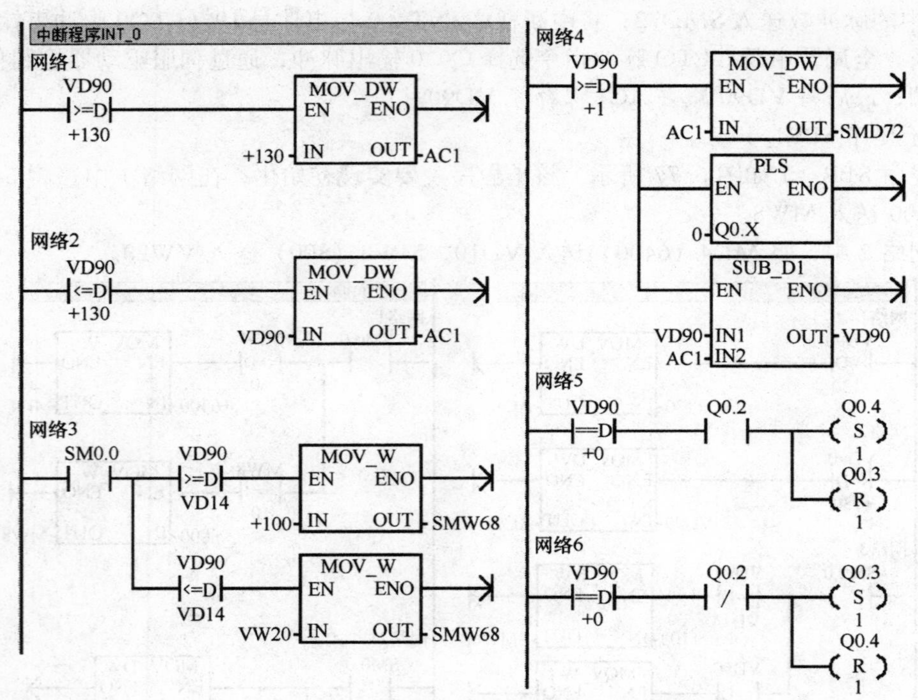

图 6.78 伺服中断程序

（三）打纬运动控制

纬纱引过梭口后，须由伺服电动机控制钢筘将纬纱推向织口，即完成打纬运动。伺服打纬程序如图 6.79 所示，程序工作原理如下。

在网络 1 中，对定时器 T97 清零，打纬标志位 M2.2 复位。

在网络 2 中，定时器 T96 以 VW372（值为 1）延时，延时 1ms。

在网络 3 中，检测到剑杆（前）I0.2 接通，调用换综子程序，实现开口。

在网络 4 中，T96 延时 1ms 到，检测到剑杆（前），Q6.0、Q6.1 真伪 1，Q6.2 复位，控制打纬伺服电动机以 2000r/min 旋转；M7.0 置位，Q0.7 置位，钢筘动作。

在网络 5 中，钢筘检测（前）I0.7 接通，M7.0 为 1，则 M7.1 为 1，如果 VW34≠12，则伺服复位停止，M7.0 复位。

在网络 6 中，M7.1 为 1，T97 延时 1s。

在网络 7 中，寻纬完成（M2.7 为 1）并且检测到剑杆（前），或者 T97 当前值大于等于 VW34（正常为 3，调试为 15），则 Q6.0、Q6.1 置位，控制伺服电动机以转速 2000r/min 打纬，Q0.7 复位，纬数计数存储器 VW86 加 1，打纬完成标志位 M2.2 置位，剪刀 Q0.4 复位。

在网络 8 中，如果当前纬数 VW86 大于等于纹板图设定纬数 VW12，打纬完成（M2.2 为 1），检测到剑杆（前），钢筘检测（后），则将定时器 T101、T96、T97 复位，计数存储器 VW86 清零，伺服复位，M7.0、M7.1 复位，寻纬完成标志位 M2.7 和打纬完成 M2.2 复位，M1.1 置位，重新开始。M1.0、M1.2～M1.5 复位。

在网络 9 中，如果当前纬数 VW86 小于等于纹板图设定纬数 VW12，打纬完成（M2.2 为 1），检测到剑杆（前），钢筘检测（后），则将定时器 T101、T96、T97 复位，伺服复位，M7.0、M7.1 复位，寻纬完成标志位 M2.7 和打纬完成 M2.2 复位，M1.3 置位，进入下一个周期。M1.0～M1.2、M1.4～M1.5 复位。

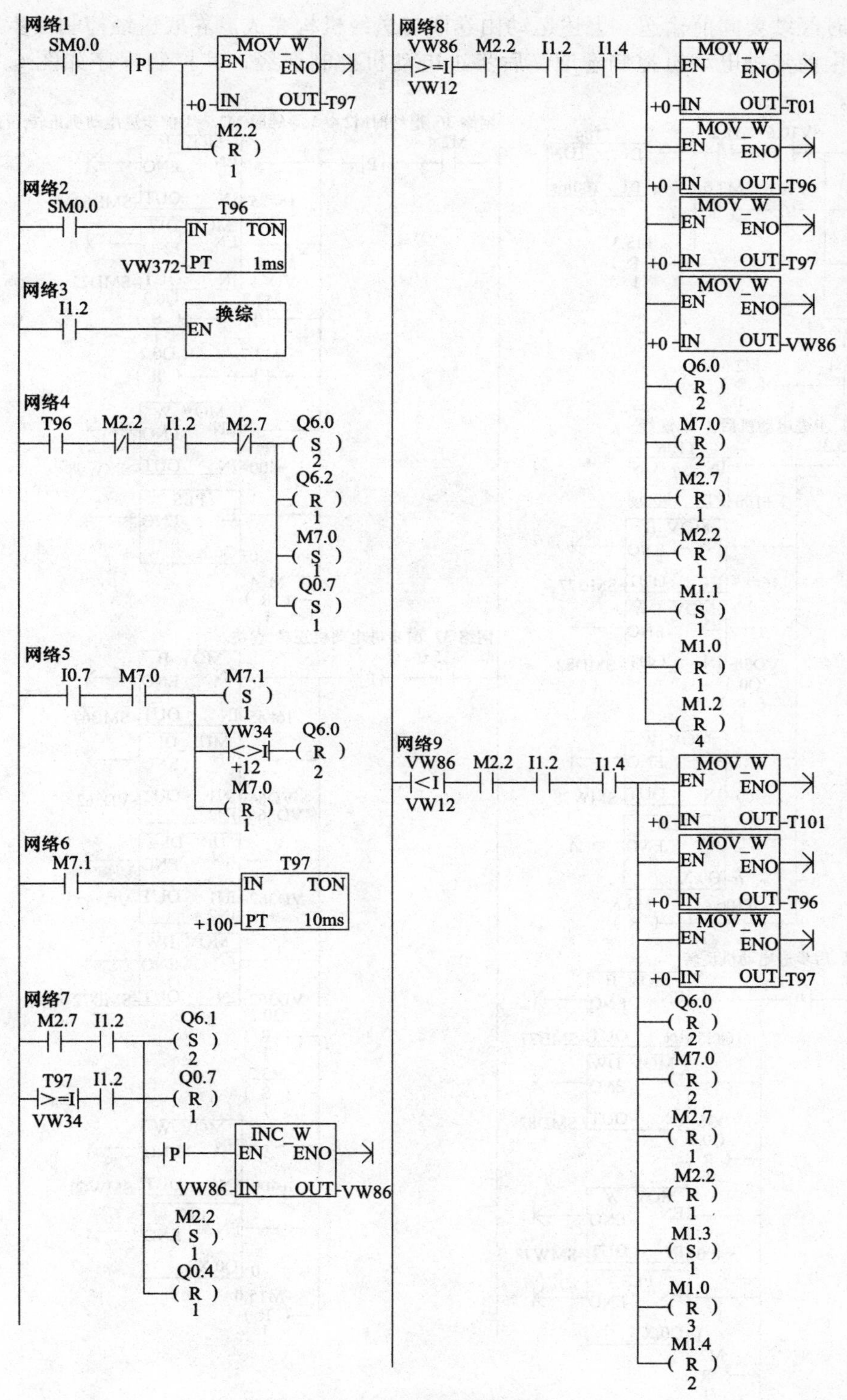

图 6.79 伺服打纬程序

（四）卷取与送经运动控制

开口、引纬及打纬运动结束后即完成经纬纱的交织形成织物，此时需将形成的织物引离织口，同时经纱要向前输送。上述运动由卷取与送经机构完成。卷取送经控制由步进电动机实现，其中前步进电动机控制卷取，后步进电动机控制送经，其控制程序如图 6.80 所示，

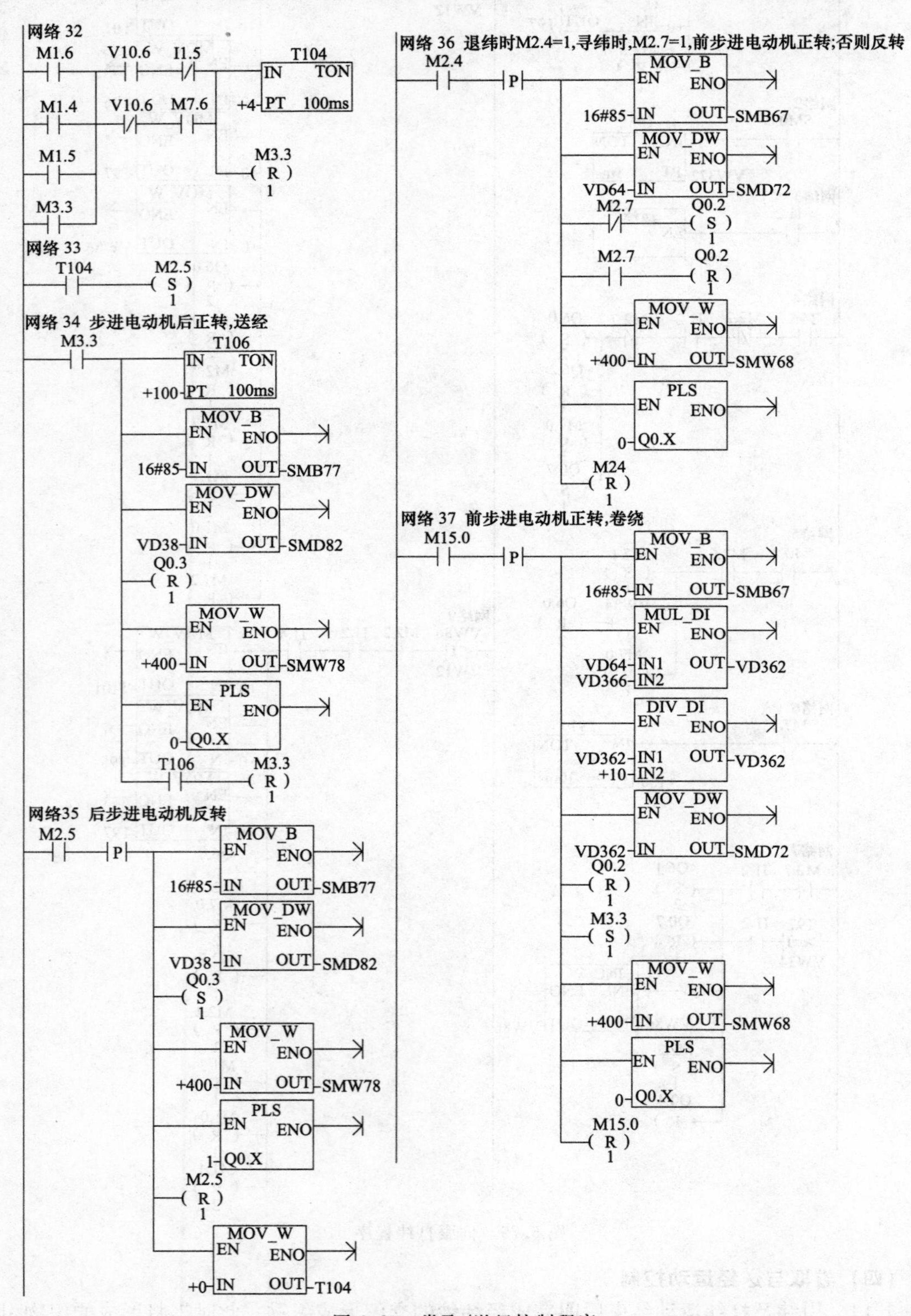

图 6.80 卷取/送经控制程序

工作原理如下。

在网络 32 中，正常工作（M1.6 为 1）、单循环（M1.4 为 1）、单步（M1.5 为 1）或前步进电动机正转卷取（M3.3 为 1）时，经纱张力正常（V10.6 为 1）或经纱张力大于设定张力（M7.6 为 1），则 T104 延时 0.4s，M3.3 复位。

在网络 33 中，T104 延时到，M2.5 置位。

在网络 34 中，前步进电动机正转卷取（M3.3 为 1），T106 延时 10s，16#85 送入 PTO1 控制字节 SMB77，经计算得到的后步进电动机所需脉冲数 VD38 送入 SMD82，Q0.3 复位使后步进电动机正转送经，400 送入 SMW78，PTO1 输出脉冲的周期为 400μs，PLS 选择 Q0.1 输出脉冲，T106 延时到，M3.3 复位。

在网络 35 中，M2.5 的上升沿，16#85 送入 PTO1 控制字节 SMB77，经计算得到的脉冲数 VD38 送入 SMD82，Q0.3 置位使后步进电动机反转，400 送入 SMW78，PTO1 输出脉冲的周期为 400μs，PLS 选择 Q0.1 输出脉冲，M2.5 复位，T104 清零。

在网络 36 中，退纬时，在 M2.4 的上升沿，16#85 送入 PTO0 控制字节 SMB67，经计算得到的前步进电动机所需脉冲数 VD64 送入 SMD72，寻纬完成（M2.7 为 1）步进电动机正转，否则反转；400 送入 SMW68，PTO0 输出脉冲的周期为 400μs，PLS 选择 Q0.0 输出脉冲，M2.4 复位。

在网络 37 中，寻纬下（M15.0 为 1）的上升沿，16#85 送入 PTO0 控制字节 SMB67，将 VD64 经计算得到脉冲数送入 SMD72，Q0.2 复位使前步进电动机正转卷取，M3.3 置位使后步进电动机正转送经；400 送入 SMW68，PTO0 输出脉冲的周期为 400μs，PLS 选择 Q0.0 输出脉冲，M15.0 复位。

习题

1. 当转塔未旋转到位时，风机能启动吗？
2. 打手在什么情况下才能启动？
3. PLC 控制电路受风机和打手电路的联锁吗？
4. M4、M5、M6 电动机的控制电路中有接触器联锁吗？为什么？
5. 简述程序中各状态继电器的逻辑功能。
6. 控制抓棉臂自动下降的定时器其脉冲周期和下降动程的时间范围分别是多少？
7. 多仓混棉机如何实现单按钮的启动/停止控制？
8. 自动换仓的两个必须条件是什么？
9. 混棉机在运行状态下，按下【风机启/停】按钮 S1 时，风机、打手、给棉全部停止。试分析其程序动作原理。
10. 开棉机的电气控制系统由哪几部分组成？
11. 开棉机的模拟电压输出端控制对象是什么？
12. 显示画面字寄存器、打手电动机转速相应的频率值字寄存器、打手电动机转速防轧值字寄存器分别是什么？
13. 出现罗拉返花故障时的道夫停车与出现其他故障时的道夫停车有什么不同？
14. 试分析断条、厚卷时道夫停车的程序原理？
15. 锡林依靠哪个器件和程序完成从低速启动到高速运行？

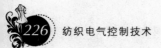

16. 清梳联工作时按下总启动和停止按钮后，各机台分别间隔多少秒顺序启动和顺序停止？

17. 输棉管道内棉流量的大小如何调节？

18. 输棉管道内棉流量的通断如何调节？

19. 简述金属火星探除器AMP2000的作用？

20. 简述粗纱机主电路中M1、M2、M3的特点。

21. 简述粗纱机变频器X1、X2、X3与输出频率的关系。

22. PLC输入端100的作用是什么？

23. 粗纱机在纺纱过程中是根据什么进行变速？

24. 写出细纱机开关SA11、SA12、SA13和传感器SQ4、SQ5、SQ6的作用？

25. 主轴电动机如何从低速状态自动转为高速状态？

26. 主轴电动机如何进行制动控制？

27. 为什么转杯电动机要采用Y/△降压启动方式？

28. 为什么卷绕和喂棉电动机要采用变频器控制转速？

29. 为什么离合器、制动器使用29V和80V双电源供电？

30. 拨盘模块的作用是什么？其设定值与什么数据有关？

31. 转杯电动机Y/△降压启动时为什么使用了两个时间继电器（分别延时5s、0.2s）？

32. 剑杆织机的五大运动分别由哪些系统来控制？

参考文献

[1] 西门子公司. SIMATIC S7-200 可编程序控制器系统手册 [M], 2005.

[2] 西门子公司. MICROMASTER 420 通用型变频器使用大全 [M], 2012.

[3] 张万忠、刘明芹等. 电器与 PLC 控制技术 [M]. 3 版. 北京：化学工业出版社，2012.

[4] 王永华. 现代电气控制及 PLC 应用技术 [M]. 2 版. 北京：北京航空航天大学出版社，2008.

[5] 瞿彩萍等. PLC 应用技术 [M]. 北京：人民邮电出版社，2007.

[6] 张伟林等. 电气控制与 PLC 应用 [M]. 2 版. 北京：人民邮电出版社，2012.

[7] 赵春生. 可编程序控制应用技术 [M]. 北京：人民邮电出版社，2008.

[8] 伦茨公司. Lenze（伦茨）SMD 系列变频器操作手册 [M], 2010.

[9] 廖常初. 西门子人机界面（触摸屏）组态与应用技术 [M]. 2 版. 北京：机械工业出版社，2008.

[10] 廖常初. PLC 编程及应用 [M]. 3 版. 北京：机械工业出版社，2008.

[11] 张伟林. 棉纺织设备电气控制 [M]. 北京：中国纺织出版社，2008.